中国古刹

中国古训

人生大智慧（上）

金沛霖 李亚斯 编著

中国華僑出版社

图书在版编目(CIP)数据

中国古训：全2册/金沛霖，李亚斯编著．—北京：中国华侨出版社，2012.4

ISBN 978-7-5113-2208-1

Ⅰ.①中… Ⅱ.①金… ②李… Ⅲ.①汉语—古代—启蒙读物 Ⅳ.①H194.1

中国版本图书馆CIP数据核字(2012)第028508号

● 中国古训:全2册

编　　著/金沛霖　李亚斯

责任编辑/崔卓力

装帧设计/袁剑峰

责任校对/志　刚

经　　销/全国新华书店

开　　本/787×1092毫米　1/16　印张/40　字数/530千字

印　　刷/廊坊市华北石油华星印务有限公司

版　　次/2012年4月第1版　2012年4月第1次印刷

书　　号/ISBN 978-7-5113-2208-1

定　　价/78.00元

中国华侨出版社　北京市朝阳区静安里26号　邮编:100028

法律顾问:陈鹰律师事务所

编辑部:(010) 64443056　64443979

发行部:(010) 64443051　传真:(010) 64439708

网　址:www.oveaschin.com

E-mail:oveaschin@sina.com

序

中国古训（包括家训、家诫、家书、廷训等）是我国古代社会一种特殊的文体，和我国古代重视家教、关注子女品德修养，促其读书致仕有直接关系。立身处世，是成就一番事业的根本，一个人要在社会立身，首先要学会做人（当然是做个好人），然后才是立业。一个道德高尚、事业有成、名显于世的人，被视为至孝；惠泽一方，称为至仁。不只他个人荣禄加身，还会封妻荫子，彰显父母，光宗耀祖。因此，教子成了家庭中的至要。而训诫则在培养孩子成长方面起着独特的作用。说它独特，是在训诫中老辈人将立身处世成败的经验教训都会毫无保留地传给子女，充满人生智慧，另外，其文词都平实无华，满怀亲情，足可撼其心志。西汉开国皇帝刘邦以帝王之尊，为使太子读书敬贤，在给他的敕书中，竟检讨自己早年不读书，不重儒生的错误；魏晋竹林七贤之一的嵇康，自己很重视“养生”，可就因为傲视晋司马氏终于被杀。他在临死前告诉其子要“心拟议而后动”。他的训诫可以说是付出了血的代价，而西汉史官司马谈写给儿子司马迁的家书则成了司马迁忍辱负重完成光耀千秋的历史巨著《史记》的强大精神力量。这些我们今天读起来仍为其动容，正如一位古训学者所说，作为家长除了自己的性命其他的一切都给了子孙。这就是为什么古训十分重要，也正是古训的价值所在。中国古训涉及教育子孙求学立志、修身、齐家、平治天下各个方面，现在我们较完整地把它们整理出来，以供大家参阅，内容分作圣贤语录、有关故事、贤良家训、名言集句、家训别裁等。如果此书能对我们立身处世起些醒示作用，获得一些人生智慧，自然是件快事。

不妥之处，敬请教正。

编者

于 2011.12.6

目 录

一、仁民爱物

圣贤语录

[原文]

“不违农时，谷不可胜食也。数罟不入洿池，鱼鳖不可胜食也。斧斤以时入山林，材木不可胜用也。谷与鱼鳖不可胜食，材木不可胜用，使民养生丧死无憾也。”

（《孟子》梁惠王上）

[译文]

不在农忙时役使民力，粮食就吃不完。细密的渔网不入池里，鱼鳖就吃不完。斧子按时令才能入山林砍伐，木材就用不完。谷与鱼鳖吃不完，木材用不完，百姓生活有保障，死亡得安葬就没遗憾的了。

[原文]

“君子之于禽兽也，见其生，不忍见其死。闻其声，不忍食其肉。”

（《孟子》梁惠王上）

[译文]

“君子对于禽兽，愿意看见其活着，不忍心看到它死去。听见它的叫声，不忍心吃它的肉。”

[原文]

孟孙获麑

“孟孙猎，得麑，使秦西巴载之，持归，其母随之。秦西巴弗忍而与之。孟孙大怒，逐之。居三月，复召以为子傅，曰："夫不忍于麑，又且忍于儿乎。"

[译文]

孟孙外出打猎，得到一只小鹿。孟孙叫秦西巴用车把小鹿拉回去。小鹿被拉着往前走，母鹿一直紧跟其后。秦西巴心里很不忍就把小鹿放回给了母鹿。孟孙知道后，非常愤怒，就把秦西巴赶走了。过了几个月，孟孙又把秦西巴找回来让他当自己孩子的老师，并说："你不忍心让鹿失去小鹿，又怎么能忍心孩子学业不修呢？"

[原文]

孔子曰："君子敝帷不弃，为埋马；敝盖不弃，为埋狗。"

[译文]

孔子说："君子为了埋马不把破旧的帷帐扔掉；为了埋狗不把破旧的车盖扔掉。"孔子出于仁心，主张将马、狗尸体用破旧织物包裹起来再埋葬，这可以说是最早提出废物利用并注意环境卫生的主张。

殷朝法律

[原文]

弃灰于道者有刑。

[译文]

把灰土倒在路上，不仅弄脏道路，遇风还会迷人眼睛，因此，殷朝规定，把灰土倒在道路上是要获刑的。这是我国乃至世界第一部，也是最早的"环境保护法。"

古诗

[原文]

千里不唾井。

[译文]

就是去千里之外也不要在这里井内吐唾沫。

贤良家训

[原文]

“平生最不喜笼中养鸟，我图娱悦，彼在囚牢，何情何理，而必屈物之性以适吾性乎！至于发系蜻蜓，线缚螃蟹，为小儿玩具，不过一时半刻便折拉而死。夫天地生物，化育劬劳，一蚁一虫，皆本阴阳五行之气细缊而出。上帝亦心心爱念。而万物之性人为贵，吾辈竟不能体天之心以为心。万物将何所托命乎？蛇蚖（音 yuan，毒蛇）蜈蚣豺狼虎豹，虫之最毒者也，然天既生之，我何得而杀之？若必欲尽杀，天地又何必生？亦惟驱之使远，避之使不相害而已。”

《郑板桥集》（卷一）

[译文]

“我平生最不喜欢在笼中养鸟，图自己一时高兴，把鸟关在笼子里，何情何理，一定要扼杀动物的天性以适应我的天性！甚至用头发系着蜻蜓，用线拴住螃蟹，当做小孩玩具，不一会儿就被牵拉折腾而死。天地万物，生长发育很辛苦，一蚁一虫，都是由阴阳五行交互作用变化而成。上帝也心心爱念。万物之性人为贵，我们竟不能以上天之心为己心，那么天下万物的性命何以能得到保障？毒蛇蜈蚣豺狼虎豹，是动物中最毒的。既然天已生了它们，我为何必得而杀之？若一定要斩尽杀绝，天地又何必生它们？也就是把它们驱逐到偏远的地方，避开我们不相害罢了。”

感言

“亲亲、仁民、爱物。”爱其亲人，就能爱其民众，并推及爱世上万物。

二、学习

圣贤语录

[原文]

学而时习之，不亦悦乎？

（《论语》学而篇第一）

[译文]

学到真正的知识又能适时地用于实践，不是很愉快吗？

[原文]

由！诲汝，知之乎？知之为知之，不知为不知，是知也。

（《论语》为政篇第二）

[译文]

由！我教你什么是知。知道的就是知道，不知道的就是不知道，这就是知啊！

[原文]

学而不思则罔；思而不学则殆。

（《论语》为政篇第二）

[译文]

只学习而不思考就会惘然；只思考而不学习就会疑惑不解。

[原文]

子夏曰："日知其所亡，月无忘其所能，可谓好学也已矣！"

（《论语》子张篇第十九）

[译文]

子夏说："每天学到一些不知道的东西，每月都不忘记已经学过的东西，这就可以叫做好学了。"

[原文]

知之者不如好知者，好知者不如乐知者。

（《论语》雍也篇第六）

[译文]

知道它的人不如爱好它的人；爱好它的人又不如以它为乐的人。

[原文]

子夏曰："仕而优则学，学则优则仕。"

（《论语》子张篇第十九）

[译文]

子夏说："做官有余力可以去学习，学习有余力可以去做官。"

[原文]

吾十有五而志于学，三十而立，四十而不惑，五十而知天命，六十而耳顺，七十而从心所欲不逾矩。

（《论语》为政篇第二）

[译文]

我十五岁立志于学习真理，到了三十岁言行都很得当；四十岁了解了真理，遇事不迷惑；五十岁懂得了人的天命；六十岁能顺乎天命；七十岁能随心所欲而不越出规矩。

[原文]

子曰："由也，女闻六言六蔽矣乎？"对曰："未也。""居，吾语女。好仁不好学，其蔽也愚；好知不好学，其蔽也荡；好信不好学，其蔽也贼；好直不好学，其蔽也绞；好勇不好学，其蔽也乱；好刚不好学，其蔽也狂。”

（《论语》阳货篇第十七）

[译文]

孔子说：“由呀，你听说过六种弊病的话吗？”子路回答说：“没有。”孔子说：“坐下。我告诉你。爱好仁德而不好学习，它的弊病是易受愚弄；爱好聪明而不好学习，它的弊病是行为放荡；爱好诚信而不好学习，它的弊病是易被人利用而受害；爱好直率却不爱好学习，它的弊病是说话尖刻伤人；爱好勇敢却不爱好学习，它的弊病是易闹事闯祸；爱好刚强却不爱好学习，它的弊病是狂妄自大。”

[原文]

古之学者为己，今之学者为人。

（《论语》宪问篇第十四）

[译文]

古代人学习是为了提高自己，现在人的学习是为了给别人看。

[原文]

子贡问曰：“孔文子何以谓之‘文’也？”子曰：“敏而好学，不耻下问，是以谓之‘文’也。”

（《论语》公冶长篇第五）

[译文]

子贡问道：“为什么给孔文子一个‘文’的谥号呢？”孔子说：“他聪明而好学，不以向地位卑下的人请教为耻，所以给他谥号‘文’。”

[原文]

子夏曰：“贤贤易色；事父母能竭其力；事君，能致其身；与朋友交，言而有信。虽曰未学，吾必谓之学矣。”

（《论语》学而篇第一）

［译文］

子夏说：“一个人能够重贤轻色；侍奉父母，能竭尽全力；服侍君主，能够献出自己的生命；同朋友交往，说话诚实守信。这样的人，尽管他说没有学习过，我一定说他已经有学问了。”

［原文］

君子食无求饱，居无求安，敏于事而慎于言，就有道而正焉，可谓好学也已。

（《论语》学而篇第一）

［译文］

君子饮食不求足饱，居住不求舒适，工作勤敏，说话谨慎，接近有道德的人来匡正自己，这就可以说是好学了。

故事

苏秦苦读致相

［原文］

说秦王书十上而说不纳。黑貂之裘弊，黄金百斤尽，资用乏绝，去秦而归。羸縢履跻负书担橐，形容枯槁，面目黧黑，状有愧色。归至家，妻不下纴，嫂不为炊，父母不与言。苏秦喟叹曰：“妻不以我为夫，嫂不以我为叔，父母不以我为子，是皆秦之罪也。”乃夜发书，陈箧数十，得《太公阴符》之谋，伏而诵之，简练以为揣摩。读书欲睡，引锥自刺其股，血流至足。曰：“安有说人主不能出其金玉锦绣，取卿相之尊者乎？”期年，揣摩成，曰：“此真可以说当世之君矣。”

于是乃摩燕乌集阙，见说赵王于华屋之下，抵掌而谈。赵王大悦，封为武安君，受相印。革车百乘，锦绣千纯，白璧百双，黄金万镒，以随其后，约纵散横，以抑强秦。故苏秦相于赵而关不通。

（《史记》苏秦列传）

[译文]

游说秦王的奏章，上呈了十次，但秦王没有采纳苏秦的意见。最后，苏秦的黑貂皮衣穿破了，百斤黄金用完了，生活费用也没了，只好离开秦国，返回洛阳。他打着绑腿，穿着草鞋，挑着书、行李，神情憔悴，脸色黄黑，面带愧色。到家后，妻子织布不下织机，不来迎接；嫂嫂不给做饭；父母不予理睬。苏秦长叹一声说："妻子不把我当丈夫，嫂嫂不把我当小叔，父母不把我当儿子，这都是我苏秦的罪过。"当天晚上便发奋读书，他打开数十只书箱，找到专讲谋略的书《太公阴符》，伏案埋头苦读，精心选择，仔细揣摩。读书困了想睡，就拿起铁锥猛刺大腿，血流至脚跟。苏秦说："哪有说服人主而不能让他们拿出金玉锦绣，并取得卿相尊位的道理呢?"一年后，他揣摩出了道理，说道："拿这个真可以说服当世的君王了。"

于是苏秦就来到燕乌集阙，在华屋之下游说赵王，交谈甚为投机。赵王非常高兴，封苏秦为武安君，任命他为相国。给他兵车百辆、锦绣千匹、白璧百双、黄金万镒，车随其后，往各国去约结合纵联盟，瓦解连横阵线，以抵制强秦。所以，苏秦任赵相时，秦国不敢出兵函谷关。

[原文]

当此之时，天下之大，万民之众，王侯之威，谋臣之权，皆欲决苏秦之策。不费斗粮，未烦一兵，未战一士，未绝一弦，未折一矢，诸侯相亲，贤于兄弟。夫贤人在而天下服，一人用而天下从。故曰："式于政，不式于勇；式于廊庙之内，不式于四境之外。"……

将说楚王，路过洛阳。父母闻之，清室除道，张乐设饮，郊迎三十里；妻侧目而视，倾耳而听；嫂蛇行匍伏，四拜自跪而谢。苏秦曰："嫂何前倨而后卑也？"嫂曰："以季子之位尊而多金。"苏秦曰："嗟乎！贫穷则父母不子，富贵则亲戚畏惧。人生世上，势位富贵，盖可忽乎哉？"

（《史记》苏秦列传）

[译文]

那时候，天下之大，万民之多，王侯之威，谋臣之权，都取决于苏秦的合纵政策。苏秦未费一斗粮食，未动一件兵器，未派一名士卒，未用坏一根弓弦，未折一支箭杆，就使诸侯相亲相爱，胜过兄弟。总之，贤人在位，天下便信服，一人得用，天下便听从。所以说："国事决定在于政治，不决定于武力；决定于在朝廷、宗庙之内，不决定于四境之外。"……

苏秦要去游说楚威王时，路过洛阳。父母得知，亲自为苏秦打扫房间，清除道路，奏乐摆宴，郊迎于三十里；妻子低头，不敢正视，侧目而视，倾耳而听；嫂嫂伏地，不敢起立，四拜而跪，求恕前罪。苏秦问："嫂嫂为何先前那样傲慢，而现在又这样卑下呢？"他嫂子说："因为您的地位尊贵，又很有钱。"苏秦慨叹说："唉！贫贱时，连父母都不把我当儿子；富贵了，连妻、嫂都畏惧我。人生在世，权势和财富怎么能忽视呢？"

贤良家训

手敕太子

（汉）刘邦

[原文]

吾遭乱世，当秦禁学，自喜，谓读书无益。洎践祚以来，时方省书，乃使人知作者之意。追思昔所行，多不是。

尧舜不以天下与子而与他人，此非为不惜天下，但子不中立耳。

人有好牛马尚惜，况天下耶！吾以尔是元子，早有立意，群臣咸称汝友四皓，吾所不能致，而为汝来，为可任大事也。今定汝为嗣。

吾生不学书，但读书问字而遂知耳。以此故不大工，然亦足自辞解。今视汝书犹不如吾，汝可勤学习，每上疏宜自书，勿使人也。

汝见萧、曹、张、陈诸公侯，吾同时人，倍年于汝者，皆拜。并语于汝诸弟。

吾得疾遂困，以如意母子相累。其余诸儿，皆自足立，哀此儿犹小也。

[译文]

我生逢乱世，正是秦朝禁绝诸子百家之时，我还暗自高兴，认为读书没用。我自登帝位以来，才时时看书，于是懂得了作者的意思。现追思往事，多不正确。

尧舜不把天下传给儿子而禅让他人，并不是不爱惜天下，只是他的儿子不宜继承王位罢了。人们对自己的好牛好马尚知道爱惜，更何况是天下呢？你是嫡长子，我早就有意立你为太子。群臣都称赞你与归隐在商山的四位老人交朋友，我都不能把他们招到身边来，你办到了，这表明你可以担当大事。现在我立你为太子。

我平生没学过书法，只是在读书问字时知道一些罢了。因此，我的字写的不大精到，然而我也足有言辞可自我辩解。现在我看你写的字还赶不上我。你可要勤奋学习，每次奏议都应自己亲自书写，不要让人代劳。

你看萧何、曹参、张良、陈平诸位公侯，都是我的同辈人，他们比你年长一倍，见到他们时你都应下拜。并将这一点告诉你的弟弟们。

我得病后就一病不起，特将如意母子俩托付于你照看。其余几个儿子，都足以自立了，可怜如意还小着呢。

诫当阳公大心书

（梁）简文帝

[原文]

汝年时尚幼，所阙者学。可久可大，其惟学欤？所以孔丘言："吾尝终日不食，终夜不寝，以思，无益，不如学也。"若使面墙而立，沐猴而冠，吾所不取。立身之道，与文章异：立身先须谨重，文章且须放荡。

（《全梁文》卷十一）

[译文]

你现在年龄还幼小，所缺乏的就是学习。对一个人的一生来说，可以持久、可有大用的，只有学识吧？所以孔子说："我曾经整日不吃，整夜不睡，去思想，没有益处，不如去学习。"人如果不学习就像面对着墙站着，一无所见而寸步难行，又像猴子戴着帽子扮人，徒有其表，这都是我所不赞成的。立身处世与写文章不同：立身处世首先必须谨慎持重，而写作文章要心胸激荡可以任意走笔。

诲学说

（唐）欧阳修

[原文]

玉不琢，不成器；人不学，不知道。然玉之为物，有不变之常德，虽不琢以为器，而犹不害为玉也。人之性，因物则迁。不学，则舍君子而为小人，可不念哉？付奕。

《欧阳修全集・笔说》

[译文]

玉石如果不经过雕琢，就不能成为器物；人如果不经过学习，就不懂得道理。然而玉石作为一种物质，有它不能改变的固有品性，即使不能将它雕琢为器物，但仍无损于它作为玉的本质。人的品性因外界事物的影响会发生变迁。如果不学习，就会舍弃成为君子而变为小人，岂可不慎思？给儿奕。

诲侄等书

（唐）元稹

［原文］

……吾尚有血诚将告于汝：吾幼乏岐嶷，十岁知方，严毅之训不闻，师友之资尽废。忆得初读书时，感慈旨一言之叹，遂志于学。是时尚在凤翔，每借书于齐仓曹家，徒步执卷就陆姊夫师授，栖栖勤勤。其始也若此。至年十五，得明经及第，因捧先人旧书，于西窗下钻仰沉吟，仅于不窥园井矣。如是者十年，然后粗沾一命，粗成一名。及今思之，上不能及乌鸟之报复，下不能减亲戚之饥寒，抱衅终身，偷活今日。故李密云："生愿为人兄，得奉养之日长。"吾每念此言，无不雨涕。汝等又见吾自为御史来，效职无避祸之心，临事有致命之志。尚知之乎？吾此意，虽吾兄弟未忍及此。盖以往岁忝职谏官，不忍小见，妄干朝听，谪弃河南，泣血西归，生死无告。万幸余命不殒，重戴冠缨，常誓效死君前，扬名后代，殁有以谢先人于地下耳！呜呼！及其时而不思，既思之而不及，尚何言哉？今汝等父母天地，兄弟成行，不于此时佩服诗书，以求荣达，其为人耶？其曰人耶？……

［译文］

……我还有肺腑之言将告诉你们：我幼时不够聪慧，十岁时才懂得礼仪，父亲严厉弘毅的训导不能听到，师友的帮助一概没有。记得初读书时，母亲的一句话令我感慨，从此就立志于学业。这时还在凤翔，每每向齐仓曹家去借书，拿着书走到姐夫陆翰那里求师授业，十分辛劳。我开始读书时就是这样。到十五岁时，我考中明经科举，于是又捧着先人的旧书，在西窗下研读深思，几乎足不出户。专心读书十年之后才勉强做了一个小官，有了点名气。现在想起这些，上不能像乌鸦反哺一样报答父母的养育之恩，下不能减少亲戚的饥寒之苦，抱憾终身，苟且偷生到了今天。故此李密曾说："生来愿做人兄的，可以得到奉养长辈较长的日子。"我每想到这句话，莫不泪如雨下。你们又看到我自从做了御史以来，效命职守无全身避祸的念头，遇事有舍弃生命的心胸。你们知道吗？我的这些想法，即使我们兄弟之间也不忍谈及。因为往年愧任谏官时，忍不住个人的小小看法，胡乱干涉朝廷的听闻，在河南洛阳遭到贬谪，我泣血西归，生与死无法告人。万幸的是，我的性命尚能保全，重戴官帽，常常发誓效死命于君前，扬名后代，死后可告慰地下的祖先了！唉呀！那时还想不到这一切，如今想到这些时已来不及了，还有什么话可说呢？现在你们父母健在，兄弟成行，不在这时刻苦钻研诗书，以求得显贵荣达，那还算人吗？那还叫人吗？……

潍县署中寄舍弟墨第一书

（清）郑板桥

［原文］

读书以过目成诵为能，最是不济事。眼中了了，心下匆匆，方寸无多，往来应接不暇，如看场中美色，一眼即过，与我何与也。千古过目成诵，孰有如孔子者乎？读《易》至韦编三绝，不知翻阅过几千百遍来。微言精义，愈探愈出，愈研愈入，愈往而愈不知其所穷。虽生知安行之圣，不废困勉下学之功也。东坡读书不用两遍，然其在翰林读《阿房宫赋》至四鼓，老吏苦之，坡洒然不倦。岂以一过即记，遂了其事乎！惟虞世南、张睢阳、张方平，平生书不再读，迄无佳文。且过辄成诵，又有无所不诵之陋。即如《史记》百三十篇中，以《项羽本纪》为最，而《项羽本纪》中，又以巨鹿之战、鸿门之宴、垓下之会为最。反覆诵观，可欣可泣，在此数段耳。若一部《史记》，篇篇都读，字字都记，岂非没分晓的钝汉！更有小说家言，各种传奇恶曲，及打油诗词，亦复寓目不忘，如破烂厨柜，臭油坏酱悉贮其中，其龌龊亦耐不得。

《郑板桥集》卷一

［译文］

读书以过目成诵为能耐，然而却最不能成事。眼中清楚，心里匆匆，所得无多，往来应接不暇，如看场中美色，一眼即过，与我有什么帮助？千古过目成诵的，有谁能如孔子呢？可他读《易经》至竹简皮绳多次断掉，不知翻阅了几千百遍。深奥精妙的含意，越探究越显出，越研究越深入，越往下进行越不知所穷。虽生而知之，与民安乐行事的圣人，学习上遇到了困难仍努力学习，不耻下问。东坡读书，不用读两遍，然而他在翰林院读《阿房宫赋》读至四更，老吏以为苦，东坡肃敬读书不知疲倦，岂是看过一遍记住就了事的吗？只有虞世南、张睢阳、张方平读书不看二遍，他们始终没有佳作。而且过目成诵，又有所有文章无所不诵的缺点。就如《史记》一百三十篇中，以《项羽本纪》文章最好，其中以巨鹿之战、鸿门宴、垓下之会为最佳，反复吟诵欣赏，可歌可泣，在此数段文字。若一部《史记》，篇篇都读，字字都记，岂不是没有见识的莽汉。更有小说家的文章、各种传奇不好的曲子，以及打油诗词，也都住目不忘，如破烂厨柜，臭油烂酱都塞在里面，其龌龊也让人忍耐不得。

为学一首示子侄

（清）彭端淑

［原文］

天下事有难易乎？为之，则难者亦易矣；不为，则易者亦难矣。人之为学有难易乎？学之，则难者亦易矣；不学，则易者亦难矣。吾资之昏不逮人也，吾材之庸不逮人也，旦旦而学之，久而不怠焉，迄乎成，而亦不知其昏与庸也。吾资之聪倍人也，吾材之敏倍人也，屏弃而不用，其与昏与庸无以异也。圣人之道，卒于鲁也传之。然则昏庸聪敏之用，岂有常哉？

蜀之鄙有二僧，其一贫，其一富。贫者语于富者曰：“吾欲之南海，何如？”富者曰：“子何恃而往？”曰：“吾一瓶一钵足矣！”富者曰："吾数年来欲买舟而下，犹未能也。子何恃而往！"越明年，贫者自南海还，以告富者，富者有惭色。西蜀之去南海，不知几千里也，僧富者不能至，而贫者至焉。人之立志，顾不如蜀鄙之僧哉！

是故聪与敏，可恃而不可恃也；自恃其聪与敏而不学者，自败者也。昏与庸，可限而不可限也；不自限其昏与庸而力学不倦者，自力者也。

《白鹤堂诗文集》

[译文]

天下事有难和易的区别吗？只要做，难的也就变易了；如果不做，那么易的也就变难了。人求学有难和易的区别吗？只要肯学，那么难的也就变易了；如果不肯学，那么易的也就变难了。我的天资愚钝不如人，我的材质平庸不如人，天天学习，长期坚持不松懈，直到学成，也就不知什么是愚钝和平庸了。我的天资聪明倍超别人，我的材质灵敏倍超别人，如果摒弃不用，那与愚钝和平庸就没有什么差别了。孔子的学说，最终由天资不高的曾参传承下来。既然这样，那么平庸、聪敏的作用，难道有固定不变的法则吗？

四川的边远地方有两个和尚，其中一个穷，一个富。穷和尚告诉富和尚说："我想去南海，怎么样？"富和尚说："您凭借什么前往呢？"穷和尚说："我凭一个水瓶一个饭钵就足够了。"富和尚说："我几年来想买船而下，还没能实现。您凭什么去！"到了第二年，穷和尚从南海回来了，把事情告诉了富和尚。富和尚脸上露出了惭愧的神色。四川距离南海，不知有几千里，和尚中富的不能到达而穷的到了那里。人们立志求学，难道还不如四川边远地方的穷僧人吗？

因此，人的聪明敏捷，是既可以凭借而又不可以凭借的；凡是倚仗聪明敏捷而不肯学习的人，是自己招致失败的人。愚钝平庸，是既可以限制而又不能限制人的；不受自己的愚钝平庸所限制而十分努力不知疲倦学习的人，是一种自己力求上进的人。

教子务农

（明）霍韬

［原文］

凡子侄，多忌农作，不知幼事农业，则知粟入艰难，不生侈心。幼事农业，则习恒敦实，不生邪心。幼事农业，力涉勤苦，能兴起善心，以免于罪戾。故子侄不可不力农作。

凡富家，久则衰倾，由无功而食人之食。夫无功食人之食，是谓厉民自养。凡厉民自养，则有天殃。故久享富佚，则致衰倾，甚则为奴仆，为牛马。是故子侄不可不力农作。

汉取士，设孝悌力田科，敦实务本也。凡为官者，如皆取之农家，有不恤民艰者或寡矣。子侄入社学，遇农时俱皆力农，一日或寅卯力农，未申读书；或寅卯读书，未申力农。或春夏力农，秋冬读书，勿袖手坐食，以致穷困。

凡社学师，须考社学生务农力本，居家孝悌，以纪行实。乡间骄贵子弟，耻力田勿强。本家子侄兄弟，入社学耻力田，耻本分生理，初犯责二十，再犯责三十，三犯斥出，不许入社学。

《家训》

［译文］

大凡子侄一代，多忌务农。他们不知道从幼年时就从事一些农业劳动，懂得些农人的艰辛，就不会产生奢侈的心理。幼时参加农业劳动，习性就会厚道，不会产生邪念。幼时参加农业劳动，尽力做一些勤劳艰苦的事情，就能生发善心，避免罪过。所以子侄不可不致力于农业劳动。

大凡富贵人家，日久就会衰落破产，是由于无功而食他人之食的缘故。不劳而食，就是虐害他人而养自己。凡是虐害他人而养自己的人，上天就会降祸于他。所以久享富贵安乐生活的人，必然导致衰落破产，甚至沦为奴仆，当牛做马。所以子侄不可不致力于农业劳动。

汉代选拔人才，设立了孝悌力田科，正是为了提倡厚重诚实而致力于根本。凡是做官的人，如果都是农民家庭出身，不体恤百姓疾苦的人是很少的。子侄们入乡校学习，遇农时就都要去参加农业劳动。一天之内或早上劳动，下午读书，或早上读书，下午劳动。一年之内，或春夏劳动，秋冬读书。不能袖手坐餐，以至于贫穷困难。

凡是社学[①]的老师，都须考核该校学生从事农业生产而致力于根本，在家孝顺父母、友爱兄弟的情况，把他们的实际表现记录下来。乡里娇贵人家的子弟，以致力劳动为耻辱的人，不要勉强他们。但本家子侄兄弟，进了社学以耕作为耻辱，以分内的谋生之道为耻辱者，初犯的责打二十下，再犯的责打三十下，三犯的就要驱逐出学校，不许入社学。

诫弟务农

（清）郑板桥

[原文]

十月二十六日得家书，知新置田获秋稼五百斛，甚喜。而今而后，堪为农夫以没世矣！要须制碓、制磨、制筛罗簸箕、制大小扫帚，制升斗斛。家中妇女，率诸婢妾，皆令习舂揄蹂簸之事，便是一种靠田园长子孙气象。天寒冰冻时，穷亲戚朋友到门，先泡一大碗炒米送手中，佐以酱姜一小碟，最是暖老温贫之具。暇日咽碎米饼，煮糊涂粥，双手捧碗，缩颈而啜之，霜晨雪早，得此周身俱暖。嗟乎！嗟乎！吾其长为农夫以没世乎！我想天地间第一等人，只有农夫，而士为四民之末。农夫上者种田百亩，其次七八十亩，其次五六十亩，皆苦其身，勤其力，耕种收获，以养天下之人。使天下无农夫，举世皆饿死矣。我辈读书人，入则孝，出则弟，守先待后，得志泽加于民，不得志修身见于世，所以又高于农夫一等。今则不

① 社学是明清时在乡村设立的乡村学校。

然，一捧书本，便想中举、中进士、作官，如何攫取金钱、造大房屋、置多田产。起手便错走了路头，后来越做越坏，总没有个好结果。其不能发达者，乡里作恶，小头锐面，更不可当。夫東修自好者，岂无其人；经济自期，抗怀千古者，亦所在多有。而好人为坏人所累，遂令我辈开不得口；一开口，人便笑曰：汝辈书生，总是会说，他日居官，便不如此说了。所以忍气吞声，只得挨人笑骂。工人制器利用，贾人搬有运无，皆有便民之处，而士独于民大不便，无怪乎居四民之末也，且求居四民之末而亦不可得也！愚兄平生最重农夫，新招佃地人，必须待之以礼。彼称我为主人，我称彼为客户，主客原是对待之义，我何贵而彼何贱乎？要体貌他，要怜悯他；有所借贷，要周全他；不能偿还，要宽让他。织女，衣之源也；牵牛，食之本也。在天星为最贵，天顾重之，而人反不重乎！其务本勤民，星象昭昭可鉴矣。吾邑妇人，不能织绸织布，然而主中馈，习针线，犹不失为勤谨。近日颇有听鼓儿词，以斗叶为戏者，风俗荡轶，亟宜戒之。吾家业地虽有三百亩，总是典产，不可久恃。将来须买田二百亩，予兄弟二人，各得百亩足矣，亦古者一夫受田百亩之义也。若再求多，便是占人产业，莫大罪过。天下无田无业者多矣，我独何人，贪求无厌，穷民将何所措足乎！或曰：世上连阡越陌，数百顷有余者，子将奈何？应之曰：他自做他家事，我自做我家事，世道盛则一德遵王，风俗偷则不同为恶，亦板桥之家法也。哥哥字。

选自《郑板桥集》

［译文］

十月二十六日收到家信，知道家中新置田秋收获谷五百担，很高兴。从今以后，可以当一辈子的农夫了。今后还要再添置碓、磨、筛罗、簸箕、大小扫帚、升斗斛等各种器具。家中妇女要带领婢妾，学做舂米扬糠等农事，这就是一种依靠田园教养子孙的景气。天寒地冻，穷亲戚、朋友登门时，要先泡一大碗炒米送上，加一小碟酱、姜等佐料，这是暖和老人抚慰穷人的最好办法。空闲时日就吃碎米饼，煮糊涂粥。霜雪天的早晨，双手捧着碗，缩着头颈喝着刚煮好的糊涂粥，全身都会暖和起来。啊！我真想当一辈子农夫！我认为天地间第一等人，只有农夫，而读书人为农工商之末等。上等农夫能种田百亩，中等七八十亩，下等五六十亩。他们苦其身，勤其力，干的都是苦力活。春种秋收，养活天下的人。假如天下没有农夫，整个世间的人都会饿死了。我们这些读书人，在家孝顺父母，出门尊敬兄长，遵守圣贤的教诲，培养后代，得志了就让百姓得到恩惠，不得志就加强自身修养以见于世，所以这样的读书人，又得高于农夫一等。现在不是这样了，有的读书人，一捧起书本就想中举、中进士、做官，怎样攫取金钱，建造大房子，多置田产。一开始就走错了道路，后来越干越凶，总是没有好结果的。那些不能发达兴旺的人，就在乡里作恶多端，尖头滑脑的家伙，闹得更凶。洁身自好的人，也并非无人，希望自己能治理国家，反对怀古法古的人，也大有人在。但是往往好人受坏人的牵累，于是使我们这些人不得开口，一开口，就有人讥笑说：你们这些书生，总是会说，有朝一日做了官，就不这样说了。所以，只得忍气吞声，挨人笑骂。工人能制造器具可供使用；商人能贩运货物，互通有无，都有便民的地方。唯独读书人不大便民，无怪乎列居四民之末！而且欲求四民之末也不可得也！愚兄平生最器重农夫，对新招佃农，必须以礼相待。他称呼我“主人”，我称呼他“客户”。主客称谓本是相对的，为何主贵客贱呢？要体谅、怜悯他；有求借贷，就要成全他，不能偿还，要宽容他。曾经取笑唐人七夕诗，咏怀牛郎织女，都写相会离别等可怜的字句，其实很有失命名的本意。织女，衣的来源；牵牛，食的根本。在天那儿星是最为贵重的东西，天那么看重他，而人反倒不珍重啊！牛郎织女从事的本是为百姓尽为，星象的光明可以鉴察。我们村里的妇女，不能织绸织布，但是善于主持饮食、干针线活，还不失为勤快严谨。近日还有听鼓儿词的，以斗叶为游戏的人伤风败俗，应当极力禁止。我们家业地产虽有三百亩，都是抵押的房地产，不能永久依靠。将来须要买田二百亩，你我兄弟二人，各得百亩就足够了，也算是符合古代丁男受田百亩的做法了。若再求多，就是等于占别人产业，这样罪过就很大。天下无田无业的人多了，我却贪得无厌，算什么人！穷人将如何安排生活呢？也许有人会说：世间田园连阡越陌，占有数百顷的人有的是，你又将如何呢？我的回答：他做他自家的事，我做我自家的事，世道兴盛则尽力为善，世俗败坏时则不同为恶，这也是我郑板桥的家法之一。哥哥字。

教子语

[原文]

人生至乐，无如读书；至要，无如教子。

父子之间，不可溺于小慈。自小律之以威，绳之以礼，则长无不肖之悔。

教子有五：导其性，广其志，养其才，鼓其气，攻其病，废一不可。

养子弟如养芝兰，既积学以培植之，又积善以滋润之。

人家子弟，惟可使觌德，不可使觌利。

富者之教子，须是重道；贫者之教子，须是守节。

子弟之贤不肖，系诸人；其贫富贵贱，系之天。世人不忧其在人者，而忧其在天者，岂非误耶？

士之所行，不溷流俗，一以抗节于时，一以诒训于后。

士人家切勤教子弟，勿令诗书味短。

孟子以惰其四肢为一不孝，为人子孙游惰而不知学，安得不愧？

《戒子通录》

[译文]

人生最大的快乐，莫如读书；最紧要的事情，莫过于教子。

父子之间，不可沉溺于小的慈爱。自小威严地管束他，用礼法去匡正他，那么长大以后就没有不肖的悔恨了。

教子的原则有五条：引导他的性情，开拓他的志向，培养他的才能，鼓励他的勇气，批评他的毛病。这五条一条都不可偏废。

培养子弟如同培养芝草和兰草一样：既要聚积学问以培植他，又要聚积善行以滋润他。

人的子弟，只可以使他崇尚道德，不可以使他贪图名利。

富贵的人家教子，必须要重道德；贫穷的人家教子，必须要坚守节操。

子弟的贤与不贤，在于人；他们将来的富贵贫贱，在于天。世人不忧虑人为的方面而忧虑天命方面，岂不错了吗？

读书人的行为，不能混于流俗之中，一要坚守节操于当代，一要诒训于后世。

读书人家务必要勤于教育子弟，不要使之缺乏读书的兴趣。

孟子以四肢懒惰而不顾恤父母的养育之恩为不孝之一，如果为人子孙的只知道游荡懒惰而不知道学习，怎能不惭愧呢？

诫从子发奋“实学”

万斯同

[原文]

夫吾之所谓经世者，非因时补救，如今所谓经济云尔也。将尽取古今经国之大猷，而一一详究其始末，斟酌其确当，定为一代之规模，使今日坐而言者，他日可以行耳。若谓儒者自有切身之学，而经济非所务，彼将以治国平天下之业，非圣贤学问中事哉？是何自待之薄，而视圣学之小也……吾窃怪今之学者，其下者既溺志于诗文，而不知经济为何事；其稍知振拔者，则以古文为极轨，而未尝以天下为念；其为圣贤之学者，又往往疏于经世，见以为粗迹而不欲为。于是学术与经济，遂判然分为两途，而天下始无真儒矣，而天下始无善治矣。呜呼！岂知救时济世，固孔、孟之家法，而已饥己溺若纳沟中，固圣贤学问之本领也哉。

吾非敢自谓能此者，特以吾子之才志可与语此，故不惮冒天下之讥而为是言。愿暂辍古文之学，而专意从事于此。使古今之典章法制灿然于胸中，而经纬条贯，实可建万世之长策，他日用则为帝王师，不用则著书名山，为后世法，始为儒者之实学，而吾亦俯仰于天地之间而无愧矣。苟徒竭一生之精力于古文，以蕲不朽于后世，纵使文实可传，亦无益于天地生民之数，又何论其未必可传者耶！况由此力学不为无用之空言，他日发为文章，必更有卓然不群者，又未始非学古文者之事也。吾子其尚从吾言，而无溺于旧学，幸甚幸甚！

选自《石园文集》

[译文]

我所说的经世，不是补救不同时期的弊政，如今所说的治理国家而已。我将尽力索取古今治国的雄才伟略，并逐一加以详细研究它的始末，斟酌它的确切含义，成为一代的规模，使今天坐而论政者，明天可以实行。如果说读书人自有切身的学问，但不从事治国，那么他如何去创治国平天下的业绩？难道这不也是圣贤学问中的大事吗？为什么要慢待自己，而小看圣贤之学呢？……我曾私下责备现在的一些读书人，他们酷爱诗文，确不知治国是怎么一回事；其中稍有进取心的，就以古文为最高准则，而不曾以天下兴亡为念；他们是圣贤的门徒，却又疏忽治国大业，不愿去做他们认为粗俗的事。于是学术与治国，就截然分为两条道了。认为天下始无真正的儒学了，天下始无治国的人才了。他们哪里知道救时济世，本是孔孟的家法，而自己忍饥挨饿，沉迷不悟使自己陷入了泥潭，这本来也是圣贤学问的本领啊！

我不敢说自己是能做这样的人，特用我儿子的才志来说明这点。因此我不怕天下人讥笑而发表上述言论。乐意暂停古文的学习，而特意从事于此。让古今的典章法制照亮人们的心中，融会贯通，堪称万世之策。他日用就可为帝王师，不用就著书藏于名山，为后世师法，这方是读书人的真才实学，而我俯仰于天地之间也就无愧了。如果竭尽毕生精力于古文，以香草之名不朽于后世，即使文章确实可以传世，也无益于天地生民的命运，何况你的文章未必可以传世呢！况且由此努力做学问，不是无用的空谈，他日引发为文章，必定更有卓然不群之风，又不是非学古文的人的事情了。我的孩子尚能听从我的话，而没有沉溺于旧学，幸甚，幸甚！

诫兄子严，敦书

（汉）马援

［原文］

……龙伯高敦厚周慎，口无择言，谦约节俭，廉公有威。吾爱之重之，愿汝曹效之。杜季良豪侠好义，忧人之忧，乐人之乐，清浊无所失，父丧致客，数郡毕至。吾爱之重之，不愿汝曹效也。效伯高不得，犹为谨敕之士，所谓刻鹄不成尚类鹜者也；效季良不得，陷为天下轻薄子，所谓画虎不成反类狗者也。讫今季良尚未可知，郡将下车辄切齿，州郡以为言，吾常为寒心，是以不愿子孙效也。

（《全后汉文》卷十七）

［译文］

……龙伯高为人敦厚谨慎，有话直说，不当面一套背后一套，谦虚节俭，廉洁公正而有威望。我喜爱他看重他，希望你们效法龙伯高。杜季良豪侠仗义，忧人之忧，乐人之乐，与不同人交往轻重远近适当。他因父亲丧事宴请客人，几郡的人都来了。我喜爱他看重他，但不希望你们学他。因为学习龙伯高即使学不到，还能成为一个谦恭自诫的人，就是俗语所说的雕刻天鹅不好还能像只鸭子；而学习杜季良如果学不到，就会沦为天下的轻薄少年，就是俗语所说的画虎不成反类犬。直至现在杜季良的未来还不好预料，但郡守到任后则对他咬牙切齿，州郡的人都把杜季良的言行作为谈资，我常常为他的行为而寒心，所以不希望子孙效法杜季良啊。

三、从师·交友

[原文]

子适卫，冉有仆。子曰："庶矣哉！"冉有曰："既庶矣，又何加焉？"曰："富之。"曰："既富矣，又何加焉？"曰："教之。"

（《论语》子路篇第十三）

[译文]

孔子到卫国去，冉有为他驾车。孔子说："人口真多呀！"冉有说："人口多了，还要再做什么呢？"孔子说："使他们富起来。"冉有说："富了以后又还要做些什么？"孔子说："教育他们。"

[原文]

默而识之，学而不厌，诲人不倦，何有于我哉？

（《论语》述而篇第七）

[译文]

默默地记住所学的知识，学习不觉得厌烦，教人不知道疲倦，这对我能有什么困难呢？

[原文]

有教无类。

（《论语》卫灵公篇第十五）

[译文]

人人都可以教育，不分类别。

[原文]

三人行，必有我师焉。择其善者而从之，其不善者而改之。

（《论语》述而篇第七）

[译文]

三个人一起，其中必定有人可以作为我的老师。我选择他人好的品德向他学习，看到他人不好的地方作为改掉自己缺点的借鉴。

[原文]

温故而知新，可以为师矣。

（《论语》为政篇第二）

[译文]

在温习旧知识时，能有新体会、新发现，可以当老师了。

[原文]

不愤不启，不悱不发，举一隅不以三隅反，则不复也。

（《论语》述而篇第七）

[译文]

教导学生，不到他努力想弄明白而仍不清楚的时候不去开导他；不到他想说却说不出来的时候不去启发他。四个方面教给他一个方面，他却不能由此而推知其他三个方面，那就不再教他了。

[原文]

子路问："闻斯行诸?"子曰："有父兄在，如之何其闻斯行之?"冉有问："闻斯行诸?"子曰："闻斯行之。"公西华曰："由也问闻斯行诸，子曰：'有父母在'；求也问闻斯行诸，子曰：'闻斯行之。'赤也惑，敢问。"子曰："求也退，故进之；由也兼人，故退之。"

（《论语》先进篇第十一）

[译文]

子路问："听完课上讲的就都付诸行动吗？"孔子说："有父兄健在，怎么能学了就行动起来呢？"冉有问："听完课上讲的就都付诸行动吗？"孔子说："学了就行动起来。"公西华说："仲由问'听完课上讲的就都付诸行动吗？'你回答说：'有父兄健在。'冉求问：'听完课上讲的就都付诸行动吗？'你回答：'学了就行动起来。'我被弄糊涂了，敢请问个明白。"孔子说："冉求总是退缩，所以我鼓励他；仲由胆量过人，所以我约束他。"

[原文]

曾子曰："君子以文会友，以友辅仁。"

（《论语》颜渊篇第十二）

[译文]

曾子说："君子以文章学问来结交朋友，依靠朋友帮助培养仁德。"

[原文]

性相近也，习相远也。

（《论语》阳货篇第十七）

[译文]

人的本性是相接近的，由于习染、教育不同才有了很大的差别。

[原文]

中人以上，可以语上也；中人以下，不可以语上也。

（《论语》雍也篇第六）

[译文]

具有中等以上才智的人，可以给他讲授高深的学问；才智在中等水平以下的人，不可以给他讲高深的学问。

［原文］

君子之学也，说义必称师以论道，听从必尽力以光明……义之大者，莫大于利人，利人莫大于教；知之盛者，莫大于成身，成身莫大于学……天子入太庙祭先圣，则齿尝为师者弗臣，所以见敬学与尊师也。

（《吕氏春秋》尊师）

［译文］

君子的学习，在讲道时一定会以老师的教导来进行论证。听从老师的教导使其发扬光大……最有意义的事莫过于做对人有利的事了，对人最有利的事莫过于教育；知识很多，莫大于立身，立身莫大于学习……天子进太学去祭拜先人，就不曾把过去的老师当臣子看待，而是与他们的先人同列。由此可见尊师重教的行为。

故事

张良求教

张良刺杀秦始皇未成，便改名换姓，逃到了下邳。灭秦复仇的事一直深藏在心。一天，他信步闲游，走到下邳附近的一座桥上，一个身穿粗布短衣的老人走到他跟前，故意将自己的一只鞋子丢到桥下，回头对张良说："小伙子，下去把鞋拾上来。"张良一愣，很是恼火，想打他一顿，但这是个老人，不能如此，就强忍怒火，下桥去把鞋给他捡了上来。正想把鞋交给他，老人又说："替我把鞋穿上。"张良心想，既然帮他把鞋捡上来了，就再给他穿上吧。于是，跪在地上帮老人家穿上了鞋，心里却感到这老人有些怪异。老人也不道谢，笑着走了。张良望着他的身影，惊异地站在那里。老人走了不到一里地，又走回来对他说道："小伙子可以调教。第五天天亮时，跟我在这里会面。"张良十分纳闷，向他敬了个礼，说道："好的。"

第五天，天一亮张良就去桥头赴约。可等他到时，老人已经到了，很生气地对他说："跟老人约会，你却迟到，是什么道理?"说完，扭头就走，边走边说："五天后早点来。"

第五天，五更鸡叫，张良就起身去到桥头，老人还是先到了，生气地说："迟到，为什么?"说完，转身又走了，同时说道："五天后再早点来。"

第五天，张良没等到半夜就去到了桥头，心想，这次够早了吧。可是他刚到不久，老人就来了，见张良已经来了，很高兴地说："应该是这样!"从怀中取出一卷竹简，说："好好研究它，就可以做帝王之师，十年后，时局一定有变动，十三年后，到济北来见我。你找到谷城山下的黄石，那就是我了。"说完就走了。天亮后，张良看那卷竹简，原来是《太公兵法》。这本书对张良帮刘邦争得天下有很大帮助。

出自《史记》留侯世家

贤良家训

古之学者必有师。师者，所以传道受业解惑也……孔子曰：三人行，则必有我师。是故弟子不必不如师，师不必贤于弟子。闻道有先后，术业有专攻，如是而已。

韩愈《师说》

[原文]

益者三友，损者三友。友直，友谅，友多闻，益矣。友便辟，友善柔，友便佞，损矣。

（《论语》季氏篇第十六）

[译文]

有益的朋友有三种，有害的朋友有三种。同正直的人交友，同诚信的人交友，同见闻多的人交友，是有益的。同惯于走邪道的人交朋友，同善于吹捧的人交朋友，同惯于花言巧语的人交朋友，这是有害的。

[原文]

可与共学，未可与适道；可与适道，未可与立；可与立，未可与权。

（《论语》子罕篇第九）

[译文]

可以一起学习的人，未必都能得道；能够共同得道的人，未必都能一起立业；能够一起立业的人，未必都能够灵活应变。

[原文]

主忠信，毋友不如己者，过则勿惮改。

（《论语》子罕篇第九）

[译文]

以忠信为根本，不要跟不如自己的人交朋友，有了错误不要怕改正。

[原文]

子贡问友。子曰："忠告而善道之，不可则止，毋自辱也。"

（《论语》颜渊篇第十二）

[译文]

子贡问怎样对待朋友。孔子说："诚心地劝告他，好心地开导他，如果不听也就算了，不要自取其辱。"

[原文]

朋友切切偲偲，兄弟怡怡。

（《论语》子路篇第十三）

[译文]

朋友之间相互批评，兄弟之间和睦相处。

[原文]

晏平仲善与人交，久而敬之。

（《论语》公冶长篇第五）

[译文]

晏平仲善于与人交朋友，相识越久别人越尊敬他。

[原文]

伯夷、叔齐不念旧恶，怨是用希。

（《论语》公冶长篇第五）

[译文]

伯夷、叔齐兄弟不记宿怨，别人对他们的怨恨就很少了。

[原文]

君子和而不同，小人同而不和。

（《论语》子路篇第十三）

[译文]

君子追求和谐而非苟同，小人苟同而不能和谐。

[原文]

人之过也，各于其党。观过，斯知仁矣。

（《论语》里仁篇第四）

[译文]

人们的错误，总是与他那些同伙所犯错误的性质是一样的，所以，考察一个人所犯的错误，就可以知道他是哪类人也。

[原文]

群居终日，言不及义，好行小惠，难矣哉！

（《论语》卫灵公篇第十五）

[译文]

大家整天在一起，说话不及义理，喜欢卖弄小聪明，这种人难有出息啊！

故事

鲍叔牙力荐管仲

鲍叔牙，春秋时齐国大夫，他年轻时经商，在河南南阳认识了同行管仲，知道他曾经“三仕三见逐于君”。经历坎坷但有着远大抱负和非凡的才能，对他十分佩服。在合伙经商时，管仲将赚来的钱自己私自留下一部分，鲍叔牙认为他不是贪财而是家贫，也不计较；因听从管仲的意见而赔了钱，鲍叔牙也不抱怨他，说是时机不好，不是管仲无能。后来，他们都从政了。但各人选择了不同的君主。这时，听说管仲打仗时接连几次当了逃兵，鲍叔牙并不认为是他怯弱，而是家里清寒有老母放心不下。管仲听到这话后，感慨地说：“生我者父母，知我者鲍子也。”

齐桓公根据鲍叔牙的才能，决定任命他为宰相，鲍叔牙却推荐管仲，自己甘愿做他的副手。据《国语》记载如下：

“桓公自莒（今山东莒县）反于齐。使鲍叔牙为宰。辞曰：‘臣，君之庸臣也。君加惠于臣，使不冻馁，则是君之赐也。若必治国家者，则非臣之所能也。若必治国家者，则其管夷吾（管仲名夷吾）

乎！'" 跟着讲了管仲的五大长处，充分说明他是治国之才。不过齐桓公说："我在和他交战时，他用箭射中了我衣带钩，差点要了我的命，不行。"鲍叔牙对道："那是奉君命行事。若你让他这样干，也会如此。"

齐桓公以国事为重，不计一箭之仇，听从鲍叔牙的意见，用洗三遍澡，洒三次香水的大礼去迎接管仲，并拜他为相。齐国在管仲治理下，由乱而治，由弱变强，遂称霸于诸侯。

贤良家训

庭诰

（宋）颜延之

[原文]

观夫古先垂诫，长老余论，虽用细制，每以不朽见铭；缮筑末迹，咸以可久承志。况树德立义，收族长家，而不思经远乎？曰：身行不足，遗之后人。欲求子孝，必先慈；将责弟悌，务为友。虽孝不待慈，而慈固植孝；悌非期友，而友亦立悌。夫和之不备，或应以不和，犹信不足焉，必有不信。傥知恩意相生，情理相出，可使家有参、柴，人皆由、损。喜怒者有性所不能无，常起于褊量，而止于弘识。然喜过则不重，怒过则不威，能以恬漠为体，宽愉为器者，美矣！大喜荡心，微抑则定；甚怒烦性，小忍即歇。故动无愆容，举无失度，则物将自悬，人将自止。习之所变亦大矣，岂惟蒸性染身，乃将移智易虑。故曰：与善人居，如入芝兰之室，久而不闻其芬，与之化矣；与不善人居，如入鲍鱼之肆，久而不闻其臭，与之变矣。是以古人慎与所处。唯夫金真玉粹者，乃能尽而不污尔。故曰：丹可灭而不能使无赤，石可毁而不能使无坚。苟无丹石之性，必慎浸染之由。

《全宋文》卷三十六

［译文］

审视古代先贤们的训诫，年高者留下来的言论，虽然都篇幅短小，可常常因其不朽而被铭刻流传；即使做出一些事情微小，但却因为可以承其大志而被记录下来。何况树德立义，团结宗族治理家庭，能不考虑它的久远吗？有言道：自身行为不好，会贻害后人。想要儿子孝顺，父必先要慈爱；想让弟弟恭顺，哥哥必须先友善。即使孝不一定有待于慈爱，但慈爱一定可以培养出孝来；即使恭顺不一定非要期望于友善，但友善一定能树立起恭顺来。如果和睦不完备，或许会带来不和，就像信义不够，必将带来不诚实一样。明白恩情和孝意相互影响、情感和公理相互依存，就能够家家有曾参、高柴、仲由、闵损那样的贤人了。

喜怒是人的性情中不能没有的，它们常生于狭小的气量，而止于宏见卓识。然而过喜有失庄重，过怒有失威严，能够本着恬静淡泊、宽厚愉快的态度处世，就太美了！大喜动荡心性，稍加抑制就安定了；大怒烦恼伤心，只要稍自忍耐就能平息。所以做事无遗憾，举止不失度，那么，事物处于自然状态，而人会自动归于恬静。人的习性的变化也太大了，岂止是蒸熏本性浸染本身，还会变移智慧改变思想。所以说：与好人相处，就像进入放有芝兰芳香的屋子，时间长久了，不闻其香，已经与香气同化了；与坏人交往，就像进入出售臭鱼的店铺，时间长了不闻其臭，也与它一起变臭了。所以，古人在与人相处时很慎重。只有那些有像真金粹玉一般坚贞的人，才能与人处而不受污染。所以说可以把丹砂毁灭，但不能消除它的红色；可以使石头粉碎，但不能使它不坚硬。假如一个人没有丹砂、岩石一样的品行，就一定要谨防被浸染而变坏。

与长子受之

（宋）朱熹

［原文］

早晚受业请益，随众例不得怠慢。日间思索有疑，用册子随手札记，候见质问，不得放过。所闻诲语，归安下处，思省切要之言，逐日札记，归日要看。见好文字，录取归来。

不得自擅出入，与人往还。初到，问先生有合见者见之，不合见则不必往。人来相见，亦启禀然后往报之，此外不得出入一步。

居处须是居敬，不得倨肆惰慢。言语须要谛当，不得嬉笑喧哗。凡事谦恭，不得尚气凌人，自取耻辱。

不得饮酒，荒思废业，亦恐言语差错，失己忤人，尤当深戒。不可言人过恶，及说人家长短是非。有来告者，亦勿酬答。于先生之前，尤不可说同学之短。

交游之间，尤当审择。虽是同学，亦不可无亲疏之辨。此皆当请于先生，听其所教。大凡敦厚忠信，能攻吾过者，益友也；其谄谀轻薄，傲慢亵狎，导人为恶者，损友也。推此求之，亦自合见得五七分，更问以审之，百无所失矣。但恐志趣卑凡，不能克己从善，则益者不期疏而日远，损者不期近而日亲，此须痛加检点而矫革之。

不可荏苒渐习，自趋小人之域，如此则虽有贤师长，亦无救拔自家处矣。见人嘉言善行，则敬慕而纪录之。见人好文字胜己者，则借来熟看，或转录之而咨问之，思之与齐而后已。不拘长少，惟善是取。

以上数条，切宜谨守。其所未及，亦可据此推广，大抵只是勤谨二字。循之而上，有无限好事。吾虽未敢言，而窃为汝愿之。反之而下，有无限不好事。吾虽不欲言，而不免为汝忧之也。

盖汝若好学，在家足可读书作文，讲明义理，不特远离膝下，千里从师。汝既不能如此，即是自不好学，已无可望之理。然今遣汝者，恐汝在家汩于俗务，不得专意。又父子之间，不欲昼夜督责，及无朋友闻见，故令汝一行。汝若到彼，能奋然勇为，力改故习，一味勤谨，则吾犹有望。不然则徒劳费，只与在家一般；他日归来，又是旧时伎俩人物。不知汝将何面目归见父母亲戚乡党故旧耶？

念之，念之。夙兴夜寐，无忝尔所生。在此一行，千万努力。

《朱子文集》卷八

［译文］

早晚读书学习，要多请老师指教；随着大家的惯例，不得懈怠。平时思考有疑难之处，要用小册子随手记下来，等见到老师询问，不能放过。凡是听到老师的教诲，回到住处，要思忖切中要害的部分，每天摘记，到时候要看。见有好文章，要把它抄录回来。

不得擅自出入，与人来往。有人初来，要请问老师，有应当见的就见，不应当见的就不必往来。有人来跟你相见，也要启禀老师后再回报他。除此外不得出入一步。

居处一定要敬重别人，不得傲慢放肆，懒惰冷淡。言语须要谨慎恰当，不能嘻笑喧哗。凡事要谦虚恭敬，不得盛气凌人，免得自取耻辱。

不得饮酒，免得精神空茫，荒废学业；也怕酒后失言，损己伤人，尤其应当深戒。不可背后议论别人过错，说别人的长短是非。有人告诉你这些事，也不要回答。在老师面前，尤其不可说同学的短处。

交游要慎重而有选择，虽是同学，也不能没有亲疏的区别。这些都应当向老师请教，听他教诲。大凡待人诚信忠厚，能指出自己缺点和过失的，是好朋友；那些阿谀奉承、出言轻薄、傲慢放荡、引诱人做坏事的，是坏朋友。假如按照这个标准来找朋友，自己也只可看清五至七分，再向老师请教以进一步审查，那就百无一失了。但是我担心你志向卑下平凡，不能克己从善，接受别人正确的意见，这样益友虽不想疏远也自然而然地疏远了；损友虽不想亲近却日益亲近了。这就需要痛加检查，纠正革除自己的弱点。不要逐渐染上些坏习惯，如果这样，即使有贤良的师长，也不能使你从自己的境况中自拔。

见到别人有良言美行，就敬慕把它记录下来，看到别人的好文章胜过自己，就拿来熟看，或者记载下来，进行探讨，一直到向他看齐为止。不论年纪大小，只要是好的，就一定要汲取。

以上几条，务必严格遵守。前面没谈到的，举一反三，其道理大抵不出勤谨二字。假如能遵循它上进，会有无限的好事。我虽不敢说，但我暗自为你祝愿。反之你就会向下滑落，有无限坏事出现在你面前。我虽不想说，但还是不免为你担忧。

其实，你如果好学，在家足可读书学习，讲明义理，不一定非得远离父母，于千里外求学。可是你已经不能这样，自己不好好学习，也没什么指望了。然而我现在还是把你送出去，是担心你在家中沉迷于世俗杂务，不能专心。又因为父子之间，父亲也不能日夜对你督促责备，家中也不便于你交友广增见闻，所以还是叫你出去走一走。假如你到那里，能奋发有为，努力改掉旧习，一味勤谨，那么，我对你还是存有希望的。不然，我就是白白劳费，你还是和在家里一样；将来回来，依然故我。如果真是这样，我不知你将有何脸面回来见你的父母、亲戚、同乡、朋友呢？

切记，切记。希望你早起晚睡，不要辱没了生你的父母。就在此一行，千万要努力！

四、孝　悌

圣贤语录

［原文］

有子曰："其为人也孝弟，而好犯上者，鲜矣；不好犯上，而好作乱者，未之有也，君子务本，本立而道生。孝弟也者，其为人之本与？"

（《论语》学而篇第一）

［译文］

有子说："为人孝敬父母、善待兄长而喜好犯上的人是很少见的。不好犯上，而喜好造反的人是没有的。君子致力于根本，根本建立了，治国做人之道也就有了。孝敬父母，善待兄长，这就是为人的根本啊！"

［原文］

子游问孝。子曰："今之孝者，是谓能养。至于犬马，皆能有养，不敬，何以别乎？"

（《论语》为政篇第七）

［译文］

子游问什么是孝。孔子说："如今所谓的孝，就是能赡养父母便够了。然而，就是犬马都能够得到饲养。不敬重父母，那么赡养父母与饲养犬马有什么区别呢？"

[原文]

子夏问孝。子曰："色难。有事弟子服其劳；有酒食，先生馔，曾是以为孝乎？"

（《论语》为政篇第二）

[译文]

子夏问什么是孝。孔子说："难在对父母和颜悦色。有事情年轻人给他们操劳；有酒饭让父母吃，难道这就是孝吗？"

[原文]

孟武伯问孝。孔子曰："父母唯其疾之忧。"

（《论语》为政篇第二）

[译文]

孟武伯问什么是孝。孔子说："要让你的父母只为你的疾病担忧。"

[原文]

司马牛忧曰："人皆有兄弟，我独亡。"子夏曰："商闻之矣：'死生有命，富贵在天。'君子敬而无失，与人恭而有礼，四海之内，皆兄弟也。君子何患乎无兄弟也？"

（《论语》颜渊篇第十二）

[译文]

司马牛忧愁地说："别人都有兄弟，唯独我没有。"子夏说："我听说过：'死生有命，富贵在天。'君子只要对待所做的事情严肃认真，不出差错，对人恭敬而合乎礼仪，四海之内都是自己的兄弟了。君子何必担忧没有兄弟呢？"

［原文］

老吾老，以及人之老；幼吾幼，以及人之幼。天下可运于掌。诗云："刑于寡妻，至于兄弟，以御于家邦。"言举斯心加诸彼而已。故推恩足以保四海，不推恩无以保妻子。古之人所以大过人者无他焉，善推其所为而已矣。

（《孟子》梁惠王章句上）

［译文］

敬爱我的长辈，从而推广到敬爱别人的长辈。爱护我的子女，从而推广到爱护别人的子女。这样，要想让天下归服就像在手中转动小物件那样容易了。《诗经》上说："先给妻子做榜样，再推广到兄弟，再推广到封地和国家。"这就是说把这样的好心扩大到其他所有人就行了。所以，由近及远地把恩惠推广开，就足以安定天下。不这样，甚至连自己的妻儿都保护不了。古代的圣贤之所以远远超过一般人，没有别的诀窍，只因他们善于推广他们的好行为罢了。

［原文］

夫执一术而百善至，百邪去，天下从者，其惟孝也！……今有人于此，行于亲重，而不简慢于轻疏，则是笃谨孝道。先王之所以治天下也。故爱其亲，不敢恶人；敬其亲，不敢慢人。爱敬尽于事亲，光耀加于百姓，究于四海，此天子之孝也。

（《吕氏春秋》孝行）

［译文］

用一种办法让百善至、百邪去，天下跟从的只有孝道……今有人在孝道问题上，对亲人、重视的人实行孝道，而不怠慢轻视疏远的人，就是笃行孝道。先王之所以治天下就是如此。因此，爱其亲不敢对别人凶恶；敬其亲而不敢怠慢他人，尽力侍奉亲人，并使这种光辉加到百姓身上，推至四海，这就是天子的孝道。

[原文]

民之本教曰孝，其行孝曰养。养可能也，敬为难；敬可能也，安为难；安可能也，卒为难。父母既没，敬行其身，无遗父母恶名，可谓能终矣。

（《吕氏春秋》孝行）

[译文]

民众根本的教养是孝道，行孝道就要供养。供养父母可以办到，对父母恭敬则难；对父母恭敬可以办到，让父母安心则难；让父母安心可以办到，对父母始终孝顺则难。父母去世了，自己要谨言慎行，不要给父母留下坏名声，可说是善终了。

故事一

舜以孝得天下

据《史记·五帝本纪第一》记载：尧在帝位七十年时，他想找人继承他的帝位，大臣们就说："让你儿子丹朱继承吧！"尧说："丹朱顽劣好与人争讼，做帝王不合适。"于是大臣又推荐了其他几个贵族官员，但尧认为都不行，就说："不论显贵或隐居之人尽可推荐。"于是大臣们同声说："有个平民叫虞舜的，还没结婚，是个孝子。"尧说："我也听说过此人，他到底怎么样？"大臣说："他是盲人的儿子。父亲是盲人，心底不好。舜的母亲死后，他父亲又续弦生了个儿子叫象。他的继母很蛮横，弟弟像狂傲骄纵，一家人都想害死舜，但舜都躲过了，对父母仍很孝顺，对兄弟十分友善，使家庭过得很好。"尧说："我来试试吧！"

尧把两个女儿嫁给舜，看他如何治家；使九个儿子与舜共处，看他如何处世。舜家居行事都很规矩，尧的两个女儿在家中不因出身高贵而骄傲，用心侍奉亲人，遵守妇人之道。尧的九个儿子也都更加诚信友爱。舜在历山耕种，人们都能礼让不扰；在雷泽捕鱼，人们都能让出住所；在黄河边制陶器，没有粗制滥造的。一年之后他的住所附近成了村落，两年之后成了城邑，三年就成了城市。尧于是赏给舜细葛布和琴，为他建粮仓，送给他牛羊。舜的家人想分他的财物，想杀死他。他的父亲让他到粮仓顶上去抹泥，却从下面放火想烧死他。舜用两个斗笠护住身子逃掉了。后来他的父亲又让他去挖井，舜挖井时在井壁上挖了一个通向地面的小通道。舜把井挖深后，他的父亲和弟弟象合力用土将井填实，但舜早已从小通道中逃跑了。他的父亲和弟弟很高兴，以为舜已死，象说："愿把舜的财物分给父母一份，舜的妻子——尧的两个女儿和琴归自己，牛羊粮仓归其父母。"于是，象就搬到舜的卧室居住，弹舜的琴。这时，舜却来看他，象惊愕不已，不高兴地说："我正十分想念你哩！"舜说："这样，你很好啊！"舜更加小心侍奉父母，友爱弟弟。于是尧又试用五种伦理和各种职事来考察舜的才能，结果都很令人满意。舜被重用，替尧办事二十年，尧使他代行政事八年。尧去世后三年，天下归属于舜。舜称帝后，对父母仍十分孝顺，对弟弟仍很友爱，并给尧的儿子丹朱封地归其享用。

故事二

黄香暖席

东汉时有个叫黄香的人，他幼年丧母，与父亲相依为命，以孝道侍奉父亲。九岁时，夏天怕父亲受热，用扇子将枕席扇凉；冬天怕父亲受凉，用身体将父亲被褥焐热再让父亲睡。他的孝行得到世人称赞。东汉时以孝廉举荐官吏，黄香以孝当了官，并升至东郡太守。他当官时，辖区内遭了灾，他不仅将自己的俸禄捐出，还将皇帝给他的奖赏等都拿出来，赈济灾民，被称颂一时。

感言

百善孝为先。只有对父母行孝道的人，才能对他人产生爱心，为社会做善事。

贤良家训

福州五戒

蔡襄

[原文]

观今之俗，为父母者，视己之子犹为厚薄；追至娶妇，多令异食。贫者困于日给，其势不得不然；富者亦何为之？盖父母之心，不能均于诸子以至此。不可不戒！

人之子孝，本于养亲以顺其志，死生不违于此，是孝诚之至也。观今之俗，贫富之家，多于父母异财，兄弟分养，乃至纤悉无有不校；及其亡也，破产卖宅，以为酒肴，设劳亲知，施于浮图，以求冥福。原其为心，不在于亲，将以夸胜于人，是不知为孝之本也。生则尽养，死不妄费，如此岂不善乎？

兄弟之爱，出于天性，少小相从，其心欢欣，岂有间哉？追因娶妇，或至临财，憎恶一开，即成怨隙；至有兴诉讼，冒刑狱，至死而不息者，殊可哀也。盖由听妇言，贪财利，绝同胞之恩、友爱之情，遂及于此。

娶妇何谓？欲以传嗣，岂为财也。观今之俗，娶其妻不顾门户，直求资财，随其贫富，未有婚姻之家不为怨怒。原其由，盖婚礼之夕，广糜费；已而校奁橐，朝索其一，暮索其二。夫虐其妻，求之不已；若不满意，至有割男女之爱，辄相弃背。习俗日久，不以为怪。此生民之大弊，人行最恶者也。

凡人情莫不欲富，至于农人商贾百工之家，莫不昼夜营度，以求其利。然农人兼并，商贾欺谩，大率刻剥贫民，罔昧神理；譬如百虫聚居，强者食啗，曾不暂息。求而得之，广为施与，冀灭罪恶，其愚甚矣。今欲为福，孰若减刻剥之心，以宽贫民，去欺谩之行，以畏神理？为子孙之计，则亦久远；居乡党之间，则为良善。其义至明，不可不志。

（《宋文鉴》卷一百八）

［译文］

观察今日之民俗，做父母的对待自己的儿子还要有所厚薄，等娶了媳妇，大多让他们分居另过。贫穷之家由于日给困难，使他们不得不这样；而富贵之家为何也要这样做呢？大概父母的心，不能够公正地对待各位儿子才到了如此地步。不可不引以为戒！

人的儿子的孝敬，根本在于奉养双亲而使双亲顺心，无论死生都不能与礼相违背，这才是忠诚孝顺的最高表现。而观察今日的风俗，贫穷和富贵之家，大多是与父母各有各的财物，兄弟数人分养父母，甚至于对很细小的财物也没有不计较的；到父母死的时候，儿子破产出卖田宅，买酒买肉，设宴款待亲友故旧，送钱给佛教僧人，以求阴间的幸福。推究他们的本心，并不在于为双亲送终，而是借以夸耀胜过他人，这是不懂得孝敬的本意啊。活着时尽力奉养，死了后不胡乱花费，这样岂不更好吗？

兄弟之爱，出于天性，年幼时小的跟着大的，他们的心情十分欢欣，哪里有什么隔阂呢？大概娶了媳妇之后，或者是面对于财物的取予，憎恶的感情就开始有了，随即有了嫌隙和不和；甚至于有兴起诉讼，冒着受刑坐牢的危险，到死都不停止争斗的人，这特别悲哀啊！大概听了妇人之言，贪财图利，就断绝了一母同胞之情和兄弟之爱，以致到了这种地步。

为什么娶媳妇呢？想用以传宗接代，岂是为了财物。而观察今日的风俗，娶媳妇不顾及出身门户，只是为了求得钱财，无论是贫是富，没有两亲家之间不结怨成仇的。推究其中的原因，大多是因操办婚礼时，大操大办奢侈浪费；之后丈夫清点陪嫁财物的箱子等，早上索要这一件，晚上索要那一件。丈夫虐待他的妻子，索求嫁妆没完没了。假若不能使丈夫满意，有的甚至断绝夫妻恩爱，就相互抛弃了。习俗一天天地流传下来，而人们不以为奇。这是百姓中的最大弊端，人行为中最恶劣的表现啊。

大凡人之常情没有不想富贵的，至于农民、商人、各种工匠之家，没有不日夜经营，以求得利。但是农民相互兼并，商人欺骗买主，大都是剥削贫苦的百姓，欺骗神明天理；这就如百虫聚集在一起，弱肉强食，片刻不停。而搜刮到财物，却广为散发，希望能减去自己的罪恶，这种做法十分愚蠢。现在想求福，试比减少剥削而宽待贫苦百姓与丢弃欺骗而畏惧神明天理哪一种好呢？为子孙后代打算，也能够永久长远；即使住在乡村父老之间，那也算是善良和善行。其中的含义非常明白，不能不铭记在心。

五、仁　义

圣贤语录

［原文］

樊迟问仁。子曰："爱人。"问知。子曰："知人。"樊迟未达。子曰："举直错诸枉，能使枉者直。"樊迟退，见子夏曰："乡也吾见于夫子而问知，子曰'举直错诸枉，能使枉者直'何谓也？"子夏曰："富哉言乎！舜有天下，选于众，举皋陶，不仁者远矣。汤有天下，选于众，举伊尹，不仁者远矣。"

（《论语》颜渊篇第十二）

［译文］

樊迟问什么是仁。孔子说："爱别人。"樊迟问什么是智，孔子说："知人。"樊迟还不明白。孔子说："选拔正直的人，放在邪恶的人上面，这样就能使邪者归正。"樊迟退出来，见到子夏说："刚才我见到老师，问他什么是智，他说'选拔正直的人，放在邪恶的人上面，这样就能使邪者归正。'这是什么意思？"子夏说："这话说得多深刻呀！舜有天下，在众人中选拔贤人，把皋陶选拔出来，不仁的人就离开了。汤有了天下，在众人中选拔贤人，把伊尹选拔出来，不仁的人就远离了。"

［原文］

子张问仁于孔子。孔子曰："能行五者于天下为仁矣。"请问之。曰："恭、宽、信、敏、惠。恭则不侮，宽则得众，信则人任焉，敏则有功，惠则足以使人。”

（《论语》阳货篇第十七）

［译文］

子张向孔子问仁。孔子说：“能够处处实行五种品德，就是仁人了。”子张说：“请问哪五种？”孔子说：“谦恭、宽厚、诚信、勤敏、慈惠。谦恭就不致遭受侮辱，宽厚就会得到众人的拥护，诚信就能得到别人的任用，勤敏就会取得成绩，慈惠就容易使用别人。”

［原文］

中庸之为德也，其至矣乎！民鲜久矣。

（《论语》雍也篇第六）

［译文］

以各种优秀品德的中庸作为道德，应该是至高无上的了。人们缺少这种道德已经很久了。

［原文］

子贡曰：“如有博施于民而能济众，何如？可谓仁乎？”子曰：“何事于仁？必也圣乎！尧舜其犹病诸。夫仁者，己欲立而立人，己欲达而达人。能近取譬，可谓仁之方也已。”

（《论语》雍也篇第六）

［译文］

子贡说：“假若有一个人，他能给老百姓很多好处又能周济大众，怎么样？可以算是仁了吗？”孔子说：“岂止是仁，必是圣人了！就连尧舜且难以做到呢。至于仁，就是要自己立得住，也要帮助别人立得住；自己想达到的，也要人家达到。凡事能推己及人，可以说就是实行仁的方法了。”

[原文]

(樊迟)问仁,(孔子)曰:“仁者先难而后获,可谓仁矣。”

(《论语》雍也篇第六)

[译文]

(樊迟)问仁,(孔子)曰:“仁人对难做的事做在人前面,对获得好处的事则要在人后面,这可以说是仁了。”

[原文]

唯仁者能好人,能恶人。

(《论语》里仁篇第四)

[译文]

只有那些有仁德的人才能真正地欣赏人和憎恶人。

[原文]

苟志于仁矣,无恶也。

(《论语》里仁篇第四)

[译文]

如果立志于仁,就不会做坏事了。

[原文]

子钓而不纲,弋不射宿。

(《论语》述而篇第七)

[译文]

孔子只用钓鱼竿钓鱼,而不用网捕鱼。只射飞鸟,不射回巢中歇宿的鸟。

[原文]

知者乐水,仁者乐山;知者动,仁者静;知者乐,仁者寿。

(《论语》雍也篇第六)

[译文]

有智慧的人喜爱水，有仁德的人喜爱山；有智慧的人活跃，有仁德的人沉静；有智慧的人快乐，有仁德的人长寿。

[原文]

颜渊问仁。子曰："克己复礼为仁。一日克己复礼，天下归仁焉。为仁由己，而由人乎哉？"颜渊曰："请问其目。"子曰："非礼勿视，非礼勿听，非礼勿言，非礼勿动。"

（《论语》颜渊篇第十二）

[译文]

颜渊问什么是仁。孔子说："克制自己，一切都照着礼的要求去做，这就是仁。一旦这样做了，天下的一切就都归于仁了。实现仁德，完全靠人们自己，难道还靠别人吗？"颜渊说："请问仁有哪些项目。"孔子说："不合于礼的不看，不合于礼的不听，不合于礼的不说，不合于礼的不做。"

[原文]

或曰："以德报怨，何如？"子曰："何以报德？以直报怨，以德报德。"

（《论语》宪问篇第十四）

[译文]

有人说："用恩德来报答怨恨怎么样？"孔子说："用什么来报答恩德？应该是用公正来报答怨恨，用恩德来报答恩德。"

[原文]

骥不称其力，称其德也。

（《论语》宪问篇第十四）

[译文]

千里马值得称赞的不是它的力气，而是它的品德。

［原文］

仲弓问仁。子曰："出门如见大宾，使民如承大祭。己所不欲，勿施于人。在邦无怨，在家无怨。"

（《论语》颜渊篇第十二）

［译文］

仲弓问怎样做才是仁。孔子说："出门办事如同去接待贵宾，使唤百姓如同去进行重大的祭祀。自己不喜欢的，不要强加于别人。做到在朝廷上做官没人怨恨；退隐在家也没人怨恨。"

［原文］

志士仁人，无求生以害仁，有杀身以成仁。

（《论语》卫灵公篇第十五）

［译文］

志士仁人，没有贪生怕死而损害仁德的，只有牺牲自己来成全仁德的。

［原文］

人之所以异于禽兽者几希，庶民去之，君子存之。舜明于庶物，察于人伦，由仁义行，非行仁义也。

（《孟子》离娄章句下）

［译文］

使人和禽兽不同的特征很少，一般人抛弃它，有道德的人保存它。舜明白事物的规律，深知人和人之间的必然关系。他自然而然地履行着仁和义，而不是为行仁义而行仁义。

［原文］

仁也者，人也。合而言之道也。

（《孟子》尽心章句下）

[译文]

仁就是做人的原则。仁和人合起来讲就是人生的正道。

[原文]

人皆有所不忍，达之于其所忍，仁也；人皆有所不为，达之于其所为，义也。人能充无欲害人之心，而仁不可胜用也；人能充无穿窬之心，而义不可胜用也；人能充无受尔，汝之实，无所往而不为义也。

（《孟子》尽心章句下）

[译文]

人都有不忍心干的事，努力做好应该干的事，就是仁；人都有觉得理应不干的事，努力做好理应干的事，就是义。人能把不愿意害人的心加以发展，仁就用不完；人能把不肯偷盗的心加以发展，义就用不完；人能把不甘心背不义之名的心加以发展，做的事情就没有不合乎义的。

[原文]

民为贵，社稷次之，君为轻。

（《孟子》尽心章句下）

[译文]

百姓是根本，所以最重要；代表国家的土神谷神为百姓而存在，所以排在其次；国君比两者都轻。

故事一

仁爱得人心

[原文]

赵简子有两白骡而甚爱之。阳城胥渠处广门之官，夜款门而谒曰："主君之臣胥渠有疾，医教之曰：'得白骡之肝，病则止；不得则死。'”谒者入通。董安于御于侧，愠曰：“嘻！胥渠也。期吾君骡，请即刑焉。”简子曰：“夫杀人以活畜，不亦不仁乎？杀畜以活人，不亦仁乎？”于是召庖人杀白骡，取肝以与阳城胥渠。处无几何，赵兴兵而攻翟。广门之官，左七百人，右七百人，皆先登而获甲首。

《吕氏春秋》

[译文]

赵简子有两匹白色的骡子，十分喜爱它们。居住在广门的官员阳城胥渠在晚上找赵简子，让门卫通报说：“主公，你的臣子胥渠患了病，医生教我说：‘得到白骡的肝的话，病就可以治愈，否则就会死去。”门官进去通报。董安于在旁边伺候，恼怒地说：“嘿！胥渠是想要我主公的骡子，请让我杀掉他。”赵简子说：“杀人来使畜牲存活，不是不人道吗？杀畜牲来救人，不也是一种仁义的善举吗？”于是召来大厨杀掉白骡，取肝脏给阳城胥渠。过了没多久，赵简子举兵攻打狄族。广门的官吏，左队有七百人，右队有七百人，都率先登上城楼斩获披甲者的首级。

故事二

以礼义治臣

[原文]

赵简子沈鸾徼于河，曰：“吾尝好声色矣，而鸾徼致之；吾尝好宫室台榭矣，而鸾徼为之；吾尝好良马善御矣，而鸾徼来之。今吾好士六年矣，而鸾徼未尝进一人也。是长吾过而绌善也。”故若简子者，能厚以礼督责于其臣矣。以礼督责于其臣，则人主可与为善，而不可与为非；可与为直，而不可与为枉。此三代之盛教。

《吕氏春秋》

[译文]

赵简子将鸾徼沉在河里，说：“我曾经爱好声色，鸾徼就给我搞来；我曾经爱好宫室亭台，鸾徼就给我建造；我曾经爱好良马和赶车能手，鸾徼就给我招来。如今我爱好士子已经六年了，而鸾徼未曾推荐一个人，这是助长我的过失而废止我的善行。”所以像赵简子这样的人，是能够以礼治督责自己的臣子。能够以礼治督责自己的臣子，其国君就可以和他一道推行善事，而不可和他一道为非作歹；可以和他一道推行正直之事，而不得与他一道枉法徇私。这是夏、商、周三代盛行的教化。

故事三

求仁得仁

[原文]

尧知子丹朱之不肖，不足以授天下，于是乃权授舜。授舜，则天下得其利而丹朱病；授丹朱，则天下病而丹朱得其利。尧曰：“终不以天下之病而利一人。”而卒授舜以天下。

……舜子商均亦不肖，舜乃予荐禹于天。十七年而崩……禹践天子位。尧子丹朱，舜子商均，皆有疆土，以奉先祀；服其服礼乐如之；以客见天子，天子弗臣，示不敢专也。

（《史记》五帝本纪第一）

[译文]

尧知道自己儿子丹朱不肖，不足以把天下传给他。于是把天下禅让给了舜。尧想，把天下传给舜，对全国人都有利而只是丹朱会感到痛苦；把天下传给丹朱，对丹朱有利而全国人会遭受痛苦。尧说：“总不能拿全天下人的痛苦，去造福一个人。”终于把天下禅让给了舜。

……舜子商均也不肖，舜就预先把禹荐于苍天，十七年后寿终……禹登上天子之位。尧的儿子丹朱，舜的儿子商均，都有封地，以供奉先人进行祭典，他们穿自己朝代的衣服，礼乐也一样；他们以宾客的身份见天子，天子不把他们当臣下，表示不敢专有天下。

感言

尧、舜以天下民众的利益为重，发现自己的儿子没有治理天下的仁德和才能就将帝位禅让别人而不传子，其仁德一直为世人所称颂。孔子和孟子认为他们是帝王的楷模，堪称圣人。求仁得仁，他们禅让了帝位，儿子却享有封国，本人得到永祀。

贤良家训

戒子孙

邹雍

[原文]

上品之人，不教而善；中品之人，教而后善；下品之人，教亦不善。不教而善，非圣而何？教而后善，非贤而何？教亦不善，非愚而何？是知善也者，吉之谓也；不善也者，凶之谓也。吉也者，目不观非礼之色，耳不听非礼之声，口不道非礼之言，足不践非礼之地，人非善不交，物非义不取，亲贤如就芝兰，避恶如畏蛇蝎；或曰不谓之吉人，则吾不信也。凶也者，语言诡谲，动止阴险，好利饰非，贪淫乐祸，疾良善如仇隙，犯刑宪如饮食，小则殒身灭性，大则覆宗绝嗣；或曰不谓之凶人，则吾不信也。《传》有之曰："吉人为善，惟日不足；凶人为不善，亦惟日不足。"汝等欲为吉人乎？欲为凶人乎？

《全宋文》卷九八上

[译文]

人品好的人不教育就会善良，人品一般的人经过教育后就会善良，人品差的人虽经教育也不会善良。不用教育就善良，这不是圣人又是什么呢？经过教育后就会善良，这不是贤人又是什么呢？虽经教育也不善良，这不是愚人又是什么呢？这使我们知道，善良就是吉祥，不善就是凶恶。善良吉祥的人眼不看不合礼义的颜色，耳不听不合礼义的声音，口不说不合礼义的言词，脚不踏不合礼义的地方。对人，不善良的不交；对物，不合礼义的不取。亲近贤人就像靠近香花一样，躲避恶人就像害怕蛇蝎一样。如果有人说这不叫吉祥之人，则我是不相信的。凶恶不吉利的人语言怪诞而多变，行为举止阴险难测，贪图利益而掩过饰非，迷恋声色而自招祸殃。憎恶善良之人就像对仇人一样，触犯刑法就像吃家常便饭，这种人小则亡身丧命，大则家族灭绝。如果有人说这不叫做不吉利的凶人，则我是不相信的。《尚书》上说："吉祥的善人做好事总怕时间不够，不吉利的恶人做坏事也总怕时间不够。"你们想做善人呢？还是想做恶人呢？

欧阳修母教子学父"为官廉正"

[原文]

汝父为吏廉，而好施与，喜宾客，其俸禄虽薄，常不使有余，曰："毋以是为我累。"故其亡也，无一瓦之覆，一垅之植，以庇而为生，吾何恃而能自守邪？吾于汝父，知其一二……汝父为吏，尝夜烛治官书，屡废而叹。吾问之，则曰："此死狱也，我求其生不是尔。"吾曰："生可求乎？"曰："求其生而不得，则死者与我皆无恨也，矧求而有得邪。以其有得，则知不求而死者有恨也。夫常求生犹失之死，而世常求其死也。"回顾乳者抱汝而立于旁，因指而叹曰："术者谓我岁行在戌将死。使其言然，吾不及见儿之立也。后当以我语告之。"其平居教他子弟常用此语，吾耳熟焉，故能详也。其施于外事，吾不能知。其居于家无所矜饰，而所为如此，是真发于中者邪。呜呼！其心厚于仁者邪，此吾知汝父之必将有后也，汝其勉之！夫养不必丰，要于孝；利虽不得博于物，要其心之厚于仁，吾不能教汝，此汝父之志也。

选自《泷冈阡表》

［译文］

你的父亲为官清廉，又好施舍，喜欢宴请宾客，俸禄虽少，但常常不使其有剩余，他说："不要让钱财成为我的累赘。"所以，他死后，没有留下一片瓦，一垅地，我的生活没有依靠，凭什么能守寡呢？我对你的父亲，还是了解一二……你的父亲做官时，经常在夜里点着蜡烛处理官府文书，见他多次搁下文书叹息。我问他为何叹息？他说："这是一个该判死刑的案件，我想给罪犯一条生路却做不到啊！"我说："有生路可求吗？"你的父亲说："想给他一条生路却不可能，那么死者与我都没有怨恨的了。况且有时还真能使罪犯得到一条生路。因为能得到生路，就知道如果不设法给以生路轻率处死一个人，死者是有怨恨的。审理案件的人常常想为罪犯开脱一条生路，但仍不能避免误判死刑，何况有的人就想把罪犯置于死地。"他回过头看见乳母抱着你站在旁边，就指着你叹息说："算命先生说我戌年将死，如果真是这样的话，我就看不见我儿长大成人了。等他以后懂事了，把我的这些话告诉他。"你父亲平时常用这些话教育其他子弟，所以我听熟了，牢记心里。他在社会上的活动，我不太知道；在家里没有一点装模作样的地方，所作所为都是真正发自内心的啊！他有着一颗深厚的仁爱之心。所以，我知道你的父亲必定有好的后代，希望你以此来勉励自己！赡养父母不必一定丰盛，主要是要孝顺。利不博于物，关键在于要有深厚的仁爱之心。我没有什么可教导你的，上面这些都是你父亲的意愿和对你的期望。

诫之周济"同族贫寒"

杨继盛

［原文］

我一母同胞，见在者四人，你大伯、二姑、四姑及我。大伯有四个好子。且家道富实，不必你忧。你二姑、四姑俱贫穷，要你常看顾他，你敬他和敬我一般。至于你五姑、六姑，亦不可视之如路人也。房族中人有饥寒者，不能葬者，不能嫁娶者，要你量力周济，不可忘一本之念，漠然不关于心。

我家系诗礼士夫之家，冠婚丧祭，必照家礼行。你若不知，当问之于人，不可随俗苟且，庶子孙有所规法。你姊是你同胞的人，他日后若富贵便罢，若是穷，你两个要老实供给照顾他。你娘要与他东西，你两个休要违阻；若是有些违阻，不但失兄弟之情，且使你娘生气，又为不友，又为不孝。记之！记之！

选自《杨忠愍集》

[译文]

我一母所生的同胞，如今健在的有：你大伯、二姑、四姑和我。你大伯有四个好儿子，而且家里富足，你不必忧虑。你二姑、四姑都很贫穷，你要经常照顾她们。你尊敬她们要同尊敬我一样。至于你五姑、六姑，也不能把她们当作路人。同族人之中若有饥寒的，不能安葬的，不能嫁娶的，你要量力周济，不可忘记同族同本之情，漠不关心。

我们家是书香官宦之家，遇上加冠、婚娶、丧事、祭祀，一定要按照家礼办理。如果你不知道，应当求教他人，不能随俗了事，要使子孙后代有所效法。你姐姐是你的同胞，她今后若富贵便好，若是贫穷，你兄弟俩要老实照顾她。你母亲要给她东西，你兄弟俩休要阻拦；如果有些违阻，不但会失去手足之情，而且会惹你母亲生气，既不友好，又不孝顺。切记！切记！

孟仁母教子避嫌疑

[原文]

（孟仁）为监池司马，自能结网，手以捕鱼，作鲊寄母，母因以还之，曰："汝为鱼官，而以鲊寄我，非避嫌也。"

选自《三国志·孟仁传》

［译文］

孟仁做鱼官的时候，自己能够结网捕鱼，他把捕来的鱼制成腌鱼等，寄给他的母亲。他母亲不肯接受，把腌鱼原物退回，并责备他说："你当鱼官，却寄腌鱼给我，怎么不避嫌疑？"

与子严等疏

陶渊明

［原文］

告俨、俟、份、佚、佟：夫天地赋命，生必有死。自古圣贤，谁能独免？子夏有言："死生有命，富贵在天。"四友之人，亲受音旨，发斯谈者，将非穷达不可妄求，寿夭永无外请故耶？

吾年过五十，少而穷苦荼毒，每以家弊，东西游走。性刚才拙，与物多忤。自量为己，必贻俗患。僶俛辞世，使汝等幼而饥寒。余尝感孺仲贤妻之言，败絮自拥，何惭儿子？此既一事矣，但恨邻靡二仲，室无莱妇，抱兹苦心，良独罔罔。

少学琴书，偶爱闲静，开卷有得，便欣然忘食。见树木交荫，时鸟变声，亦复欢然有喜。尝言：五六月中，北窗下卧，遇凉风偶至，自谓是羲皇上人。意浅识罕，谓斯言可保；日月遂往，机巧好疏，缅求在昔，眇然如何！

疾患以来，渐就衰损。亲旧不遗，每以药石见救，自恐大分将有限也。汝辈稚小家贫，每役柴水之劳，何时可免，念之在心，若何可言。然汝等虽不同生，当思四海皆兄弟之义。鲍叔、管仲，分财无猜①；归生、伍举，班荆道旧。遂能以败为成，因丧立功②。他

---

① 《史记·管晏列传》："管仲曰：'吾始困时尝与鲍叔贾，分财利，多自与，鲍叔不以我为贪，知我贫也。……生我者父母，知我者鲍子也。'"

② 据《左传·襄王二十六年》记载，楚伍举与归生友善。伍举因罪奔郑，又赴晋做官，归生做使臣去晋，与伍举遇于郑国郊外，坐在一起吃饭，谈起重温旧好的事。归生返楚。向令尹子木说，楚国人才，多为晋国所用，这样对楚国不利。子木遂准许把伍举从郑国召回，并增益伍举的爵禄，伍举终于回到楚国。

人尚尔，况同父之人哉！颍川韩元长，汉末名士，身处卿佐，八十而终，兄弟同居，至于没齿。济北氾稚春，晋时操行人也，七世同财，家人无怨色。《诗》曰："高山仰止，景行行止。"虽不能尔，至心尚之。汝其慎哉！吾复何言。

选自《陶渊明集》卷七

［译文］

告诉俨、俟、份、佚、佟：天地赋予人以生命，有生必有死。自古以来的圣贤，谁能独免？子夏曾说："死生有命，富贵在天。"他是与孔子四友同列的人，亲自接受了孔子的教诲，发表这样的言论，岂不是因为显达不可妄求，寿命也终究不能额外期求的缘故么？

我年过五十，少年时穷苦，因为家贫而到处奔波。我秉性刚直而才拙，与一起共事的人总合不来。自己思量，做官必带来祸患。于是，力辞官职去隐居生活，因此使你们从小就忍饥受冻。我常被王孺仲妻子的话所感动，既然自己裹着破棉絮御寒，又何必为儿子的境况不如人而感到惭愧呢？这本是一回事嘛。遗憾的是邻居中没有求仲、羊仲那样的高士，家中又没有老莱子妻那样的妻子，抱着这样的苦心，内心实在惭愧。

我少年时曾学琴、读书，有时喜爱闲静，打开书卷有所心得，便高兴得忘了吃饭。看见树荫交叉，鸟鸣声随时节的不同而改变，我更十分高兴。曾经说过：五六月中，在北窗下躺着，偶遇凉风吹来，便自以为是生活在伏羲氏以前的人。我思想肤浅，见识不多，以为这样的自在生活可以一直保持下去。时光渐逝，那些机巧之事已非常生疏，追念往昔，茫然不知所措。

我生病以来，日渐衰弱。亲朋好友不遗弃我，常用药物针石对我救治，自己则担心将到自己的大限了。你们从幼小时起即家贫，经常要承担打柴挑水的劳动，也不知何时才能免除，我惦记着此事，又能说什么呢？你们虽然不是一母所生，但当思"四海之内皆兄弟"的大义。鲍叔、管仲分钱财，谁多谁少没有猜忌；归生与伍举坐在路边的荆条上叙旧情。管仲被俘而能靠鲍叔推荐得以成就事业；伍举奔郑，经归生推荐，得以返国并建立功勋。异姓之人尚能如此，何况是同父兄弟呢？颍川的韩元长是汉末名士，身处卿位，八十岁才去世，他们兄弟在一起生活而不分家，直到去世。济北的氾稚春是晋代有操守的人，他家七代不分家，家中没有互相怨恨的情绪。《诗经》里说："有德行的人，大家都仰慕；宽广的道路，大家都遵行。"虽然达不到先贤那样，对此要诚心诚意地崇尚。你们要谨慎啊！我还有什么话可说。

郑燮教子富有同情心

［原文］

余五十二岁始得一子，岂有不爱之理！然爱之必以其道，虽嬉戏顽耍，务令忠厚悱恻，毋为刻急也……我不在家，儿子便是你管束。要须长其忠厚之情，驱其残忍之性，不得以为犹子而姑纵惜也。家人儿女，总是天地间一般人，当一般爱惜，不可使吾儿凌虐他。凡鱼飧果饼，宜均分散给，大家欢嬉跳跃。若吾儿坐食好物，令家人子远立而望，不得一沾唇齿，其父母见而怜之，无可如何，呼之使去，岂非割心剜肉乎！夫读书中举中进士作官，此是小事，第一要明理作个好人。可将此书读与郭嫂、饶嫂听，使二妇人知爱子之道在此不在彼也。

选自《郑板桥集》

［译文］

我到了五十二岁，始得了一个儿子，哪有不爱之理呢？但是爱子必须有道理，虽然是玩耍，也一定要使他忠厚老实富有怜悯心，切不可让他刻薄急躁……我不在家里，儿子就全靠你来管教了，要帮助他增长忠厚之情，摈去残忍之性，不能因为他是你的侄子就姑息纵容。仆人的子女，也总是人，要一视同仁对待他、爱惜他，不能让我的儿子欺侮他、虐待他。凡有好吃的零食，都应该平均分配，大家欢喜跳跃。假如我儿子坐在那儿吃好东西，让仆人的儿子远远站在一边看着，尝不到一点味道，他的父母看见此情此景就会感到可怜，并无可奈何地把他叫走，岂非剜心割肉？读书做官，这是小事，头等重要的是要懂道理，做好人。可把这封信念给你的郭嫂、饶嫂听，使她们懂得爱护儿子的道理在此不在彼啊！

六、忠　信

圣贤语录

［原文］

曾子曰："吾日三省吾身：为人谋而不忠乎？与朋友交而不信乎？传不习乎？"

（《论语》学而篇第一）

［译文］

曾子说："我每天多次反省自己：为别人办事是不是尽心了？同朋友交往是不是做到诚信了？老师教的知识是不是应用于实践了？"

［原文］

人而无信，不知其可也。大车无輗，小车无軏，其何以行之哉？

（《论语》为政篇第二）

［译文］

一个人不讲信用，不知他怎么可以（行走于世）。就好像牛车没有固定横木的插销，马车没有固定横木的插销一样，它靠什么行进呢？

［原文］

居下位而不获于上，民不可得而治也。获于上有道：不信于友，弗获于上矣；信于友有道：事亲弗悦，弗信于友矣；悦亲有道：反身不诚，不悦亲矣；诚身有道：不明乎善，不诚其身矣。是故诚者，天之道也；思诚者，人之道也。至诚而不动者，未之有也；不诚，未有能动者也。

（《孟子》离娄章句上）

[译文]

职位低的人如果得不到上级的信任，是不能把百姓治理好的。要得到上级的信任有方法：先要得到朋友的信任，否则也就得不到上级的信任了。要得到朋友的信任有方法：先要得到亲人的信任，否则也得不到朋友的信任了。使亲人对自己信任是有办法的：不是真心为善，亲人是不会信任自己的。使自己对本心真诚是有办法的：不明白什么是善就不能使自己对本心真诚。所以，真实无伪是上天的原则；追求对本心的真诚是做人的原则。极端真诚而不能使别人感动的，是没有过的；不真诚是不能感动别人的。

[原文]

主忠信，毋友不如己者，过则勿惮改。

（《论语》子罕篇第九）

[译文]

以忠诚为根本，不要跟不如自己的人交朋友，有了错误不要怕改正。

[原文]

古者言之不出，耻躬之不逮也。

（《论语》里仁篇第四）

[译文]

古代人不轻易把话说出口，因为他们以说出去而做不到为可耻。

贤良家训

教子忠信笃敬

张履祥

[原文]

忠信笃敬，是一生做人根本。若子弟在家庭，不敬信父兄；在学堂，不敬信师友，欺诈傲慢，习以性成，望其读书明义理，向后长进，难矣。

欺诈与否，于语言见之；傲慢现否，于动止见之，不可掩也。自以为得，则害己；诱人出此，则害人。害己必至害人，害人适以害己，人家生此子弟，是大不幸，戒之戒之。戊申春季书。

选自《杨园先生全集》

[译文]

忠诚守信，笃实有礼，这是一生做人的根本。如果子弟在家不敬信父兄，在学校不敬信老师朋友，欺诈傲慢，习以成性，期望他读书明理，日后有长进，这是很困难的。

一个人是否狡诈，能从他的言语中了解到；是否傲慢，能从他的行为举止中发现，那是无法掩饰的。自以为欺诈傲慢很得计，实则害己；诱使别人如此，是害了别人。害己的结果必至害人，害人最终害己。一个家庭养了这样的子弟，是一种大不幸，要切实戒之，戒之。

故事

临终前还债

[原文]

汝大父赤贫，曾借朱姓者三十金卖米以糊口。逾年，朱姓者病且笃。朱为两槐公纲纪，不敢以私债使闻主人。旁人私幸，以为可负也。时大父正客姑熟，偶得朱信，星夜趱回，不抵家，竟持前欠利至朱姓处，朱已不能言。大父徐徐出所持银告之曰："前欠一一具奉，乞看过收明。"朱姓忽蹶起，颂言曰："世上有如君忠信人哉，吾口眼闭矣！愿君世世生贤子孙。"言已，气绝。大父遂哭别而归，家人询知其还欠，或骇之。大父曰："吾故骇，所以不到家者，恐为汝辈所惑也。"如此盛德，汝曹可不书绅。

选自《温氏母训》

[译文]

你的祖父非常贫穷，曾向姓朱的人借了三十金卖米以糊口度日。

过了一年，姓朱的人生病，而且病得很重。朱某是两槐公的管家，不敢使自己借债给别人的事让主人知道。在旁人无从知晓的情况下，是可以赖账的。当时你祖父正客居姑熟（今安徽当涂），听到姓朱人的病情，星夜赶回，他不回家，而直接到朱家，将所借三十金本利送到姓朱人的跟前，此时姓朱的人已不能说话了。你的祖父缓缓地将银款递上并告诉说："这是去年所借银两的本利，全部送上，请查收。"姓朱的人忽然坐起来，赞颂道："世上有像你这样讲究忠信的人，吾可闭口合眼了！祝愿你世代都生贤良子孙。"说完此话，便断气了。你的祖父就哭着向姓朱的人告别而归。家里人一问，知道还清所欠款，有的就责怪他真傻。你的祖父回答说："我就是因为傻，才不先到家里，不然的话，会被你们所迷惑了。"如此盛德，还不值得你们大书特书吗？

故事二

贤君良臣

［原文］

齐宣王为大室，大益百亩，堂上三百户。以齐之大，具之三年未能成。群臣莫敢谏王。春居问于宣王曰："荆王释先王之礼乐，而乐为轻，敢问荆国为有主乎？"王曰："为无主。""贤臣以千数而莫敢谏，敢问荆国为有臣乎？"王曰："为无臣。""今王为大室，其大益百亩，堂上三百户。以齐国之大，具之三年而弗能成。群臣莫敢谏，敢问王为有臣乎？"王曰："为无臣。"春居曰："臣请辟矣！"趋而出。王曰："春子！春子！反！何谏寡人之晚也？寡人请今止之。"遽召掌书曰："书之！寡人不肖，而好为大室。春子止寡人。"箴谏不可不熟。莫敢谏若，非弗欲也。春居之所以欲之与人同，其所以之与人异。宣王微春居，几为天下笑矣。由是论之，失国之主，多如宣王，然患在乎无春居。故忠臣之谏者，亦从入之，不可不慎。此得失之本也。

［译文］

齐宣王建造大宫室，面积超过百亩，堂上有房三百间。以齐国这样的大国，筹建了三年都没能建成，群臣没有人敢谏劝齐宣王。臣子春居问宣王说："楚王抛弃先王的礼乐，因而变得轻狂，我敢问楚国还有贤君吗?"宣王说："没有贤君了。"春居说："群臣无人敢于劝谏，请问楚国还有直臣吗?"宣王说："没有直臣了。""现在您建造大宫室，其面积超过百亩，堂上有房三百间。以齐国这样的大国，建造三年都没能建成。群臣中没有人敢规谏，请问大王，齐国还有直臣吗?"宣王说："没有直臣了。"春居说："臣请求回避。"便快步退出。宣王说："春子！春子！回来！您为什么这么晚才规谏我呀？我今天就停止修建宫室。"宣王立即召来掌书官，说："记录下来！我不贤德，好建造大型宫室。春子劝止了我。"规劝君主不可不审慎。无人敢劝谏宣王，这并不是他们不想劝谏；春居想要劝谏宣王的愿望和别人是相同的，但他进谏宣王的方法和别人相异。宣王若没有春居，差一点被天下人所耻笑了。由此说来，亡国的君主，多像宣王，然而他们的祸患就在于他们没有春居这样的谏臣。所以，劝谏国君的忠臣，也要以适当的方法进谏，对此不可不谨慎，这是劝谏成败的关键。

摘自《吕氏春秋》骄恣

七、立身处世

圣贤语录

[原文]

曾子曰："以能问于不能，以多问于寡；有若无，实若虚；犯而不较，昔者吾友尝从事于斯矣。"

（《论语》泰伯篇第八）

[译文]

曾子说："自己有才能却向没才能的人学习，自己知识多却向知识少的人求教；有学问却像没学问一样，有真本事却像没本事一样；受到冒犯而不计较，从前我的一个朋友就是这样做的。"

[原文]

不患人之不己知，患不知人也。

（《论语》学而篇第一）

[译文]

不怕别人不了解自己，只怕自己不了解别人。

[原文]

宰予昼寝，子曰："朽木不可雕也，粪土之墙不可杇也，于予与何诛！"子曰："始吾于人也，听其言而信其行；今吾于人也，听其言而观其行，于予与改是。"

（《论语》公冶长篇第五）

[译文]

宰予白天睡觉。孔子说:“腐朽的木头无法雕刻，粪土垒成的墙无法粉刷。对于宰予这个人，责备还有什么用呢?”孔子说:“起初我对于人，是听了他说的话便相信了他的行为;现在我对于人，要听其言观其行。在宰予这里我改变了观察人的方法。”

[原文]

视其所以，观其所由，察其所安，人焉廋哉?人焉廋哉?

(《论语》为政篇第二)

[译文]

看他所作所为，了解他行为的动机，观察他安心于什么，这个人怎么隐蔽得了呢?怎么隐蔽得了呢?

[原文]

成事不说，遂事不谏，既往不咎。

(《论语》八佾篇第三)

[译文]

已经做过的事不用解释了，已经完成的事不用再去谏阻了，已经过去的事不必再追究了。

[原文]

朝闻道，夕死可矣。

(《论语》里仁篇第四)

[译文]

早晨知道了真理，就是当天晚上死去也值得了。

[原文]

法语之言，能无从乎?改之能贵。巽与之言，能无说乎?绎之为贵。说而不绎，从而不改，吾未如之何也已矣。

（《论语》子罕篇第九）

［译文］

严肃正确的批评，谁能不听从呢？但改正错误才是可贵的。赞许的话，谁听了能不高兴呢？但只有认真分析，才是可贵的。只是高兴而不去分析，只是表示听从而不改正错误，这样的人我实在是拿他没有办法了。

［原文］

见贤思齐焉，见不贤而内自省也。

（《论语》里仁篇第四）

［译文］

见到贤人就应该向他看齐，见到不贤的人就应该反省自己有没有与他相类似的问题。

［原文］

益者三乐，损者三乐。乐节礼乐，乐道人之善，乐多贤友，益矣。乐骄乐，乐佚游，乐晏乐，损矣。

（《论语》季氏篇第十六）

有益的快乐有三种，有害的快乐有三种。以礼乐调节自己为快乐，以称道别人的好处为快乐，以有许多贤德之友为快乐，这是有益的。以骄奢为快乐，以游荡为快乐，以安闲为快乐，这就是有害的。

［原文］

知之者不如好之者，好之者不如乐之者。

（《论语》雍也篇第六）

［译文］

知道它的人不如爱好它的人；爱好它的人又不如以它为乐的人。

［原文］

人无远虑，必有近忧。

（《论语》卫灵公篇第十五）

［译文］

人没有长远的考虑，一定会有近在眼前的忧虑。

［原文］

子绝四——毋意，毋必，毋固，毋我。

（《论语》子罕篇第九）

［译文］

孔子杜绝了四种弊病——不随意猜疑，不主观武断，不固执己见，不自以为是。

［原文］

躬自厚而薄责于人，则远怨矣。

（《论语》卫灵公篇第十五）

［译文］

多责备自己而少责备别人，那就可以避免别人的怨恨了。

［原文］

孔子说："……见利思义，见危授命，久要不忘平生之言，亦可以为成人矣。"

（《论语》宪问篇第十四）

［译文］

孔子说："……见到财利想到道义，遇到危险能献出生命，长久处于穷困还不忘平日的诺言，这样也可以成为一位完美的人了。"

[原文]

子贡问曰："有一言而可以终身行之者乎？"子曰："其恕乎！己所不欲，勿施于人。"

（《论语》卫灵公篇第十五）

[译文]

子贡问孔子道："有没有一句话可以终身奉行的呢？"孔子回答说："大概是恕吧！自己不愿意的，不要强加给别人。"

[原文]

巧言乱德，小不忍则乱大谋。

（《论语》卫灵公篇第十五）

[译文]

花言巧语败坏人的道德，小事情不忍耐，就会坏了大事情。

[原文]

众恶之，必察焉；众好之，必察焉。

（《论语》卫灵公篇第十五）

[译文]

大家都恨他，一定要考察；大家都喜欢他，也一定要考察。

[原文]

有子曰："礼之用，和为贵。先王之道，斯为美。大小由之，有所不行。知和而和，不以礼节之，亦不可行也。"

（《论语》学而篇第一）

[译文]

有子说："礼的应用，以内外和谐为贵。先王治国之道就好在这里。但不论大小事情都这样做，有的时候就行不通了。只知道要内外和谐而一味追求它，不用礼来节制，也是不行的。"

[原文]

子路曰："子行三军，则谁与？"子曰："暴虎冯河，死而无悔者，吾不与也。必也临事而惧，好谋而成者也。"

（《论语》述而篇第七）

[译文]

子路问孔子说："老师您如果统率三军，那么您和谁一起共事呢？"孔子说："赤手空拳和老虎搏斗，徒步涉水过河，这种死了都不会后悔的人，我是不会和他一起共事的。一定要与遇事小心谨慎，善于谋划而能完成任务的人共事。"

[原文]

恭而无礼则劳，慎而无礼则葸，勇而无礼则乱，直而无礼则绞。君子笃于亲，则民兴于仁，故旧不遗，则民不偷。

（《论语》泰伯篇第八）

[译文]

恭敬而不知礼仪，就会劳苦；谨慎而不知礼仪，就会拘谨；勇猛而不知礼仪，就会作乱；说话直率而不知礼仪，就会出语伤人。君子厚待自己的亲属，老百姓就会兴起仁德，君子不遗弃老朋友，老百姓就不会对人冷漠无情。

[原文]

宽则得众，信则民任焉。敏则有功，公则说。

（《论语》尧曰篇第二十）

[译文]

宽厚就能得到众人的拥护，诚信就能得到众人的信任。勤敏就能取得成绩，公平就会使百姓高兴。

[原文]

知人者，智也。自知者，明也。胜人者，有力也。自胜者，强也。知足者，富也。强行者，有志也。不失其所者，久也。死而不忘者，寿也。

（《老子》第三十三章）

[译文]

认识别人的叫明智，了解自己的叫聪明。战胜别人的叫有力，战胜自己的叫刚强。知足的就是富有。自强不息的是有志。不失根基的才能持久。身死而道存的为长寿。

故事一

六尺巷

清代士人张廷玉，父子在朝廷入阁拜相，位高权重。在张廷玉为相期间，他在老家建相府时，因宅基地问题和邻居发生了纠纷，彼此为争三尺宅地闹得不可开交。张廷玉家人最后为此与邻居打起了官司。他的总管想借张廷玉的声威来压制对方，便写了封信给他，希望他向县里衙门关照一下。张廷玉看后，在信上写了一首诗寄了回来。这首诗是：

“千里修书为道墙，让他三尺又何妨？长城万里今犹在，谁见当年秦始皇。”

张家看了信之后，便向邻居让出了三尺地基。邻居家见此，也立刻让出了三尺地基来。这样，在两家之间就空出六尺的地基，成为人们通行的巷道，人们为铭记这种礼让美举，就将此巷称为“六尺巷”。

故事二

冯谖为孟尝君买“仁义”

[原文]

齐人有冯谖者，贫乏不能自存，使人属孟尝君，愿寄食门下。孟尝君曰：“客何好？”曰：“客无好也。”曰：“客何能？”曰：“客无能也。”孟尝君笑而受之曰：“诺。”左右以君贱之也，食以草具。

居有顷，倚柱弹其剑，歌曰：“长铗归来乎！食无鱼。”左右以告。孟尝君曰：“食之，比门下之客。”居有顷，复弹其铗，歌曰：“长铗归来乎！出无车。”左右皆笑之，以告。孟尝君曰：“为之驾，比门下之车客。”于是乘其车，揭其剑，过其友曰：“孟尝君客我。”后有顷，复弹其剑铗，歌曰：“长铗归来乎！无以为家。”左右皆恶之，以为贪而不知足。孟尝君问：“冯公有亲乎？”对曰：“有老母。”孟尝君使人给其食用，无使乏。于是冯谖不复歌。

选自《战国策》

[译文]

齐国有个名叫冯谖的人，家境贫困，不能养活自己，托人请求孟尝君，愿意寄食门下。孟尝君问：“先生有什么爱好吗？”冯谖说：“没有爱好。”孟尝君又问：“先生有什么才能吗？”他说：“也没有才能。”孟尝君笑了笑接纳了他，说：“好吧。”孟尝君身边的人因为主人不看重冯谖，就拿粗茶淡饭给他吃。

住了不久，冯谖就背靠着柱子，弹剑而歌：“长剑呀！咱们回去吧！吃饭没有鱼。”左右把这件事告诉孟尝君。孟尝君吩咐说：“给他一般门客待遇，让他吃鱼吧。”住了不久，冯谖又弹着他的剑，唱道：“长剑呀，我们还是回去吧！出门没有车坐。”左右的人都讥笑他，把这件事告诉了孟尝君。孟尝君说：“给他配上车，按照车客的待遇。”于是冯谖驾车带剑，向他的朋友夸耀：“孟尝君尊我为宾客。”这样过一段日子，冯谖复弹其剑，唱道：“长剑呀，咱们回去吧！没有什么用来养家。”左右的人都厌恶他，认为他贪得无厌。孟尝君问道：“冯先生有父母吗?”左右答道：“有个老母。”孟尝君供给他衣食费用，不使其母亲贫困。于是冯谖从此不再唱歌了。

[原文]

后孟尝君出记，问门下诸客：“谁习计会，能为文收责于薛者乎?”冯谖署曰：“能。”孟尝君怪之，曰：“此谁也?”左右曰：“乃歌夫‘长铗归来’者也。”孟尝君笑曰：“客果有能也，吾负之，未尝见也。”请而见之，谢曰：“文倦于事，愦于忧，而性懧愚，沉于国家之事，开罪于先生。先生不羞，乃有意欲为收责于薛乎?”冯谖曰：“愿之。”于是约车治装，载券契而行。辞曰：“责毕收，以何市而反?”孟尝君曰：“视吾家所寡有者。”

驱而之薛，使吏召诸民当偿者，悉来合券。券徧合，起，矫命以责赐诸民，因烧其券，民称万岁。

长驱到齐，晨而求见。孟尝君怪其疾也，衣冠而见之，曰：“责毕收乎？来何疾也！”曰：“收毕矣。”“以何市而反?”冯谖曰：“君云‘视吾家所寡有者’。臣窃计，君宫中积珍宝，狗马实外厩，美人充下陈。君家所寡有者以义耳！窃以为君市义。”孟尝君曰：“市义奈何?”曰：“今君有区区之薛，不拊爱子其民，因而贾利之。臣窃矫君命，以责赐诸民，因烧其券，民称万岁。乃臣所以为君市义也。”孟尝君不说，曰：“诺，先生休矣!”

后期年，齐王谓孟尝君曰：“寡人不敢以先王之臣为臣。”孟尝君就国于薛，未至百里，民扶老携幼，迎君道中。孟尝君顾谓冯谖曰：“先生所为文市义者，乃今日见之。”

选自《战国策》

[译文]

后来，孟尝君贴出了一张告示，求问门下食客：“请问哪一位通晓账务会计，能替我到薛地收债呢?”冯谖署上名字说：“我能。”孟尝君看了很奇怪，问左右随从：“这是谁呀?”左右答道：“就是那个唱‘长剑呀，我们回去吧’的人。”孟尝君笑道：“他果然有才能，我真对不起他，还未曾见过面呢?”于是请他来相见，道歉说：“田文每日为琐事所烦，心身俱累，被忧愁弄得神昏意乱，而且生性愚拙，因为政务缠身，而怠慢了先生。好在先生不怪我，先生愿意替我到薛地收债吗?”冯谖说：“愿意效劳。”于是孟尝君替他备好马车行装，让他载着债券契约出发。辞别时，冯谖问：“收完债后，买些什么回来?”孟尝君回答：“先生看着办，买点我家缺少的东西吧。”

冯谖赶着马车到薛地，派官吏把该还债的百姓都叫来核对债券。全部核对之后，冯谖站了起来，假托孟尝君的名义将债款一笔勾销，并烧掉了那些券契文书，百姓感激得欢呼万岁。

冯谖又马不停蹄地返回齐国都城临淄，一大早求见孟尝君。孟尝君很奇怪他回来得这么快，穿好衣服接见他说：“收完债了吗？怎么这么快就回来了?”冯谖答道：“都收完了。”“先生替我买了些什么回来?”冯谖说：“殿下曾言‘买些家中缺乏的东西’。臣暗想，殿下宫中珠宝堆积，犬马满厩，美女成行。殿下家中所缺少的，唯有仁义了，因此臣自作主张为殿下买了仁义回来。”孟尝君说：“你怎么买仁义的?”冯谖答道：“殿下封地只有小小薛地，不好好体恤薛地子民，却像商人一样在他们身上盘剥取利。臣为殿下着想私自假传殿下的命令，将所有的债款一笔勾销，并焚毁债券，百姓莫不欢呼万岁。这就是臣替殿下买的仁义呀!”孟尝君不高兴，说：“我知道了，先生退下休息吧。”

一年以后，齐王对孟尝君说：“寡人不敢以先王旧臣为臣。”孟尝君只好回到自己的封地薛邑。离封地不到百里时，薛邑百姓扶老携幼在道旁迎接孟尝君。孟尝君看看冯谖说：“先生为田文买的仁义，于今天看到了。”

贤良语录

诫子书

（汉）王修

[原文]

自汝行之后，恨恨不乐，何者？我实老矣，所恃汝等也，皆不在目前，意惶惶也。

人之居世，忽去便过。日月可爱也！故禹不爱尺璧而爱寸阴。时过不可还，若年大不可少也。欲汝早之，未必读书，并学做人。汝今逾郡县、越山河、离兄弟、去妻子者，欲令见举动之宜，效高人远节，闻一得三，志在善人。左右不可不慎，善否之要，在此际也。行止与人，务在饶之。言思乃出，行详乃动，皆用情实道理，违斯败矣。

父欲令子善，惟不能杀身，其余无惜也。

《全后汉文》卷九十四

[译文]

自从你走后，我若有所失而闷闷不乐，为什么呢？我确实老了，所依靠的就只有你们，但都不在我跟前，所以心中惶惶不安。

人活在世上，很快就过去了。日月可爱啊！所以大禹不爱一尺大的璧玉而珍惜一寸光阴。时间一去不能回来，就像年龄长大后不可能再变小一样。希望你及早珍惜光阴，不只读书，并且要学做人。你现在穿越郡县、翻过山河、离开兄弟、告别妻儿，目的就是想让世人看到你得体的为官举止，效法品德高尚之人的远大节操，闻一得三，志在为人做善事。对左右的人，不可不谨慎小心，好坏的关键，就在这里了。与人交往做事，一定要恕让。话要经过思考才说，行事要先经过周密的计划才做，一切都要按照实际情况和道理去办，违背这些就会失败。

父亲想让儿子学好，唯独不能做的是替他舍弃性命，其余的就没有什么可惜的了。

遗令敕诸子

源贺

［原文］

吾顷以老患辞事，不悟天慈降恩，爵逮于汝。汝其毋傲吝，毋荒怠，毋奢越，毋嫉妒。疑思问，言思审，行思恭，服思度。遏恶扬善，亲贤远佞。目观必真，耳属必正。诚勤以事君，清约以行己。吾终之后，所葬时服单椟，足申孝心；刍灵明器，一无用也。

《全后魏文》卷七十二

［译文］

不久前我因年老有病辞去公事，没想到皇帝仁慈地降下恩惠，把官爵赐到你们身上。你们在待人上不要傲慢吝啬，在学业上不要荒废和偷懒，在生活上不要过度奢侈，与人相处不要嫉贤妒能。有疑问要向人求教，说话要想到慎重，行动要想到恭敬，穿衣要想到不过分豪华。要扬善止恶；亲近贤人，远离奸佞小人。眼睛看到的一定要真实，耳朵听到的一定要正确。要诚实努力地侍奉君主，要约束自己清廉俭约。我死以后，埋葬时把我时常穿的衣服穿上并用一副小棺材，就足以表达你们对我的孝心了；至于那些纸人草马和随葬器物，一概不要用了。

谕儿书

（清）吴汝纶

［原文］

忍让为居家美德。不闻孟子之言，三自反乎[①]？若必以相争为

---

① 出自《孟子·离娄下》："爱人者，人恒爱之；敬人者，人恒敬之。有人于此，其待我以横逆，则君子必自反也：我必不仁也，必无礼也，此物奚宜至哉？其自反而仁矣，自反而有礼矣，其横逆由是也，君子必自反也，我必不忠。自反而忠矣，其横逆由是也，君子曰：'此亦妄人也已矣。如此，则与禽兽奚择哉？于禽兽又何难焉？'是故君子有终身之忧，无一朝之患也。"

胜，乃是大愚不灵，自寻烦恼。人生在世，安得与我同心者相与共处乎？凡遇不易处之境，皆能掌学问识见。孟子“生于忧患”，“存乎疢疾”，皆至言也。

《桐城吴先生全书》

［译文］

忍让是治家的美德。没听说过孟子所说的三次反躬自问的道理吗？如果一定要以相争取胜，那是最愚蠢、最不明智的行为，是自寻烦恼。人生在世，怎么都能与自己志同道合的人相处在一起呢？凡是遇到不容易处身的环境，都能长学问识见。孟子所说“忧患使人生存上进”、“灾患使人生存自励”，都是至理名言。

女诫

（汉）蔡邕

［原文］

夫心，犹首面也，是以甚致饰焉。面一旦不修饰，则尘垢秽之；心一朝不思善，则邪恶入之。人咸知饰其面，而莫修其心，惑矣。夫面之不饰，愚者谓之丑；心之不修，贤者谓之恶。愚者谓之丑，犹可；贤者谓之恶，将何容焉？故览照拭面，则思其心之洁也；傅脂，则思其心之和也；加粉，则思其心之鲜也；泽发，则思其心之润也；用栉，则思其心之理也；立髻，则思其心之正也；摄鬓，则思其心之整也。

《全后汉文》卷七十四

［译文］

人的心就像人的头和脸一样，因此对于心要很细致地进行修饰。脸面一天不修饰，尘垢就会使脸肮脏；如果人心一天不想着为善，那么邪恶的念头就会进入心中。人们都知道修饰脸面，而不知道修饰他们的心灵，这真是糊涂。脸面若不修饰，愚笨的人就会说他丑；心灵若不修饰，贤能的人就会说他心恶。愚笨的人说脸丑犹可；贤能的人说他心恶，那将何以在天下安身呢？所以照镜子洗脸时，就该想到心灵的纯洁；涂抹胭脂时，就该想到心灵的平和；抹粉时，就该想到心灵的明亮；洗揉头发时，就该想到心灵的和顺；梳头时，就该想到心灵有条理；挽髻在头顶时，就该想到心灵的端正；整理鬓发的时候，就该想到心灵的严整。

诫子书

（晋）羊祜

［原文］

吾少受先君之教，能言之年，便召以典文；年九岁，便诲以《诗》、《书》，然尚犹无乡人之称，无清异之名。今之职位，谬恩之所加耳，非吾力所能致也。吾不如先君远矣；汝等复不如吾。咨度弘伟，恐汝兄弟未之能也；奇异独达，察汝等将无分也。恭为德首，慎为行基，愿汝等言则忠信，行则笃敬，无口许人以财，无传不经之谈，无听毁誉之语。闻人之过，耳可得受，口不得宣，思而后动。若言行无信，身受大谤，自入刑论，岂复惜汝？耻及祖考，思乃父言，纂乃父教，各讽诵之。

《全晋文》卷四十一

［译文］

我自幼受你祖父的教诲，到能说话的年龄就被召去管理文书典籍；九岁时，就教我读《诗经》和《尚书》，然而还没有获得本乡人的称誉，没有高洁不凡的声名。现在我的职位，是皇上赐于我的恩惠，并不是凭我自己的力量达到的。我与你祖父相差太远了！你们又不如我。筹划谋略弘大而深远，我担心你们没有这样的能力；独自达到超凡的境地，我看你们也没有这样的天分。谦恭是道德之本，谨慎是行为的基础，希望你们说话要忠信，行为要忠厚恭敬，不要空口许人钱财，不要传播无根据的言论，不要听信别人诽谤或称赞的话语。如果听到别人的过失，只要耳朵听进去即可，嘴上不要再讲出来，做事要经过思考再去做。如果说话做事不诚信，就会自身受到严厉的斥责，自然会受到刑法论处，到那时谁还会再怜恤你们呢？而且你们的祖先也会蒙受耻辱。想想你父亲的话，秉承你父亲的教诲，每个人都要经常背诵（永志不忘）。

诫子歆书

（汉）刘向

［原文］

告歆无忽：若未有异德，蒙恩甚厚，将何以报？董生有云："吊者在门，贺者在闾。"言有忧则恐惧敬事，敬事则必有善功，而福至也。又曰："贺者在门，吊者在闾。"言受福则骄奢，骄奢则祸至，故吊随而来。齐顷公之始，藉霸者之余威，轻侮诸侯，亏跂蹇之容，故被鞍之祸，遁服而亡，所谓"贺者在门，吊者在闾"也。兵败师破，人皆吊之，恐惧自新，百姓爱之，诸侯皆归其所夺邑，所谓"吊者在门，贺者在闾"。今若年少，得黄门侍郎，要显处也。新拜皆谢，贵人叩头，谨战战栗栗，乃可必免。

《全汉文》卷三十六

［译文］

告诫歆儿不要忽视：你并没有特殊的德行，而蒙受皇恩甚厚，将拿什么来报答？董仲舒有言："吊丧的人到了家门，贺喜的人就会到了。"这是说心存忧患就会恐惧地敬事，敬恐地从事本职工作就定有好的功德，而福就会随至。董仲舒又说："贺喜的人来到家门，吊丧的人就要到了。"这是说享福会使人骄傲奢侈，而骄傲奢侈就会招来灾祸，所以吊丧的人随之而来。齐顷公即位之初，凭借他祖父齐桓公的余威，轻视侮辱诸侯国的使者郤克，使跛子郤克失了面子，所以蒙受了鞍之战的灾祸，只好换掉衣服而逃命，这就是所说的"贺喜的人来到家门，吊丧的人就要到了"的意思。齐顷公兵败师破，人们都为他悲哀，他能够诚惶诚恐，悔过自新，百姓就爱戴他，诸侯都归还了侵袭齐国所夺得的城邑，这就是所说的“吊丧的人来到家门口，贺喜的人也就要到了”的意思。现在你年龄还不大，就做了黄门侍郎，这是显要的职位。刚任职的官员都要向你道谢，显贵的人要向你叩头，你要小心谨慎，战战兢兢，才能免除灾祸。

诫子

[原文]

明者处世，莫尚于容。优哉游哉，与道相存。首阳为拙，柳惠为工。饱食安步，以仕代农。依隐玩世，诡时不逢。是故才尽者身危，好名者得华，有群者累生，孤贵者失和，遗余者不匮，自尽者无名。圣人之道，一龙一蛇。形见神藏，与物变化。随时之宜，无有常家。

《全唐文》卷二十五

[译文]

明智的人立身处世，没有比容身避害更高的了。他可以优哉游哉随着世道的变化而生存。隐居首阳山不食周粟而饿死的伯夷、叔齐是笨拙的，不以官职卑下而尽显贤能的柳下惠是精明的。吃饱肚子而安步当车，以仕途代替农耕。隐匿玩世，行为与世道相悖也能避害全身。才华尽露的人身危，喜好名声的人得到的是花朵而非果实，结朋树党的人将会招来灾祸，孤傲自贵的人会失众，凡事都留有余地能防患于未然，坐吃山空则不会有盈余。圣人的处世之道，就像龙蛇一样时隐时现。形体露于外而精神藏于内，随外物的变化而变化。适时或行或藏，并没有什么固定不变的家法。

遗言戒子

向朗

[原文]

《传》称“师克在和不在众”，此言天地和则万物生，君臣和则国家平，九族和则动得所求，静得所安，是以圣人守和，以存以亡也。吾，楚国之小子耳，而早丧所天，为二兄所诱养，使其性行不随禄利以堕。今但贫耳，贫非人患，惟和为贵，汝其勉之。

《全三国文》卷六十一

[译文]

《左传》里称“军队取胜的关键在于团结一心，不在于人多”，这句话说明天地和谐则万物生长，君臣和顺则国家太平，全家族的人和顺则做任何事情都能达到目的，静而不动就可平安无事，因此圣人奉行和谐一致的原则，自生到死都不变。我，只是古时楚国的一个子弟罢了，而早年丧父，我被二位兄长所教养，从而使得我的性格和品行不随利禄诱惑而堕落。如今，只是贫困而已，但贫困并不是人所忧患的事情，只有和为贵，你还是努力去做吧。

教子做好人、寻好友

高攀龙

[原文]

吾人立身天地间，只思量作得一个人，是第一义，余事都没要紧。作人的道理，不必多言，只看小学便是。依此作去，岂有差失？从古聪明睿智，圣贤豪杰，只于此见得透，下手早，所以其人千古万古，不可磨灭，闻此言不信，便是凡愚，所宜猛省。

作好人，眼前觉得不便宜，总算来是大便宜。作不好人，眼前觉得便宜，总算来是不大便宜。千古以来，成败昭然，如何迷人尚不觉悟，真是可哀！吾为子孙发此真切诚恳之语，不可草草看过。

……

言语最要谨慎，交游最要审择。多说一句，不如少说一句；多识一人，不如少识一人。若是贤友，愈多愈好。只恐人才难得，知人实难耳，语云：“要做好人，须寻好友。引酵若酸，哪得甜酒？”又云：“人生丧家亡身，言语占了八分。”皆格言也。

选自《高子遗书》

[译文]

我们立身天地间，只思量怎样做一个人，这是第一紧要的事，其他事都不要紧。做人的道理，不必多说，只要看看《小学》这本书就行了。照着书中所说的去做，岂有差错？自古以来那些聪明、通达、明智的人，还有那些圣贤豪杰，对此看得最透彻，下手也早，所以他们名垂千古、永不磨灭。听到这些话还不信，那就是平庸、愚蠢的人，应该猛醒悟过来。

做一个好人，从眼前来看，得不到什么便宜，但从长远的观点来看，却是占了大便宜。做一个不好的人，眼前可以得到一些利益，但从长远来看，必然要吃大亏。自古以来，成功失败都非常明显，如何有人还执迷不悟，那真是可悲！我为子孙说这些真切诚恳的话，切莫草草看过，不认真对待。

……

说话最要谨慎，与人交往最要紧的是慎重选择。多说一句话，不如少说一句话；多认识一个人，不如少认识一个人。如果是才能、德行好的朋友，当然愈多愈好。唯恐人才难得，知人甚难。所以俗话说："要做好人，须交好友。酵母如果酸了，就酿不出好酒来。"又说："人生丧家亡身，言语占了八分。"这些都是人生格言啊！

《改良女儿经》作者诫女学贤德

[原文]

看古人，多贤德。宜以之，为法则。周姜正母仪，国人尽被格。太姒和众妾，子孙甚多广。缇萦朝上书，愿婢赎父身。卢氏不避盗，冒刃宁卫姑。侃母断己发，换酒筵嘉宾。村媪识光武，宰鸡而谢之。扊扅烹伏雌，乃是百里妻。练裳与竹笥，戴女能自亲。荆钗并裙布，孟光能安贫。冀郤夫妇睦，相见如敬宾。仲妻止夫召，灌园自食力。少君更短衣，提瓮出自汲。御妻能激夫，晏荐遂得封。唐氏乳迈姑，孝名啧啧称。孟母能教子，显扬于后世。玫英畏贼辱，先自投粪秽。

亿万贤妇女，罄竹难尽述。贤妇依此教，淑女能听训，万代永标名。

选自《改良女儿经》

［译文］

看一看古人，有很多贤德的女子。以她们为榜样，作行为准则。周文王的祖母太姜一生贞节、孝顺，善于教育子女，是贤妻良母，受到国人的赞扬。周武王的母亲太姒治内有方，和周文王的众妾和睦相处，使周文王传下不少子孙。汉文帝时一个叫缇萦的女子情愿自己做官婢来赎父亲的罪，文帝受感动赦免了她父亲。唐朝郑义宗的妻子卢氏，家里遭强盗抢劫，家人都四处躲藏，只有她守着不能走的婆婆而差一点被打死。晋朝陶侃的母亲为了维护儿子的名誉，在没有钱的情况下剪掉自己的头发换了一桌酒席招待名绅范逵，后来范逵推荐陶侃做了官。汉武帝化装私访，被人怀疑是盗贼，幸而被开店的老妇人设法相救，并杀鸡招待，受到汉武帝奖赏。周朝百里奚外出求官当了奴隶，妻子始终等待，最后成了秦国相府的洗衣妇。后来秦穆公发现了百里奚有才能，用五张羊皮赎出来让他当了宰相，终于夫妻团聚。汉朝戴良虽然家中很有钱，但给五个女儿的嫁妆全是布衣竹箱之类不值钱的东西，女儿们没怨言，都能安心度日。东汉梁鸿结婚时，妻子孟光打扮得很华丽，梁见了不高兴，七天没理妻子。后来妻子穿布衣与梁鸿长期隐居。春秋晋国时郤缺和妻子每天相敬如宾，后来晋文公封郤缺为下军大夫。战国时期楚王曾用重金聘请齐人陈仲子去做宰相，他妻子劝说他不要去干那个担惊受累的差使，两人逃走给人管菜园子去了。古时有个叫少君的女子出生在有钱人家，后来她嫁给了一个贫穷的书生，于是她换上了短布衣，开始了提水操作家务的俭朴生活。春秋时齐国相晏婴的车夫骄气十足，车夫妻子看到后，批评了车夫不应该盛气凌人，车夫从此改正，晏婴把车夫夫妇向齐景公推荐，受到封赏。唐朝有个夫人的婆婆年岁大了掉了牙齿，吃饭有困难，这个夫人天天向婆婆叩拜并给她哺乳。孟轲的母亲为了教育孩子多次选择邻居，并在孟轲逃学时砍断机杼进行规劝，使孟轲最后成为亚圣。唐朝一女子玫英遇到强盗，她怕被强盗污辱，损坏了贞节，就跳进了大粪坑里，强盗只好走了……华夏有无数贤良的妇女，她们事迹是说不完的。贤妇淑女若听从此训，她们的名字将万世流芳。

家训

柳玭

［原文］

夫门第高者，可畏不可恃。可畏者，立身行己，一事有坠先训，则罪大于他人。虽生可以苟取名位，死何以见祖先于地下？不可恃者，门高则自骄，族盛则人之所嫉。实艺懿行，人未必信；纤瑕微累，十手争指矣。所以承世胄者，修己不得不恳，为学不得不坚。夫人生世，以己无能而望他人用，以己无善而望他人爱，无状，则曰："我不遇时，时不急贤。"亦由农夫卤莽种之而怨天泽之不润，虽欲弗馁，其可得乎！

予幼闻先训，讲论家法。立身以孝悌为基，以恭默为本，以畏怯为务，认勤俭为法，以交结为末事，以弃义为凶人。肥家以忍顺，保友以简敬。百行备，疑身之未周；三缄密，虑言之或失。广记如不及，求名如傥来。去吝与骄，庶几减过。莅官则洁己省事，而后可以言守法，守法而后言养人。直不近祸，廉不沽名。廪禄虽微，不可易黎甿之膏血；榎楚虽用，不可恣褊狭之胸襟。忧与福不偕，洁与富不并。比见家门子孙，其先正直当官，耿介特立，不畏强御；及其衰也，惟好犯上，更无他能。如其先逊顺处己，和柔保身，以远悔尤，及其衰也，但有暗劣，莫知所宗。此际几微，非贤不达。

［译文］

出身高门大户的子弟，只可心存戒惧而不可有所依恃。之所以要心存戒惧，是因为立身行事，若有一件事未遵从祖训，那么罪过就会大于别人。即使活着时可以苟且取得名位，而死后又有何面目见祖先于地下？之所以不可以依恃，是因为门第高贵就会自骄，宗族强盛就会招嫉恨。有真才实能和良好的品行，别人也未必相信；而有细小的缺失，就会有许多人看到而争相指责。所以继承世家，修身就不能不勤恳，治学就不能不坚实。人生在世，以自己无能而望别人重用，以自己不善而望别人喜爱，没有一点功绩，却说："我生不逢时，现在不急求贤才。"这也如同农夫不会种田反怪天不下雨不滋润一样，纵然不想挨饿，那怎么能办到？

我幼年就听先人的训诫，讲论柳门家法。立身要以孝顺父母尊敬兄长为基础，以恭敬少言为根本，以小心谨慎为要务，以勤劳节俭为法则，以交友为小事，以违背仁义为凶人。要凭忍让和顺使家族兴旺，要以诚实恭敬保持友谊。

多方面的品行都具备后，仍要怀疑自己修身还未周全；三缄其口，仍要忧虑或有失言。广记学识，犹感不足，求得功名像无意得来的东西一样。去掉吝啬和骄傲，或许可以减少过失。做官要自正其身，厉行节简，而后才可以谈到守法，守法后才可以谈到教养百姓。耿直而要能躲避灾祸，廉洁而不能沽名钓誉。俸禄即使微薄，也不能榨取老百姓膏血；刑具要动，也不能因为自己器量狭小而乱用。忧患与福分不会同时来临，廉洁与富有不能并存。近来见某些高门子孙，他们的祖先当官正直，光明正大而品行卓异，不畏强暴；到他们衰败时，只好犯上，别无其他能耐。假如他们的祖先能谦恭地做人，和平忍让地保身，远离悔恨和过失，到他们衰败时，即使子孙昏聩，人们也不知谁是他们的祖宗。此中细微而深刻的哲理，非贤人不能知达。

八、立志从业

圣贤语录

[原文]

天将降大任于斯人也，必先苦其心志，劳其筋骨，饿其体肤，空乏其身，行拂乱其所为，所以动心忍性，曾益其所不能。人恒过，然后能改；困于心，衡于虑，而后作；征于色，发于声，而后喻。入则无法家拂士，出则无敌国外患者，国恒亡。然后知生于忧患而死于安乐也。

（《孟子》告子章句下）

[译文]

上天要让某人去完成重大使命，一定要让他的意志受到磨炼，使他的筋骨受到劳累，使他的身体忍饥挨饿，使他备受穷困之苦，做事总是不顺利。这样来激发他的内心深处，坚定他的本性，弥补他的缺点。人总是先犯错误，然后才能改正错误。心里感到困惑，想不出解决问题的办法，这样才能奋发而起；这会体现在自己脸上，体现在说的话里，这样就能影响他人。一个国家要是内没有按法度办事的大臣和辅佐的人才，外没有敌对国家的忧患，往往容易亡国。所以说忧患使人生存，安逸享乐却使人败亡。

[原文]

子路曰："愿闻子之志。"子曰："老者安之，朋友信之，少者怀之。"

（《论语》公冶长篇第五）

[译文]

子路向孔子说："愿意听听您的志向。"孔子说："让老年人得到安乐，让朋友们信任我，让年轻的子弟们得到关怀。"

[原文]

志于道，据于德，依于仁，游于艺。

（《论语》述而篇第七）

[译文]

立志于道，以德为根本，以仁为依靠，游习在礼、乐、射、御、书、数六艺范围之中。

[原文]

由周而来，七百有余岁矣。以其数，则过矣；以其时考之，则可矣。夫天未欲平治天下也，如欲平治天下，当今之世，舍我其谁也？吾何为不豫哉？

（《孟子》公孙丑下）

[译文]

从周兴起到现在，已经七百多年了。从年数上看，已经超过五百年（必有王者兴）；考察现在的社会情况，正是王者出现的时候。上天不想让天下太平，如果想让天下太平，当今之世除了我还能有谁呢？我为何不高兴呢？

故事

另类孩童志成圣贤

王守仁，号阳明，明朝正德、嘉靖间人。

王守仁生于书香世家，父亲王华官至吏部尚书。家里对他的教育并不苛求，就当时一般情况来说，应该是相当宽松。他除了学习还可以弹琴、玩耍，以至于后来涉及儿童教育时，他深为感慨地说道：儿童教育“必使其趋向鼓舞，中心喜悦”，以达到“自然日长日化”。反对“鞭挞绳缚，若待拘囚”。自由的教育环境，养成了他独立思考，感知外部环境的能力，表现出特立独行的一面。一次他十分认真地问老师，为什么要读书，老师回答他，可考取功名。王守仁想了想，既然我们读圣贤书，就要学习圣贤，便对老师说：“不对，读书是为了做圣贤。”这使老师大吃一惊，从此学做圣贤就成了王守仁的人生志向。

王守仁怀着做圣贤的理想步入仕途后却屡遭挫折，几次险些丢掉性命。当时正是明武宗当政。这个昏庸的皇帝在太监刘瑾的诱骗下整天吃喝玩乐，不理朝政。刘瑾把持了一切权力。当时京城流传着一个民谣：“一个坐皇帝，一个立皇帝；一个朱皇帝，一个刘皇帝。”刘瑾把持皇帝，独揽大权，结党营私，排斥杀戮功臣良将，贪赃枉法，利用锦衣卫大搞特务统治。人们都敢怒而不敢言。但这时有两个以国家利益为重的富有正义感的小言官，毅然上书朝廷，历数刘瑾祸国殃民罪状，要求杀掉刘瑾。武宗见到没见到呈文不说，两人马上就被打入锦衣卫大牢，自然凶多吉少。但百官畏惧刘瑾权势，没人敢站出来讲话。王守仁时为吏部主事，勇敢地站出来仗义执言：言官向皇帝上书言事是其职责，把他们投入锦衣卫监狱这种虎狼之地会使皇上背上诛杀言官的恶名，要求尽快放人。刘瑾马上把他抓起来，廷杖四十。所谓廷杖，就是在皇帝和百官面前，由锦衣卫将人犯拖至午门外进行杖打。这不仅是一种残酷的肉刑，还是对人犯人格的极大侮辱。这种酷刑，前朝没有，是明代开国皇帝朱元璋建立的。联系他对开国功臣及其属僚、家眷成千上万的杀戮，足见这个地痞出身的皇帝阴毒残忍的一面。

王守仁被廷杖后，又被投入锦衣卫大牢，牢内刑法严酷，进去的人很少能活着出来的。在狱中他备受折磨，但对所作所为并不后悔。他除思念家人之外，为坚守圣人之志，他不断用古圣贤遇难时愤发作为的一段话来激励自己。司马迁曾说："盖西伯拘而演《周易》；仲尼厄而作《春秋》；屈原放逐，乃赋《离骚》；左丘明失明，厥有《国语》……"因而，他写出了"吾心匪石，胡为欣戚动"的狱中语句。他决心临难时向先贤看齐，不为一时之喜忧所动，在狱中坚持半年之久，最后朝廷下诏免去他的官职，派他到贵州修文县龙场去做一个驿站的小吏——驿丞，实际上是把他流放到了当时十分荒僻、充满瘴疠之气的边远山区，同时刘瑾阴谋在流放途中将其追杀。他尽力躲过刘瑾的追杀，在泗渡湖水回家时又差点溺水而亡，好不容易几经磨难到了龙场，没吃没穿没住处只好栖身山洞的王守仁又遇上病瘴折磨，同去的人中，三个仆人相继亡故，但坚持圣人之道的王守仁却以常人难以忍受的毅力，静下心来，对古圣贤之书进行研读领悟，并以自己的心得在自己创立的学堂进行讲学。自此，贵州始有学堂。

在龙场，夜深人静时，王守仁常常躺在床上回想不平凡的往事，思索着圣贤遇到这些事时会如何办，不断探求圣人之道。一天夜里，当他照常进行这种思想时，忽然转念一想，自己所想的圣人之道不就是自己想出来的东西吗？想到这里，他激动得浑身发抖，不禁大叫一声，使身边的人吓了一跳。王守仁说："圣人之道，吾性自足。"这就是有名的王守仁龙场悟道。这一思想改变了王守仁他的一生。他认为"六经者非他，吾心之常道也。""六经之实，则具于吾心……世之学者，得吾说而求诸其心焉。""心明便是天理"，即圣人之道，从而完善了《心学》，成为一代儒学大师，与孔、孟齐名，名声大振。皇帝也曾征名在平定边陲叛乱等方面建立殊功，但他著称于世的，仍是他的《心学》，不仅在中国影响很大，还远传到日本等地。

[原文]

孟子曰："人之有德慧术知者，恒存乎疢疾。独孤臣孽子，其操心也危，其虑患也深，故达。”

（《孟子》尽心章句上）

［译文］

孟子说：“人有德行、智慧、技能的，常常是由于灾患的缘故。只有不被重用的臣子和地位卑微的庶子，心里总有危机感，能考虑深远的忧患，所以通达人情世故。”

［原文］

王子垫问曰：“士何事？”孟子曰：“尚志。”曰：“何谓尚志？”

曰：“仁义而已矣。杀一无罪，非仁也；非其有而取之，非义也……居仁由义，大人之事备矣！”

（《孟子》尽心章句上）

［译文］

齐王之子垫问：“学者干什么工作？”

孟子说：“使自己心志高尚？”

王子垫问：“什么叫使自己心志高尚。”

孟子说：“奉行仁和义罢了。杀死一个无罪的人，是不仁；不是自己的东西却去占有，是不义……立足于仁而走正义的道路，优秀人物干事的条件就具备了。”

［原文］

三军可以夺帅也，匹夫不可以夺志也。

（《论语》子罕篇第九）

［译文］

三军可以夺去主帅，一个人的志向是不能强迫他改变的。

［原文］

无恒产而有恒心者，惟士为能。若民，则无恒产，因无恒心。

苟无恒心，放辟、邪侈，无不为已。

（《孟子》梁惠王章句上）

[译文]

没有稳定的产业收入却有稳定的本心，只有受过教育的人才能做到。至于一般人，如果没有稳定的产业收入，本心就不会稳定。本心一旦不稳定，就可能胡作非为，什么事情都做得出来。

贤良家训

诫外生

诸葛亮

[原文]

夫志当存高远，慕先贤，绝情欲，弃凝滞，使庶几之志，揭然有所存，恻然有所感。忍屈伸，去细碎，广咨问，除嫌吝，虽有淹留，何损于美趣？何患于不济？若志不强毅，意不慷慨，徒碌碌滞于俗，默默束于情，永窜伏于凡庸，不免于下流矣。

《全三国文》卷五十九

[译文]

一个人的志向应当高尚、远大，仰慕古代贤人，断绝私情邪欲，抛弃阻碍前进的东西，使自己高尚的志向了然于胸，并不断地用它激励自己。逆境和顺境都能忍受、抛弃琐碎的杂事，广泛地向他人咨询和求教，丢掉与他人的仇怨的耻辱的心思，即使才德不显于世，又对自己美好的志趣有什么损害呢？又何患不成功呢？如果志向不坚强弘毅，意气不激昂慷慨，只是碌碌无为地为世俗所累，默默无闻地为世情所束缚，长久地沉沦在平凡庸俗之辈中，就难免要沦为低下的地位了。

命子迁

司马谈

［原文］

余先室周之太史也。自上世尝显功名于虞夏，典天官事。后世中衰，绝于予乎？汝复为太史，则续吾祖矣。今天子接千岁之统，封泰山，而余不得从行，是命也夫，命也夫！余死，汝必为太史；为太史，无忘吾所欲论著矣。且夫孝始于事亲，中于事君，终于立身。扬名于后世，以显父母，此孝之大者。夫天下称诵周公，言其能论歌文、武之德，宣周、邵之风，达太王、王季之思虑，爰及公刘，以尊后稷也。幽、厉之后，王道缺，礼乐衰，孔子修旧起废，论《诗》、《书》，作《春秋》。则学者至今则之。自获麟以来四百有余岁，而诸侯相兼，史书放绝。今汉兴，海内一统，明主贤君忠臣死义之士，余为太史而弗论载，废天下之史文，余甚惧焉，汝其念哉！

《史记·太史公自序》

［译文］

我们的祖先本是周朝的太史。自虞舜和夏代以来，祖先们功名显赫，主管天官事务。后世中途衰落，祖业要断送在我的手里吗？你如果能再做太史，就可以继承我祖先的事业了。现在天子继承千年传统，到泰山封禅，而我却不能随行，这是命啊！是命啊！我死之后，你必定会成为太史；做了太史，不要忘记我想要撰写的史书啊！孝道始于侍奉双亲，中间是侍奉君主，最终要树立自身，扬名于后世，使父母得以显耀，这才是最大的孝啊！天下人之所以称颂周公，就是因为他能歌颂周文王、周武王的功德，宣扬自己和邵公的风范，通晓太王和王季的思虑，再上推至公刘，认追尊始祖后稷。周幽王、周厉王以后，王道断缺，礼乐衰微，孔子乃修旧起废，整理《诗经》、《尚书》，编《春秋》，于是学者至今都效法他。从鲁哀公十四年“获麟”以来已有四百余年了，诸侯兼并，史书散乱、断绝。现在汉朝兴起，海内统一，很多贤明的君主和忠臣烈士，我当太史而没有把他们记载下来，废绝了天下的历史文献，我深感惶恐不安。你要记住这件事啊！

感言

司马谈身为太史，在海内一统、国力强盛的大好时代，强烈的历史责任心使他决心搜集放绝之史料，编写一部以树王道、兴礼乐的史记，使明主贤君忠臣死义之士、海内一统之政留传于后世。然而正当武帝准备封禅之际，他突然患病，不得从行，写作史记的宏愿也成了泡影。弥留之际，他把自己未竟之事交给了儿子司马迁，希望司马迁能完成史记的写作，“扬名于后世，以显父母”。

想不到司马迁因李陵事件遭到致命打击，受到腐刑。无比的屈辱使他痛不欲生。但他父亲的临终嘱托，使他深感自身责任重大，强烈的历史责任感使他将生死荣辱抛于脑后，忍辱负重，终于完成了无韵之离骚，史家之绝唱，彪炳千秋的历史和文学巨著《史记》。

书示两儿

（明）陈确

[原文]

读书不能身体力行，便是不曾读书。只“慎言语、节饮食”六字，吾尝淳淳致戒，禾能奉行一字否？不用父言，便是忤逆不孝，尚何学问之言乎？吾素不喜浮华，只验尔等于日用动静间，有一分敬慎意思，便是学力进步处，吾便一开颜。不然，虽学成扬名，非吾好也……

禾儿即日要立志。年十七矣，此时不立志向上，更待何时？能立志，则诸病悉除，更不待吾言之赘矣。少壮几时，忽成老大。终身大事，须自打算。他日始思吾言，何可及也！

《陈确集》卷十六

［译文］

读书不能身体力行，便是不曾读书。只“慎言语、节饮食”这六个字，我常恳切对你们进行训诫，禾（即次子陈禾）能奉行一字不？不遵循父言，就是忤逆不孝，还有什么学问可言？我平素不喜好浮华，只要验证你们在日用动静间，有一分恭敬谨慎的意思，我就会高兴喜欢，不然，虽学业有成扬名于世，也不是我所喜好的……

禾儿即日就要立志。已经十七岁了，此时不立志向上，更待何时？能立志，则各种毛病都能去除，更不待我老费口舌地对你说教。少壮能几时，一晃就老了。终身大事，必须你自作打算。他日始想我说的话，何可及也。

旦必读书

叶梦得

［原文］

旦起须先读书三五卷，正其用心处，然后可及他事。暮夜见烛亦复然。若遇无事，终日不离几案。苟能如此，一生永不会向下，作下等人。如见他事，自然不妄。吾二年来目力极昏，看小字甚难。然盛夏帐中，亦须读书。至极困，乃就枕。不尔胸次歉然若有未了事，往往睡亦不美，况昼日乎？若凌晨便治俗事，或冗或默，闲坐日复一日，与书卷渐远，岂复更思学问？如此不流入流俗人，则着衣吃饭，一骙子弟耳。况复博弈饮酒，追逐玩好，寻求交友，惟意所欲，近二三年，远五六年，未有不丧身破家者。此不待吾言，知之，则庶乎其免矣。

《石林家训》

［译文］

早晨起来必须先读上三五卷书，端正自己的心态，然后才可以做其他事。晚上点灯后也要这样。如果遇上没有什么事，就应整天不离书桌。如果能这样，一生永远不会走下坡路，当下等人。如果看到其他事情，自然不会妄为。我近两年来视力极为昏暗，看小字很困难。然而即使盛夏在帐中，也一定要读书。到困极了的时候，才就枕。不这样就觉得胸中亏欠了什么，好像有什么没有了结的事一样，往往睡也睡不香，更何况白天呢？如果凌晨就办俗事杂务，有时冗杂，有时默处，闲坐日复一日，与书卷渐渐疏远，岂能再想到学问？这样就是不变成流俗之人，也不过是一个穿衣吃饭的痴呆子弟罢了。何况再去赌博下棋，饮酒作乐，追求玩乐，找人交友，随心所欲地行事，如此，近则二三年，远则五六年，没有不身亡家破的。这些不必我讲，能懂得这一点，那么也许可以免除灾祸。

放翁家训

陆游

[原文]

子孙才分有限，无如之何，然不可不使读书。贫则教训童稚，以给衣食，但书种不绝足矣。能布衣草履，从事农圃，足迹不至城市，大是佳事。关中村落，有魏郑公庄，诸孙皆为农。张浮休过之，留诗云："儿曹不识字，耕凿郑公庄。"仕宦不可常，不仕则农，无可憾也。但切不可迫于衣食，为市井小人事耳。戒之戒之。

后生才锐者，最易坏。若有之，父兄当以为忧，不可以为喜也。切须常加检束，令熟读经子，训以宽厚恭谨，勿令与浮薄者游处。如此十许年，志趣自成。不然，其可虑之事，盖非一端。吾此言，后人之药石也。各须谨之，毋贻后悔。

《放翁家训》

[译文]

子孙才气有限，无可奈何，但不可不使他们读书。贫困就教儿童读书，来供给衣食，只要读书的种子不绝就足够了。能穿布衣草鞋，从事耕田种菜，足迹不到城市，是大好事。关中村落，有个魏郑公庄，诸多子孙都务农。张浮休经过那里时，留下诗句说："儿童不识字，耕凿郑公庄。"做官不可能长久，不做官就务农，没什么遗憾。但切不可为衣食所迫，做市井小人之事。戒之戒之。

年轻人才华突出的，最易染上坏习气。如果有这样的子弟，做父兄的应该认为是忧虑的事，不可因此高兴。必须常加约束，让他熟读经典，教他宽厚恭谨，不要让他与轻薄之人交往。这样十几年后，志趣自然形成。不然，让人担忧的事，恐怕不只是一件。我这些话，是后辈人的药石。各人必须慎重对待，不要留下悔恨。

郑晓训子书

［原文］

郑尚书谈泉公训子履淳曰："胆欲大，心欲小；智欲圆，行欲方。大志非才不就，大才非学不成。学非记诵云尔，当究事所以然，融于心目，如身亲履之。南阳一出即相，淮阴一出即将，果盖世雄才，皆是平时所学，志士读书当知此。不然，世之能读书能文章不善做官做人者最多也。"

选自《戒庵堂老人漫笔》

［译文］

刑部尚书郑晓教训他的儿子郑履淳说："做事胆要大，但心要细；用智要圆通，行为要端正。有大志的人没有才无法达到目的。有大才的人不学习也不会有成就。学习并非表现在能记忆、朗诵上，而是要能探究事物之所以然，融会于心，如同亲自实践过一般。诸葛亮一出茅庐就当了丞相，韩信一出仕就当了大将。他们真是盖世雄才，但其才能都是平时善于学习的结果。有志的人读书应当知道这点。不然，世上能读书、能做文章而不善于做官做人的人是非常多的。"

戒子植

曹操

[原文]

吾昔为顿丘令[①]，年二十三。思此时所行，无悔于今。今汝年已二十三矣，可不勉欤？

选自《全三国文》卷三

[译文]

我从前任顿丘县令时，年龄刚二十三岁。回想那一时期的所作所为，至今无悔。现在你的年龄已经二十三岁了，能不努力上进吗？

诫儿立志高远

彭士望

[原文]

少年须常有一片春暖之意，如植物从地茁出，天气浑含，只滋根土，美闷春融，绝无雕节，自会发生盛大。

今之少年，往往情不足而智有余，发泄多歧，本地单薄，专力为己，饰意待人，展转效摹，人各自为，过失莫知，患难莫救，殖落岁逝，竟成孤立。千年之木，华尽一朝，良可惜也。

选自《耻躬堂文集》

[译文]

少年人要时常保持一片暖暖春意、勃勃生机。有如植物从地下茁壮地生长出来。只要滋润根土，气候温暖，不必人工的雕饰调节，自会枝繁叶茂。

如今有些少年，往往性情不足而智巧有余，四处发泄，根基浅薄，一心为己，假意待人，辗转仿效，各干各的，有了过失也不知

① 顿丘：县名，治所在今河南清丰县西南二十五里。汉灵帝熹平六年（177），曹操任顿丘县令，年二十三。

道，遇到患难，互不救援，有作为的时机随着岁月消逝，终于成为一个大家所孤立的人。本来可以成长为千年的大树，却只开了一次花就枯萎了，好可惜啊！

诫子文

孙枝蔚

［原文］

今将为吾儿述五伦之得失，指万事利害，且愿吾儿先当以吾为戒耳。

吾少年遭闯寇乱，见张良潜身下邳故事，心窃奇之，遂朝友屠狗，夕客鸡鸣，短衣匹马，入北山中，谓当尽射猛虎，然后归见妻子，何其雄也！即而几蹈不测，潜遁行间，幸彼时无秦人十日之索耳，万一危及，合门忠孝两失，永为罪人矣。吾至今每思之，犹可寒心也。然昔所以为此，犹曰幼好奇服耳。至于事既不成，遂来扬州，隐于鱼盐之市，先人产业尚足自给，乃复愤懑不平，无所寄托，则以饮酒近妇人为事，谓丈夫不得行胸怀，虽速死声色中，可也。志日奇而趣日卑，心日放而名日损，玩世不恭，狎及倡优。当此之时，岂复知有贫穷老病之苦哉？年才四十，鬓发萧然，幸尚无疾病，不至速化。然惟忧用老，安能保其永年？即使有疾，亦无钱可求药饵。一棺之费，便须累及亲友；兄弟天涯，那易得一永诀？故吾时时常作此想，洵可哀也，亦可畏也。昔弃万金如敝屣，今谋一饱若登天，于是东奔西走，不以乞食为耻。见不愿见之人，强颜欢笑，行同优丐。昔所欲骂欲唾者，一旦或且奉为恩人，视同漂母，期以异日酬之千金。子曰："爱之欲其生，恶之欲其死。"岂非大惑耶？前后矛盾，失其本心，乃至于此。推其所由，岂非烈士之不易为，过高之能为累耶？后世且不可欺，况欺吾儿子！故吾具告儿，使闻吾少日之过，事关大节，勿藐藐也……居今之世，惟多读书，可以使人敬；惟至诚，可以使人感；惟耕田，可以不求人。此三者之外，吾不能为儿计也。吾尝中夜而起，呼婢索灯，婢云："油尽。"目中不得见一物，深苦之。心有所得，不能即刻书之于纸，忧愁烦乱，惟恐起而忘之也。及曙，豁然无所不见，然后知白日之难得。儿念之无负寸阴也。昔王韶之绝粮三日，而不辍卷，家人诮之曰："穷如此，何不耕?"韶之答曰："我常自耕耳。"若以无田为虑者，砚可为田也。吾自三十以后，始谢去游侠声色之习，折节读书，慨然慕陈慥之为人。今吾虽长贫而不至于饥死者，赖学耳。生平多失，惟此为得，愿吾儿效其一节可耳。吾言虽繁，意不至杂碎。他人或笑其不达，冀儿勉为孝子，足矣。

选自《溉堂文集》卷四

[译文]

现在我将为儿子说一下五伦的得失，指点一下世间万事的利害，并且希望我儿先应当以我为戒鉴。

我少年时遭到李闯王之乱，看到史书上记载张良刺杀秦始皇未遂而藏匿下邳的事情，心里很惊奇，于是早与屠狗之人为友，晚与鸡鸣之徒为客，穿短衣，骑骏马，入北山中，以为必当射尽猛虎贼子，然后回家见妻儿，那是多么地雄壮啊！不久几乎陷入绝境，我偷偷地在夜间行路，幸亏那时没有秦朝人搜索十天的诏令，万一危及自身，全家忠孝两失，永为孙门罪人。我到现在每想起这件事，还觉得心寒啊。但是从前之所以这样，还自认为是像屈原一样自幼就有远大的志向哩。事情失败之后，我便来到扬州，藏身鱼盐市井之中，先人留下的产业足够自足，于是又愤懑不平，无所寄托，便以饮酒迷恋女人为常事，自以为大丈夫不能够实现抱负，虽速死在声色之中，也是可以的。心志日益奇异而情趣日益卑下，心绪日益放荡而声名日益败坏，玩世不恭，狎玩娼优。这时，哪里还知道会有贫穷老病的苦难呢？年刚四十，鬓发已白，幸亏还没有疾病，不至于突然死去。然而唯独忧虑年老了，怎能保我长寿？假如有了疾病，也没有钱可以求购药物。一口棺材的费用，便要连累到亲戚朋友；兄弟各自天涯，哪里能够容易得到诀别的机会？所以我时时常有这样的想法，确实可悲，也可怕。从前扬洒万金如抛弃破鞋，今日谋得一次饱饭如同登天，于是东奔西走，不以乞讨为耻，见不愿意见的人，强颜欢笑，行止如同乞丐。从前我想唾骂的人，一日也许还要奉为恩人，视为赠给韩信饭食的漂母一样。孔子说："爱一个人，希望他长寿；厌恶起来，恨不得他马上死去。"难道不是极大的迷惑吗？前后矛盾，失去了自己的本心，以至于到了如此地步。推论我所走过的路，难道不是成为壮烈之士不易，过高的才能会使人受累吗？后人尚不可欺，何况欺骗我的儿子！所以我全部告诉儿子，让你知道我年轻时的过失，事关大节，不要轻视……生活在当今之世，只有多读书，才可以使人尊敬；只有非常诚实，才可以使人感动；只有耕种田地，可以不求人。除此三点之外，我不能再为儿计划了。我曾经半夜起身，呼叫婢女点灯，婢女说："灯油尽了。"眼中不能看见一物，深为此痛苦。心里有所感悟，不能够立刻写在纸上，忧愁烦乱，惟恐起床后而忘却掉。到了天明，清清楚楚地没有什么看不见的，这之后才懂得白天的难得。我儿想到这些不要辜负每寸光阴啊。从前王韶之断粮三天，但不放下手中书本，家人嘲笑他说："穷到这种地步，为何不去耕田？"王韶之答："我经常自己耕田哪。"如果忧虑没有田地，砚台即可作为田地。我自三十岁以后，才去掉游侠放荡喜好声色的恶习，强自克制读书，感慨羡慕宋代陈慥的为人。现在我虽然长久贫困但尚不至于饿死，依赖我的学问罢了。生平多有过失，只得到这一点，希望我儿效法老父的这一点就行了。我的话虽然繁缛啰嗦含意倒不至于杂碎。他人看后或许会笑我不得志，希望我儿努力成为孝子也就足够了。"

训子书

徐媛（女）

［原文］

儿年几弱冠，懦怯无为，于世情毫不谙练，深为尔忧之……钻燧之火，可以续朝阳；挥翮之风，可以继屏翳。物固有小而益大，人岂无全用哉？

习业当凝神伫思，戢足纳心，鹜精于千仞之巅，游心于八极之表；濬发于巧心，摛藻为春华，应事以精，不畏不成形；造物以神，不患不为器。能尽我道而听天命，庶不愧于父母妻子矣！循此则终身不堕沦落，尚勉之励之，以我言为箴，勿愦愦于衷，毋朦朦于志。

选自《络纬吟》

[译文]

儿的年龄快到二十岁了，但还怯弱无为，对于人情世故毫不熟悉，我深深地为你忧虑……钻木取来的火，可以日落后为人们提供温暖；扇子扇出的风，可以继自然之风而给人们纳凉。物固然小，但有大的用处，人难道没有胜任万事的能力吗？

学业应当聚精会神而深入思考，足不出户而专心致志，境界要在千仞的高山之上；胸怀要广，思想驰骋在八极之外；深刻的思想发于灵巧的心中，抒发艳丽的词藻有如春天的花朵；处理事情要精心，不怕它不成形；做一件东西要费神，不担心它不成器。能够尽了力而听天意，大概就无愧于父母妻子了。遵循上面的告诫就终身不会堕落失意，还望儿努力并激励自己，要把我的话当作箴言，不要心里糊涂，迷惘不清。

示子塑

（明）郑淑云（女）

[原文]

阅儿信，谓一身备有三穷：用世颇殷，乃穷于遇；待人颇恕，乃穷于交；反身颇严，乃穷于行。昔司马子长云："虞卿非穷愁，不能著书以自见于后世。"是穷亦未尝无益于人，吾儿当以是自励也！

选自《写心集》

［译文］

阅读了儿的来信，说你一身负三种穷困因而不得志：为世所用的心情很殷切，却得不到他人赏识的机遇；待人很宽恕，却交不到真正的朋友；要求自己严格，却难以立身行世。从前司马迁曾说过："虞卿不到穷愁的地步，就不能著书立说以自现美名于后世。"这说明穷困也未尝对人没有益处，我儿理当以此自勉啊！

袁采世范·子弟须使有业

袁采

［原文］

人之有子，须使有业。贫贱而有业，则不至于饥寒；富贵而有业，则不至于为非。凡富贵之子弟，耽酒色，好博弈，异衣服，饰舆马，与群小为伍，以致破家者，非其本心之不肖，由无业以度日，遂起为非之心。小人赞其为非，则有铺啜钱财之利，常乘间而翼成之，子弟痛宜省悟。

选自《袁采世范·处己》

［译文］

人有了子女，须使他们有职业。家境贫贱而有了职业，就不至于遭受饥寒；家境富贵的有了职业，就不至于为非作歹。凡是富贵人家的子弟沉迷于酒色，喜好赌博，好穿奇装异服，乘坐豪华漂亮的车马，与众小人为伍，以至于败家的，并非是他本心就不肖，而是由于他没有职业以度光阴，于是就产生为非之心。小人引诱他为非作歹，则有吃喝钱财可图，常常乘机助成其事，子弟应当痛切省悟。

给子应尾、应箕书

（明）杨继盛

［原文］

人须要立志。初时立志为君子，后来多有变为小人的；若初时不先立下一个定志，则中无定向，便无所不为，便为天下之小人，众人皆贱恶你。你发愤立志要做个君子，则不拘做官不做官，人人都敬重你。故吾要你第一先立起志气来。

心为人一身之主，如树之根，如果之蒂，最不可先坏了心。心里若是存天理，存公道，则行出来，便都是好事，便是君子这边的人。心里若存的是人欲，是私意，虽欲行好事，也是有始无终，虽欲外面做好人，也被人看破你。如根衰则树枯，蒂坏则果落。故吾要你休把心坏了。心以思为职，或独坐时，或夜深时，念头一起，则自思曰："这是好念？是恶念？"若是好念，便扩充起来，必见之行；若是恶念，便禁止勿思。方行一事，则思之：以为"此事合天理，不合天理？"若是不合天理，便止而勿行；若是合天理，便行。不可为分毫违心害理之事，则上天必保护你，鬼神必加佑你，否则天地鬼神必不容你。

你读书若中举中进士，思吾之苦，不做官也是。若是做官，必须正直忠厚，赤心随分保国①。固不可效吾之狂愚，亦不可因吾为忠受祸，遂改心易行，懈了为善之志，惹人父贤子不肖之笑。

《杨忠愍公遗笔》

[译文]

人须要立志。最初立志为君子的，后来也多有变为小人的；但若当初不先立下定志，就无所不为，什么都干，就会成为天下之小

---

① 杨继盛七岁丧母，备受继母苛责，他利用放牛的时间抽空读书，终于在32岁时考中进士，官至兵部员外郎。他为官期间与奸贼严嵩之流进行了不屈不挠的斗争，后终因上疏弹劾严嵩的"十大罪、五奸"引来杀身之祸。其临刑前曾写下悲壮诗句："浩气还太虚，丹心照千古。生平未报恩，留作忠魂补！"给他两个孩子的信，也是这时写下的。身教重于言教。他要儿孙立志效忠报国的遗言，会更加激励后人沿着他的足迹奋勇向前，是封十分重要而难得之家书。

严嵩败亡后，杨继盛被赐太常少卿，谥忠愍。

人，众人都会贱看你、厌恶你。你发愤立志做个君子，不管做不做官，人人都会敬重你。因此，我要你们第一先立起志气来。

心为一身之主，如同树的根、果的蒂，最不可先坏了心。心里若是有天理，存公道，则行动起来，就都是好事，人是君子行列里的。心里若存的是私欲，虽想做好事，也是有始无终，表面上做好人，骨子里不是，也会被人看破。如根不行树就枯死了，若果蒂坏了果子就会掉下。因此你休要心坏了。心是管思想的，当你独处时，或在深夜里，心里有了念头，就要思考："这是好念头，还是坏念头?"要是好念头，就要扩大充实它，并一定要实行。要是坏念头，就禁止再想。想做件事就要思考："此事合天理?还是不合天理?"要是不合天理，便制止不行。要是合天理，便行。不可做丝毫违心害理的事。则上天必保护你，鬼神必护佑你，否则天地鬼神必不容你。

你读书若能中举中进士，想想我受的苦难，不做官也罢。若是做官，必须正直忠厚、赤心尽力保国。你固不可效法我的狂傲和愚忠，也不可因我为忠受祸，遂改心易行，放松为善之志，惹人父贤子不肖之讥笑。

……

穆宁训诸子书

［原文］

宁居家严，事寡姊甚恭。尝撰家令训诸子，人一通。又戒曰："君子之事亲，养志为大。吾志直道而已，苟枉而道，三牲五鼎非吾养也。"

选自《新唐书·穆宁》

［译文］

穆宁性刚直，治家严谨，对待孀居（死去丈夫）的姐姐非常恭敬。他曾经撰写家令训诫几个儿子，给每人一份。并告诫他们说：

"有贤德的人侍奉父母，以培养志向为大事。我的志向是直道而行，如果不从正道而取媚于我，即使有'三牲五鼎'那样的奉养，我也不从。"

训子书

谢良佐

[原文]

脱去凡近，以游高明。莫为婴儿之态，而有大人之器。莫为一身之谋，而有天下之志。莫为终身之计，而有后世之虑。不求人知而求天知，不求同俗而求同理。

选自《戒庵堂老人漫笔》

[译文]

摆脱才识平凡的人，与高明的人交往。不要像小孩子那样的稚雅，而要有大人的器度。不要只为自身打算，而要胸怀天下大志。不要只考虑自己的一生，还要考虑到子孙后代。不要只求让人们知道你，而要让上天知道你。不要与世俗混在一起，而要求与贤人同理。

诫弟专心致志

梅文鼐

[原文]

境苦乐无常，人心为之也。适千里者百里跬步，适万里者千里门庭，闭户光生，瞻户外屦，惊跋涉矣。夏日中天，行者望扶苏一木，趋而憩之，如清凉国；重檐广厦，铺簟当风，侍者交扇，喘若吴牛。夫一木不凉于广厦。户外不远于千里，心之所存，境从而变，天下事大抵然也。夫贵者方以冕组为桎梏，或注意林下；富者方以多财为祸患，而朵颐灵龟。苟其地易，彼此交羡，苦乐庸有定乎？童稚妇女之謦咳，门以外之剥啄，偶接于耳而乱人心者，意相关也；

号叫怒詈，鞭笞击斗之纷拿，杂然吾目而无所于动者，于意无涉也，故心有所扰，静乃成喧，及其既安，闹转成寂。存系者在远犹亲，专营者视物无睹。君子素位而行，无入不自得；若必待日用所需，种种具足，远离尘俗，遗世独立，乃始毕力为吾所欲为，自少逮老，安所得此闲旷之时与地而用之耶？吾观古人之著作，多出穷愁无聊之极，至有受书图圄、执卷马上者，彼其人宁独异乎？昔伯牙学琴既成，其师引而至穷岛无人之境，天风海涛，呼吸震荡，伯牙顿叹其师之移我情也。吾弟此行，若能凝乃神，笃乃虑，寝食梦寐，惟书是求，则断简残编，无往非治境治心之要；发为文章，必光明雄骏，向来心境，日以变化。此郡城一席地，命曰“天风海涛”可矣！

选自《绩学堂文钞》

［译文］

苦乐无常，因为每个人的心情随着不同的境遇而变化。走千里的人，走完百里只当刚走半步，走万里的人，走完千里只当刚出门庭；关起门来满屋生辉，看见门外的鞋子，也会害怕长途奔波。夏天烈日当空，走路的人看到一棵枝叶繁茂的树，便会赶紧走过去休息，好像到了清凉国；重檐宽敞的高楼大厦，铺着竹席，面对着凉风，侍奉的人交相摇扇，好像吴地的牛一样喘不过气来。一棵树不比高楼大厦风凉，门外面并不比千山万水遥远。可见有怎样的环境就有怎样的心境，天下的事情大抵如此吧。显贵的人以戴官帽为受束缚，想隐退山中；豪富的人以财多为祸患，问灵龟吉凶。如果改变地位，彼此互相羡慕，那么苦乐还需要有定准吗？妇女儿童的言笑咳嗽，外面的敲门声，偶尔听到也会扰乱心中的宁静，这是和自己的心境有关；面对着号叫怒骂，鞭笞击斗的纷扰，却无动于衷，这是和自己无涉。所以心一旦被扰乱，宁静也会变成喧闹，一经安定下来，喧闹也会变成寂静。存心牵挂的虽远犹近，专心一致的视而不见。君子依照平日的样子去做，就能无入而不自得。如果一定要等待日用之所需，样样具备，远离尘世，超然独立于人世之外，然后才开始全力去做自己想做的事，那么从小找到老，也很难找到这种空闲的时间和地方。我看古人的著作，多写自己穷愁、无聊之极的东西，甚至有在监牢里受教、在马背上读书的，这些人难道有什么特别不同吗？昔日伯牙学成琴艺，老师把他带到一个没有人烟的岛上，狂风海涛大作，连呼吸都受到震荡，伯牙顿时感叹老师在转变自己的情思；此次吾弟入郡城求学，如果你能聚精会神，集中思想去求索，吃饭睡觉，想到的只是读书，那么即使残缺不全的书籍，也都能提高自己的情操。随感而发的文章，必然光明雄劲。人的心境向来是随着时间而变化，如果你能把握上述要点，那么这郡城一席之地就可称为“天风海涛”了！

九、君子与小人

圣贤语录

[原文]

君子有三戒：少之时，血气未定，戒之在色；及其壮也，血气方刚，戒之在斗；及其老也，血气既衰，戒之在得。

（《论语》季氏篇第十六）

[译文]

君子有三种事情要引以为戒：年少的时候，血气还未稳定，要戒除对美色的迷恋；等到身体成熟了，血气方刚，要戒除与人逞强争斗；等到老年，血气已衰，要戒除贪求名利。

[原文]

君子有九思：视思明，听思聪，色思温，貌思恭，言思忠，事思敬，疑思问，忿思难，见得思义。

（《论语》季氏篇第十六）

[译文]

君子有九种事情要思考：看的时候，要考虑看明白没有，听的时候要考虑是否听清楚，自己的脸色要考虑是否温和，容貌要考虑是否谦恭，言谈的时候要考虑是否忠实，办事的时候要考虑是否认真，遇到疑问时要考虑向别人请教，愤怒的时候要考虑是否有后患，获取财利时要考虑是否合乎义理。

[原文]

不知命，无以为君子也；不知礼，无以立也；不知信，无以知人也。

（《论语》尧曰篇第二十）

[译文]

不懂得天命，就不能做君子；不知道礼仪，就不能立身处世；不善于分辨别人的话，就不能了解别人。

[原文]

君子以义为质，礼以行之，孙以出之，信以成之。君子哉！

（《论语》卫灵公篇第十五）

[译文]

君子以道义作为根本，用礼义去推行，用谦逊的语言来表达，用诚信的态度来完成。这就是君子了。

[原文]

曾子说："可以托六尺之孤，可以寄百里之命，临大节而不可夺也。君子人与？君子人也。"

（《论语》泰伯篇第八）

[译文]

曾子说："可以把幼小的孤儿托付给他，可以把方圆百里的国家托付给他，在紧急关头而不动摇屈服。这样的人是君子吗？是君子啊！"

[原文]

君子耻其言而过其行。

（《论语》宪问篇第十四）

［译文］

君子认为说的超过他做的是可耻的事。

［原文］

君子病无能焉，不病人不己知也。

（《论语》卫灵公篇第十五）

［译文］

君子只怕自己没有才能，不怕别人不知道自己。

［原文］

君子疾没世而名不称焉。

（《论语》卫灵公篇第十五）

［译文］

君子担心度完一生却徒有虚名。

［原文］

君子求诸已，小人求诸人。

（《论语》卫灵公篇第十五）

［译文］

君子苛求自己，小人苛求别人。

［原文］

子张问善人之道，子曰："不践迹，亦不入于室。"

（《论语》先进篇第十一）

［译文］

子张问做善人的方法。孔子说："善人做好事不必要看出来是善行，也不要为了做好人去做善事。"

[原文]

君子矜而不争，群而不党。

（《论语》卫灵公篇第十五）

[译文]

君子庄重而不与人争执，合群而不结党营私。

[原文]

君子和而不同，小人同而不和。

（《论语》子路篇第十三）

[译文]

君子追求和谐而非苟同，小人苟同而不能和谐。

[原文]

子夏曰："小人之过也必文。"

（《论语》子张篇第十九）

[译文]

子夏说："小人犯了过错一定要掩饰。"

[原文]

君子成人之美，不成人之恶。小人反是。

（《论语》颜渊篇第十二）

[译文]

君子成全别人的好事，不促成别人的坏事。小人则与此相反。

[原文]

君子喻于义，小人喻于利。

（《论语》里仁篇第四）

[译文]

君子明晓大义，小人只知小利。

[原文]

君子泰而不骄，小人骄而不泰。

（《论语》子路篇第十三）

[译文]

君子安详坦然而不傲慢无礼，小人傲慢无礼而不安详坦然。

[原文]

君子易事而难说也。说之不以道，不说也；及其使人也，器之。小人难事而易说也。说之虽不以道，说也；及其使人也，求备焉。

（《论语》子路篇第十三）

[译文]

与君子很容易共事而很难讨得他的欢喜。不用正当的方式去讨他的喜欢，他是不会喜欢的；但是，当他用人的时候，总能量才使用。与小人共事很难，但要讨得他的欢喜则是很容易的。不用正当的方法去讨他的喜欢，也会得到他的喜欢；但等到他使用人的时候，却是求全责备。

[原文]

子曰："君子道者三，我无能焉：仁者不忧，智者不惑，勇者不惧。"子贡曰："夫子自道也。"

（《论语》宪问篇第十四）

[译文]

孔子说："君子道德有三个方面，我都未能做到：仁德的人不忧愁，智慧的人不迷惑，勇敢的人不畏惧。"子贡说："这正是老师的自我表述啊！"

[原文]

君子不可小知而可大受也，小人不可大受而可小知也。

（《论语》卫灵公篇第十五）

[译文]

君子不知道一些细事末节，但可以让他们承担重大的使命。小人不能让他们承担重大的使命，但他们知道一些细事末节。

[原文]

子贡曰："纣之不善，不如是之甚也。是以君子恶居下流，天下之恶皆归焉。"

（《论语》子张篇第十九）

[译文]

子贡说："纣王的不善，不像传说的那样厉害。所以君子最怕处在下流，使天下一切坏名声都归到他的身上。"

[原文]

先王之于论也极之矣。故义者，百事之始也，万利之本也，中智之所不及也。不及则不知，不知趋利。趋利固不可必也。

（《吕氏春秋》无义）

[译文]

先王对于事理的论述已非常透彻了。义，是各种事情的开端，是一切利益的本源，是中等才智的人所认识不到的。认识不到就不明事理，不明事理就会追求私利。追求私利的做法肯定是靠不住的。

[原文]

君子所以异于人者，以其存心也。君子以仁存心，以礼存心。仁者爱人，有礼者敬人。爱人者人恒爱之，敬人者人恒敬之。

（《孟子》离娄章句下）

[译文]

有道德的人和其他人不同的地方在于他心中的愿望，他心中念念不忘的是仁，他心中念念不忘的是礼。仁德的人爱别人，礼让的人尊敬别人。爱别人的人别人也会长久地爱他；尊敬别人的人，别人也会长久地尊敬他。

[原文]

言近而指远者，善言也；守约而施博者，善道也。君子之言也，不下带而道存焉。君子之守，修其身而天下平。

（《孟子》尽心章句下）

[译文]

言辞浅显而意义深远的，是好的言辞；操持得少而好的影响广泛的，是好的方法。有道德的人的话，虽然说的是眼前的事，但包含了深远的道理，有道德的人操持的，是从修养自身开始，从而使天下太平。

故事一

孔子无功不受禄

[原文]

孔子见齐景公，景公致廪丘以为养。孔子辞不受，入谓弟子曰："吾闻君子当功以受禄，今说景公，景公未之行而赐之廪丘，其不知丘亦甚矣！"令弟子趣驾，辞而行。孔子，布衣也，官在鲁司寇，万乘难与比行，三王之佐不显焉，取舍不苟也夫！

（《吕氏春秋》高义）

[译文]

孔子谒见齐景公，景公送给他廪丘作为食邑。孔子谢绝了，不肯接受，出来以后对学生们说："我听说君子有功受禄。现在我劝说景公听从我的主张，景公没有实行，却要赏赐给我廪丘，他太不了解我了!”让学生们赶快套好车，告辞以后就走了。孔子这时是平民，他在鲁国只当过司寇的官，然而拥有万乘的大国君主难以跟他相比，三王辅佐之臣不比他显赫，就是因为他具有取舍不苟且的品质啊!

故事二

子贡赎人

[原文]

鲁国之法，鲁人为人臣妾于诸侯，有能赎之者，取其金于府。子贡赎鲁人于诸侯，来而让，不取其金。孔子曰："赐失之矣。自今以往，鲁人不赎人矣。"取其金，则无损于行；不取其金，则不复赎人矣，子路拯溺者，其人拜之以牛，子路受之。孔子曰："鲁人必拯溺者矣。"孔子见之以细，观化远也。

（《吕氏春秋》察微）

[译文]

鲁国的法令规定，鲁国人在别的诸侯国当奴隶，如果有人能把他们赎回来，可以从国库领取酬金。子贡从诸侯国赎回一个鲁国人，回来后却辞让，不去领取酬金。孔子说："端木赐做错了，从今以后，鲁国人不会再赎人了。"领取国库的金钱并不会损害一个人的品行，不领取金钱就不会再赎人了。子路拯救了一个落水者，那个人用一头牛拜谢他，子路接受了礼物。孔子说："鲁国人一定都会拯救落水者了。"孔子能从细微之处考察事物，从而推知日后变化的必然结果。

故事三

庆封负斧质

［原文］

君子计行虑义，小人计行其利，乃不利……

崔杼与庆封谋杀齐庄公。庄公死，更立景公，崔杼相之。庆封又欲杀崔杼而代之相，于是㧑崔杼之子，令之争后，崔杼之子相与私哄。崔杼往见庆封而告之。庆封谓崔杼曰："且留，吾将兴甲以杀之。"因令卢满嫳兴甲以诛之。尽杀崔杼之妻子及支属，烧其室屋，报崔杼曰："吾已诛之矣。"崔杼归，无归，因而自绞也。庆封相景公，景公苦之。庆封出猎，景公与陈无宇、公孙灶、公孙虿诛封。庆封以其属斗，不胜，走如鲁。齐人以为让，又去鲁而如吴，王予之朱方。荆灵王闻之，率诸侯以攻吴，围朱方，拔之。得庆封，负之斧质，以徇于诸侯军，因令其呼之曰："毋或如齐庆封，弑其君而弱其孤，以亡其大夫。"乃杀之。黄帝之贵而死，尧舜之贤而死……人固皆死，若庆封者，可谓重死矣。身为戮，支属不可以见，行忮之故也。凡乱人之动也，其始相助，后必相恶。为义者则不然，始而相与，久而相信，卒而相亲，后世以为法程。

（《吕氏春秋》慎行）

［译文］

君子计划行动时考虑的是道义，小人计划行动时考虑的是私利，见利忘义，反受其害……

大夫崔杼与庆封合谋杀了齐庄公。庄公死，立景公，崔杼担任相国。庆封又想杀掉崔杼而取代他做相国，于是离间崔杼的儿子们，让他们私下相互争斗。崔杼去见庆封，告诉他这件事。庆封对崔杼说："你暂且等一下，我将发兵讨伐他们。"于是令卢满嫳发兵去讨伐他们，把崔杼的妻子儿女及宗族全杀了，烧了他们的房子，回来报告崔杼说："我已杀掉他们了。"崔杼落得无家可归，上吊自杀了。就这样庆封当了景公的相国，景公很厌恶他。一次，庆封外出打猎，景公联合陈无宇、公孙灶、公孙虿去讨伐庆封。庆封率领他的部属进行抵抗，不能取胜，逃到鲁国，齐国人责备鲁国收留庆封，庆封又离开鲁国到了吴国，吴王送给他朱方作为封地。楚灵王听说这件事，率领诸侯进攻吴国，包围朱方，攻克了这里。抓住了庆封，要他背着行刑的斧头和砧板，在诸侯的军中巡行示众，令他喊叫道："不要像齐国的庆封，杀害自己的国君，欺凌君王的遗孤，逼迫齐国的大夫自杀。"于是杀掉了庆封。黄帝这样尊贵，但还是死了；尧、舜这样贤明，也还是死了……人固有一死，像庆封这样的人可说是受尽凌辱而死。自身被杀戮，家族被灭，这都是由于他作恶多端的缘故，凡是作乱之人的行为，开始相互帮助，后必然相互憎恶。履行道义的人就不是这样，开始相互合作，久而久之便彼此相信，最后相互亲近，后世都把行义之人作为效法的榜样。

贤良家训

诫子

诸葛亮

[原文]

夫君子之行，静以修身，俭以养德。非澹泊无以明志，非宁静无以致远。夫学须静也，才须学也，非学无以广才，非志无以成学。慆慢则不能励精，险躁则不能冶性。年与时驰，意与日去，遂成枯落，多不接世，悲守穷庐，将复何及！

出自《全三国文》卷五十九

[译文]

君子的品行，心境安静是为了修身，节俭是为了养德。不淡泊名利就无法使志向清明，不恬静寡欲就无法取得大的成就。学习要安静才能上进，才干要学习才能获得。不学习就无法增长才干，没有志向就无法使学习有所成就。怠惰散漫就不能够振奋精神，阴险躁动就不能够陶冶性情。年华与时光一同飞逝，意志随日月不断消磨，于是年龄老大而一无所用，大多对社会无所贡献，而可悲地守着破败简陋的房舍度日，到那时再也来不及了！

诫子

嵇康

［原文］

人无志，非人也。但君子用心，有所准行，自当量其善者，心拟议而后动。若志之所之，则口与心誓，守死无二，耻躬不逮，期于必济。若心疲体懈，或牵于外物，或累于内欲，不堪近患，不忍小情，则议于去就；议于去就，则二心交争；二心交争，则向所以见役之情胜矣！或有中道而废，或有不成一篑而败之。以之守则不固，以之攻则怯弱，与之誓则多违，与之谋则善泄；临乐则肆情，处逸则极意。故虽繁华熠耀，无结秀之勋；终年之勤，无一旦之功。斯君子所以叹息也。若夫申胥之长吟，夷、齐之全洁，展季之执信，苏武之守节，可谓固矣。故以无心守之，安而体之，若自然也，乃是守志之盛者也……

［译文］

人没有志向，就不能算作是人。但君子运用他的心智，对想做的事，自然要衡量它好的方面，一定要事前筹划好再去做。如果立志要做到的，那么口与心一定要结誓，至死不二，以不达目的为耻辱，期望一定成功。如果心感疾倦体力松懈，那是因为或者为外物所牵扯，或者为内欲所困惑，不能承受目前的忧患，不能忍受细小的情绪波动，就会心议进退去留；一旦考虑起进退去留，就会有两种心态交相争斗；一旦两种心态相互争斗，那么原来被动的心情就占了上风。有的中途而废、有的功亏一篑而失败。用这样的心态来守志就会不牢固，用这样的心态进取就会怯弱，与有这样心态的人结誓多会违背，与有这样心态的人筹谋就容易泄密；这样，快乐时就会尽情放纵，安逸时会恣意玩乐。所以即使像繁盛的花朵那样光彩鲜明，但没有结为果实的功勋；终年辛勤劳作，而不会有一旦的成功。这是君子所以叹息的原因，至于像申包胥向秦求救兵的日夜啼哭，像伯夷、叔齐不食周粟、饿死首阳那样的高洁，像柳下惠那样的坚实诚信，像苏武那样的固守节操（志向），可以说是牢固的了。所以用无有二心固守志向，安然地身体力行，自然而然地，才算是固守志向的佼佼者啊。……

与子书

（清）洪亮吉

[原文]

……余本中材，不敢以大贤上哲祈汝。惟早承先训，大门有素风。易衣而出，并日而食，叠遭家难，粗识世情。“忍饿读书”，先大夫之遗语也；“禄不歆非义，福不歆非分，处则孝于家，出则忠于国”，太宜人晨夕之面命也。慎之哉！惟俭可以立身，惟恕可以持己。俭则无求于人，恕则无忤于物。况以卑门而处侈俗，凉德而承世业乎？无昵宴朋，无染薄俗，无是古而非今，无陟前而忘后，无爱尺璧而不爱修名，莫畏雷霆而不畏清议，穷达本之于命，丰啬任其所遭，如是而已……

夫功名之士，以身徇时；勤学之士，以身徇古；各有所好，强之不能，在立志何如耳。形质不能与天地争久，姓名则克嵩华竞高。植足急流，学金石之止；鉴影巨壑，师江海之宽。勤则王霸之子，蓬头而不惭；惰则任昉之裔，衣葛而莫恤。汝曹慎之哉！夫陶令达者也，不忘于戒子；魏收凉德也，亦眷眷于遗言。吾上不敢望渊明，下不致同伯起；是在汝曹成吾之志耳。

［译文］

……我本是中等才质的人，不敢以大贤上哲要求你们。想我早年就接受了先人的训诫，有朴素之门风。换衣而出门，两天吃一天的饭，屡遭家难，粗识世情。“忍饿读书”，这是先父所留下的遗言；“享用俸禄不用不义之财，享福不享非分之福，居家就在家尽孝，外出做官就为国尽忠”，这是我的母亲早晚耳提面命的。要慎以为戒啊！只有俭朴可以立身立世，只有宽恕可以护身。俭朴就可无求于人，宽恕就可无逆于外物，况且身在寒门而处奢侈世俗，薄德而继承祖先的事业呢？不要亲昵宴请的友朋，不要染上卑薄的世俗之气，不要是古而非今，不要向前而忘后，不要爱尺璧而不爱美名，不要畏惧大人雷霆之怒而畏惧众人的公正评论。贫穷与发达由命决定，丰俭任凭遭际，如此罢了……

追求功名的士人，献身于当世；勤苦读书的士人，献身于古籍；各有所好，不能勉强，关键在于立志如何罢了。身体不能与天地争长久，名字则能与嵩山华山比高低。立足于急流，要学金石那样站得稳固；在深水沟边照看身影，要师法江海的宽阔。勤苦如王霸的儿子一样，即使穷困到蓬头垢面的地步，也不惭愧；懒惰如任昉的后人一样，即使穿着葛衣粗布也不要怜悯①。你们要引以为戒啊！那彭泽令陶渊明是贤者，也不忘记戒子；魏收的品德不好，也留下眷眷遗言，我上不敢比渊明，下不致于等同伯起，这是在要你们成就我的志向罢了。

---

① 王霸，字儒仲，后汉广武人。王莽篡位，征为尚书。王霸以病归，隐居守志，连征不起，家境苦寒。

任昉，字彦升，南朝梁博昌人。梁武帝时为黄门侍郎，出任义兴新安太守。为官清正，乐人之乐，忧人之忧，行可以厉风俗，义可以厚人伦。然而其子均无术业，颠沛流离不能自振，生平旧交，莫有收恤。

十、诫骄崇俭

圣贤语录

[原文]

奢则不孙，俭则固。与其不孙也，宁固。

（《论语》述而篇第七）

[译文]

奢侈了就会傲慢不谦逊，节俭了就会显得寒酸，与其傲慢不谦逊，宁可寒酸。

[原文]

如有周公之才之美，使骄且吝，其余不足观也已。

（《论语》泰伯篇第八）

[译文]

即使有周公那样的美德和才能，如果骄傲自大吝啬小气，那其他方面也就不值一顾了。

[原文]

我恒有三宝，持而宝之，一曰慈，二曰俭，三曰不敢为天下先。大慈故能勇，俭故能广，不敢为天下先故能为成事长。今舍其慈且勇，舍其俭且广，舍其后且先，则必死矣。

（《老子》第六十九章）

[译文]

我保有三件宝贝，我掌握着它们。第一件宝贝是慈爱，第二件宝贝是节俭，第三件宝贝是不为天下先。慈爱，就勇敢；节俭，就富裕；不为天下先，就能为万物首长。现在，舍弃慈爱而求勇敢，舍弃节俭而取富裕，舍弃退让而求争先，最后只有等待死亡。

[原文]

金玉盈室，莫之能守也。贵富而骄，自遗咎也。功遂身退，天之道也。

（《老子》第九章）

[译文]

金玉满堂没有守得住的。富贵而骄傲，自招灾祸。功成，身退，是合乎自然规律的。

[原文]

傲不可长，欲不可纵，志不可满，乐不可极。

摘自《曲礼》

[译文]

不可骄傲自满，不可纵欲，要有远大志向，乐极要生悲。

故事一

秦始皇丧命，秦朝亡国

秦扫除六国，初并天下，秦王就命令臣下，议定名号，说：“天下大定，名号不更，无以称成功，传后世。”丞相、御史都说秦王的功劳大过五帝，不用帝位。古时有天皇、地皇，秦王可与天、地皇并称为秦皇，秦皇最贵。秦王同意封皇，但仍要加帝号，称皇帝。

秦王为始皇帝，“后世以计数，二世三世至于万世，传之无穷。”

秦始皇骄傲得不得了，他也就无法知道自己所面临的危险：被灭掉的六国有人要复仇，像张良之流；看到皇帝尊荣的一些人想取而代之，像项羽、刘邦之辈；深藏不露的奸佞之徒想篡夺皇位，像赵高之类；更重要的是“苦秦久矣”的民众随时会爆发猛烈的反抗。秦始皇目空一切，自然觉察不到这种种危险，而不去及时调整政策，化解矛盾，使民休养生息。相反的大张旗鼓地巡游全国，到处树碑颂功，最后死在巡游路上。秦始皇一死，各种矛盾终于一齐爆发，使强秦顷刻土崩瓦解，秦朝只传一世就灭亡了。

故事二

勤俭与骄奢

历代帝王创立基业，都以节俭为原则，并以此作为传统对后世子孙进行训诫。如果是贤君，自然会听从教诲，帝业也得以传继；如果是昏君，这些教诲肯定听不进去，亡国丧身就不可避免了。

史称：唐明皇时，高力士一天有事到太宗陵墓寝宫去，看见宫中有一个很一般的旧的梳妆盒，里面有一把柞木梳子，一只黑角篦，一把用草根做的刷子，不禁十分感慨，长叹道：“先帝平治天下多年，使国富兵强，国泰民安，一度形成人们称道的‘贞观之治’的升升景象，功业可谓巨大！但他随身使用之物，却只是这些微不足道的物件，真是可敬可佩。我想使之传于后世，使后世子孙能以太宗为榜样，永保节俭美德。”

高力士把这件事奏给了刚登基不久的唐明皇李隆基。明皇于是到寝宫瞻仰，询问遗物何在？高力士于是手捧遗物跪下呈上。唐明皇也双膝下跪，恭恭敬敬接过遗物，态度十分严肃地说：“夜光珠、垂棘宝玉，可称是稀世珍宝，但它们的价值何能超过太宗的遗物呢？”并命令史官将这件事记在典册之中。

这件事对唐明皇起到了一定的警示作用。在他登基初期，确也励精图治，使国强民富。但此后，他渐渐将节俭忘到了脑后，滋生贪图安乐之心，走向奢侈，以天下之财力物力来满足自己私欲，终于酿成安史之乱的大祸。

贤良家训

赵匡胤诫儿珍惜幸福

[原文]

魏国长公主尝衣贴绣铺翠襦入宫中，太祖曰："汝当以此与我，自今勿复为此饰。"主笑曰："此所用翠羽几何?"太祖曰："不然，主家服此，宫闱戚里皆相效，京城翠羽价高，小民逐利伤生浸广，实汝之由。汝生长富贵，当念惜福，岂可造此恶业之端?"

选自《戒子通录》

[译文]

魏国长公主曾经穿着绣着花饰着翡翠羽毛的短衣进入宫中，宋太祖看见了，便对她说："你把这件衣服脱下来给我，从今以后不要再穿这样的服饰了。"公主笑着说："这样一件衣裳，能用得了多少翡翠羽毛。"太祖说："不是这样。公主穿上了这种衣服，后妃外戚都会效仿，那么，京城翠羽的价格就会随着涨，百姓为了追逐利益，杀生害命的人就会增加，这完全是你引起的。你生长在富贵之家，应当珍惜自己的幸福，岂可制造这种恶业之端?"

郑燮诫弟"精勤不倦"

[原文]

谁非黄帝尧舜之子孙，而至于今日，其不幸而为臧获，为婢妾，为舆台、皂隶，窘穷迫逼，无可奈何。非其数十代以前即自臧获、婢妾、舆台、皂隶来也。一旦奋发有为，精勤不倦，有及身而富贵者矣，有及其子孙而富贵者矣，王侯将相岂有种乎？而一二失路名家，落魄贵胄，借祖宗以欺人，述先代而自大。辄曰：彼何人也，反在霄汉；我何人也，反在泥涂。天道不可凭，人事不可问，嗟乎！不知此正所谓天道人事也。天道福善祸淫，彼善而富贵，尔淫而贫贱，理也，庸何伤？天道循环倚伏，彼祖宗贫贱，今当富贵；尔祖宗富贵，今当贫贱，理也，又何伤？天道如此，人事即在其中矣。

愚兄为秀才时，检家中旧书簏，得前代家奴契券，即于灯下焚去，并不返诸其人。恐明与之，反多一番形迹，增一番愧恧。自我用人，从不书券，合则留，不合则去。何苦存此一纸，使吾后世子孙借为口实，以便苛求抑勒乎！如此存心，是为人处，即是为己处。若事事预留把柄，使入其网罗，不能逃脱，其穷愈速，其祸即来，其子孙即有不可问之事，不可测之忧。试看世间会打算的，何曾打算得别人一点，直是算尽自家耳！可哀可叹，吾弟识之。

选自《郑板桥集》

[译文]

谁不是黄帝尧舜的子孙，时至今日，他们不幸而沦为奴隶、婢妾、轿夫、差役，这是为穷困所逼，无可奈何。不是他们几十代以前就是奴隶、婢妾、轿夫、差役的。一旦他们奋发有为，精勤不倦，有的到了自己这一辈子就变成富贵，有的到了子孙一代，变成富贵，王侯将相岂有种吗？但是总有那些个迷失道路的名家，穷困潦倒的帝侯后代，他们总爱借着祖宗的名望来欺负别人，鼓吹祖先的功绩而自高自大。动不动就说：你是什么人，反而显居高位，我是什么人，反在你脚下。天道恢恢不可凭，人事纷扰不可问。啊！不知这正是所谓的天道人事！天道中有幸福、善良、灾祸、逸淫，他善良而富贵，你淫恶而贫贱，这是天理，何用悲伤？天道循环起伏变化，他的祖宗贫贱，今当富贵；你的祖宗富贵，今当贫贱，这也是常理，又有什么可悲伤？天道如此，人事也就在其中啊！

愚兄当秀才时，查看家中旧书箱，得到前代的家奴契约若干，立即在灯下烧毁，并不要这些家奴重新回到我家。恐怕明说这些，反而多一番麻烦，多一分惭愧。自我用人开始，从来不订立什么字据，合得来就留下，合不来就离去。何必保存这些字据，让我的子孙后代作为借口，以便苛求、勒索他人呢？我如此存心，是为别人着想，也是为自己着想。如果凡事预先留下把柄，使人投入你的罗网，无法逃脱，那么你的穷困就会来得越快，你的灾祸就可能立刻到来，你的子孙就会有不可问之事、不可测之忧。试看世上会算计的人，何时曾替别人算计一点，其实到头来是把自己给算计了！可哀可叹，弟弟要认识这一点。

李世民训子崇尚节俭

[原文]

夫圣代之君，存乎节俭。富贵广大，守之以约；睿智聪明，守之以愚。不以身尊而骄人，不以德厚而矜物。茅茨不剪，采椽不斫，舟车不饰，衣服无文，土阶不崇，大羹不和。非憎荣而恶味，乃处薄而行俭。故风淳俗朴，比屋可封，此节俭之德也。

斯二者荣辱之端，奢俭由人，安危在己。五关近闭，则令德远盈；千欲内攻，则凶源外发。是以丹桂抱蠹，终摧耀日之芳；朱火含烟，遂郁凌云之焰。故知骄出于志，不节则志倾；欲生于身，不遏则身丧。故桀纣肆情而祸结，尧舜约己而福延，可不务乎！

选自《唐太宗集》

[译文]

凡贤明的国君，都注重节俭。天下荣华富贵，全靠节俭来维护；智慧、聪明，全靠大智若愚来保持。不因为地位高贵而骄人，不因为恩德广厚而傲物。盖屋的茅草不加修剪，柞栎做的椽子不加刻雕，所乘舟车不加装饰，所穿衣服不添花纹。土台阶不加高，肉汤不加调料。他们这样做并不是憎恶荣华、不爱美味，而是要倡导清廉节俭，人君如此，所以民风也淳朴，家家户户都达到了可受封爵之德！

诫盈和崇俭，二者是荣辱的开端。奢俭取决于人，安危在己。收敛耳目口鼻身的情欲，就会美德圆满；千种欲念攻心，就会招来灾祸。丹桂里的蛀虫虽小，终摧耀日之芳，朱火内的烟尘虽微，必燃凌云的火焰。由此可知骄奢取决于人的意志，不节制就会意志倾颓；情欲加身，不遏制就要丧身。所以，桀纣放纵情欲，终酿成大祸亡身；尧舜约束心志而福泽绵延，能不努力诫盈崇俭吗？

诫诸子弟侄书

范仲淹

[原文]

吾贫时，与汝母养吾亲，汝母躬执爨而吾亲甘旨，未尝充也。今得厚禄，欲以养亲，亲不在矣。汝母已早世，吾所最恨者，忍令若曹享富贵之乐也。

吴中宗族甚众，于吾固有亲疏，然以吾祖宗视之，则均是子孙，固无亲疏也。苟祖宗之意无亲疏，则饥寒者吾安得不恤也。自祖宗来积德百余年，而始发于吾，得至大官，若享富贵而不恤宗族，异日何以见祖宗于地下，今何颜以入家庙乎？

[译文]

我贫穷的时候，同你母亲一起躬勤侍奉双亲，老人也深感幸福，但谈不上享尽清福。如今得到优厚的俸禄，想用来好好赡养双亲，可双亲不在人世了。你的母亲已经早去世了，我所最为痛苦的就是怎忍心让你们享受富贵之乐。

吴中同宗族的人很多，对我来说固然有亲有疏的，但是在祖宗看来，都是子孙后代，没什么亲疏之分。假如祖宗的本意没有亲疏，那么对于挨饥受冻的族人，又怎能不去抚恤呢？祖宗积德百余年，才刚刚从我起开始发家，做了大官，如果独享富贵而不抚恤宗族，以后有何面目见祖宗于九泉之下呢？现在又有何面目进入家庙呢？

王昶诫子侄知足常乐

［原文］

夫富贵声名，人情所乐，而君子或得而不处，何也？恶不由其道耳。患人知进而不知退，知欲而不知足，故有困辱之累，悔吝之咎。语曰："如不知足，则失所欲。"故知足之足常足矣。览往事之成败，察将来之吉凶，未有干名要利，欲而不厌，而能保世持家，永全福禄者也。欲使汝曹立身行已，遵儒者之教，履道家之言，故以玄默冲虚为名，欲使汝曹顾名思义，不敢违越也。古者盘杅有铭，几杖有诫，俯仰察焉，用无过行；况在己名，可不戒之哉！

选自《三国志·王昶传》

［译文］

财富多，地位高，名声大，这是人情所乐于追求的，而君子有时却得而不要，这是为什么呢？因为他们反对不从正道中获得。最可怕的是，一个人只知道获取，而不肯退让，只知道贪欲而不知足，所以就会遭受困穷凌辱的牵累，并为过失而悔恨。《论语》说：如果不知足，就会失去所有的。所以，知足之足常足。看看往事的成败，考察将来的吉凶，从没见过那些追逐名利、贪得无厌的人能够世代保住家业，永保福禄的呀！为了使你们在立身处世方面能够遵循儒家的教导，恪守道家之言，所以用玄默、冲虚作为你们的名字，使你们能够经常顾名思义，不敢违反越出这些教诲。古人在沐浴器皿上刻有铭文，几案和手杖上有诫言，抬头低头都能看见，引起警戒，以减少过失，何况现在把训诫含在你们名字里，可不引以为戒吗？

训子孙

江端友

［原文］

凡饮食知所从来，五谷则人牛稼穑之艰难，天地风雨之顺成，变生作熟，皆不容易。肉味则杀生断命，其苦难言，思之令人自不欲食，况过择好恶，又生嗔恚乎？一饱之后，八珍草菜，同为臭腐，随家丰俭，得以充饥，便自足矣。门外穷人无数，有尽力辛勤而不得一饱者，有终日饥而不能得食者，吾无功坐食，安可更有所择。若能如此，不惟少欲易足，亦进学之一助也。吾尝谓欲学道当以攻苦食淡为先，人生直得上寿，亦无几何，况逡巡之间，便乃隔世，不以此时学道，复性反本，而区区惟事口腹，豢养此身，可谓虚作一世人也。食已无事，经史文典漫读一二篇，皆有益于人，胜别用心也。

与人交游，宜择端雅之士，若杂交终必有悔，且久而与之俱化，终身欲为善士，不可得矣。谈议勿深及他人是非，相与意了，知其为是为非而已。棋弈雅戏，犹曰无妨，毋及妇人，嬉笑无节，败人志意，此最不可也。既不自重，必为有识所轻，人而为人，所轻无不自取之也，汝等志之。

选自《戒子通录》

[译文]

吃饭时要想到所吃的东西是从哪儿来的，五谷是人和牛从事艰辛的农业劳动，加上风调雨顺而长成的。从生的到烧成熟的，也都不容易。要吃到肉味，是要经过一番杀生断命的过程，其痛苦难以言状，想想简直让人不能下咽。又怎能挑肥拣瘦，不如意即随便对别人发脾气呢？吃饱以后，无论是八珍食物还是地里野菜，都化为腐臭了。饮食要根据家境而定，家境好就丰盛些，家境不好就俭省些，能够填满肚皮就可以了。门外穷人无数，有尽力辛劳而不得一饱的，有整天饥饿而吃不到饭的。我无功而坐食，怎么能再挑食呢。假如能这么想，不仅仅能减少欲望而知足，对求学上进也是有帮助的。我曾经说过，想要学道先要训练刻苦和吃食清淡。人生能得高寿的，也没有多少，况且在顷刻之间，就有隔世之感。不利用这时来学道，返复人的本性，而只重口腹，喂养身体，可说是虚度一生了。饭后无事，随便读读经史典籍一二篇，都对人有益，胜过把心思用在别处。

同人交游，应选择高雅之人，如果胡乱交往一定会后悔，而且与人相处久了定会受同化，想要洁身自好就不可能了。谈话议论不要深涉别人的是非，相处一起，大致了解那人有什么对有什么不对就可以了。下棋之类高雅的游戏，是没有什么不好的，不要亲近妇女，调笑无度，会败坏人的意志，最不可为。自己不自重，就一定会被有识之士所轻视。一个人做人，被人轻视都是自己造成的，你们要记住。

给纪泽书

（清）曾国藩

［原文］

……我朝列圣相承，总是寅正即起，至今二百年不改。我家高曾祖考相传早起，吾得见。竟希公星冈公皆未明即起，冬寒起坐约一个时辰，始见天亮。吾父竹亭公亦甫黎明即起，有事则不待黎明，每夜必起看一二次不等，此尔所及见者也。余近亦黎明即起，思有以绍先人之家风。尔既冠授室，当以早起为第一先务，自力行之，亦率新妇力行之。余平生坐无恒之弊，万事无成，德无成，业无成，已可深耻矣，逮办理军事，自矢靡他。中间本志变化，尤无恒之大者，用为内耻。尔欲稍有成就，须从有恒二字下手。余尝细观星冈公仪表绝人，全在一重字。余行路容止，亦颇重厚，盖取法于星冈公。尔之容止甚轻，是一大弊病，以后宜时时留心，无论行坐，均须重厚。早起也，有恒也，重也，三者皆尔最要之务。早起是先人之家法，无恒是吾身之大耻，不重是尔身之短处，故特谆谆戒之。吾前一信答尔所问者三条，一字中换笔，一敢告马走，一注疏得失，言之颇详，尔来禀何以并未提及？以后凡接我教尔之言，宜条条禀复，不可疏略。此外教尔之事，则详于寄寅皆先生看读写作一缄中矣。此谕。

选自《曾文正公家训》

[译文]

……我朝列圣君传下一个规矩，总是寅正（凌晨四点）就起身，至今两百年没有改变。我家的高曾祖父相传早起，我是亲眼所见的。竟希公、星冈公都是天不亮就起床，冬天寒冷季节，起床后坐了大约一个时辰天才开始亮。我父亲竹亭公也是刚刚黎明就起身，有事情不等到黎明，每天夜里必定起来看一两次不等，这是你也见到过的。我近来也是黎明就起床，想以此传承先人的家风。现在你已成了家，应该把黎明即起作为第一要紧的事，自已努力做到，也要带领新媳妇努力做到。我这一生犯了没有恒心的毛病，品德也好，学问也好，一无所成，已是深感羞耻的了，等到从军管理军务，才专心一致地为国效劳。一生中志向几经改变，这是我没有恒心的最大方面，内心感到十分羞愧。你要想稍有成就，必须从“有恒”两个字下手。我曾经观察过星冈公的仪表过人，全在于一个“重”字。我行路或是容貌举止，也很重厚，就是取法星冈公的。你的举止行为很轻浮，这是一个大弊病，以后应该时刻留心，无论是坐是行，都必须稳重敦厚。早起、有恒和重厚，这三件对你来说是最要紧的事。早起是祖先的家法，没有恒心是我的大耻，不稳重是你的短处，所以特地谆谆教导你要引以为戒。我前一封信里回答了你问的三个问题，一是写字时换笔，一是“敢告马走”的来源出处，一是各家注疏的长处与短处，谈论得很详细，你来信中为什么没有提及？以后凡是收到有我教导你的言论的信，应该条条写信答复，不可疏略。此外教导你的一些事情，详见于给寅皆先生的那封关于“看读写作”的信里面。此谕。

曾国藩诫子勤能养志

[原文]

谕纪泽、纪鸿：

……余近年来衰态日增，眼光益蒙，然每日诸事有恒，未改常度。尔等身体皆弱，前所示养生五诀已行之否？泽儿当添不轻服药一层，共六诀矣。既知保养，却宜勤劳，家之兴衰，人之穷通，皆于勤惰卜之。泽儿习勤有恒，则诸弟七八人皆学样矣。鸿儿来禀太少，以后半月写禀一次，泽儿禀亦嫌太短，以后可泛论时事或论学业也。此谕。

选自《曾文正公家训》

[译文]

纪泽、纪鸿：

……我近年来老态日增，眼力更加昏花。然而每天作息都照常，没有改变一贯的做法。你们几个身体都虚弱，上次告诉的养生五诀已试行了没有？泽儿应当添入不轻易服药一条，一共就有六诀了。知道保养，还应该勤劳，家运的兴盛衰败，人事的穷困通达，都可以由勤劳懒惰来决定。泽儿如果习勤有恒，那兄弟七八人都会学样了。鸿儿来信太少，以后半月写一次信，泽儿的信也嫌太短，以后可以泛论时事或学业的情况。此谕。

训家人

（明）史桂芳

[原文]

陶侃运甓，自谓习劳，盖有难以直语人者。劳则善心生，养德、养身咸在焉；逸则妄念生，丧德、丧身咸在焉。

吾命言儿、稽孙，不外一“劳”字，言劳耕稼，稽劳书史，汝父子其图之。

《惺堂文集》

[译文]

陶侃运砖，他自言是为了习惯劳苦生活，大概他难以把真话直说出来。人勤劳就会生善心，养德、养身也都在勤劳之中。安逸就会生恶念，丧德、丧身也都在安逸之中。

我告诫言儿、稽孙的，不外一个“劳”字，言儿勤劳耕田，稽孙勤劳读书。你们父子俩要认真考虑。

致纪鸿书

（清）曾国藩

[原文]

字谕纪鸿儿：

家中人来营者，多称尔举止大方，余为少慰。凡人多望子孙为大官，余不愿为大官，但愿为读书明理之君子。勤俭自持，习劳习苦，可以处乐，可以处约，此君子也。余服官二十年，不敢稍染官宦气习，饮食起居，尚守寒素家风，极俭也可，略丰也可，太丰则吾不敢也。

凡仕宦之家，由俭入奢易，由奢返俭难。尔年尚幼，切不可贪爱奢华，不可惯习懒惰。无论大家小家，士农工商，勤劳俭约未有不兴，骄奢倦怠未有不败。尔读书写字，不可间断。早晨要早起，莫坠高曾祖考以来相传之家风。吾父吾叔，皆黎明即起，尔之所知也。

凡富贵功名，皆有命定，半由人力，半由天事。惟学作圣贤，全由自己作主，不与天命相干涉。吾有志学为圣贤，少时欠居敬工夫，至今犹不免偶有戏言戏动。尔宜举止端庄，言不妄发，则入德之基也。

手谕（时在江西抚州门外）

咸丰六年九月二十九夜

《曾国藩家书》

致纪泽书

[原文]

字谕纪泽儿：

胡二等来，接尔安禀，字画尚未长进。尔今年十八岁，齿已渐长，而学业未见其益。陈岱云姻伯之子，号吉生者，今春入学，学院批其诗冠全场。渠系戊戌年二月所生，比尔仅长一岁，以其无父无母，家渐清贫，遂尔勤劳好学，少年成名。尔幸托祖父余荫，衣食丰适，宽然无虑，遂尔酣豢佚乐，不复以读书立身为事。古人云："劳则善心生，佚则淫心生。"孟子云："生于忧患，死于安乐。"吾忧尔之过于佚也。

新妇初来，宜教之入厨作羹，勤于纺绩，不要因其为富贵子女，不事操作。大二三诸女儿已能做大鞋否？三姑一嫂，每年做鞋一双寄来，各表孝敬之忱，各争针黹之工。所织之布，做成衣袜寄来，余因得察闺门以内之勤惰也。

余在军中，不废学问。读书写字，未甚间断。惜年老眼蒙，无甚长进。尔今年弱冠，一刻千金，切不可浪掷光阴。四年所买衡阳之田，可觅人售出，以银寄营，为归还李家款。父母存，不有私产，士庶人且然，况余身为卿大夫乎！

尔每次安禀详陈一切，不可草率，祖父大人之起居，合家之琐事，学堂之工课，均须详载。切切此谕。咸丰六年十月初二日

《曾国藩家书》

训俭示康

司马光

［原文］

……古人以俭为美德，今人乃以俭相诟病，嘻，异哉！

近岁风俗尤为侈靡，走卒类士服，农夫蹑丝履。吾记天圣中，先公为群牧判官，客至未尝不置酒，或三行五行，多不过七行。酒酤于市，果止于梨、栗、枣、柿之类，肴止于脯、醢、菜羹，器用瓷、漆。当时士大夫家皆然，人不相非也。会数而礼勤，物薄而情厚。近日士大夫家，酒非内法、果肴非远方珍异、食非多品、器皿

非满案，不敢会宾友。常数月营聚，然后敢发书。苟或不然，人争非之，以为鄙吝。故不随俗靡者盖鲜矣。嗟乎！风俗颓败如是，居位者虽不能禁，忍助之乎？

又闻昔李文靖公为相，治居第于封丘门内，听事前仅容旋马。或言其太隘，公笑曰："居第当传子孙，此为宰相听事，诚隘；为太祝、奉礼听事，已宽矣。"参政鲁公为谏官，真宗遣使急召之，得于酒家。既入，问其所来，以实对。上曰："卿为清望官，奈何饮于酒肆？"对曰："臣家贫，客至，无器皿、肴、果，故就酒家觞之。"上以其无隐，益重之。张文节为相，自奉养如为河阳掌书记时，所亲或规之曰："公今受俸不少，而自奉若此，公虽自信清约，外人颇有公孙布被之讥。公宜少从众。"公叹曰："吾今日之俸，虽举家锦衣玉食，何患不能？顾人之常情，由俭入奢易，由奢入俭难。吾今日之俸岂能常有？身岂能常存？一旦异于今日，家人习奢已久，不能顿俭，必致失所。岂若吾居位去位，身存身亡，常如一日乎？"呜呼！大贤之深谋远虑，岂庸人所及哉？

御孙曰："俭，德之共也；侈，恶之大也。"共，同也，言有德者皆由俭来也。夫俭则寡欲。君子寡欲，则不役于物，可以直道而行。小人寡欲。则能谨身节用，远罪丰家。故曰："俭，德之共也。"侈则多欲。君子多欲，则贪慕富贵，枉道速祸。小人多欲，则多求妄用，败家丧身。是以居官必贿，居乡必盗。故曰："侈，恶之大也。"

……近世寇莱公（即寇准）豪侈冠一时，然以功业大，人莫之非，子孙习其家风，今多穷困。其余以俭立名，以侈自败者多矣，不可遍数，聊举数人以训汝。汝非徒身当服行。当以训汝子孙，使知前辈之风俗云。

［译文］

……古人以俭为美德，今人竟以俭为缺点而相互讥讽，唉，真是怪事！

近来社会风俗更加奢靡，那些当差的人穿得像士人，农民脚上穿着丝线编成的鞋子。我记得在仁宗天圣年间，父亲做群牧判官，客人来了也未尝不置酒招待。可是每次宴会时，酒斟上三五遍，最多不过斟七遍。酒是从市场上买来的，果品是梨子、栗子、枣、柿子一类的东西，菜肴也只是干肉、肉酱、菜羹，餐具只用瓷器、漆器，那时的士大夫家家如此，都不相非议。聚会次数多而礼节殷勤，食物简单而情意深厚。近来士大夫家请客则不同，酒不是用宫廷秘方酿造的不用，果品是远方而来的珍奇之物，食物品种不繁多、餐具不摆满桌子，便不敢邀请宾朋；常常要准备几个月，然后才敢发请柬。如果不这样，别人都争相非议，认为是浅陋吝啬。因此，不随时俗而奢侈者大概很少了。唉！风气败坏到这种地步，做官的人即使不能禁止，又怎么能忍心推波助澜呢?

我还听说，从前李沆做宰相的时候，在汴京封丘门内建造了一所宅第，大厅前的场地仅仅能够调转一匹马。有人说这样太狭窄了，李文靖公笑着说："住宅是传给子孙的。这作为宰相办公的大厅实在是狭窄了些，可是作为太祝、奉礼郎之类小官的厅堂已经很宽绰了。"参知政事鲁宗道担任谏官，真宗皇帝因事遣使臣紧急召见他，结果在酒店里找到了他。到了朝堂，皇帝问他从哪里来，鲁公如实禀告给皇帝。皇帝说："您是有清廉声望的官员，怎么在酒店里饮酒?"鲁公回答说："臣家贫穷，客人来了，却没有设宴用的餐具、菜肴、果品，只好到酒店里招待客人。"皇上因为鲁公不隐瞒，更加敬重他。张文节身为宰相，个人生活享受跟他任河阳节度判官时一样，亲近的人劝他说："您现在俸禄不少，自己的生活却这样，您自认为清廉，可是外人却不知情，有人把您看作汉朝的公孙弘，认为这样做是图虚名。您应该稍微随时俗一些。"张公感叹说："以我现在的俸禄，使全家人锦衣玉食，何愁办不到？只是就人之常情来说，由俭朴到奢侈比较容易，由奢侈到俭朴就难了。我今天的俸禄难道会总有吗？自己能够永远活在世上吗？一旦情况变化，和现在收入不同，家中人却已经习惯于过奢侈生活很久了，不能马上学会节俭，生活一定会没有着落。哪比得上我不论在位、离位、活着、死去，家中生活都始终一样呢?”唉！贤德之人的深谋远虑，哪是一般人所能比的呢！

春秋时鲁国大夫御孙说：“节俭是善行中的大德，奢侈是邪恶中的大恶。”共，就是同，是说有德的人都是由于节俭所致。节俭会使人减少欲望。有道德的君子欲望少，就不会被外物所役，因此可以直道而行。小人减少物质欲望，就能谨慎节约，避免犯罪，使家庭富裕。因此说：“节俭是善行中的大德。”奢侈就会增多贪欲。君子多欲就会贪图富贵，导致违背直道而行，招致祸殃；小人多欲就会贪多求妄，妄用财物，导致家败身亡。人一旦多欲，做官必接受贿赂，住在乡里必做强盗。因此说：“奢侈，是邪恶中的大恶。”

……近世的寇莱公，豪华奢侈为一时之冠，但因为他功劳大，人们都不非议他，他的子孙习惯于其奢华的家风，现在大多穷困潦倒了。其他以俭朴而扬名，因奢侈而自行败落的人多了，不可一一列举，姑且举出数人为例来训诫你。你不仅要自身节俭，还应当训诫你的子孙，使他们了解祖辈们的家风。

十一、富贵与贫贱

圣贤教诲

［原文］

富而可求也，虽执鞭之士，吾亦为之。如不可求，从吾所好。

（《论语》述而篇第七）

［译文］

如果财富可以求得，虽然是给人执鞭的下等差事，我也愿意去做。如果财富不可求得，那还是干我爱好的事情。

［原文］

放于利而行，多怨。

（《论语》里仁篇第四）

［译文］

为追求个人利益而行动，就会招致很多的怨恨。

［原文］

子贡曰："贫而无谄，富而无骄，何如？"

子曰："可也。未若贫而乐，富而好礼者也。"

（《论语》学而篇第一）

［译文］

子贡说："贫穷而能不谄媚，富有而能不骄傲，怎么样？"孔子说："这也算可以了。但是还不如贫而乐道，富而好礼之人。"

［原文］

饭蔬食饮水，曲肱而枕头，乐在其中矣。不义且富贵，于我如浮云。

（《论语》述而篇第七）

［译文］

吃粗粮，喝白水，弯起胳膊当枕头，乐趣也就在这中间了。用不正当的手段得来的财富，对于我来说就像是天上的浮云。

［原文］

好勇疾贫，乱也。人而不仁，疾之已甚，乱也。

（《论语》泰伯篇第八）

［译文］

喜好勇力，而又厌恶穷困，会犯上作乱。对于不仁德的人厌恶得过分，也会出乱子。

［原文］

富与贵，是人之所欲也，不以其道得之，不处也；贫与贱是人之所恶也，不以其道得之，不去也。君子去仁，恶乎成名乎？君子无终食之间违仁，造次必于是，颠沛必于是。

（《论语》里仁篇第四）

［译文］

富裕和显贵是人人所希望的，但不用正当的方法得到它，就不要接受；贫穷与低贱是人所厌恶的，但不用正当的方法摆脱它，就摆脱不掉。君子如果离开了仁德，又怎能名副其实呢？君子没有一顿饭的时间背离仁德的，就是在最紧迫的时刻也必定按照仁德办事，就是在颠沛流离的时候也必定按照仁德办事。

［原文］

贵富而不知道，适足以为患，不如贫贱。贫贱之致物也难，虽欲过之，奚由？出则以车，入则以辇，务以自佚，命之曰“招蹶之机”。肥肉厚酒，务以自强，命之曰“烂肠之食”。靡曼皓齿，郑卫之音，务以自乐，命之曰“伐性之斧”。三患者，贵富之所致也。故古人有不肯贵富者矣，由重生故也；非夸以名也，为其实也。则此论之不可不察也。

选自《吕氏春秋》

［译文］

富贵但不知道（养生）就足以为患，这还不如贫贱。贫贱获致外物很难，虽然想追求外物，但又有什么办法获致呢？出去就坐车，入门就坐辇，务求自己逸乐，这辇车是使腿蹶的机具。丰盛的酒肉，企图用此来加强身体，其实是“使肠胃溃烂的食品”。贪图美色、淫靡之音，追求自己享乐，称做“伐其性命的斧头”。这三种祸患，是看重富贵招致来的，所以古人有的不肯招致富贵，这是由于看重生命的原因；不是为了夸耀名声，实在是为了养生。这些道理不可以不明察。

故事一

范蠡散金

范蠡，字少伯，春秋末期楚国宛城（今河南南阳）人。他曾随越王勾践入吴做人质三年，受尽磨难，后又帮勾践复国，官至上将军。后来他发现勾践这个人只能同人共患难，不能同人共享富贵，就急流勇退，以防不测。他辞掉官职，带着眷属（据传眷属中有西施）和财物，乘船沿海而上到了齐国，更名换姓，在海边经营农业和渔业。范蠡认为世上万物阴阳相克相生，变化无穷，若能掌握时机，弱可以变强，败可以转胜。他运用这种思想克敌制胜，现在又将它运用在经营上也很快获得了成功。他“旱时资舟，水则资车”。商品“一贵一贱，极而反复”。并加强了资金流转，“货币欲其行如流水”。他到达齐国不久就富了起来，齐国人很佩服他的才干，就推举他做宰相，想让他带领大家致富。他干了一段后，又辞了官。他感叹道：“居家则致千金，居官则至卿相，此布衣之极也。久受尊名，不祥。”他不以高官自居，不将财富自享。他辞官后，又将财富分给亲友乡邻，带了少数珠宝财产到了齐国中心与诸侯各国交通十分方便的一个叫陶的地方住了下来，说自己是个“有罪的流放的盛酒的皮囊”，改名陶朱公，又从事经商活动，几年间又“致资屡百万”，成为当地首富。他又慷慨解囊，“再分散与贫交疏昆弟”。帮助周围需要周济的人。司马迁称他是“富好行其德者”。陶朱公是个品德高尚的商人，受到人们崇敬，死后，被齐人尊为财神，世代受人崇奉。

故事二

石崇斗富

西晋首富石崇与武帝舅后将军王恺斗富摆阔的事，成为一个非常有名的历史事件，以至于在《晋书》中都有专门的记载。为了斗富摆阔，石崇竟用蜡烛烧饭，设锦步障五十里，更让人惊骇的是他竟然将皇帝赐给王恺的二尺多高的珊瑚用铁如意击碎，当王恺以为是他嫉妒自己的宝物而所为，声色俱厉，正要发作时，石崇却说：“不足多恨，今还卿。”就命左右取出三四尺高的珊瑚六七株，条干绝俗，光彩夺目，使王恺自愧不如，败下阵来。

石崇为西晋开国功臣司徒石苞之子。石崇曾任南中郎将，荆州刺使，领南蛮校尉，加鹰扬将，官至太仆。他任官期间不仅大肆掠夺民众财物，甚至连海外诸国使者贡品也敢掠夺，才成了国家首富。后来，石崇罪行败露，被捉拿问罪。石崇叹息道：“奴辈利吾家财。”

（意是你们是看我家里有钱才逮捕我的。）逮捕他的人说："知财致害，何不早散之？"石崇无言以对，终于被杀，并抄没其家产。

贤良家书

诫子弟书

张英

［原文］

古人有言，扫地焚香、清福已具。其有福者，佐以读书，其无福者，便生他想。旨哉斯言，予所深赏。且从来拂意之事，自不读书者见之，似为我所独遭，极其难堪。不知古人拂意之事，有百倍于此者，特不细心体验耳。即如东坡先生，殁后遭逢高孝，文字始出，名震千古。而当时之忧谗畏讥，困顿转徙潮惠之间，苏过跣足涉水，居近牛栏，是何如境界。又如白香山之无嗣，陆放翁之忍饥，皆载在书卷。彼独非千载闻人，而所遇皆如此，诚一平心静观，则人间拂意之事，可以涣然冰释。若不读书，则但见我所遭甚苦，而无穷怨尤嗔忿之心，烧灼不宁，其若为何如耶。且富盛之事，古人亦有之，炙手可热，转眼皆空。故读书可以增长道心，为颐养第一事也。

选自《聪训斋语》卷一

［译文］

古人有种说法，扫地焚香，清福具备。有福的人，如果去读书，就会得到帮助。无福的人，就会胡思乱想。这话真有意义，我非常赞赏。不读书的人遇上不顺心的事，就觉得是自己一个人的不幸遭遇，难以忍受。不知道古人遇上不顺心的事，有超过这百倍的，只不过没有细心体验罢了。如东坡先生，死后因为高孝二宗对其推崇，文章始为世人所知，名震千古。而生前忧谗畏讥，窘困劳累地辗转在潮惠之间，曾经赤脚涉水，住在牛棚边上，这是怎样的一番情景。

又如白香山没有子嗣，陆放翁曾忍饥挨饿，这些都是载入书卷的事。你只是一个凡人，并非名垂青史，遭遇到那些不顺心的事，诚能平心静气地想一想，那么人间不顺心的事，可以涣然冰释。假如不读书，那就只知道自己遭遇很苦，而产生无穷的怨恨，甚至怒火中烧，情绪难以自控，与那些古人相比，这又像什么样子。当然富贵荣耀的事，古人也是有的，虽然一时气焰很盛，炙手可热，但转眼一切皆空。所以读书可以增长道心，是修身养性的第一要事。

诫子“恭谨”

（宋）陆游

[原文]

后生才锐者，最易坏，若有之，父兄当以为忧，不可以为喜也。切须常加检束，令熟读经、子，训以宽厚恭谨。勿令与浮薄者游处。如此十许年，志趣自成，不然，其可虑之事，盖非一端。吾此言，后人之药石也。各须谨之，毋贻后悔。

选自《放翁家训》

[译文]

子孙后代中才能突出的人最易变坏。若有这样的人，做父母的应引以为忧，切不可引以为喜。一定要经常地严加管束，叫他们熟读经书和诸子百家的书。教训他们必须宽容、厚道、恭敬、谨慎，切莫让他们与轻浮人的人交游和相处。能够坚持十余年，那么志向和情趣就会自然养成。不然，发展下去令人忧虑的事情决非一件。我所说的这番话是后人的良药，可以免生灾祸。各人都要谨慎，不要留下后悔。

十二、名　节

圣贤语录

[原文]

笃信好学，守死善道，危邦不入，乱邦不居。天下有道则见，无道则隐。邦有道，贫且贱焉，耻也；邦无道，富且贵焉，耻也。

（《论语》泰伯篇第八）

[译文]

坚定信念，努力学习，死守完美之道。不进入危险的国家，不居住在动乱的国家。天下有道就出来做官，天下无道就退隐。国家有道而自己贫贱，是耻辱；国家无道而自己富贵，也是耻辱。

[原文]

君子疾没世而名不称焉。

（《论语》卫灵公篇第十五）

[译文]

君子担心度完一生却徒有虚名。

[原文]

三军可夺帅，匹夫不可夺志也。

（《论语》子罕篇第九）

[译文]

三军可以夺去主帅，一个人的志向是不能强迫他改变的。

[原文]

岁寒，然后知松柏之后凋也。

（《论语》子罕篇第九）

[译文]

季节寒冷了，才知道松柏是最后凋谢的。

[原文]

不恒其德，或承之羞。

（《论语》子罕篇第十三）

[译文]

不能长久保持操守，总会招致羞耻。

[原文]

志士仁人，无求生以害仁，有杀身以成仁。

（《论语》卫灵公篇第十五）

[译文]

志士仁人，没有贪生怕死损害仁德的，只有牺牲自己成全仁德的。

[原文]

士之为人，当理不避其难，临患忘利，遗生行义，视死如归。

（《吕氏春秋》士节）

[译文]

士的为人，坚持真理不避祸难，临难忘利，舍生取义，视死如归。

故事

慷慨捐躯易，从容就义难

文天祥，南宋大臣，官至右丞相。在任太守时，受当时朝廷一派醉生梦死的气氛的影响，一天到晚听歌饮酒，过着风流倜傥的生活。一旦元兵南下，则表现出“临大节而不可夺”的气概，舍家抛业，亲率军民在江西、福建、广东等地英勇抗击元军，并多次取得胜利。最终因大势已去，不幸被俘，被押往京都。元朝忽必烈对他十分尊崇，称他为先生，并以丞相之位等了他三年，但他仍坚贞不屈，死不降元。慷慨捐躯易，从容就义难。他坐了三年牢后，一天对忽必烈说：你这样待我，可以说是知己了。既然是知己，你就成全我。忽必烈等了三年，得到的只是这么一句坚贞不屈的话，只好下令杀了他。文天祥在狱中，写了不少言志的诗篇，名为“正气歌”，而他那“人生自古谁无死，留取丹心照汗青”的铮铮誓言，更激励着我国无数仁人志士为国英勇奋斗，慷慨捐躯，表现出大无畏的民族牺牲精神和坚贞的英雄气概。文天祥就义后，人们在北京交道口南建立了文丞相祠，世代祭祀他。

贤良家训

任环示儿语

任环

[原文]

潞安任复庵环，以同知御倭，昼夜力战。遍身书姓名，曰：“死绥职也，为二亲记此发肤。”尝见其示儿书云：

儿辈莫愁，人生自有定数，恶滋味尝些也有受用。苦海中未必不是极乐国也。读书孝亲，无遗父母之忧，便是常常聚首矣！何必一堂亲人？我儿千言万语，絮絮叨叨，只是教我回衙，何风云气少，儿女情多？倭贼流毒，多少百姓不得安家，尔老子领兵，不能诛讨。鬣氈裹革，此其时也。安能作楚囚对尔等相泣闹阒间耶？

此后时事不知如何，幸而承平，父子享太平之乐，期做好人；不幸而有意外之变，只有臣死忠，妻死节，子死孝，咬定牙关，大家成就一个“是”而已。汝母可以此言告之，不必多话。

选自《坚瓠集》

[译文]

山西潞安府的任环，号复庵，任苏州同知的时候，抵御倭寇的侵扰，昼夜奋战，他把自己的名字写遍全身，说：“战死沙场，是武官的本分。一旦牺牲了，以便让人知道是我的遗体。因为身体发肤，受之父母双亲啊！”曾见他给儿子的家书说：

儿子们不要为我忧愁，人生祸福都由命定。尝一些艰辛的滋味也有好处。苦海之中，未必就不是极乐世界。读书孝顺父母，不给父母增加忧愁，就等于经常会面。一家人何必时时相聚一堂？我儿千言万语，絮絮叨叨，无非是要我回到苏州官署，堂堂男子汉怎么会如此英雄气短，儿女情长？倭寇所造成的灾殃，使多少百姓流离失所，无法安居乐业。你父带兵，却不能诛讨。浴血奋战，马革裹尸而还，正是这个时候。岂能像窘迫的楚囚一样面对你们在家里哭泣呢？

今后形势不知如何。如果幸而太平，则你我父子可同享太平之乐，以期做好人。假若不幸发生意外，只有做臣子的死于忠，做妻子的死于节，做儿子的死于孝，咬紧牙关，大家成就一个“是”字罢了。可以把这些话告诉你的母亲，其他的话不必多说。

教子正直做人

沈守正

[原文]

丈夫遇权门须脚硬；在谏垣须口硬，入史局须手硬，值肤受之愬须心硬；浸润之谮须耳硬。

选自周在梁《尺牍新钞》

[译文]

大丈夫与权贵打交道，脚跟要硬；当谏官，嘴要硬；当史官，手要硬；听到有人在诉说切身之痛（利害切身的诬告），心要硬；听到有人不断讲别人的坏话，耳要硬。

诫子坚守民族气节

（明）瞿式耜

[原文]

自正月十一日周谊、童长搬来，得汝昨年九月二十二日书，知家乡去年七月已遭蹂躏，家中寸金不留，止剩空屋数间。汝母闻之，益添忧闷，吾虽百方解劝，而终是难开，缘其子女之念关切，知汝与若妹如此受苦，不容不肠断耳。吾自念若非西抚出门，遭此劫中，自然性命不保。今天公委曲方便，留此一线余生，虽为靖逆受磨，而名节犹彰，残躯犹在。以视家乡被难者，相去何如，以此转自排拨。虽家中所有罄完，总以空华身外譬之，只汝等暨一门眷属无恙，便是大福矣。

可恨者，吾家以四代甲科，鼎鼎名家，世传忠孝，汝当此变故之来，不为避地之策，而甘心与诸人为亏体辱亲之事。汝固自谓行权也，他事可权，此事亦可权乎？邑中在庠诸友，轰轰烈烈，成一千古之名，彼岂真恶生而乐死乎？诚以名节所关，政有甚于生者。死固吾不责汝，第家已破矣，复何所恋？不但不觅隐僻处所潜身，而反以快仇人之志，谓清浊不分，岂能于八斗槽中议论人乎？痛杀！痛杀！

选自《瞿式耜集》

[译文]

自从正月十一日，周谊、童长搬来后，收到你去年九月二十二日的家书，知道家乡去年七月已遭清军践踏，家里寸金不留，只剩下数间空屋。你娘闻听，更加忧心郁闷，我虽百般规劝，但总是难以舒解。原因是她极其关切儿女，深知你与若妹这样受苦，不容不痛断肝肠啊！我自念若非出门西抚，遭此劫难自然性命难保。老天暗中相助，给予方便，侥幸留下这条生命，虽为平定叛逆者受到磨难，但名声气节得以彰显，残躯还保存。看到家乡被劫难的人，相比怎样？我们应以此转忧为喜。虽然所有家产都完了，就将它比作身外之物吧！只要你们及家眷没事，就是大福了。

可恨的是，我们家四代甲科，鼎鼎有名，世代忠孝，当此变故来时，你不做出家逃避的打算，而情愿接受清朝统治，甘与别人干出这种损己辱亲之事。你还说这是权宜之计。其他事情可以权宜，这种事情也可以权宜吗？县城中在学校的诸多友人，反清斗争轰轰烈烈，千古留名，他们真恶生乐死吗？这实在与名节有关。气节比生命更重要。死，我本来不会责怪你，家宅已废了，还有什么可留恋的？不及早找个隐僻的地方藏身，反让仇者快，这是清浊不分，怎么能在高才群体之中议论人呢？痛杀！恨杀！

[原文]

士之为人，当理不避其难，临患忘利，遗生行义，视死如归。有如此者，国君不得而友，天子不得而臣。大者定天下，其次定一国，必由如此人者也。故人主之欲大立功名者，不可不务求此人也。贤主劳于求人，而佚于治事。

（《吕氏春秋》士节）

[译文]

士的为人，坚持真理而不怕祸难，面临大难，忘记个人利益，宁愿舍生取义，视死如归。有这样的人，连国君都不能使他成为自己的朋友，天子都不能够使他向自己称臣。这种人大可以平定天下，稍逊一点的可以平定一国家，这些事一定是这样的人去做。所以，想要建立大功业的君主，不可不务求此种人。贤能的君主要在求才方面下功夫，而少管琐碎的事。

［原文］

士议之不可辱者，大之也。大之则尊于富贵也，利不足以虞其意矣。虽名为诸侯，实有万乘，不足以挺其心矣。诚辱则无为乐生。若此人也，有势则必不自私矣，处官则必不为污矣，将众则必不挠北矣。忠臣亦然。苟便于主利于国，无敢辞违，杀身出生以徇之。国有士若此，则可谓有人矣。若此人者固难得，其患虽得之有智。

（《吕氏春秋》忠廉）

［译文］

有道之人认为“不可受辱”是大事。大到比富贵还尊贵，财宝也不能改其意。即使让他们名为诸侯，手中握有国家重权，也不足以使他们称心。这种人受辱不会有快乐的生活。但这种人一旦得势，必不会自私自利，当官必定不会贪污，统领军队必定不会败走。忠臣就是这样。假使有利于君主，有利于国家，就决不会躲避杀身之祸，而一定会舍生殉国。国家要是有这样的士人，那真的可称是有人才了。像这样的人固然难得，但最让人担心的是即使得到这样的人才，也辨识不出来。

十三、功成身退

圣贤语录

[原文]

持而盈之，不若其已，揣（音 zhuī）而锐之，不可长保也。金玉盈室，莫之能守也。贵富而骄，遗咎也。功遂身退，天之道也。

（《老子》第九）

[译文]

水已盛满，不如停下来（别再盛）。捶打金属使它尖锐，难保长久（必遭挫损）。金玉满堂没有守得住的。富贵而骄傲，自招灾祸。功成，身退，是合于自然规律的。

故事一

敌国破，谋臣亡

韩信曾投奔项羽，但得不到重用，转而到刘邦那里，献策给刘邦，刘邦不用。其间，他与萧何交谈，萧何称奇。但因不受刘邦重用他就不辞而别了。萧何听说韩信走了，来不及禀报，就自作主张连夜去追韩信。这就是大家常说的萧何月下追韩信的故事。萧何追回韩信，刘邦很生气，责问他："跑的人那么多，为什么他跑了你去追？"萧何答："诸将易得，但像韩信这样的，国内没有第二个……（王）欲争天下，非韩信没人能与王筹划天下大事。"刘邦听他这么一说，就说道："让他为将。"萧何说："那他还是要跑。"刘邦遂说：

“那就为大将吧！”萧何说：“就这么一说不行，王必须选吉日，斋戒设坛，郑重地拜韩信为大将才行。”刘邦照他说的办了。韩信随之向刘邦献上打败项羽之策。刘邦听后大喜，认为得韩信晚了，就听从韩信计谋，由韩信统领大军分别向项羽进击，逐步扭转了不利局面，并由弱变强，最后韩信用十面埋伏之策将项羽围困，逼其乌江自杀，刘邦登上了皇帝宝座。刘邦当上皇帝后，对功臣，特别是像韩信这样功高震主的战将谋士很不放心，十分怕他们危及自己帝位，就开始想法除掉他们。韩信已看到了这种危险，他曾说：“果若人言：狡兔死，走狗烹；飞鸟尽，良弓藏；敌国破，谋臣亡。”但他没有及时退身，被吕后与萧何设计谋杀害了。

故事二

萧何知进退全身保禄

刘邦得了天下当上皇帝后，要论功行赏。可议论了一年多，因众将争功而定不下来。刘邦认为萧何功劳最大，被封为酂侯，所赏封地也最多。其他帮刘邦打天下的功臣不服气，说：“我们披甲执戈，多的打了一百多次仗，少的也有几十次，攻城掠地，功劳大小不同。可萧何没有任何战功，只凭议论朝政、舞文弄墨，封赏倒在我们上面，这是什么道理？”刘邦问大家：“你们知道打猎吧！”功臣们答：“知道！”刘邦说：“各位知道猎狗吗？”功臣们答：“知道！”刘邦说：“打猎的时候，追捕兔子野物的是猎狗，而发现猎物并指出所在位置的是人。现在诸功臣只能获得猎物，其功劳就像猎狗捕获猎物一样。至于萧何，他是发现猎物并指出其位置的人，他的功劳就像打猎时人所建立的功劳一样。况且，各位跟随我作战的只是你们本人，多的也只两三人。但萧何全宗族几十人都跟随我作战，他的这些功劳是不能忘的。”他这么一说，功臣们没有再敢说话的了。刘邦封萧何为第一功臣，赐他可以带剑穿履上殿，上朝时也不必急忙奔走。后来，又对萧何父子兄弟十几人都进行了封赏。

看来，刘邦对萧何是非常重视和信任的了。可是当刘邦外出平叛、听到萧何设计帮吕后杀了韩信，他一反常态，派使者拜萧何丞相为相国，加封他五千户，派五百士兵供他使用，并有一位都卫专门负责他的安全。这时，众朝臣都纷纷向萧何祝贺。有个人却对他说："灾祸从现在就开始了。皇帝带兵在外作战，十分辛苦，你却安守城中，没有战争的危险。皇帝这时却拜你为相国，增加封地，派兵和都卫保护你，不过，这都不是爱护你。韩信欲叛乱，皇帝对你也有了疑心。他派兵将到你这里是万一发生变故时，他们可以监护你。因此，你应辞谢封地，并以全部家财支持皇上平叛，皇上必然会高兴。"萧何顿时醒悟，马上按照他说的去做，躲过了一劫。刘邦也很高兴。此后，萧何鼓励人民努力耕作，把粮食源源不断送往平叛前线。可刘邦却几次三番派人打听萧何的所作所为。一位谋士就告诉萧何："你现在高居相国之位，功臣第一，你的功劳还可能增加吗？皇帝长时间在外征战，你长时间治理国民，百姓都归顺了你，民心归顺你而不归顺皇上，这就是皇上派人打听你的作为的原因。你这样下去遭到灭族的时间不会久了。你何不利用你的权势以低价购买百姓田地，让百姓反对你，以此污浊自己。这样皇上就可安心了。"萧何采纳了他的计谋，皇上对他也就放心了，现出高兴的样子。

萧何到底是聪明人，又一次躲过了灭族的厄运。后来，他每次购田地住宅时，都选偏远的地方，宅子连围墙都不建。他说："后世子孙如果贤慧，可以学习我节俭的德行；万一不贤慧，也不会被有权势的人夺去田宅。"萧何死后，子孙因犯罪被削去侯爵的共有四次。每当爵位断绝时，汉朝的皇帝往往去寻找萧何的后代再把爵位续上，仍被封为酂侯。所有汉朝功臣没有人能比得上他的。

曾国藩给弟信

至阿兄忝窃高位，又窃虚名，时时有颠坠之虞。吾通阅古今人物，似此名位权势，能保全善终者极少。深恐吾全盛之时，不克庇荫弟等，吾颠坠之际，或致连累弟等，惟于无事时，常以危词苦语，互相劝诫，庶几免于大戾。

六月二十日

摘自曾国藩家书《给沅弟左右》

吾年来饱阅世态，实畏宦途风波之险，常思及早抽身，以免咎戾。

九月初十日

摘自曾国藩家书《给澄侯四弟左右》

诫侄书

（宋）司马光

[原文]

近蒙圣恩除门下侍郎，举朝嫉者何可胜数，而独以愚直之性处于其间，如一黄叶在烈风中，几何不危坠也！是以受命以来，有惧而无喜。汝辈当识此意，倍须谦恭退让，不得恃赖我声势，作不公不法，搅扰官司，侵凌小民，使为乡人此厌苦，则我之祸，皆起于汝辈，亦不如人也。

选自《戒子通录》

[译文]

近来蒙皇上恩典，授我以门下侍郎，满朝文武忌妒的人数不胜数，而我独以愚直的本性处在这样的环境中，像一片黄叶在凛冽的寒风中，几不坠落呢？因此自从受命以来，只有恐惧，而无喜悦。你们应当体察我的这种心境，遇事要加倍地谦恭退让，不许倚仗我的权势名声，做不公不法的事，搅扰官府，侵害凌辱百姓，使自己成为乡人痛恨的人。不然，那我的祸患，都是你们造成的，你们就连一个普通人都不如了。

王翱诫子孙不要营私舞弊

王翱

[原文]

公为吏部尚书，忠清为英皇所信任。仲孙以荫入监，将应秋试。以有司印卷白公。公曰："汝才可登第，吾岂忍蔽之哉！如汝误中选，则妨一寒士矣。且汝有阶得仕，何必强所不能，以幸冀非分邪?"列卷火之。

公一女嫁为畿辅某官为妻，公夫人甚爱女，每迎女，婿固不遣，恚而语女曰："尔翁典铨，迁我京职，则汝朝夕侍母，且迁我如振落叶耳，而固悋者何?"女寄言于母，夫人一夕置酒，跪白公，公大怒，取案上器击伤夫人。出驾而宿于朝房，旬乃还第，婿竟不调。

选自《洹河》

[译文]

王翱当吏部尚书，以忠诚清廉为英宗皇帝所信任。他的第二个孙子凭借上代余荫，不经过考试就取得了监生资格，进入国子监学习，并将要参加秋天举行的科举考试。这个孙子把从主管考务的人那里要来试卷的事告诉了王翱。王翱说："论才学，你可以考中，但我怎么能容忍作弊之事？如果你误中选了，妨碍了一个贫苦的读书人中选。况且你自己有得官的路，何必要强做所不能做的事，以希望实现自己的非分之想?"把试卷一把火烧了。

王翱的一个女儿嫁给一个在京郊为官的人做妻子。王翱的夫人特别喜欢这个女儿。每当接女儿回娘家时，女婿都故意不让妻子回去，怨恨地对妻子说："你的父亲掌握着官吏升调的大权，把我调任京官，那你也可以回到京城，早晚侍奉你的母亲了。况且调我进京，就像摇落一片树叶那样容易，为什么固执不肯呢？"女儿把丈夫的意思告诉她的母亲。一天晚上，王翱的夫人把酒菜摆好，然后跪下把女婿的意思告诉王翱，王翱听了勃然大怒，顺手拿起桌子上的器具向夫人掷去，击伤了夫人的面部。他随即离开了家，在朝房住了十多天才回家。他的女婿竟没有调成。

十四、生死皆自然

圣贤语录

[原文]

子华子曰："全生为上，亏生次之，死次之，迫生为下。"故所谓尊生者，全生之谓；所谓全生者，六欲皆得其宜也，所谓亏生者，六欲分得其宜也。亏生则于其尊之者薄矣。其亏弥甚者，其尊弥薄。所谓死者，无有所以知，复其未生也。所谓迫生者，六欲莫得其宜也，皆获其所甚恶者……迫生不若死。奚以知其然也？耳闻所恶，不若无闻；目见所恶，不若无见。故雷则掩耳，电则掩目，此其比也。凡六欲者，皆知其甚恶，而必不得免，不若无有所以知，无有所以知者，死之谓也，故迫生不若死。

《吕氏春秋》贵生

[译文]

子华子说："全生为上，亏生次之，死次之，迫生为下。"故此，所谓尊重生命，就是能够全生。所谓全生就是七情六欲都能得到应有的满足。所谓亏生就是七情六欲部分地得到了满足。不能满足的程度越深，对生命尊重的程度就越低。所谓死，就是没有了感知的功能，回复到未生前的状态。所谓迫生者，七情六欲都得不到应有的满足，得到的都是十分厌恶的东西……迫生不如死。何以见得？耳闻所恶，不如不闻；目见所恶，不如不见。故此，打雷时捂住耳朵，打闪时遮住眼睛，就是例子。七情六欲十分厌恶的东西又不得不忍受，那还不如不感知它们。不能感知就是死亡。因此，人的七情六欲的天性受到压抑而得不到满足还不如死亡。

［原文］

尽其心者，知其性也。知其性，则知天矣。存其心，养其性，所以事天也。夭寿不贰，修身以俟之，所以立命也。

（《孟子》尽心章句上）

［译文］

充分发挥自己本心的人，能懂得人的本性。懂得了人的本性，就知道了天命。保护好自己的本心，让自己的本性得到自然发展，就是遵循了天命。不管长寿与否都无二心，培养身心等待命运，这就是完成天命。

［原文］

曾子曰："慎终追远，民德归厚矣。"

（《论语》学而篇第一）

［译文］

曾子说："慎重地对待父母的去世，追思远代的祖先，民风就归向忠厚了。"

［原文］

祭如祭在，祭神如神在。子曰："吾不与祭，如不祭。"

（《论语》八佾篇第三）

［译文］

祭祀祖先就像祖先真在面前，祭神就像神真在面前。孔子说："我不亲自参加祭祀，那就和没有举行祭祀一样。"

［原文］

人之生也直，罔之生也幸而免。

（《论语》雍也篇第六）

[译文]

一个人的生存是靠其正直，而不正直的人能生存下来那只是侥幸地避免了灾祸。

[原文]

莫非命也，顺受其正。是故知命者，不立乎岩墙之下。尽其道而死者，正命也；桎梏死者，非正命也。

（《孟子》尽心章句上）

[译文]

一切都是天命的安排，顺应它就会有正常的命运。所以顺应天命的人不会去站在要倒的墙下。努力尽了自己的本分而死的人，所承受的是正常的命运；犯罪受刑而死的人，所承受的是非正常的命运。

[原文]

盆成括仕于齐。孟子曰："死矣盆成括！"盆成括见杀。门人问曰："夫子何以知其将见杀？"

曰："其为人也小有才，未闻君子之大道也，则足以杀其躯而已矣。"

（《孟子》尽心章句下）

[译文]

盆成括在齐国做官，孟子说："盆成括离死不远了！"

盆成括果然被杀，学生们问孟子说："先生怎么知道盆成括将被杀呢？"

孟子回答："盆成括有些小聪明，但不懂有道德的人应该知道的大道理，这是足以招来杀身之祸的。"

[原文]

子来有病，喘喘然将死，其妻子环而泣之。子犁往问之，曰：

“叱！避，无怛化！”倚其户与之语曰：“伟哉造化！又将奚以汝为，将奚以汝适？以汝为鼠肝乎？以汝为虫臂乎？”

子来曰：“父母于子，东西南北，唯命之从。阴阳于人，不翅于父母；彼近吾死而我不听，我则悍矣，彼何罪焉！夫大地载我以形，劳我以生，佚我以老，息我以死。故善吾生者，乃所以善吾死也……成然寐，蘧然觉。”

（《庄子》大宗师）

[译文]

子来生了病，喘息着将要死去。他的妻儿围在他身边哭泣。子犁前去探望，说：“呃，你们到一边去，不要惊扰他由生至死的变化。”子犁靠着门边跟子来说：“伟大啊，造物主！又将你变成什么，把你送往何方？把你变成老鼠的肝脏？变成昆虫的翅膀？”

子来说：“父母对于子女，东西南北子女都只能听从调遣。自然的变化对于人，不亚于父母。它使我死亡我却不从，那我就太蛮横了，而它有什么不对呢？大地把我的身体托载，用生存劳苦我，用衰老来闲适我，用死亡来安息我。因此，把我生看做好事，也把我的死看做好事。……死，熟睡似的安然离开人世，生，醒来似的惊喜地生还人间。”

[原文]

子张曰：“士见危致命，见得思义，祭思敬，丧思哀，其可已矣。”

（《论语》子张篇第十九）

[译文]

子张说：“读书人遇到危险时能献出自己的生命，见到有利可得时考虑是否符合义理，祭祀时想的是严肃恭敬，居丧时想的是哀伤，这样也就可以了。”

[原文]

志士仁人，无求生以害仁，有杀身以成仁。

（《论语》卫灵公篇第十五）

[译文]

志士仁人，没有贪生怕死而损害仁德的，只有牺牲自己来成全仁德的。

[原文]

生，亦我所欲也；义，亦我所欲也，二者不可兼得，舍生而取义者也。生亦我所欲，所欲有甚于生者，故不为苟得也；死亦吾所恶，所恶有甚于死者，故患有所不辞也。

（《孟子》告子章句上）

[译文]

生命是我所追求的，正义也是我所追求的；如果不能两样都拥有，就舍弃生命而坚持正义。生命是我想拥有的，但是还有比生命更让我想拥有的，所以我不想苟且偷生；死亡是我想躲避的，但是还有比死亡更让我想躲避的，所以我不会因为躲避死亡而逃避某些祸患。

[原文]

不失其所者，久也。

死而不忘者，寿也。

（《老子》第三十三章）

[译文]

不失其根基的才能持久。

身死而道存才是真正的长寿，称为不朽。

贤良家书

包拯家书

[原文]

后世子孙仕宦有犯赃滥者，不得放归本家；亡殁之后，不得葬于大茔之中。不从吾志，非吾子孙。仰工刊石，竖于堂屋东壁，以诏后世。

选自《包拯集》

[译文]

后世子孙做官贪污的人，不得让他回老家，死后不得葬于祖宗的墓地里。不听从我的意愿，就不是我的子孙。我的这些话让石工刻下来，竖立在堂屋东壁下，以诏诫后世。

故事

伯夷、叔齐不食周粟

伯夷、叔齐，孤竹君之二子也。父欲立叔齐，及父卒，叔齐让伯夷。伯夷曰："父命也。"遂逃去。叔齐亦不肯立而逃之。国人立其中子。于是伯夷、叔齐闻西伯昌善养老人，盍往归焉。及至西伯卒，武王载木主为文王东伐纣。伯夷、叔齐扣马而谏曰："父死不葬，爰及干戈，可谓孝乎？以臣弑君，可谓仁乎？"左右欲兵之。太公曰："此义人也。"扶而去之。武王已平殷乱，天下宗周，而伯夷、叔齐耻之，义不食周粟，隐于首阳山，采薇而食之……遂饿死于首阳山。

摘自（《史记》伯夷列传）

[译文]

伯夷、叔齐是孤竹国君的两个儿子。父亲想让叔齐继承王位。父亲死后，叔齐要把王位让给伯夷。伯夷不受，说："父王有遗命啊！”就逃走了。叔齐仍不肯即位，也逃走了。国人只好立孤竹国君的第二个儿子为王。伯夷、叔齐听说文王西伯善待老人，于是，二人便去投奔文王。可他们到达时，文王已死了。武王用车载着文王的牌位说是奉文王遗命，东征讨伐商纣。伯夷、叔齐拦住武王的马谏道：“父亲死了不安葬，却大动干戈这是孝吗？做臣子的去弑杀国君这是仁吗？”武王左右的人要杀掉他们。姜太公说：“这是义士！”于是，把他们搀扶到一边。后来，武王平定了殷纣，天下诸侯都归顺了周朝，伯夷、叔齐却耻于做周朝的臣民，隐居在首阳山中，不食周朝粮米，采些野菜充饥……最后饿死在首阳山上。

贤良家训

[原文]

世俗之行丧，载之以大輴，羽旄旌旗、如云偻翣以督之，珠玉以佩之，黼黻文章以饬之，引绋者左右万人以行之，以军制立之然后可。以此观世，则美矣、侈矣；以此为死，则不可也。苟便于死，则虽贫国劳民，若慈亲孝子者之所不辞为也。

摘自（《吕氏春秋》孟冬）

[译文]

世俗的人举行葬礼，用大车载着棺椁，羽旄旌旗、画有云饰，用珠玉来点缀它，用各种花缀来装饰它，左右万人执绋拉棺使它行进，这得用军法指挥后才可以行进。用这种做法给世人看，那是很美了、很奢侈了；这种做法对于死者，则不可以。如果真是便利于死者，就是国家贫穷民众劳苦，像慈亲孝子之辈是不会拒绝去做的。

训子孙遗令

王祥

[原文]

夫生之有死，自然之理。吾年八十有五，启手何恨？不有遗言，使尔无述。吾生值季末，登庸历试，无毗佐之勋，没无以报。气绝但洗手足，不烦沐浴，勿缠尸，皆浣故衣，随时所服。所赐山玄玉佩、卫氏玉玦、绶笥皆勿以敛。西芒上土自坚贞，勿用甓石，勿起坟垄。穿深二丈，椁取容棺。勿作前堂，布几筵，置书箱镜奁之具，棺前但可施床榻而已。糒脯各一盘，玄酒一杯，为朝夕奠。家人大小不须送丧，大小祥乃设特牲。无违余命！高柴泣血三年，夫子谓之愚。闵子除丧出见，援琴切切而哀，仲尼谓之孝。故哭泣之哀，日月降杀；饮食之宜，自有制度。夫言行可覆，信之至也；推美引过，德之至也；扬名显亲，孝之至也；兄弟怡怡，宗族欣欣，悌之至也；临财莫过于让。此五者，立身之本。颜子所以为"命"，未之思也。夫何远之有！

《全晋文》卷十八

［译文］

人生而有死是自然之理。我的年龄已经八十五岁了，即使死了又有什么憾恨？如果没有遗言，就会使你们无以遵循。我生在末世，多次被举用而历试才华，并没有辅佐的功勋，死了也无法报答。我断气后只洗洗手和脚，不劳你们擢发洗身，不要用绸布缠包尸体，把我的旧衣服都浣洗一下，将平时穿的衣服给我穿上。主上赐给我的山玄玉佩、卫氏玉玦，绶带和官印盛器都不要随葬。西芒山上土质本自坚纯，不要再用砖石，不要堆起坟丘。墓穴深挖二丈，外棺能容下内棺即可。不要设灵堂、布置筵席、安置书箱镜匣等器具，棺材前但可放置床榻罢了。干饭干肉等各置一盘、薄酒一杯，作为早晚祭奠的祭祀品。家人大小人口不须为我送丧，一周年祭日和两周年祭日再设牛猪等祭祀品。你们不要违背我的遗命！高柴为亲丧而泣血三年，孔夫子说他愚。闵子骞已除孝服而见孔子，他弹琴依然琴声悲切哀伤，孔夫子说他孝。所以悲哀地为丧亲而哭泣，日月都降下霜露；丧葬期间如何饮食，自有制度。言行经得起审查，这是最高的忠信；辞让赞美、自认过失，这是最好的品德；扬名彰显父母，这是最大的孝；兄弟和睦，族人欢乐，这是最大的和顺；面对钱财没有比辞让更高尚的了。这五点，是人立身之本。颜回之所以早死而孔子说是他的“命”，是未能深思到这几点，又有什么遥远的呢！

姚崇遗令诫子孙勿厚葬

［原文］

古人云：“富贵者，人之怨也，贵则神忌其满，人恶其上；富则鬼瞰其室，虏利其财。自开辟以来，书籍所载，德薄任重而能寿考无咎者，未之有也。故范蠡疏广之辈，知止足之分，前史多之。况吾才不逮古人，而久窃荣宠，位愈高而益惧，恩弥厚而增忧。往在中书，遘疾虚惫，虽缓匪懈，而诸务多缺。荐贤自代，屡有诚祈；人欲天从，竟蒙哀允。优游园沼，放浪形骸，人生一代，斯亦足矣。田巴云：百年之期，未有能至。王逸少云：俯仰之间，已为陈迹。诚哉此言！

比日见诸达官，身亡已后，子孙既失覆荫，多至贫寒，斗尺之间，参商是竞。岂惟自玷，乃更辱生，无论曲直，俱受嗤毁。庄田水硙，既众有之，递相推倚，或至荒废。陆贾、石苞，皆古之贤达也，至预为定分，以绝后争，吾静思之，深所叹息。

昔孔子大圣，母墓毁而不修；梁鸿至贤，父亡席卷而葬。杨震、赵咨、卢植、张奂，皆当代英达，通识今古，咸有遗言，嘱以薄葬。或濯衣时服，或单帛幅巾，子孙皆遵成命，迄今以为美谈。凡厚葬之家，例非明哲。或溺于流俗，不察幽明，咸以奢厚为忠孝，以俭薄为悭惜，至令亡者致戮尸暴骸之酷，存者陷不忠不孝之诮，可为痛哉！可为痛哉！

［译文］

古人说：富贵是人所怨恨的。地位高贵，神灵就忌妒他满盈，众人就讨厌他高居人上；家中富有，鬼怪就会窥探他的住处，盗贼就会掳掠他的钱财。盘古开天以来，书上有记载，凡德薄、任重而能够高寿无灾祸的人，是没有的。所以范蠡这类人，能够知足，及早辞官散财，得免灾祸。史书里有关这方面的事很多。况且我才不及古人，而长期错受荣誉恩宠，地位越高越害怕，受恩越厚越忧虑。我以前在中书省，因病体虚疲惫，虽然始终努力不懈，但各种事务仍然有很多缺失。我曾多次推荐贤才来替代我，而且每次都诚恳祈求；天从人愿，竟然蒙恩让我辞去了相职。从此，得以快乐地游玩于田园湖沼，无拘无束，人生一世，也算满足了。田巴说：没有人能活到百年的。王羲之说，俯仰之间，就成了陈迹。这些话真对！

近来，看见许多高官显贵去世之后，子孙后代一旦失去庇荫，大多变得贫寒了，常为斗米尺布争执。这难道只是玷辱自己吗？其实也玷辱了祖先，不管有理无理，都受到了人家的讥笑。庄田水碾，为众人共有，大家都你推我让，不想去管，结果，弄到荒废。陆贾、石苞，都是古代贤达之人，他们预先将财产分派好，省得子孙发生争执，我静心想想，深为叹息。

从前大圣人孔子，母亲的坟墓毁坏而不修，梁鸿是位极有贤德的人，父亲死后用席子卷着埋葬。杨震、赵咨、卢植、张奂，都是当代才智很高的人，他们通古识今，都有遗言，嘱咐薄葬。或穿洗净的常服，或裹一幅单层丝织品头巾，子孙都遵照执行，至今传为美谈。凡厚葬的人家，都不明智。他们深受当时风俗的影响，看不清好坏，都认为奢侈厚葬是忠孝，而俭省薄葬是吝惜。结果使厚葬者的坟墓被盗，戮尸暴骸，活着的人岂不是遭到不忠不孝的讥讽吗？实在让人痛心啊！实在让人痛心啊！

十五、养生之道

圣贤语录

[原文]

“知生也者，不以害也，养生谓之也。”

《吕氏春秋》（节丧）

[译文]

了解生命可以不损害生命，（不损害生命）就是保养了生命。

[原文]

“……智者乐，仁者寿。”

（《论语》雍也篇第六）

[译文]

……有智慧的人快乐，有仁德的人长寿。

[原文]

夫养生者先须虑祸，全身保性，有此生然后养之，勿徒养其无生也。

（《颜氏家训》养生第十五）

[译文]

养生的人首先要考虑可能发生的灾祸，保全身家性命，有生命才能养护它，不能徒然保护不存在的生命。

[原文]

夫水之性清，土者扬之，故不得清。人之性寿，物者扬之，故不得寿。物也者，所以养性也，非所以性养也，今世之人，惑者多以性养物，则不知轻重也。不知轻重，则重者为轻，轻者为重矣。若此，则每动无不败。

（《吕氏春秋》·本生）

[译文]

水的本性清澈，泥土掺杂在里面就不清澈了。人的本性是可长寿的，但受身外之物不断干扰就不能长寿了。外物是用来养护生命的，而不是用生命去追求的。现代的人，迷惑的多用生命去追求身外之物。这是不知轻重。不知轻重，就会把重的当轻的，把轻的当重的。若是这样，一行动起来没有不失败的。

[原文]

圣人之于声色滋味也，利于性则取之，害于性则舍之，此全性之道也。世之贵富者，其于声色滋味也，多惑者。日夜求，幸而得之则遁焉。遁焉。性恶得不伤。

（《吕氏春秋》·本生）

[译文]

圣人对于声色滋味，利于生命的则择取，有害于生命的则舍弃，这就是保全生命之道。世上富贵之人沉迷于声色滋味的人很多，日夜追求，有机会得到它们就放纵自己不能自制。放纵自己，生命怎能不受到伤害？

[原文]

流水不腐，户枢不蠹，动也。形气亦然。形不动则精不流，精不流则气郁。郁处头则为肿、为风；处耳则为挶、为聋；处目则为䁾、为盲；处鼻则为鼽、为窒；处腹则为张、为疛；处足则为痿、为蹶。

（《吕氏春秋》·尽数）

［译文］

流动的水不会腐臭，转动着的门不会被蝼空，因为它们在运动。形体、精气也是这样，形体不运动则精气就不流通，精气不流通气血就会郁结。郁结在头部就会造成头肿和风疾；郁结在耳部就会造成重听或耳聋；郁结在眼部，就会造成眼睛红肿或失明；郁结在鼻部就会造成鼻塞不通；郁结在腹部就会造成腹胀、腹痛；郁结在脚部就会造成脚萎缩、蹶疾。

［原文］

天生阴阳，寒暑、燥湿，四时之化，万物之变，莫不为利，莫不为害。圣人察阴阳之宜，辨万物之利以便生，故精神安乎形，而年寿得长焉。长也者，非短而续之也，毕其数也。毕数之务，在乎去害。何谓去害？大甘、大酸、大苦、大辛、大咸，五者充形则生害矣。大喜、大怒、大忧、大恐、大哀，五者接神则生害矣。大寒、大热、大燥、大湿、大风、大霖、大雾，七者动精则生害矣。故凡养生，莫若知本，知本则疾无由至矣。

（《吕氏春秋》·尽数）

［译文］

天生阴阳、寒暑、燥湿、四季更换、万物变化，没有不因之而获利，没有不因之而受害。圣人察阴阳适宜之处、万物有利的地方便利自我生存，因此精神安于形体，而得到长寿。长寿，就是不中途夭折，不是将短续长，而是用尽自己的命数。能寿终正寝的要领在于去除有害生命的害处。什么是有害于生命的害处？很甜、很酸、很苦、很辣、很咸，这五种滋味充斥体内就会对身体有害。过分的高兴、愤怒、忧愁、恐惧、悲哀，这五种情绪会使神经受到损害。太寒、太热、太燥、太湿，大风、大雨、大雾，这七种变化侵扰了人的精气，就会对精神产生害处。因此，养生要知道这些根本，知道了这些根本，疾病就没有理由侵扰你了。

[原文]

孟子曰："养心莫善于寡欲，其为人也寡欲，虽有不存焉者，寡矣。其为人也多欲，虽有存焉者，寡矣。"

（《孟子》尽心章句下）

[译文]

孟子说："涵养心性的最好方法是减少欲望。一个人欲望不多，心性虽有丢失但不多。一个人欲望很多，心性虽还保存一些，也一定不多了。"

[原文]

五色使人目盲，驰骋田猎使人心发狂，难得之货使人之行妨，五味使人之口爽，五音使人之耳聋。

是以圣人之治也，为腹不为目，故去彼取此。

（《老子》道德经）

[译文]

纷杂的色彩使人眼花缭乱，纵情围猎使人心发狂，难得之器物使人操守变坏，丰美的食物使人口味受伤，纷乱的音乐使耳朵不灵。

因此，圣人只求温饱不去追求耳目之娱，以摈弃物欲而保持身心安康。

[原文]

为善无近名，为恶无近刑。缘督以为经，可以保身，可以全生，可以养亲，可以尽年。

（《庄子》养生主）

[译文]

做善事不要追求名声，做恶事不要触及刑法。走自然中道就可以保养自身，可以保全天性，可以养亲，可以尽享天年。

故事一

嵇康重养生，不知避祸遭杀身

魏晋时期，嵇康与阮籍等七人，结友为伴，在竹林中饮酒作乐，放浪形骸，以远离朝政。史称“竹林七贤”。嵇康还专门写了篇“养生”的文章，论述养生之道，崇老庄之学，他娶魏宗室之女为妻，官中散大夫，对窃取权位的晋司马氏十分看不起，多有不满。后遭司马昭构陷，为其所杀。嵇康很注重养生，但不知避祸，结果生命不能保全。

故事二

富贵寿考的郭子仪

唐朝郭子仪是经过武举考试被录用的武将，历任军职。到了安禄山造反，唐明皇仓皇逃往四川，皇太子李亨在灵武即位，史称唐肃宗，拜郭子仪为兵部尚书，进行平叛。郭子仪临危受命，在广平王李予手下，率十五万大军，收复长安。唐肃宗亲自到灞上劳军，拉着郭子仪的手对他说：“国家再造，卿之力也!”他嘴上这么说，心里却不这么想。正当大家都在推测可能提升郭子仪为元帅时，他不仅不设元帅，还派了个太监到军队里监军。这说明，唐肃宗怕郭子仪功劳太大，难以驾驭，便派个什么也不懂，唯皇帝之命是从的太监来监视他。由于太监插手军务，军队无法指挥，作战失利，太监又密报郭子仪诸多不是，于是皇帝下诏让郭子仪交卸兵权回京。郭子仪不顾部下反对，瞒过大家，一个人偷偷溜回京师闲居，一点怨尤的表示也没有。

由于军队缺乏主帅，作战不利，叛军很快又逼近首都。众大臣一致认为，郭子仪有功于国家，现在大乱未止，不应让他闲居无事。唐肃宗才又有所醒悟，不得已，又诏封他为诸道兵马都统，后又赐汾阳王。不久，肃宗病死，曾和郭子仪并肩作战的广平王李予继位，史称唐代宗。正当军事顺利展开时，唐代宗又听信谗言，暗忌宿将功大难制，又突然罢免了郭子仪的兵权，让他去为肃宗到山里修建陵墓。郭子仪想来想去，觉得苗头不对，他一面尽量把陵墓修好，一面把肃宗所赐诏书、敕命千余篇整理一遍，统统交还朝廷。代宗见到后，心中惭愧，自诏道："朕不德，治大臣忧，朕甚自愧，自今公毋疑。"

这时，叛军势头又炽，进逼首都，代宗又像他爷爷唐明皇一样，离京避祸陕州，并匆忙拜郭子仪为关内副元帅，坐镇咸阳平叛。他又一次临危受命，经过艰苦努力，再次收复两京。

郭子仪几起几落，真正做到了"用之则到，舍之则藏"，表现出不怨天，不尤人的高风亮节。

郭子仪被赐汾阳王后，一天他拄着拐杖到工地察看工程情况，对建筑工人说："要把根基搞得牢固一些。"建筑工人回答他道："我们盖了不少王府，只听说王府出问题的，没听说王府建筑出过什么问题。"郭子仪回去后，吩咐王府不建围墙，不设警卫，让人们随便进出，表示自己没什么可藏的东西。

郭子仪因此生前为大臣名将，死后名节隆盛，是历史上"富贵寿考"四字俱全的极少数名臣之一，其要旨在善于保全自己。

贤良家训

……至医药，则合家大小老幼，几于无人不药，无药不贵。迨至补药吃出毛病，则又服凉药以攻伐之。阳药吃出毛病，则又服阴药以清润之，辗转差误，不至大病大弱不止。弟今年春间多服补剂，夏末多服凉剂，冬间又多服清润之剂。余意欲劝弟稍停药物，专用饮食调养。泽儿虽体弱，而保养之法，亦唯在慎饮食节食欲，断不在多服药也。

《曾国藩家书》给澄侯四弟左右

感言

养生必须先要全生，不使生命因灾祸而夭折。长寿，实际是全寿。要全寿，就要清心寡欲，顺应自然。古代帝王不少求仙拜佛以求长寿，但他们穷奢极欲，大多短命，平均寿命只有三十六七岁。地处广西、海南偏远地区的居民，吃的是粗茶淡饭，过着恬静田园生活，却都高寿，其中不乏百岁老人。这实在值得人们深思。

十六、家和万事兴

（一）父慈子孝

教子择友

[原文]

常州郭士良，每遇忠信之儒、廉节之士，便虚心礼之，不胜恭谨。常语其子曰："吾于良师益友，时常接见，但觉行事偶乖，不敢对彼。尔日后交际，当以我为法。"后其子所亲，亦皆正人，崇儒重道，为一郡望族。

[译文]

常州人郭士良，每见到忠信、廉洁的儒生，便虚心请教，以礼相待，对他们总是恭敬有加。郭士良常对儿子说："我对良师益友，经常请教他们问题，偶尔觉得自己做的事不对，便不敢面对他们。以后你们交友处世当向我学习。"他的儿子铭记父言，一生都与正人君子交往，并崇尚儒家，遵道而行，成了这个地方有名望的家族。

教子行义

[原文]

陈璲，家居甚贫，急于行义。语诸子曰："遇贫乏者，宜随力赈之。若须富而后行，恐吾终无济人之期矣。"

[译文]

陈璲家里虽然非常贫穷，但他总想做一些力所能及的事帮助别人。他曾对儿子们说："遇到贫困需要帮助者应及时救济，如果做好事一定要等到富裕后去做，恐怕我这辈子也没有机会帮助别人。”

训子廉洁

[原文]

明彭泽为徽州知府，将嫁女，治漆器数十，使吏送其家。泽父大怒，焚之，徒步诣徽。泽惊出，讶，目吏负其装。父曰：“吾负此数千里，汝不能负数步耶?”入，杖泽堂下，杖已，持装径出。泽痛，自砥砺，后政为天下最。

[译文]

明朝彭泽做徽州知府时，为女儿准备嫁妆，置办了数十件漆器，让仆人送到老家。彭泽的父亲看见了大怒，烧了这些漆器，徒步走着来到徽州。彭泽惊讶地看见父亲大人背负着行李，就示意仆人赶快去接父亲身上的包袱。父亲说：“我背了它几千里，你就不能背几步吗?”待到进门后，毫不留情地打了彭泽一顿。打完后自己又拿着行李径自走去。彭泽痛悔不已，从此对自己要求非常严格，后来政绩突出，并赢得了“天下第一廉吏”之称。

溺爱误子（一）

[原文]

清乾隆间，云南昭通府有一顾姓家，顾殷富。生一子，溺爱骄养，至十余岁，便呼朋引类，日以赌博酒食为务。父母顾之，唯代还亏欠而已。及亲死，不三年，即败尽家业，妻嫁与人，作贼营生。犯经数次，官以大索拴石，锁之不放，遂冻饿死。

[译文]

清代乾隆年间，云南昭通府有一家姓顾的人家，家里很富裕。生了一个儿子，娇生惯养，百般溺爱，到了十几岁，就交了一些狐朋狗友，每天赌博喝酒。父母照管他，只是替他还借款欠债而已。

父母死了不到三年，便将家产挥霍一空，妻子也卖与他人，靠做贼过日子。最终难逃法网，被官府锁在石头上示众，冻饿而死。

溺爱误子（二）

[原文]

相传有一乞人，年三十余，带一七八岁儿在亭煮饭。有责之者曰："观汝壮健，何不佣工，乃作此事耶？"乞人曰："是我娘害我。"问故，答曰："我家原富，幼时，我父叫我做工夫，我娘护持不肯，事事顺我，凡饮食必供我。快意及父祖没，我一事不知，日同恶匪往来，弄出祸患，将家产卖尽，妻亦嫁人，仅遗此子。今欲佣工，不晓耕种，故带子觅食，岂非我娘害我乎？"闻者为之长叹。

[译文]

相传有一个乞丐，年纪三十多岁，正是壮年，却带着一个七八岁的孩子，在野外亭子里煮饭。有人责备说："看你身体强壮，为何不去干活，而要乞讨呢？"乞丐说："是我娘害了我。"人问原因，回答说："我家原本富裕，小时候我父亲让我干活，母亲护着我坚决不肯，事事顺着我，只衣来伸手、饭来张口，这样快活的日子直到父母去世。后来我什么也不会做，整日同流氓来往，惹了祸，将家产卖了个精光，妻子也改嫁他人，只留下这个孩子。如今想做工，又不知如何耕种，只能带着儿子乞讨，难道不是我娘害了我吗？"听见的人都为之长叹。

为叔伸冤

[原文]

唐武后即位，杀戮宗族，大开讦告之门，株连牵累，死者不可胜计。有裴尚书被仇家所诬，弃市。其侄仙客年十七，上疏讼冤，后庭讯之，谓尔年少何能为，必有人所使。仙客抗言曰："忠孝出于天性，何人能使陛下，当论臣言是与不是，不当问其它。"后大怒，命杖一百，才四杖，气绝。武后定法，人死犹须杖满。执杖者怜其少，且已死，以下诸杖，备数而已。至九十九杖复苏，安插边远。回纥可汗雅重汉人，见裴系名臣后裔，且通文墨，使教诸台吉，委之以事，靡不妥协，遂以女妻之。裴由是富有金帛，种田则倍收，牧马则蕃息，与中国通市，得利千万，自成部落，富堪敌国矣。由边至京，驿递皆其布置之人。朝中之事，纤细毕知。时徐敬业起兵讨武后，国中有事，裴乘机欲归。偕妻奴婢三百余人，装车数百辆，马数百匹，连夜私遁。回纥怒，遣兵追之，裴率家童拒之，不胜被执。回纥以爱女之故，不忍加诛，拘禁之，以待朝命。时敬业之乱既平，武后恐前此流人，更有异谋。遣官安顿，实暗令杀之也。差官承意旨，尽杀之。裴系待命之人，反获免。差官回朝复命，后变颜曰："朕命尔安插，何故擅杀，立付法司典刑。"下诏凡属流人，尽赦罪回家，其意以为流人俱尽，故施恩以为掩饰之计。裴适逢其会，遂得归。时张柬之谋诛武后，退居后宫。中宗即位，念裴冤，累官尚书。计裴一生爵位财产，皆不期而至，可谓福禄随之矣。

[译文]

唐代武则天即位后，诛杀李唐王室后代，大开讦告之门，受牵连的人很多，死者不可计数。当时，有一个裴尚书，受仇家诬陷，被杀。他的侄子仙客才十七岁，一直告到朝廷，武则天亲自审问他，说："你年纪轻轻，乳臭未干的一个小孩子，怎么能有这种行为，背后肯定有人指使。"仙客反驳道："忠与孝是人的本性，不需要有人指使。请问天下还有什么人能指使得了陛下？所以，陛下应该首先考虑我说的话对不对，不应该问其他无关的事情。"武则天听了勃然大怒，命令杖打一百，才打了四下，仙客就没气了。武后规定，即使人死了也必须继续行刑，将杖刑执行完。执行杖刑的差役同情仙客年纪小，人又已经死了，以下的杖打只是走过场充数而已。打到九十九杖时，仙客又复苏了，被发配充军到边疆。回纥的可汗很器重汉人，见仙客是裴家后代，并且通晓文墨，就让他在台省做事，委以重任，所有事务都办理得很妥帖，于是可汗把女儿许配给他。仙客从此富了起来，田地丰收，牧马蕃息，与中原有商业往来，收益非常可观，又自成部落，真是富可敌国。从遥远的边疆到京城，沿途驿站都有仙客布置的人管理，朝中的大小事情，他都了如指掌。当时，徐敬业起兵讨伐武后，国家有大事，仙客想乘机回去，就带着妻、奴婢三百多人，装车数百辆，马数百匹，连夜潜逃回中原。回纥可汗大怒，派兵追捕，仙客带家童抵抗，抵抗不住被抓了回去。回纥可汗因为怜爱女儿，不忍心杀他，就关了起来，等待朝廷发落。这时，徐敬业叛乱被镇压，武后担心以前她流放的人会乘机再次发动叛乱，就派了许多官吏安插在这些人身边，其实是要将这批人暗中杀害。差官对此心领神会就将这些人一个个全部杀光了。因为仙客是等候发落之人，反而免遭此劫。差官回朝复命，武后生气地说："我让你们去安顿流人，怎么能擅自杀了他们，要让司法机关治你们的罪。"武后又下诏赦免那些流放者的罪，让他们回家。原来，武则天认为，通过这次杀戮，流放的人已经杀光，施恩大赦只是给天下人做做样子。以此来掩饰她的狠毒。仙客刚巧又在被赦免者的行列。于是顺利地回了中原。当时，张柬之想推翻武后，武则天韬光养晦、退居后宫。中宗即位，体念裴仙客一家冤情，为他家平了反，裴仙客后来做了尚书。仙客一生爵位、功名、财产，都不期而至，真是福禄伴随一生。

（二）兄仁弟恭

兄弟争狱

[原文]

郑濂、郑湜兄弟，相友善。明洪武中，有告郑氏交通胡惟庸者，吏捕之。湜行曰："弟在，岂忍使兄罹刑律。"濂曰："吾家长当任罪，弟无与焉。"二人争下狱，上闻之。谓近臣曰："有人如此，而肯从人为非耶?”宥而擢用之。

[译文]

郑濂、郑湜两兄弟间十分友善，明洪武年间，有人向官府告发说郑氏兄弟与胡惟庸等私下交往。官吏前来逮捕时，湜走上前去对官吏说：“弟弟怎能让兄长进监狱，你们就逮捕我吧。”郑濂说：“我是家中长子，是一家之主，理应承担罪责，这些事与弟弟没有关系。”二人争着要进狱，皇上听说这件事后说：“如此大仁大义的两兄弟，还能干坏事吗?”便赦免且破格提拔了二人。

让国不居

[原文]

伯夷、叔齐，孤竹君之子。其父将死，遗命立叔齐。父卒，齐让夷。夷曰：“父命为尊。”齐曰：“天伦为重。”遂各逃去。武王灭商，天下宗周，夷齐耻之，不食周粟。隐于首阳山，采薇而食。

[译文]

伯夷、叔齐是孤竹君的儿子。他们的父亲临终前，将王位传给了叔齐。父亲去世后，叔齐让位给伯夷。伯夷推辞道：“你继承王位，这是父亲生前的遗命。”而叔齐却说：“你是兄长，王位理应由兄长来继承。”于是二人都不接受王位，逃了出去。后来，武王灭了商，伯夷、叔齐认为这是一件很耻辱的事，便隐于首阳山不吃周粟而采野菜充饥。

兄弟仁爱，妯娌和睦

[原文]

李光进以沉果称，累战功至振武节度使。有至性，居母丧，三年不归寝。弟光颜先娶，而母委以家事。及娶，母已亡，弟妇籍资储，纳管钥于姒。光进命反之曰：“妇逮事姑，且命主家事，不可改。”因相持泣，乃如初。

[译文]

李光进以沉稳果断而著称，因战功卓著封为节度使。他天性中正淳厚，很有孝心。母亲去世丁忧期间，三年都不回卧室睡觉。弟弟光颜早在母亲在世时就已娶妻，母亲便将家事委托光颜的媳妇管理。等到光进成家后，母亲已亡故了。弟媳妇就将家里的资产登记在册，连同钥匙交与嫂子管理。光进却让妻子归还给弟媳妇，说："母亲在世时，弟媳妇就主家事，这是母亲的意思，不能更改。"弟弟、弟媳都感动得流下了热泪。母亲去世后，家中和好如初。

兄弟让产（一）

[原文]

闽人有丁姓者，长名岱，仲名嵩，季名岳。岱治家，嵩出外经营，岳读书。兄弟和好，从无闲言。岱生四子，岳生五子，嵩只生一子，甫四龄。一日岱谓两弟曰："食者渐众，家业未增，不若析产为三，各觅生计。"嵩曰："九世不分，传美千古。我兄弟承先人之福荫，不能效法古人，已为可愧。今兄有四侄，弟有五侄，我唯一子，不忍诸侄啬而我子独丰，请析为十。"兄从之，嵩后贸易湖广，有欠账千金，乃岱、岳所未知者。嵩取讨金，抵家已大病，口不能言，但指银与诸侄，手作十字状而卒。兄不忍利其有，尽与嵩妇。是夕，妇梦嵩曰："我与兄弟推多取少，汝何违我之志，独没千金，宜速吐出。"妇如其言，仍作十份均分。丁系白屋，从无列宫墙者，独嵩子苦志芸窗，未三旬，成进士，累代书香。

[译文]

闽地一丁姓人家，有三个兄弟，老大叫丁岱，在家打理家务。老二名丁嵩，在外做生意。老三叫丁岳，在家读书。兄弟之间和睦相处，从来没有半点闲言。丁岱生有四个儿子，丁岳生了五个儿子，丁嵩只生有一子，刚满四岁。一天，丁岱对两兄弟说："家中的人口增多，但家业并未增加，不如把家产分为三份，各谋生计。"丁嵩说："我们家九世都没有分过家，被传为美谈。我们兄弟继承了先辈的福荫，现在却不能像先辈那样在一起居住，就已经很惭愧了。如今兄长你有四个儿子，弟弟有五个儿子，我只有一个儿子，还是将家产分为十份。"兄长答应了。丁嵩在湖广做生意时，有人曾向他赊欠千余金，岱和岳并不知道。丁嵩拿到钱回家后就生了病，口已不能言，就用手指着银子和侄儿们，并做十字状后就咽气了。兄长不忍心占有弟弟的财产，全部都给了丁嵩的妻子。夜晚，妻子梦见丁嵩说："我和兄弟们推多取少，你却违背了我的意愿，独自占有这千余金，请速归还他们吧！"丁嵩的妻子就将钱分成十份，平均给了每个子侄。丁家一直没有出过做官的人，丁嵩的儿子寒窗苦读，不到三十岁就中了进士，后代也以书香著称。

兄弟让产（二）

[原文]

张士选幼孤，其叔恩养如己出。叔有子七，一日谓选曰："吾当与汝析箸，剖为二。"选曰："不忍诸兄弟合得其一，请为八。"叔不许，选固让，乃如选言。时年才十七，即预荐入京。同舍二十余辈，有术士遍视之，指选曰："南宫高第，独此少年。"同舍斥之，曰："吾辈久历场屋，反不及乳臭儿耶？榜发后，当唾尔面。"术士曰："文章非吾所知，但少年满面阴骘气，故许之耳。"及揭榜，果然。

[译文]

张士选幼时父母双亡，叔叔收养了他，如同亲生儿子一样。叔叔有七个儿子，一天，叔叔对士选说："现在你已长大成人，该另立门户了。我打算将家业一分为二，与你一半。"士选说："我不忍心我的兄弟七人只得一半，而我一人就占有一半，请你将家产分为八份！"两人谁都不肯让步，僵持了半天，最后，叔叔只好答应了。这一年，士选才十七岁，就被举荐到了京城参加考试。同一屋中居住有二十多人，有一位算命先生，看过大家的面相后，指着士选说：

“今年能够高中及第的人，只有这位少年。”同屋的士子都大不以为然：“我们这些人都久经考场，怎会不及乳臭未干的毛孩子？到发榜时，若你说的不准，我们可要唾你。”算命先生说：“做文章的事我不懂，但是这位少年满脸英武之相，看来高中无疑。”等到揭榜之日，张士选果然荣登榜首。

友爱庶弟

[原文]

王侍御之妻甚妒，私买妾生一子，潜育于张总兵家。及侍御卒，其子毓俊迎其母子归，抚爱备至。母曰：“彼占汝一半家财，吾甚恨之，汝何不虑耶？”俊曰：“贫富有命，不在兄弟之多寡。为人但读书节用，自能兴家，若不成才，家富何为？如魏家表兄，非独子乎？家财数万，恃富嫖赌，今一贫如洗矣。”母闻其言，乃大悔悟，不忌其弟。后俊生子甚多，皆显达。

[译文]

王侍御的妻子是个嫉妒心强的女人。王侍御曾经买下了一个小妾，而妾又生了一个儿子，寄养在张总兵家里，王侍御去世后，其子毓俊便主动将这对母子接到自己家中，对弟弟关爱备至。毓俊的母亲问：“这小子占了你一半的家财，我恨不得他早些死了，你就一点也不忌恨吗？”毓俊就说：“人的贫富各自有命，不在于兄弟的多少。人如果能够好好读书，又节俭过日子，自然会家业兴旺；若是自己不成才，即使家有万贯，又有什么用呢？像魏家的表兄，不就是独生子吗？原来家财万贯，但魏表兄不走正路，又嫖妓赌博，如今不也是一贫如洗，什么都没有吗？”母亲听后觉得很有道理，十分悔悟，就不再忌恨小妾生的儿子了。后来，毓俊的几个儿子，都很有作为。

（三）夫妇和顺

不弃瞽女

[原文]

河南靳尚书夫人，村家女也。幼时许婚，后女丧明。适公入泮，名声鹊起。村家自揣非配，恳媒求绝，父母许之。公谏曰："婚姻事由天定，若因失明而弃之，谁与婚者，背盟失信，不愿为也。"逾年，公连捷，夫人目复明。

[译文]

河南靳尚书的夫人，本来是普通的农家姑娘，小时候两人便订了婚。后来，她的眼睛失明，靳尚书却考中了进士，前程无量。女方家认为两家门户不对，想解除婚约，靳尚书的父母也同意了。而靳尚书说："婚姻大事自是天命，如果因为眼睛失明就抛弃人家，那以后谁还会再娶她，我可不做背信弃义的人。"过了一年，靳某连试连捷，其夫人双眼复明。

不弃陋妇

[原文]

唐尉迟敬德，以战功封公。太宗谓之曰："朕欲以女妻卿，何如?"敬德叩头谢曰："臣妻虽鄙陋，相与共贫贱久矣，臣虽不学，闻古人不易妻，此非臣所愿也。"

[译文]

唐初大将尉迟敬德，凭着显赫的战功位列公侯。唐太宗曾对他说："朕想把女儿嫁给你，你认为如何?"敬德连忙叩头谢罪："臣的妻子虽然卑微丑陋，但一直与我同甘共苦，相濡以沫，臣虽学识浅陋，但也听古人说人即使再富贵也不能喜新厌旧。臣不愿意做这样的事。"

不弃糟糠

［原文］

汉光武姊湖阳公主新寡，帝与论群臣，以微觇其意。主曰："宋弘威仪，群臣莫及，试图之。"帝令主坐屏风后，召弘曰："富易交，贵易妻，人情乎？"弘曰："贫贱之交不可忘，糟糠之妻不下堂。"帝顾谓主曰："事不谐矣。"

［译文］

汉光武帝刘秀的姐姐湖阳公主，婚后不久丈夫就去世了。为了使姐姐免受寡居之苦，刘秀想在官员中再为她选一位如意郎君，便有意识地在她面前议论朝臣，以探试姐姐有无意中人。湖阳公主说："宋弘这个人，沉稳老练、仪表堂堂，论人品朝廷中没人能赶得上。"刘秀知道姐姐的心思后，便想搭桥引线，叫湖阳公主坐在屏风后面，召宋弘上殿。刘秀问道："人有钱就忘了贫贱时的朋友，显贵了则抛弃原来的妻子，这是人之常情吗？"宋弘回答说："贫贱时的朋友不可忘记，同糟糠之妻不可抛弃一个道理。"刘秀回头对姐姐说："看来这件事还不好办啊。"

不娶贵妻

［原文］

汉刘德，清静寡欲，持老子知足之计。霍光欲以女妻之，德不敢取，畏盛满也。后霍氏败，姻属相连坐诛者千家，而德以畏盛满免，识者称之。

［译文］

汉朝的刘德，为人清心寡欲，没有丝毫贪念。霍光想将女儿嫁给他，刘德竟不敢娶，因为霍家当时权倾朝野、炙手可热。刘德想过于富贵恐怕并不是好事。后来霍光谋反失败，姻亲家属受牵连被囚禁、杀头者近千家，而刘德却未受牵连，幸免于难，有见识的人都赞赏他的英明。

随夫贫俭

[原文]

吴隐之为晋陵太守，妻自负薪人。为左卫将军，冬月无被，常澣衣，乃披絮。勤苦同于士庶。

[译文]

吴隐之做晋陵太守时，生活异常节俭，妻子经常亲自上山砍柴烧饭。后来，吴隐之又做了左卫将军，一个将军家里，冬天竟没有被子盖，如果衣服洗了还未晒干，夫妇二人就披着棉絮。不像一个官吏，更像一个穷苦百姓。

相敬如宾

[原文]

《左传》：臼季出使他国，过冀邑，见却缺耕于野，妻馈食，相敬如宾。季言于晋文公曰："能敬必有德，德以治民，君请用之。"公以缺为下军大夫。

[译文]

《左传》中记载：臼季出使他国的时候，经过冀邑，遇见却缺在田野里耕作，妻子来给他送饭。一般夫妇间相处久了，彼此间很随便、不注意礼节。而这一对夫妻，相互非常尊重，相敬如宾。臼季就对晋文公说："能尊敬别人的人必然有高尚的品德，我们正需要有高尚品德的人来治理国家，您一定要重用他。"于是，晋文公让却缺做了下军大夫。

事夫和顺

[原文]

唐杜悰妻岐阳公主，宪宗女也。主归杜，拜起一用家人礼。尝语杜曰："上所赐奴婢，必不肯穷约，我皆奏纳之，别自买微贱者用之，可也。"杜惟读书，主职归事。杜出判澧州，遣人迎主，从者不过二十人。旧吏馈赠，饮食以外，悉返之。杜在澧三年，主不识刺史厅事。姑病，婉顺调慰，故则哀毁尽礼。杜后为忠琥军节度使，所治许州，房屋卑湿，主无正室，惟处偏屋，凡六年。时国婿皆豪横，官不敢问，主因此愈加贬损，静蔼温情，不言他事。杜仕至工部尚书，主事之和顺，终身不改其行。

[译文]

唐代杜悰的妻子岐阳公主，是唐宪宗的女儿。公主嫁给杜悰之后，日常生活和丈夫一样遵循杜家的礼节，没有一点公主的架子。她曾对杜悰说："皇上赐的奴婢，必不肯受穷困，我奏明皇上遣回就是了，另外再去买贫贱的奴婢使用。"婚后杜悰专心读书，公主则把家务处理得井井有条。后来杜悰到澧州做判官，派人去接公主，公主的随从很少，不超过二十人。官员们送的礼物，除了吃喝东西以外，其余全部退还。杜悰在澧州做官的三年间，公主从来不问公务上的事。杜悰母亲生病后，公主在床前无微不至地照料，去世后她为婆婆戴孝送终。杜悰做忠琥军节度使的时候，居住在许州，当时许州房子矮小潮湿，公主没有正规的官邸，在小房子里一直住了六年。当时，那些皇亲国戚们都很骄横霸道，官吏不敢过问。公主则更加谦虚、平易近人，从来不插手别的事情。杜悰后来当上了工部尚书，公主温顺贤惠，终生保持这种美好的品行。

嫌贫爱富终为悔

[原文]

宋时，浙江厉宦之女，貌丽而悍，嫁徐秀才为妻。徐家世儒素，日用淡泊。厉氏生于宦家，眼界甚大，非嫌夫之酸腐，即笑翁姑寒俭。始犹形诸颜色，既则见于言语，久之哗然于室，无一时安静矣。

翁姑曰："尔终日吵闹。意欲何为？"答曰："我乃宦室娇姿，岂能久安贫贱，惟速求遣发耳。”秀才曰：“买臣之妻，再嫁依然受苦，尔独不见《烂柯山戏文》乎?”厉笑曰：“买臣之妻，年老貌劣，故不能嫁好人家。以我之姿容，何愁不售？尔拭目视之。”秀才亦有志，即写离书无难色，立送回家。

时秦桧当国，有表侄张防御闻厉之美，遣媒说合，纳聘娶之。厉过张门，虽云意足，而箝束丈夫，仍使前番手段，防御亦无可如何，惟诸事听从而已。后防御藉秦桧势力，转文阶、累升吏部侍郎，揽权纳贿、豪富莫比。时逢上元，厉氏命于门前结彩悬灯、晚夕治酒、垂帘赏玩，旁列婢女数十，珠围翠窃、妙舞清歌，往来之人，莫不啧啧称赞，以为神仙中人。

徐秀才亦扶母上街看灯，适过其门，见厉氏体统尊严，曰：“渠合在此中享用，岂是我家媳妇。”叹息而去。

不数年，秦桧死，高宗收其党，张拏问、正典刑、籍没家产。厉氏贫无立锥，二子复不肖，犯事在狱，厉氏自携瓦罐至牢中送饭，过故夫家，见其门庭如故，花竹依然。泣曰：“我当日若柔顺守妇道，何致有今日哉。”遂抑郁而死。

[译文]

宋朝时，浙江一姓厉的官宦家小姐，长得虽然漂亮但为人强悍、品性不端，嫁给了一位姓徐的秀才。徐家世代清贫，以读书为业，日常生活节俭朴素。厉小姐生于官宦人家，见惯了大世面，眼界非常高，不是嫌丈夫寒酸迂腐，就是讥笑公公婆婆节俭寒碜。开始还只是脸上显得不满，继则经常风言风语，时间长了竟在家中大吵大闹，无一刻安宁的时候。

公公婆婆问：“你在家中整日吵闹，到底想怎么样?”厉氏回答道：“我是官宦人家的千金小姐，从小是父母的掌上明珠，怎能长期过这种贫贱的生活，只央求你们将我快快送回娘家。”秀才说：“朱买臣的妻子，再嫁后依然受苦，你难道没看过《烂柯山戏文》吗?”厉氏冷笑道：“朱买臣的妻子，年老丑陋，所以没有嫁个好人家，以我的姿色容貌，难道还愁没人要吗？你擦亮眼睛看着吧。”徐秀才也是个有志气的人，当下就写了休书，将她送回娘家。

当时，秦桧正炙手可热，秦桧有一个表侄张防御，听说厉氏长得美貌，便派媒人说合，迎娶过门。厉氏到了张家，虽说满足了虚荣心，但强悍本性难以遏制，仍要像以前那样管束丈夫。张防御也无可奈何，所有事都听之任之。后来，张防御借着秦桧的势力，一直升到吏部侍郎，独揽大权，收受贿赂，家中豪富无比。元宵节到了，厉氏命在门前张灯结彩，晚上设下酒宴，坐在帘幕中赏玩，周围站着数十个婢女，衣着华丽，轻歌曼舞。来往的人都啧啧称赞，以为是神仙中人。

那天晚上，徐秀才扶着母亲也上街赏灯，正经过这里，看见厉氏穿着打扮，雍容华贵，说：“这样的女子，只适宜在官宦人家享用富贵，我家的小庙怎能容下这尊大佛？”叹息着走了。

好景不长，秦桧死后，高宗打击其党羽，捕杀张防御，没收其家产，厉氏穷得连立锥之地也没了。两个儿子又不成器，犯了罪被捕在狱，厉氏自己提着瓦罐去牢中送饭，经过徐秀才家，只见门庭依旧干净，花竹生长繁茂，不觉流下了悔恨的泪水，自言自语道：“我从前若性格柔顺、恪守妇道，怎么会有今天的下场。”后来抑郁而死。

（四）家族和睦

禄俸恤族

［原文］

范文正公尝语诸子曰：“吴中宗族甚众，于吾固有亲疏。然以祖宗视之，固无亲疏也。吾安得不恤其饥寒哉？且自祖宗积德百年，始发于吾，得为大官。若独享富贵，不恤宗族。异日何以见祖宗于地下？今亦何颜入家庙乎？”于是禄俸所入，悉均族人，置义田千亩，凡嫁娶丧葬，皆有赈给。

[译文]

范文正公曾对他的几个儿子说："我们老家吴中，家族人很多，和我固有亲近疏远之分。然而从祖宗的角度来看，本是没有亲近远疏之分的。我怎能不去体恤他们的饥寒呢？况且祖宗积德百年，到我这里才成为大官。如果我独自享受富贵，不体恤宗族，他日怎么去见地下的祖宗呢？现在有何脸面进家中的庙堂？"于是，将自己的禄俸均分给族人，又置了几千亩田地，凡是嫁娶丧葬的族人都给予赈济。

为族人置絮

[原文]

袁了凡，初无子，后生子俨。其妻为作冬袄，将买絮。袁曰："丝轻暖，家中自有，何必絮？"妻曰："丝贵絮贱，吾欲以贵易贱，多置絮衣赠送族中之寒无衣者。"袁喜曰："诚如，是此子寿矣。"后俨登进，不独寿，而且贵。

[译文]

袁了凡起初没有孩子，后来生了一个儿子，取名为俨。妻子要为子俨做冬袄，准备买一些棉絮。袁了凡说："丝既轻又暖和，家里又有，何必要买棉絮呢？"妻子说："丝的价钱高而絮便宜，我想以贵换贱，多买些絮衣赠送族中受寒挨冻无衣之人。"袁很高兴地说："诚如此，子必添福增寿。"后来，其子登进士，不独长寿，而且富贵。

汤饼会族

[原文]

嘉靖间，楚刘漫塘每月朔必治汤饼会族人，曰："宗族不睦多起于情意间隔，今日会饮，非以酒食为礼也，有善相告，有过相规，或有事相抵牾者，彼此一见，亦相忘于杯酒间。此会良有补益也。”

[译文]

嘉靖年间，楚地的刘漫塘每到月初就摆设汤饼会集族人，说：“宗族不和，多是人与人之间情意不通，是沟通太少的缘故。今天叫大家来，并不是要大吃大喝，而是要大家坦诚相待，有善行的相互鼓励，有过错的相互规劝，有触犯的彼此相互忍让，过去的事，就一笔勾销，不再去提了，这样会大有益处。”

对族人忍让

[原文]

陈忠肃公父，尝为同族所虐，适族中有同怨者，告翁曰：“某无理甚，我欲讼之官，烦君为证。”翁力为劝阻，其人曰：“某有大怨于君，君得不恨之耶?”翁叹曰：“宗族间何忍言一恨字，彼特学问未至我，与君既知理义，当以忍耐为主，安可效尤?”乃止。

[译文]

陈忠肃公的父亲，曾被同族人虐待，族中有一个和他遭遇相似、受族人虐待的人，就告诉老人家说：“他们这样无理，我要上告官府，麻烦您做个证人。”老人家却极力劝阻。这人说：“他们这样欺负你，你就不恨他们吗?”老人感叹道：“宗族之间怎么忍心说恨这个字呢，只是他们的修养不如我罢了，你是通情达理之人，应以忍耐为重，不要和他们一般见识。”这个人听了，很受启发，便没有去告官。

关怀孤寡

[原文]

明侯始观族繁。有妇人新寡者，观闻之，必使婢频频问馈，为之策长远，令妇可以温饱。人问之，观曰：“妇无夫已不若，人再无养何处求？人不由，我不矜恤也。”族妇有守节三十年者，观必约乡里公与，赖以建坊者，不下十余家。后生子为总戎，观受封焉。

［译文］

明朝的侯始观，家族兴旺人很多，如果有谁家妇人刚刚死了丈夫，侯始观一定派婢女经常给妇人送东西，并为她们做些长远打算，使她们衣食有着、不挨饿受冻。有人问他为什么要这么做，侯始观说："妇人失去了丈夫，已经很不幸了。如果再没有人安慰、接济她们，让她们怎么活下去呢？别人发生了不幸，我怎么能不体恤呢？"如果有妇人守节三十年，侯始观就与乡人商议给她立个牌坊，前后立牌坊者不少于十多家。后来，侯始观的儿子做官一直做到总戎，侯始观本人也被册封。

十七、三字经

［原文］

人之初，性本善。[1]

性相近，习相远。

苟不教，性乃迁。

［译文］

人生下来天性是善良的。

人的天性本来差不多，

后来由于习染、教育不同而有了大的差别。

若不进行教育先天的善性就改变了。

［原文］

教之道，贵以专。

昔孟母，择邻处。

子不学，断机杼。

窦燕山，有义方，

教五子，名俱扬。

养不教，父之过；

教不严，师之惰。

---

① 性本善：就是孟轲的“性善说”。其观点是：“善”是人的本性，是天生的。同情心、羞耻心、恭敬心、分别是非心，“人皆有之”；仁、义、礼、智也是人性所固有的，“恻隐之心”就是“仁”，“羞恶之心”就是“义”，“恭敬之心”就是“礼”，“是非之心”就是“智”，这就是性本善的原意。

子不学，非所宜，

幼不学，老何为？

玉不琢，不成器；

人不学，不知义。

[译文]

教育的方法，贵在专心。

古时孟轲的母亲为了教子，多次选择邻居，改善学习环境。

孟轲逃学，孟母就把织布机上的杼折断以教育他学业不可中断。

燕山的窦禹钧用合乎礼义的教育方法，他教育的五个儿子，连中五魁，名扬天下。

儿子养了不教育是父亲的过错；

教育不严是老师懒惰。

少年人不学习是不对的，小时候不学习，老了会有什么作为？

玉石不经过雕磨不能成为器具；

人不学习就不懂得礼义。

[原文]

为人子，方少时，

亲师友，习礼仪。

香九龄，能温席；

孝于亲，所当执。

融四岁，能让梨；

弟于长，宜先知。

首孝悌，次见闻。

知某数，识某文。

一而十，十而百，

百而千，千而万。

三才者：天地人。

三光者：日月星。

三纲[1]者：君臣义，

父子亲，夫妇顺。

曰春夏，曰秋冬，

此四时，运不穷。

曰南北，曰西东，

此四方，应乎中。

曰水火，木金土，

此五行，本乎数。

曰仁义，礼智信，

此五常，不容紊。

稻粱菽，麦黍稷，

此六谷，人所食。

马牛羊，鸡犬豕，

此六畜，人所饲。

曰喜怒，曰哀惧，

爱恶欲，七情具。

匏土革，木石金，

丝与竹，乃八音。

高曾祖，父而身，

身而子，子而孙，

自子孙，至玄曾，

乃九族，人之伦。

---

① 三纲为“君为臣纲，父为子纲，夫为妻纲”，规定封建社会君臣、父子、夫妇之间的绝对的从属关系。这是西汉时董仲舒根据孔子的“君君、臣臣、父父、子子”的正名而提出来的，用以维护封建君权、族权、夫权和神权的统治秩序。“仁、义、礼、智、信”是五常，是用来调整“三纲”的道德标准。

父子恩，夫妇从，

兄则友，弟则恭，

长幼序，友与朋，

君则敬，臣则忠，

此十义，人所同。

[译文]

做子女的年少时就要拜师访友，

学习应对进退的礼义。

黄香九岁时就知道冬天为父亲暖被；

孝顺父母是当儿女的义务。

孔融四岁时就知道把大梨让给哥哥；

做弟弟的应当懂得恭敬兄长的这个道理。

先要学习孝悌，其次才是知识。

要知道算术，学会认字。

从一到十，从十到百，

从百到千，从千到万，如此累计，可至无穷。

宇宙有“三才”，就是天、地、人。

天上有“三光”，就是日、月、星。

人间有“三纲”，就是君为臣纲、父为子纲、夫为妻纲：

臣忠于君为“义”；子孝于父为“亲”；妻子服从丈夫为“顺”。

春、夏、秋、冬是四季，年年往复，永无穷尽。

南、北、西、东是四方，四方对应的是中央。

金、木、水、火、土为阴阳五行，

五行来源于天理。

仁、义、礼、智、信是五常，不许搞乱。

稻谷、高粱、豆子、麦子、糜子、小米是六谷，是人们的食粮。

马、牛、羊、鸡、狗，猪是六畜，是人所饲养。

欢喜、发怒、悲哀、恐惧、喜爱、厌恶、欲望，是人的七情。

笙、埙（音勋）、鼓、柷敔（音祝语）、磬、钟镈（音博）、
琴瑟和箫管是乐器八种。
由高祖、曾祖、祖父、父亲到自己，
由自己到儿子，儿子到孙子，再到曾孙、玄孙，
这叫九族，是人的长幼尊卑秩序。
父子之间讲慈爱，丈夫对妻子恩爱，妻子对丈夫顺从，
哥哥对弟弟友爱，弟弟对哥哥恭敬，
长幼有序，朋友有信，
君尊重臣，臣忠于君，
这十义是人人都应共同遵守的基本准则。

[原文]

凡训蒙，须讲究，
详训诂，明句读。
为学者，必有初。
小学终，至四书。
论语者，二十篇，
群弟子，记善言。
孟子者，七篇止，
讲道德，说仁义。
作中庸，乃孔伋，
中不偏，庸不易。
作大学，乃曾子，
自修齐，至平治。
孝经通，四书熟，
如六经，始可读。
诗书易，礼春秋，
号六经，当讲求。

有连山，有归藏，

有周易，三易详。

有典谟，有训诰，

有誓命，书之奥。

我周公，作周礼，

著六官，存治体。

大小戴，注礼记，

述圣言，礼乐备。

曰国风，曰雅颂，

号四诗，当讽咏。

诗既亡，春秋作，

寓褒贬，别善恶。

三传者，有公羊，

有左氏，有谷粱。

经既明，方读子，

撮其要，记其事。

五子者，有荀扬，

文中子，及老庄。

[译文]

对儿童进行启蒙教育必须讲究方法，

要详细讲清字义，弄明句逗，方便读诵。

读书求学，要有一个顺序。

《小学》读完了，就该读“四书”（即《论语》、《孟子》、《中庸》、《大学》）。①

《论语》共有二十篇是孔门的学生记录的孔子的善言。

---

① 《四书》：即《论语》、《孟子》、《中庸》、《大学》四部书，由南宋儒学大师朱熹把这四本书编在一起，叫《四书》。

《孟子》共有七篇讲的是儒家的仁义道德。

《中庸》是孔伋作的，“中”就是不偏不倚，庸就是永远不变的道理。

《大学》是曾参作的，讲的是修身、齐家、治国、平天下的道理。

《孝经》读通了，《四书》也念熟了，

就可以开始读《六经》这些书了。

《诗经》、《书经》、《易经》、《礼记》、《春秋》、《乐经》，号称《六经》，①

应好好学习研究。

夏代有《连山》，殷代有《归藏》，周朝有《周易》，这是三易。②

《书经》的体裁有“典”、“谟”，有“训”、“诰”，有“誓”、“命”，文辞含意很深奥。③ 我们的周公，制了一部《周礼》，记录着六部的官职，保存了周王朝的礼治。

汉朝的大戴（戴德）和小戴（戴德侄戴圣）曾注《礼记》，

记述了“圣人”的言论，使礼乐齐全了。

《国风》、《大雅》、《小雅》和《颂》是《诗经》的四种体裁，应当唱诵。

周天子采诗的制度消亡了，孔子就著作了一部《春秋》，包含褒贬、区别善恶。

---

① 六经：就是《诗经》、《书经》、《易经》、《礼记》、《乐经》、《春秋》六本经书的总名称。《六经》是战国以前的作品，其中《乐经》早已失传了。所以又叫《五经》。

② 连山、归藏、周易：三种易经的名称，前二者已失传。《周易》是一种占卜书。

③ 典、谟、训、诰、誓、命：都是《书经》上的篇名，如《尧典》、《皋陶谟》、《伊训》、《大诰》、《牧誓》、《微子之命》等。《书经》又叫《尚书》，简称书。是公元前十一世纪到公元前四世纪中帝王的言论、训令、宣言、演讲和谈话记录的汇集。是夏商周奴隶社会的政治档案材料。

传述的《春秋》有三部传，就是《公羊传》、《左传》和《谷粱传》。

儒家的经典通晓了，才读诸子百家的书，

读的时候要抓住其中的要点，记住其中的内容。

五子的书很重要，即《荀子》、《扬子》、《文中子》、《老子》、《庄子》。

[原文]

经子通，读诸史，
考世系，知终始。
自羲农，至黄帝，
号三皇，居上世。
唐有虞，号二帝，
相揖逊，称盛世。
夏有禹，商有汤，
周文武，称三王。
夏传子，家天下，
四百载，迁夏社。
汤伐夏，国号商，
六百载，至纣亡。
周武王，始诛纣，
八百载，最长久。
周辙东，王纲坠，
逞干戈，尚游说。
始春秋，终战国，
五霸强，七雄出。
嬴秦氏，始兼并，
传二世，楚汉争。

高祖兴，汉业建，
至孝平，王莽篡。
光武兴，为东汉，
四百年，终于献。
魏蜀吴，争汉鼎，
号三国，迄两晋。
宋齐继，梁陈承，
为南朝，都金陵。
北元魏，分东西，
宇文周，与高齐。
迨至隋，一土宇，
不再传，失统绪。
唐高祖，起义师，
除隋乱，创国基，
二十传，三百载，
梁灭之，国乃改。
梁唐晋，及汉周，
称五代，皆有由。
炎宋兴，受周禅，
十八传，南北混。
辽与金，皆称帝，
元灭金，绝宋世。
莅中国，兼戎狄，
九十载，国祚废。
太祖兴，国大明，
号洪武，都金陵。
迨成祖，迁燕京，
十七世，至崇祯，

权阉肆，寇如林。

李闯叛，神器终。

廿二史，全在兹，

载治乱，知兴衰。

读史者，考实录，

通古今，若亲目。

口而诵，心而惟，

朝于斯，夕于斯。

［译文］

经书、子籍读通了，就读各朝各代的史书。

要考查帝王的世系，知道各朝各代的兴衰。

从伏羲、神农，到黄帝，称“三皇”，

他们都处在上古时代。

唐尧和虞舜，称“二帝”，

他们禅让帝位，为太平盛世。

夏朝有个禹王，商朝有个汤王，

还有周朝的文王、武王，通称“三王”。

从夏禹把王位传给儿子，就开始了家天下。

经过四百年，夏朝灭亡。

商汤讨伐夏桀，建立了商王朝，

经过六百年，到纣王时商朝就灭亡了。

周武王起兵，杀了纣王，

周朝八百年天下是最长久的。

从周平王把国都从西安东迁到洛阳以后，

周王朝的纲纪就崩坏了。

诸侯之间大动干戈，士族到处游说，礼坏乐崩。

从春秋到战国，

五大诸侯互相争霸，七个较强大的诸侯国互相称雄。

秦始皇嬴政统一了六国，建立了秦朝，

传到秦二世，楚霸王项羽和汉王刘邦争夺天下。

汉高祖刘邦打败了项羽，建立了汉朝，

传到汉平帝时，被王莽篡夺了帝位。

汉光武帝刘秀复兴了汉朝，建国号东汉，

传了四百年，到汉献帝败亡了。

魏（曹操）、蜀（刘备）、吴（孙权）争夺天下，

形成三国鼎立的局面，直到西晋、东晋。

相继兴起的是宋、齐，随后是梁、陈，它们统称为南朝，国都在金陵（今南京）。

当时在中国的北方还有个北朝叫元魏，后来又分为东魏和西魏。

东魏又被后来的北周宇文氏灭亡，西魏被北齐高洋所取代，以上史称南北朝。

隋朝最后统一了全国，

但只传了一代到隋炀帝就失去了帝统。

唐高祖李渊起仁义之师，

扫除了隋朝的混乱，开创了唐朝的基业。

传了二十代，历时三百年，

后梁把它灭了，此后朝代不断更换。

后梁、后唐、后晋和后汉、后周，

史称五代。

赵氏宋朝兴起，接受了后周的让位，

传了十八代，统一了南北方。

北方辽国和金国兴起，它们各自称帝。

后来元朝把金国灭了，又灭了宋朝。

入主中国，兼并边疆各民族，

传了九十年，国家的权位就完了。

明太祖朱元璋建立了大明，

年号叫洪武，定都金陵（南京）。

到明成祖，又迁都北京，

传了十七代，到崇祯皇帝，

太监专权作乱，义军兴。

李闯王造反，皇帝宝座被推翻。

廿二代历史都在这里了。

记载着一治一乱，使我们知道国家的兴衰。

研究历史，还要考查记载皇帝宫廷活动的实录，

才能通晓古今，像自己亲眼所见的一样。

口里读，心里想，

白天要这样，晚上也要这样勤奋学习。

[原文]

昔仲尼，师项橐，

古圣贤，尚勤学。

赵中令，读鲁论，①

彼既仕，学且勤。

披蒲编，削竹简，

彼无书，且知勉。

头悬梁，锥刺股，

彼不教，自勤苦。

如囊萤，如映雪，

家虽贫，学不辍。

如负薪，如挂角，

身虽劳，犹苦卓。

---

① 鲁论：就是《论语》。古时《论语》有三种本子：古论、齐论、鲁论。前两种本早已失传。

苏老泉，二十七，
始发愤，读书籍，
彼既老，犹悔迟，
尔小生，宜早思。
若梁灏，八十二，
对大廷，魁多士，
彼既成，众称异，
尔小生，宜立志。
莹八岁，能咏诗，
泌七岁，能赋碁。
彼颖悟，人称奇，
尔幼学，当效之。
蔡文姬，能辨琴，
谢道韫，能咏吟。
彼女子，且聪敏，
尔男子，当自警。
唐刘晏，方七岁，
举神童，作正字。
彼虽幼，身已仕，
尔幼学，勉而致，
有为者，亦若是。
犬守夜，鸡司晨，
苟不学，曷为人。
蚕吐丝，蜂酿蜜，
人不学，不如物。
幼而学，壮而行，
上致君，下泽民。
扬名声，显父母，

光于前，裕于后。

人遗子，金满籯，

我教子，惟一经。

勤有功，戏无益，

戒之哉，宜勉力。

[译文]

古时孔丘，曾拜项橐为师，

他是古代的圣贤，还这样勤学。

宋朝的宰相赵普，爱读《论语》，

他做了高官，学习还那样勤奋。

汉代的路温舒读蒲草编成的书，公孙弘削竹简抄书，

他们家里虽然没有书籍，但知道勤勉学习。

东汉时的孙敬用绳子把头发扎住吊在屋梁上防止瞌睡；战国时，苏秦用锥子刺大腿，血流至脚背，以防读书犯困，

他们没有人教，但勤苦自学。

又如晋朝人车胤，夏天晚上用白丝袋装着萤火虫看书，

宋朝人孙康冬天夜里映着雪光看书，

他们虽然家穷点不起灯，但仍然想办法艰苦学习。

像朱买臣一面砍柴，一面读书；李密骑牛走路，还把书挂在角上，他们虽然劳累，也还是刻苦地读书。

苏老泉到二十七岁，

才开始发愤读书，

他年龄大，后悔学得太迟，

你们这些后生小子，应该趁早努力。

像宋朝的梁灏，八十二岁了，

还去朝廷参加殿试，中了进士的第一名，

他成功了，大家都称赞他，

你们这些后生小子，更当立下读书的志愿。

南朝的祖莹八岁能做诗，

唐朝的李泌七岁就能写下棋的赋。

他们聪明出众，人们称他们是奇童，

你们应当效法他们。

东汉的蔡文姬，能辨琴音，

东晋时的谢道韫，能写下雪诗。

她们都是女子，尚且这样聪明机敏，

你们男子汉，应当觉醒。

唐朝的刘晏才七岁就考上了“神童科”，当上了“正字”的官。

他虽然年龄小，但已经当官干事了，

你们从小就读书，只要努力，也可以做到，有作为的人都是一样的。

狗看门，公鸡报晓，

如果不读书，怎么能算有用的人呢？

蚕能吐丝，蜂能酿蜜，

人如果不学习，就连小动物也不如了。

年轻时好好读书，到壮年时就去当官干事，

上为皇帝效命，下施恩泽于百姓。

这样传扬名声，显荣父母，光耀祖宗，造福后代。

别人遗留给儿子的，是满箱的黄金，

我教给儿子的，惟独就是这一本“经”。

勤劳就会成功，嬉戏没有益处，

应该警惕自己呀，你们要时时勤勉努力。

十八、弟子规

（一）总叙

［原文］

弟子规，圣人训：首孝悌，次谨信。

泛爱众，而亲仁，有余力，则学文。①

［译文］

《弟子规》是孔圣人的训导：首先要孝顺父母，敬爱兄长；其次，要谨慎诚信，广泛地仁爱众人，亲近有仁德的人。还有余力，就去学习文献。

（二）入则孝，出则弟

［原文］

父母呼，应勿缓，父母命，行勿懒；

父母教，须敬听，父母责，须顺承。

冬则温，夏则凊（音净，寒、凉），晨则省，昏则定。

出必告，反必面，居有常，业无变。

事虽小，勿擅为，苟（如果）擅为，子道亏。

---

① 孔子说："弟子入则孝，出则弟，谨而信，泛爱众，而亲仁，行有余力，则以学文。"

（《论语·学而》）

物虽小，勿私藏，苟私藏，亲心伤。

亲所好，力为具，亲所恶，谨为去。

身有伤，贻亲忧，德有伤，贻亲羞。

亲爱我，孝何难，亲恶我，孝方贤。

亲有过，谏使更，怡吾色，柔吾声。

谏不入，悦复谏，号泣随，挞无怨。

亲有疾，药先尝，昼夜侍，不离床。

丧三年，常悲咽，居处辨，酒肉绝。

丧尽礼，祭尽诚，事死者，如事生。

兄道友，弟道恭，兄弟睦，孝在中。

财物轻，怨何生，言语忍，忿自泯（音敏，消失）。

或饮食，或坐走，长者先，幼者后。

长呼人，即代叫，人不在，己即到。

称尊长，勿呼名，对尊长，勿见（音现，显露）能。

路遇长，疾趋揖，长无言，退恭立。

骑下马，乘下车，过犹待，百步余。

长者立，幼勿坐，长者坐，命乃坐。

尊长前，声要低，低不闻，却非宜。

进必趋，退必迟，问起对，视勿移。

事诸父，如事父，事诸兄，如事兄。

［译文］

父母叫你，答应不能迟缓。父母让你干事，行动不能懒惰。父母教训你，必须恭恭敬敬地听着。父母斥责你，必须顺从地接受。

冬天焐暖和父母的被窝，夏天把父母的席子扇凉。早晨向父母请安，晚上伺候父母睡下。出外要禀告父母，返回后要向父母问候。居住的地方要固定，所做的事业不要变动。事情尽管小也不要自作主张，如果自作主张就不符合做儿子的礼数。东西尽管小，不能私自藏起来，如果私自藏东西，父母就会感到伤心。父母喜好的，要尽量设法准备好，父母厌恶的，要谨慎地去掉。身体有了损伤，会使父母忧虑；品行不好，会给父母丢脸。

父母疼爱我，尽孝有什么困难呢？父母憎恶我，还能做到孝，才是真孝。父母有过错，要规劝，使改正错误。规劝时要和颜悦色，说话要语气柔和。父母不听，等父母高兴时再规劝，再不听就哭叫着规劝；父母生气了，打你也要毫无怨言。

父母有病吃药，子女要先尝，不分昼夜待在床前侍候。父母死了，要守丧三年，在守丧期间常悲泣，夫妇不同居，禁绝喝酒吃肉。办丧事要竭尽礼节，祭祀要心诚。对待死去的人如同他活着时一样。

不管吃、喝、坐、走，都应年长的在前，年幼的在后。长辈叫人，要立即帮着去叫，被叫的人不在，自己就先到。对长辈不能叫名字，在长辈前不能显露自己的才能。路上遇见长辈，马上迎上前去作揖行礼，长辈不说话时就退后恭敬地站着。见到长辈时，如果骑着马要立即下马，坐在车上要下车，长辈过去后还须站在一旁目送一百多步。长辈站着时，小辈不能坐，等长辈坐下后让你坐时才能坐。在长辈面前说话声音要低，但要让长辈能听见，不然就不合适了。去长辈那里要快步上前，退下来时步子要慢。长辈和你说话，要站起来回答，眼睛专注不能东张西望。

事奉叔伯等如同侍奉自己的父亲一样，事奉堂表等兄长同敬重自己的兄长一样。

（三）谨而信

[原文]

朝起早，夜眠迟，老易至，惜此时。

晨必盥，兼漱口，便溺回，辄（音哲，总是）净手。

冠必正，纽必结，袜与履，俱紧切。

置冠服，有定位，勿乱顿，致污秽（音会，肮脏）。

衣贵洁，不贵华，上循分，下称家。

对饮食，勿拣择，食适可，勿过则。

年方少，勿饮酒，饮酒醉，最为丑。

步从容，立端正，揖深圆，拜恭敬。

勿践阈（音玉，门坎），勿跛（瘸、不正）倚，勿箕踞，

勿摇髀（音必，大腿）。

缓揭帘，勿有声，宽转弯，勿触棱。

执虚器，如执盈（满），入虚室，如有人。

事勿忙，忙多错，勿畏难，勿轻略。

斗闹场，绝勿近，邪僻事，绝勿问，

将入门，问谁存，将上堂，声必扬。

人问谁，对以名，吾与我，不分明。

用人物，须明求，傥（同“倘”）不问，即为偷。

借人物，及时还，人借物，有勿悭（音千，吝啬）。

凡出言，信为先，诈与妄，奚可焉。

说话多，不如少，唯其是，勿佞（音泞，巧言谄媚）巧。

刻薄语，秽污词，市井气，切戒之。

见未真，勿轻言，知未的，勿轻传。

事非宜，勿轻诺，苟轻诺，进退错。

凡道字，重且舒，勿急疾，勿模糊。

彼说长，此说短，不关己，莫闲管。

见人善，即思齐，纵去远，以渐跻（音机，上升、跟上）。

见人恶，即内省，有则改，无加警。

唯德学，唯才艺，不如人，当自励。

若衣服，若饮食，不如人，勿生戚。

闻过怒，闻誉乐，损友来，益友却。

闻誉恐，闻过欣，直谅士，渐相亲。

无心非，名为错，有心非，名为恶。

过能改，归于无，倘（同“倘”）掩饰，增一辜。

［译文］

要早起晚睡，人易老，要珍惜现在的时光。

早晨起来必须洗脸漱口。大小便后要洗手。帽子要戴正，纽扣要系好，袜子和鞋穿好结紧。帽子、衣服要放在固定的位置，不要乱放，以免弄脏。穿衣服贵在干净，不在于华丽。当官的穿衣服要遵循自己的名分，百姓穿衣要和家庭地位相称。不要挑食，吃东西要适可而止，不要过量。少年不要喝酒，喝醉了酒最丑陋。走路要不慌不忙，站立要端正。作揖要深圆，跪拜要恭敬。不要踩门坎，不要缩着一只腿斜靠着门，不要蹲坐着把两腿叉开，不要摇晃大腿。慢慢地掀开帘子，不要弄出声音。转弯要大，不要碰着有棱角的东西。拿着空的用具，要像拿着盛满东西的用具一样。进空房要像走进有人的房子一样。做事情不要忙乱，一忙乱就多出错。不要怕困难，也不要草率从事。

斗闹的场所，绝不要去。不正当的事，绝不要问。

将要进门时，要问屋里有谁，上堂屋，要大声和主人打招呼。人问你是谁，要告诉他姓名，不要回答“吾”或“我”，这样人家就不清楚你到底是谁。借用别人的东西要当面请求，如果不问就拿，那就是偷。借人的东西，用完了就及时归还；别人借东西，自己有的话不要小气。凡是说话，首先要讲信用，欺骗和胡说，怎么可以呢？

说话多，[①] 不如说话少，只求说得对，不要花言巧语。刻薄挖苦，下流肮脏的话，小市民的习气，一定要戒掉。看得不真实，就不要随便说；知道得不确切，不要随便传。不合适的事，不要轻易允诺，如果随便答应了，那么办与不办都是错的。凡是说话、吐字，

① 《孔子家语》：“无多言，多言多败。”
《孔子家语》：“无多事，多事多患。”

音要重，速度要慢，不要急促，不要模糊不清。东家长，西家短，和你无关的，就不要管。

看见品德好的，就要向他看齐，即使和他相差很远，也可以逐渐跟上。见到别人的坏行为，就要自我反省自己，有则改之，没有就加以警惕。①

只有道德、学问、才能、本领不如别人，当自我勉励，迎头赶上去。如果衣服、饮食不如人家，就不应该忧愁、悲戚。

听到说你的过错就生气，听到赞扬就高兴，那么坏朋友就会找来，好朋友就会离开。如果听到赞扬就不安，且闻过则喜，那么正直有信的朋友就逐渐亲近你。不是存心做坏事而做了坏事就叫做错，如果存心干坏事那就是恶。有了过错能改就等于没犯错，如果遮遮掩掩，那就又增加一个过错。

（四）泛爱众，而亲仁

［原文］

凡是人，皆须爱，天同覆，地同载。

行高者，名自高，人所重，非貌高。

才大者，望自大，人所服，非言大。

己有能，勿自私，人有能，勿轻訾。

勿谄富，勿骄贫，勿厌故，勿喜新。

人不闲，勿事搅，人不安，勿话扰。

人有短，切莫揭，人有私，切莫说。

道人善，即是善，人知之，愈思勉。

扬人恶，即是恶，疾之甚，祸且作。

善相劝，德皆建，过不规，道两亏。

---

① 《论语》里仁篇：“见贤思焉，见不贤而内省也。”

凡取与，贵分晓，与宜多，取宜少。

将加人，先问己，己不欲，即速已。

恩欲报，怨欲忘，报怨短，报恩长。

待婢仆，身贵端，虽贵端，慈而宽。

势服人，心不然，理服人，方无言。

同是人，类不齐，流俗众，仁者稀。

果仁者，人多畏，言不讳，色不媚。

能亲仁，无限好，德日进，过日少。

不亲仁，无限害，小人进，百事坏。

[译文]

凡是人都要相爱，因为同为一个天所覆，同为一个地所载。

品行高尚的人，名声自然高，人们所以尊重他，并不是他相貌高大。有才能的人威望自然大，人们所以佩服他，并不是他会说大话。自己有能耐，不要自私，别人有能耐，不要轻视人家和说他坏话。

不要羡慕富人，不要对穷人骄傲，不要喜新厌旧。

人家没空闲，不要去打搅，别人心里不安，不要拿话去烦扰。人有短处，切不要揭发，别人有见不得人的事，切不要说。称赞别人好，自己也就好，人家知道了，更要勉励自己。揭发别人的坏处，就是一种罪恶，对别人恨得厉害，就会招来祸害。互相勉励行善，双方都积了德，有错不规劝，双方在道德上都有所缺失。

拿人家的东西与给人家的东西要分清；给人家的要多，拿人家的要少。打算怎样对待别人，先要问问自己。己所不欲，勿施于人。有恩要报，有怨要忘；报怨是短处，报恩是长处。

对待奴仆，贵在端庄，但也要仁慈和宽厚。以势压人，人心不服。以理服人，人才没话。

同样是人，但高低贵贱各不一样，随流俗的人多，仁者少。如果真是仁者，人们多敬畏他，他说话不遮掩，态度不逢迎。亲近仁者大有好处，德行日益增进，过错日益减少。不亲近仁者，有很大坏处，坏人就要接近你了，事事都要坏了。

（五）行有余力，则以学文

［原文］

不力行，但学文，长浮华，成何人。

但力行，不学文，任己见，昧理真。

读书法，有三到，心眼口，信皆要。

方读此，勿慕彼，此未终，彼勿起。

宽为限，紧用功，工夫到，滞塞通。

心有疑，随札记，就人问，求确义。

房屋清，墙壁净，几案洁，笔砚正。

墨磨偏，心不正，字不敬，心先病。

列典籍，有定处，读看毕，还原处。

虽有急，卷束齐，有缺损，就补之。

非圣书，屏勿视，蔽聪明，坏心志。

勿自暴，勿自弃，[①] 圣与贤，可驯致。

［译文］

不努力去实行仁道，只学习儒家经典文献，就会滋长浮华，那会成什么样的人？但只是努力实行，不学习儒家经典文献，只凭自己的见解去做，就不明白儒家的真正道理。

读书的方法有三到，心到、眼到、口到，这三者确实重要。刚读这本书，不要又想读别的，一本没有读完，不要再读其他的书。学习期限可以放宽些，但要抓紧时间用功，只要功夫到了，不懂的

① （《孟子》离娄上）言："言非礼义，谓之自暴也，吾身不能居仁由义，谓之自弃也。"

地方就自然明白。心里有疑问，随时地记下来，找人求问，要弄清确切的意义。读书的屋子要清静，墙壁要干净，书桌要清洁，笔和砚要放正。墨磨偏了，说明心不正，字写得不端正，说明思想上先出了毛病。摆放书籍，应有固定的地方，读完了要放回原处。即使有急事，也要把书籍卷好，有缺损的地方，就马上补好。

不是儒家的经典，应该摒弃不看，以免蒙蔽你的聪明，坏了心志。不要自暴自弃认为自己不能行仁义，这样，圣贤的目标就可以逐渐达到的。

十九、千字文

[原文]

天地玄黄，宇宙洪荒。

[译文]

天是黑色的，地是黄色的，宇宙是洪荒无边的。

[原文]

日月盈昃，辰宿列张。

[译文]

太阳有正有斜，月亮有圆有缺，星星散布在天上。

[原文]

寒来暑往，秋收冬藏。闰[①]余成岁，律吕调阳。

[译文]

寒暑季节循环往复，秋天收割，冬天储藏。积累几年的日差成为闰年，古人用律吕来调节阴阳。

[原文]

云腾致雨，露结为霜。金生丽水，玉出昆冈。

---

① 闰：历法纪年与地球绕太阳运行一周的时间有一定差数，故此必设闰月加以调整。阴历三年闰一个月，五年闰两个月，十九年闰七个月。律吕：“六律”、“六吕”的合称。相传黄帝时伶伦制乐，用律吕以调阴阳。

[译文]

云气上升遇冷就形成了雨，夜里露水遇冷就凝结成霜。金子生在金沙江里，玉石是出自昆仑山上。

[原文]

剑号巨阙，珠称夜光。

[译文]

古代有宝剑叫“巨阙”，有明珠叫“夜光”。

[原文]

果珍李柰（nài），菜重芥姜。

[译文]

李和柰都是珍贵的水果，珍贵的蔬菜是芥和姜。

[原文]

海咸河淡，鳞潜羽翔。①

[译文]

海水咸，河水淡。鱼在水里潜游，鸟在天上飞翔。

[原文]

龙师②火帝，鸟官人皇。

[译文]

龙师、火帝、鸟官、人皇，这些都是古代氏族社会的“帝王”。

[原文]

始制文字，乃服衣裳。

---

① 鳞指鱼，羽喻鸟。

② 师：官。相传伏羲氏用龙给百官命名，因此把他称作龙师；神农氏用火给百官命名，故称他为火帝；少皞氏用鸟给百官命名，所以叫他鸟官。参见《左传·昭公十七年》。

［译文］

这时创造了文字，也穿起了衣裳。①

［原文］

推位②让国，有虞陶唐。

［译文］

唐尧虞舜，主动把君主的位子禅让。

［原文］

吊民③伐罪，周发殷汤。

［译文］

周武王姬发和商王成汤讨伐昏暴的夏桀和殷纣，抚慰受苦受难的民众。

［原文］

坐朝问道，垂拱平章。

［译文］

皇帝垂衣拱手。坐在朝廷上向大臣询问管理天下的办法，大臣们分工协商，天下平治，功绩彰显。

---

① 相传黄帝时仓颉、沮诵造文字，胡曹、伯余作衣裳。见《世本·作篇》。

② 位：君位。国：国家。虞：舜的封地，此处指舜；古代以地为氏，故舜又称虞舜。陶唐：尧的封地，此处指尧。尧初封于陶，后封于唐，故称陶唐氏，又称唐尧。尧、舜是传说中我国原始社会部落联盟的领袖。尧没有把君主的位子传给自己的儿子，而是推选舜为继承人，尧当了七十年君主，他死后由舜继位，舜当了五十年君主，又把君位禅让给了禹。史称“禅让”。

③ 吊民：抚慰人民。伐罪：讨伐罪人。周发：即周武王，姓姬，名发。殷汤：即商汤。

[原文]

爱育黎首,[1] 臣伏戎羌。

[译文]

帝王“爱惜”“抚育”百姓，使戎族和羌族臣服，边境安康。

[原文]

遐迩一体，率宾归王。

[译文]

远方、近处都被统一了，全部宾服、归顺帝王。

[原文]

鸣凤在竹，白驹食场。

[译文]

在美政之下，凤凰在竹林里鸣叫，白马在牧场上吃草。(喻贤人都得到任用。)

[原文]

化被草木，赖及万方。

[译文]

君主的德化使草木都受益，恩泽百姓和万国四方。

[原文]

盖此身发，四大五常。恭维鞠养，岂敢毁伤![2]

---

① 黎首当时指奴隶，引申为百姓。

② 《孝经》:“身体发肤，受之父母，不敢毁伤。”四大：道大、天大、地大、王大。五常：指仁、义、礼、智、信。鞠养：出自《诗·小雅·蓼莪》:“父兮生我，母兮鞠我。”

［译文］

人的身体、头发关系到“四大”和“五常”。恭恭敬敬想起父母养育之恩，哪敢毁坏和损伤！

［原文］

女慕贞洁，男效才良。知过必改，得能莫忘。

［译文］

妇女要仰慕那些贞节的妇女，男子要仿效有才能、有道德的人。知道了自己的过错就一定要改，受了人家恩惠不要忘。

［原文］

罔谈彼短，靡恃己长。

［译文］

不谈别人的短处，也不仗恃自己之长。

［原文］

信使可覆，器欲难量。

［译文］

守信要经得起复查，涵养要让人高深莫测，难以度量。

［原文］

墨悲丝染，诗赞羔羊。①

［译文］

墨翟对白丝可以染成各种颜色感到悲伤。《诗》有《羔羊》一篇，歌颂节俭和正直如羔羊。

---

① 墨子看见丝被染便悲叹道：“染于苍则苍，染于黄则黄。”见《墨子·所染》。这是宣扬要人们保持天生的“善性”。诗赞羔羊是《诗·召南·羔羊》里说统治者“节俭正直，德如羔羊”。

[原文]

景行维贤，克念作圣。[①]

[译文]

对贤人好的品德要向他看齐，和他站在一个行列，时时以圣人为榜样。

[原文]

德建名立，形端表正。

[译文]

道德修养好了，名气也就树立起来了；形体端正，仪表庄重安详。

[原文]

空谷传声，虚堂习听。

[译文]

空旷的山谷回声多么响亮，空房子里声音清晰异常。

[原文]

祸因恶积，福缘善庆。[②]

[译文]

祸是因为作恶多了的报应，福是因为“乐善好施”的报偿。

[原文]

尺璧非宝，寸阴是竞。[③]

---

① 景行：出自《诗经·小雅·车辖》：“高山仰止，景行行止。”意思是对高山要抬头瞻仰，向贤人看齐。

② 出自《易·坤·文言》：“积善之家，必有余庆；积不善之家，必有余殃。”

③ 《淮南子·原道》：“故圣人不贵尺之璧，而重寸之阴。”

［译文］

一尺的美玉不足为宝，一寸光阴才值得争取，不能虚度时光。

［原文］

资父事君，曰严与敬。

［译文］

奉养父亲，事奉君主，要严肃恭敬。孝顺父亲要严，事君要忠。

［原文］

孝当竭力，忠则尽力。临深履薄，夙兴温凊。[①]

［译文］

“孝”要尽一切力量，“忠”则要豁出生命。如临深渊，如履薄冰；自己起早睡晚，侍奉父母冬暖夏凉，时刻把父母冷暖放在心上。

［原文］

似兰斯馨，如松之盛。

［译文］

品德要像松柏那样茂盛，像兰草那样清香。

［原文］

川流不息，渊澄取映。容止若思，言辞安定。

［译文］

像河水那样日夜流个不停，像清泉那样清澈透亮。表情和动作要显得若有所思，言语对答要稳重安详。

---

① 《礼记·曲礼上》：“凡为人子之礼，冬温而夏凊，昏定而晨省。”

[原文]

笃初诚美，慎终宜令。

[译文]

重视事情开头诚然很好，谨慎地要有个好的收场。

[原文]

荣业所基，藉甚无意。

[译文]

祖宗的世业是光荣的根基，要使其光大，代代发扬。

[原文]

学优登仕，摄职从政。

[译文]

书读好了就能做官，取得职权，参与朝政。[1]

[原文]

存以甘棠，[2] 去而益咏。

[译文]

不要砍掉“甘棠”树，留着纪念召伯，召伯已经逝去，人民还用诗篇歌咏他以志不忘。

[原文]

乐殊贵贱，礼别尊卑。

---

① 出自《论语》子张篇：“学而优则仕。”

② 甘棠：《诗经·召南》的篇名。甘棠就是棠梨树。据传：周初的召公巡行南国曾在棠梨树下理政，受到人们称颂，事后人们爱其树而不肯砍伐，并且写了《甘棠》一诗歌咏它。

[译文]

音乐的演奏要根据人们身份的贵贱而有所不同，礼节要根据人们地位的高低而有所区别。

[原文]

上和下睦，夫唱妇随。外受傅训，入奉母仪。诸姑伯叔，犹子比儿。

[译文]

上下要和睦，夫唱妇随。在外面听老师教导，在家里以父母为榜样。对待姑姑、伯伯、叔叔，做侄儿、侄女的要像是他们的子女一样。

[原文]

孔怀兄弟，同气连枝。[①]

[译文]

兄弟之间相互怀念是很深切的，因为是同祖所生，气息相通，如树枝相连。

[原文]

交友投分，切磨箴规。

[译文]

交朋友要意气相投，彼此切磨劝戒，互相勉励。

[原文]

仁慈隐恻，造次弗离。[②]

---

① 《诗·小雅·棠棣》："兄弟孔怀。"后来用"孔怀"代"兄弟"。

② 隐恻：即恻隐，就是同情心。《孟子·告子上》："恻隐之心，人皆有之。"就是孟轲人性论的根据。

[译文]

仁爱和同情心，在紧急情况下都不可放弃。

[原文]

节义廉退，颠沛匪亏。①

[译文]

气节、正义、廉洁、谦让，这些美德就是陷入狼狈困顿的颠沛境遇也不可缺失。

[原文]

性静情逸，心动神疲。守真志满，逐物意移。②

[译文]

内心清静无求，情绪就安逸自在，心猿意马，精神就疲惫。保持本性，愿望就可以得到满足。若一心追求外物，意志就会衰退，善性就会变移。

[原文]

坚持雅操，好爵自縻。

[译文]

坚持高雅的情操，高官厚禄自然就会落到你的身上。

---

① 颠沛：跌倒，指困难的时候。《论语·里仁》："造次必于是，颠沛必于是。"

② 指仁、义、礼、智、信等道德规范，儒家说这是天赋的善性。静：坚守不动。情逸：心情安逸。心动：心为外物（指声色嗜欲之类）所动。神疲：精力劳乏。守真：保持自己天生的善性。志满：愿望满足。物：物欲。《礼记·乐记》："人生而静，天之性也；感于物而动，性之欲也。物至（智）知，后然好恶形焉。好恶无节于内，知诱于外，不能反躬，天理灭矣。"这些话后来发展为"存天理，去人欲"的说教。在这里说的是孟轲"存其心，养其性"的理念。

[原文]

都邑华夏，东西二京。

[译文]

中国古代的首都，有东都洛阳和西都长安。

[原文]

背邙面洛，浮渭据泾。[1]

[译文]

洛阳北靠邙山，面临洛水；长安北横渭水，远据泾河。

[原文]

宫殿盘郁，楼观飞惊。

[译文]

宫殿层层密密的，楼台宫阙高得惊人。

[原文]

图写禽兽，画彩仙灵。丙舍傍启，甲帐对楹。[2]

[译文]

上面画着飞禽走兽，还有彩绘的天仙神灵。正殿两旁是嫔妃的厢房，对门是供奉神仙的甲帐。

[原文]

肆筵设席，鼓瑟吹笙。升阶纳陛，弁转疑星。

---

① 邙（máng）：北邙山。洛：洛水。前句指古都洛阳的形势，后句指古都长安的形势。张衡《西京赋》有“据渭踞泾”之句。

② 丙舍：宫中别室。甲帐：汉武帝所造的帐幕。《汉武故事》：“杂错天下珍宝为甲帐，其次为乙帐。甲以居神，乙以自居。”

[译文]

大开宴会摆酒席，击鼓吹笙，大官员上下走动祝酒，珠帽团团转，乍看疑是满天星。

[原文]

右通广内，左达承明。①

[译文]

右边通向藏书室，左边通向承明庐。

[原文]

既集坟典，亦聚群英。②

[译文]

这儿堆满了典籍，也聚集了群英。

[原文]

杜稿钟隶，漆书壁经。

[译文]

其中有杜度草书和钟繇隶书的真迹，有汲冢中用漆写的古书和孔壁中的古文经书。

[原文]

府罗将相，路侠槐卿。③

[译文]

将相的“公馆”连成一片，夹道槐荫显示卿相礼仪威风。

---

① 广内：帝王藏书的地方。承明：承明庐，大臣值班住宿的小宫殿。

② 坟典：《三坟》、《五典》的简称。记载“三皇”的书称《三坟》，记载“五帝”的书称《五典》。常用来泛指古书。

③ 槐卿：卿相之槐，多植于外朝。

［原文］

户封八县，家给千兵。高冠陪辇，驱毂振缨。

［译文］

他们都有广大的“封地”，还有上千的家兵。官大帽高，陪奉帝王游宴，车马跑起来，官帽上的彩饰飘动。

［原文］

世禄侈富，车驾肥轻。①

［译文］

世袭的“俸禄”积累成亿万的家财，出门来驾着肥马穿着轻裘。

［原文］

策功茂实，勒碑刻铭。

［译文］

又给这些人记功表彰，刻石扬名。

［原文］

磻溪②伊尹，佐时阿衡。

［译文］

吕尚是周文王、武王的“功臣”，伊尹是商王成汤的“贤相”。

［原文］

奄宅曲阜，微旦孰营？

---

① 肥轻：肥马轻裘的缩语。

② 磻（pán）溪：指姜太公吕尚。吕尚在磻溪钓鱼，遇文王。伊尹：商汤的大臣。阿衡：商朝的官名。泛指掌权的宰相。他们都是当时辅佐帝王成就帝业的贤相。

[译文]

周成王占领了曲阜古奄国的地方，不是周公旦当军师哪能办成？

[原文]

桓公匡合，济弱扶倾。

[译文]

齐桓公九次联合诸侯主持盟会，打出了“帮助弱小”“拯救危亡”的旗号。

[原文]

绮回汉惠，说感武丁。①

[译文]

汉惠帝做太子时多亏绮里季等才挽回了被废黜的命运，殷高宗做了好梦才找到了傅说这个军师。

[原文]

俊乂密勿，② 多士实宁。

[译文]

“才德之士”同心协力，各显身手辅佐皇帝。

---

① 绮（qǐ）：绮里季，商山四皓之一。汉高祖曾召见四皓（四个白胡子老头），未达到目的。后来汉高祖想废孝惠帝而另立太子，吕后用张良计，厚礼迎四皓使与太子相处。汉高祖看到惠帝羽翼已成，就打消了另立太子的想法。说（yuè）：傅说，殷高宗武丁的大臣。传说原是传岩搞版筑的奴隶。一次武丁梦见了他，便画像访求，找到后就提升为大臣。

② 俊乂（yì）：贤能的人。古时称智过千人的为俊，智过百人的为乂。

［原文］

晋楚更霸，赵魏困横。

［译文］

晋文公、楚庄王先后称霸，赵国、魏国受困于连横。

［原文］

假途灭虢，践土会盟。

［译文］

晋国借道虞国消灭了虢国，晋文公在河南荥泽和诸侯会盟。

［原文］

何遵约法，韩弊烦刑。

［译文］

萧何遵循轻刑简法，韩非死于所主张的苛刑。

［原文］

起翦颇牧，用军最精。

［译文］

白起、王翦、廉颇、李牧，最精于用兵。

［原文］

宣威沙漠，驰誉丹青。

［译文］

声威远播到北方沙漠地带，好名誉和画像一起传后流芳。

［原文］

九州①禹迹，百郡秦并。

---

① 九州：古代中国划分九州，即冀、豫、青、兖、雍、梁、扬、徐、荆。

[译文]

广大地区保留着夏禹治水的足迹，秦始皇灭了六国，设置郡县，全国统一。

[原文]

岳宗恒岱，禅主云亭。

[译文]

五岳以恒山、泰山为最尊，历代帝王都到云云山和亭亭山封禅。

[原文]

雁门紫塞，鸡田赤城。昆池碣石，巨野洞庭。①

[译文]

雁门、紫塞、鸡田、赤城、昆池、碣石、巨野、洞庭。

[原文]

旷远緜邈，巖岫杳冥。

[译文]

中国土地辽阔无边，高山深谷风光变化无穷。

[原文]

治本于农，务兹稼穑。俶载南亩，我艺黍稷。②

[译文]

国计民生以农为本，播种收获务要抓紧，一年的农活开始了，种谷和稷。

---

① 两句列举八个地名，都是古代中国边远之地。

② 稼穑：播种和收获。俶（zhū）：开始。载：从事。《诗·小雅·大田》："俶载南亩。"艺：载种。《诗·小雅·楚茨》："我艺黍稷。"

[原文]

税熟贡新，劝赏黜陟。

[译文]

庄稼熟一次纳一次税，快拿新谷去交粮，庄稼种得好的要奖赏，种得不好的要处罚。

[原文]

孟轲敦素，史鱼[①]秉直。

[译文]

孟轲对待老交情很“忠厚”，史鱼秉心“正直”。

[原文]

庶几中庸，劳谦谨敕（chì）。

[译文]

做人要力求中庸，努力谦虚地待人接物、谨慎地自我检束。

[原文]

聆音察理，鉴貌辨色。

[译文]

听人说话要审察有无道理，观察别人要看眼色，猜透他的心思。

---

① 史鱼：春秋时卫国大夫，姓史名鳍，字子鱼。卫灵公任用弥子瑕而斥退蘧伯玉。史鱼多次进谏，灵公不从。史鱼病重将死的时候对他儿子说：“我生不能正君，死了无以成礼，死后把我的尸体放在牖下。”他死后，卫灵公去吊唁，很惊愕，问史鱼的儿子。史鱼的儿子据实告诉了卫灵公。卫灵公听了，非常感动，说：“这是我的过错。”于是采纳了史鱼的意见，重新任用蘧伯玉，斥退弥子瑕。孔丘听到这件事赞叹说：“直哉史鱼。”

[原文]

贻厥嘉猷，勉其祗（zhī）植。

[译文]

要给子孙留下好计谋，勉励他们谨慎立德立功。

[原文]

省躬讥诫，宠增抗极。

[译文]

时时反省警戒自己，恩宠就能达到极点。

[原文]

殆辱近耻，林皋[①]幸即。

[译文]

遭到危险和侮辱是可耻的，退隐山林就是幸运的。

[原文]

两疏[②]见机，解组谁逼？

[译文]

疏广和疏受叔侄能够见机行事（辞官退隐），有谁逼迫他们呢？

[原文]

索居闲处，沉默寂寥。求古寻论，散虑逍遥。欣奏累遣，戚谢欢招。

---

① 林皋：这里指隐居山林。

② 两疏：指疏广、疏受叔侄，汉宣帝时人，都能见机而作，辞官退隐。

[译文]

离群独居闲处，不谈是非多清静。冥思默想，缅怀往古，排除烦恼自在逍遥。高兴起来精神负担就排除了，烦闷时就谢绝别人的欢宴相邀。

[原文]

渠荷的历，[①] 园莽抽条。

[译文]

渠里的荷花开得多么鲜艳，园里的草木嫩枝抽条。

[原文]

枇杷晚翠，梧桐早凋。陈根委翳，落叶飘飖。

[译文]

枇杷叶子到冬天还是绿的，梧桐到秋天就落叶了。草木的旧根干枯了，落叶随风到处飘。

[原文]

游鹍独运，凌摩绛霄。[②]

[译文]

鹍鸡独自飞翔，一直冲到云霄。

[原文]

耽读玩市，寓目囊箱。[③]

---

① 的历：同“的皪”，鲜明的样子。

② 鹍：鹍鸡，鹤一类的大鸟。运：这里指飞翔。绛霄：指苍天。

③《后汉书·王充传》：“家贫无书，常游洛阳市肆，阅所读书；一见辄能记忆，遂博通众流百家之书。”

[译文]

王充上闹市，见书就读不放手，整天眼睛盯着书袋和书箱。

[原文]

易輶攸畏，属耳垣墙。

[译文]

随便说话是可怕的，谨防墙外有耳。

[原文]

具膳餐饭，适口充肠。饱饫烹宰，饥厌糟糠。①

[译文]

准备饭菜，合口吃饱就好。有吃的时候大吃大喝，挨饿时就得吃糟糠。

[原文]

亲戚故旧，老少异粮。

[译文]

亲戚朋友来往，少年吃粗粮，老人吃细粮。②

[原文]

妾御绩纺，侍巾帷房。纨扇圆洁，银烛炜煌。

[译文]

妻妾婢女纺纱绩麻，还得端茶送水拾掇闺房。用生绢制成的扇子又圆又白，银烛的光把房屋照得通亮。

---

① 饫（yù）：饱食。厌：同“餍”，吃饱。

② “老少异粮”是《礼记·王制》“五十异粻”的“养老之道”。

［原文］

昼眠夕寐，蓝笋象床。

［译文］

白天困了，晚上睡觉，躺在铺着蓝色竹席的象牙床上。

［原文］

弦歌酒讌（同宴），接杯举觞。

［译文］

弹着琴，唱着歌，举行盛大的宴会，手擎酒杯，互相传觞。

［原文］

矫手顿足，悦豫且康。

［译文］

手舞足蹈，又欢乐，又安康。

［原文］

嫡后嗣续，祭祀烝[①]尝。

［译文］

子子孙孙一代一代，冬秋两祭久长。

［原文］

稽颡再拜，悚惧恐惶。

［译文］

磕了头，拜了又拜，战战兢兢，诚恐诚惶。

［原文］

笺牒简要，顾答审详。骸垢想浴，执热愿凉。

---

① 烝：冬祭。尝：秋祭。

[译文]

给人书信，简明扼要；回答问题，周密详尽。身上脏了，就想洗个澡；热得厉害，就愿凉一凉。

[原文]

驴骡犊特，骇跃超骧。

[译文]

驴子、骡子，大小牲口，像惊了一样，跳、跃，超前赶后，昂首飞扬。

[原文]

诛斩贼盗，捕获叛亡。

[译文]

斩除盗贼，捕获叛乱、亡命之徒。

[原文]

布射辽丸，嵇琴阮啸。①

[译文]

吕布射戟，宜僚弄丸。嵇康弹琴，阮籍吹口哨。

[原文]

恬笔伦纸，钧巧任钓。

---

① 布：指吕布。吕布辕门射戟，为刘备、纪灵和解。见《三国志·吕布张邈传》。辽：指宜僚。《庄子·徐无鬼》："市南宜僚弄丸而两家之难解。"嵇：嵇康，善琴。《晋书·嵇康传》："弹琴咏诗，自足于怀。"阮：阮籍，能啸。《晋书·阮籍传》："能啸，善弹琴。"

[译文]

蒙恬造笔，蔡伦造纸。马钧造水车，任公子善钓鱼。

[原文]

释纷利俗，并皆佳妙。

[译文]

吕布射戟，宜僚弄丸解决纠纷，蒙恬、蔡伦、马钧等发明创造便利群众，这些都非常巧妙。

[原文]

毛施淑姿，工颦妍笑。

[译文]

毛嫱、西施都很美貌，笑得好看，皱眉也俏。

[原文]

年矢每催，曦晖朗曜。

[译文]

时间飞逝，岁月催人老，太阳的光辉明亮照耀。

[原文]

璇玑[①]悬斡，晦魄环照。

[译文]

北斗七星高悬转动，朦朦月色四海普照。

---

① 璇玑：北斗七星中的两个星，有时也指斗柄。

[原文]

指薪修祜，永绥吉劭。[①]

[译文]

顺应天命是养生的诀窍，永远平安美好。

[原文]

矩步引领，俯仰廊庙。

[译文]

踱着方步，伸长脖子远望，一举一动不忘朝廷和帝王。

[原文]

束带矜庄，徘徊瞻眺。孤陋寡闻，愚蒙等诮。

[译文]

冠带朝服穿得庄重严肃，徘徊从容，高瞻远瞩。孤陋寡闻，愚蠢糊涂一样受人讥笑。

[原文]

谓语助者，焉哉乎也。

[译文]

语助词嘛，就是“者、焉、哉、乎、也”。

---

① 指薪：《庄子·养生主》：“指穷于为薪，火传也，不知其尽也。”大意是，用木柴烧火，木柴化为灰烬，但火种是不会灭的。比喻人的身体会死亡，而人类的生命是延续无穷的。祜：福。指薪修祜：是说养生可以长寿。绥：平安；劭：美好。

二十、朱子家训

（清）朱柏庐

［原文］

黎明即起，

洒扫庭除，

要内外整洁。

即昏便息，

关锁门户，

必亲自检点。

一粥一饭，

当思来之不易；

半丝半缕，

恒念物力维艰。

宜未雨而绸缪，

毋临渴而掘井。

自奉必须俭约，

宴客切勿留连。

器具质而洁，

瓦缶胜金玉；

饮食约而精，

园蔬愈珍馐。

勿营华屋，

勿谋良田。

三姑六婆，

实淫盗之媒；
婢美妾娇，
非闺房之福。
童仆勿用俊美，
妻妾切勿艳妆。
宗祖虽远，
祭祀不可不诚；
子孙虽愚，
经书不可不读。
居身务期质朴，
教子要有义方。
勿贪意外之财，
勿饮过量之酒。
与肩挑贸易，
勿占便宜。
见穷苦亲邻，
须加温恤。
刻薄成家，
理无久享；
伦常乖舛，
立见消亡。
兄弟叔侄，
须分多润寡；
长幼内外，
宜法肃辞严。
听妇言，
乖骨肉，
岂是丈夫？

重资财，
薄父母，
不成人子。
嫁女择佳婿，
勿索重聘；
娶媳求淑女，
勿计厚奁。
见富贵而生谄容者，
最可耻；
遇贫穷而作骄态者，
贱莫甚。
居家戒争讼，
讼而终凶；
处世戒多言，
言多必失。
勿恃势力，
而凌逼孤寡；
毋贪口腹，
而恣杀牲禽。
乖僻自是，
悔误必多；
颓惰自甘，
家道难成。
狎昵恶少，
久必受其累；
屈志老成，
急则可相依。
轻听发言，

安知非人之谮诉，

当忍耐三思；

因事相争，

焉知非我之不是，

须平心暗想。

施惠无念，

受恩莫忘。

凡事当留余地，

得意不宜再往。

人有喜庆，

不可生妒嫉心；

人有祸患，

不可生喜幸心。

善欲人见，

不是真善；

恶恐人知，

便是大恶。

见色而起淫心，

报在妻女；

匿怨而用暗箭，

祸延子孙。

家门和顺，

虽饔飧不济，

亦有余欢。

国课早完，

即囊橐无余，

自得至乐。

读书志在圣贤，

非徒科第。

为官心存君国，

岂计身家。

守分安命，

顺时听天；

为人若此，

庶乎近焉。

《朱子治家格言》浅解

《朱子治家格言》是明末清初的朱柏庐先生所编的讲求道德修养，规范个人行为的一本书。他本人是著名的理学家、教育家。其父在抗清时为国捐躯，他终身不仕，坚守父志，潜心读书，致力育人。他最后留给弟子们的话是："学问在性命，事业在忠孝。"

传统思想讲道德修养，主要讲修身。修身才能治国、平治天下。修身为《大学》所讲"明明德，亲民，止于善"。如果能克己明德，亲善他人，使其也能克己明德，那就是至善的理想世界了。他的格言，就是本着这一思想，他从日常生活入手，用平实的语言，一步步将人们引入他的道德规范，这确实是他不同于他人的高明之处，现择其要简述之。

"黎明即起……即昏便息。"早起，昏止。早起，是古人重要的生活习惯，也是生活中必须遵守的行为准则，古人非常爱惜时间，寸金难买寸光阴。孔子的弟子守予白天睡懒觉，孔子斥责他"朽木不可雕也"。是不可造就之人。同时，早起也是勤劳的表现。第三，把家内外打扫一新，居家神清气爽，是日日新兴家景气。

忙了一天到晚上便要休息，即昏止。关门休息，防止盗贼，是为休息好创造条件。不仅身体要休息，内心也要休息。《大学》里讲："知止而后有空，空而后能静，静而后能安，安而后能虑，虑而后能得。”昏止，是很重要的。

在生活中要节约，物力维艰，自奉节约，才会自足，惜福报恩；要勤俭，忌骄奢。勤能广业，俭以养德，而骄奢足以亡国丧身，历史上不乏其例。

凡事，予则立，不予，则废。不要临渴挖井。

勿营华屋，勿谋良田。对居官的来说，居官要清廉；对居家的来说，要克制物欲，不将华屋、良田留给儿孙，以诗书传家，家运才能久盛不衰。财富多并不能保证后世生活幸福。

为人在世，不要有利欲之心。处处以仁德约束自己。无利欲之心，就不会贪图小便宜；无利欲之心，就不会男盗女娼，害人害己。防止灾祸的根本办法就是不取私利。不是自己应得的财物若要了就是窃贼。要从小事做起，防微杜渐。

居家要注重人伦关系，不让妇人之言伤了家里和气。

要多做善事。尊崇祖先，孝敬父母，照顾孤寡，体恤族人。与人交往，谈婚论嫁，要注重人品，看轻财物，否则，相交不会持久，而反生祸端。

衣着要朴素，女人艳妆浓抹，男人妻妾成群，非闺房之福。

巴结富人可耻，骄于穷人太贱。富要行仁，散财济困；穷要立志，奋发图强。

家道至要，莫若教子。

子愚，可教。教，在学，学则可立身。

为学先要有志，并要有好的适合的教学与学习方法，就能进入仕途。

交友要慎重。要选择品德好、有才识的人做朋友。谏友不损友，相互得益，互勉共进。

亲君子，远小人。不与人争讼，与人争讼会使自己受损。

与人争执要反省是不是自己的不对。居家不与人争论。与人争论，结果必凶。滴水之恩必报，施惠无念（无私念，不图好处）。

韩信失意时受赠老妇一顿饭，发达后回赠千金。

见财忘义，见色起淫心，暗箭伤人，都会祸延子孙。

不幸灾乐祸。不嫉妒他人。行善积福。

凡事留有余地，富在知足，贵在知退。

志在圣贤，心存国君，不计家身，守分安命，可谓圣人。

二十一、卢氏家训

1. 家人当尽孝侍奉父母床前。
2. 家人当衷心侍奉妻儿。
3. 家人当敬长爱幼，互礼互让。
4. 家人当礼敬尊长、师长。
5. 家人当在孩子七岁前剃掉头发、眉毛一次，以去除胎毒。
6. 家人当终生妥善保管一岁以前的衣服，死后一起烧化。
7. 家人当远离无德福薄之人。
8. 家人当常换肺中浊气。
9. 家人当常喝清茶于晨起。
10. 家人当常静坐沉思养神。
11. 家人当终生不喝生冷之水。
12. 家人当不坐凉椅。
13. 家人当睡觉时，必须保护好自己的腹部，特别是夜晚。
14. 家人当礼重风水古旧文化。
15. 家人当礼敬一切寺院庙观庵堂。
16. 家人当敬重水井。
17. 家人当常捐钱物以济危难。
18. 家人当远离衰人。
19. 家人当爱护公物、公山、公地。
20. 家人当远离黄、赌、毒、戏、娱。
21. 家人当远离五官怪异者。

22. 家人当不捡拾路边钱物。
23. 家人当不参与闲言、诽谤、造谣。
24. 家人当不在公众聚集处停留。
25. 家人当不坐卧大榕树下。
26. 家人当不在树脚处便溺。
27. 家人当不浪费作践食物。
28. 家人当不夜行。
29. 家人当不作贱侵害生物。
30. 家人当不踩踏井盖行走。
31. 家人居家外出当穿长衣长裤。
32. 家人当就餐时筷子应放在饭碗的右边。
33. 家人当常备应急药物、工具、防身之物。
34. 家人当常施钱物于寺院道观。
35. 家人当不站着蹲着吃任何东西。
36. 家中所有碗碟只能正放。
37. 家人当不用手指日、月、星。
38. 家人鞋头当朝门外放置。
39. 家人当不在屋内打开从外面带进家里的雨伞。
40. 家人当敬惜字纸，不用有字的纸包裹任何物品。
41. 家人当不穿有破损的衣服，修补好后再穿。
42. 家人当不随意处置旧物，不随便接受他人的衣物。
43. 家中来客只提供饮食，不提供住宿。
44. 家人当吃饭时不舔筷子。
45. 家中女眷必须准备两条毛巾，上下分开。
46. 家人的内衣要分开洗。
47. 家人当不在晾晒的衣物下经过，不在公共地方晾晒衣物。
48. 家中所有餐具只要稍有裂口，必须打碎扔掉。
49. 家中一定要安装门槛。

50. 家中不悬挂镜子。

51. 家中不用吊灯吊扇。

52. 家人当用象牙或银筷子。

53. 家人当谨言慎行。

54. 当别人提出合理的、必须的要求时，应尽力帮助。

二十二、颜氏家训（节选）

（北齐）颜之推

（一）序致第一

［原文］

夫圣贤之书，教人诚孝、慎言、检迹；立身扬名，亦已备矣。魏、晋已来，所著诸子，理重事复，递相模敩，犹屋下架屋，床上施床耳。吾今所以复为此者，非敢轨物范世也，业以整齐门内，提撕子孙。夫同言而信，信其所亲；同命而行，行其所服。禁童子之暴谑。则师友之诫不如傅婢之指挥；止凡人之斗阋，则尧、舜之道不如寡妻之诲谕。吾望此书为汝曹之所信，犹贤于傅婢寡妻耳。

吾家风教，素为整密。昔在龆龀，但蒙诱诲。每从两兄，晓夕温清，规行矩步，安辞定色，锵锵翼翼，若朝严君焉。赐以优言，问所好尚，励短引长，莫不恳笃。年始九岁，便丁荼蓼，家途离散，百口索然。慈兄鞠养，苦辛备至，有仁无威，导示不切。虽读《礼传》，微爱属文，颇为凡人之所陶染，肆欲轻言，不修边幅。年十八九，少知砥砺，习若自然，卒难洗荡。二十已后，大过稀焉，每常心共口敌，性与情竞，夜觉晓非，今悔昨失，自怜无教，以至于斯。追思平昔之指，铭肌镂骨，非徒古书之诫，经目过耳也。故留此二十篇，以为汝曹后车尔。

［译文］

古代圣贤的书，都是教诲人们要忠孝，说话要谨慎，行为要检点，立身扬名于世间。这些道理，已说得很完备了。魏、晋两朝以来，各学派写的阐述圣贤思想的著作，相互模仿，事理重复，就像屋下建屋和床上叠床一样。现在我重写此书，并不敢以此来规范人的言行，只是为了整顿门风、教诲子孙。同样的一句话，有些人会信服，因为说话的人是他们的亲人；相同的命令，有些人会遵守，因为下命令的是他们所敬服的人。禁止儿童过分的戏谑，让老师、朋友去劝诫，不如让日常服侍他的仆人侍女去劝阻；阻止兄弟间的争斗，尧舜的教诲还比不上自家妻子的诲劝。我希望这本书能为你们所信服，希望比侍婢对孩童、妻子对丈夫所起的作用更大一点。

我家的家风家教，一向严谨。过去，孩童时代，就受到了诱导和教诲。平时，跟从两个兄长，早晚侍奉双亲，冬天暖被，夏日扇凉，做事循规蹈矩，言语适当，神色安详，行动举止小心谨慎，就如侍奉威严的君王。长辈们经常勉励我，或是问起我的爱好，鼓励我扬长补短，态度都十分诚恳。九岁那年，父母双亡。从此，家道中落，人口凋敝，家庭衰落。慈爱的兄长抚养我长大，历尽了千辛万苦。兄长过分慈爱而没有威严，对我总是注重劝导，而不责备。我虽然读了《礼记》，喜欢写点文章，但是与世俗之人交往而受到他们的熏染，说话便轻狂放纵，仪表也不庄重。到了十八九岁，才稍微懂得磨砺自己的操行。但习惯成自然，还是改不了过去养成的毛病。直到了二十岁以后，我才很少再犯什么大的错误。平常在嘴上信口开河的时候，心里便加以制止，理智与情感常发生冲突；晚上睡下后常反省白天做的错事，今天常悔恨昨天的过失。自己哀怜没有受到很好的教育，以致到了这种地步。追忆自己平时志向，真是感受极深，决不是从古书中能认识到的，只是耳闻目睹而已。所以，我留下了这二十篇文章，用来作为你们的后车之戒吧。

（二）教子第二

［原文］

上智不教而成，下愚虽教无益，中庸之人，不教不知也。古者，圣王有胎教之法：怀子三月，出居别宫，目不邪视，耳不妄听，音声滋味，以礼节之。书之玉版，藏诸金匮。生子咳嗁，师保固明孝仁礼义，导习之矣。凡庶纵不能尔，当及婴稚，识人颜色，知人喜怒，便加教诲，使为则为，使止则止。比及数岁，可省笞罚。父母威严而有慈，则子女畏慎而生孝矣。吾见世间，无教而有爱，每有能然；饮食行为，恣其所欲，宜诫翻奖，应呵反笑，至有识知，谓法当尔。骄慢已习，方复制之，捶挞至死而无威，忿怒日隆而增怨，逮于成长，终为败德。孔子云“少成若天性，习惯如自然”是也。俗谚曰：“教妇初来，教儿婴孩。”诚哉斯语！

凡人不能教子女者，亦非欲陷其罪恶；但重于呵怒，伤其颜色，不忍楚挞惨其肌肤耳。当以疾病为喻，安得不用汤药针艾救之哉？又宜思勤督训者，可愿苛虐于骨肉乎？诚不得已也。

王大司马母魏夫人，性甚严正；王在湓城时，为三千人将，年逾四十，少不如意，犹捶挞之，故能成其勋业。梁元帝时，有一学士，聪敏有才，为父所宠，失于教义；一言之是，遍于行路，终年誉之；一行之非，揜藏文饰，冀其自改。年登婚宦，暴慢日滋，竟以言语不择，为周逖抽肠衅鼓云。

人之爱子，罕亦能均；自古及今，此弊多矣。贤俊者自可赏爱，顽鲁者亦当矜怜。有偏宠者，虽欲以厚之，更所以祸之。共叔之死，母实为之。赵王之戮，父实使之。刘表之倾宗覆族，袁绍之地裂兵亡，可为灵龟明鉴也。

齐朝有一士大夫，尝谓吾曰：“我有一儿，年已十七，颇晓书疏，教其鲜卑语及弹琵琶，稍欲通解。以此伏事公卿，无不宠爱，亦要事也。”吾时俛而不答。异哉，此人之教子也！若由此业，自致卿相，亦不愿汝曹为之。

［译文］

智力高的人，不教育就可以成材；智力低下的人，教育他也没有用处；智力中常的人，不教育他就不会明白事理。古时候，圣王有所谓胎教：王后怀太子到三个月时，就要搬到专门的房间去住，不该看的就不看，不该听的就不听，音乐、饮食，都依照礼来加以节制。这种胎教的方法，都写在玉版上，藏在金柜里。太子生下来到两三岁时，师保必然是定好了的。从那时就开始对他进行孝、仁、礼、义的教育。普通平民纵然不能如此，也应当在孩子知道辨识人的脸色，明白大人的喜怒时，就开始加以教诲，大人叫他做他就做，大人叫他止他就止。这样，等他长到几岁时，就不必对他进行打竹板的处罚了。当父母的威严而慈爱，子女就会敬畏谨慎而产生孝心。我看这世上，父母不知教育而只是溺爱子女的却不是这样；他们对子女任意放纵，本应训诫子女的，反而加以奖励，本应呵责子女时，反而面露笑容，等到子女懂事，他们还以为理当如此。子女骄横习气已成，才又去制止它，把子女抽打到死却树立不起父母的威信，却只会招致子女的怨恨，等到子女长大成人道德败坏。孔子说：“少成若天性，习惯如自然。”就是这个道理。俗话又说：“教媳妇趁新来，教儿子在婴孩。”这话一点不假啊！

一般人不去教育子女，并不是想让子女去犯罪，只是不愿看到子女受怒骂而脸色沮丧，不忍子女被荆条抽打皮肉受苦罢了。这可用治病来打比方，子女生了病，父母哪里能不用汤药针艾去救治他们呢？也应为那些勤于训导子女的父母想一想，他们难道愿意虐待自己的亲骨肉吗？实在是不得已啊。

大司马王僧辩的母亲魏老夫人，品性严谨方正；王僧辩在湓城时，是三千士卒的统领，四十多岁了，但稍微不称魏老夫人的意，老夫人还用棍棒教训他，正因为严格要求，王僧辩才能成就功业。梁元帝的时候，有一位聪明有才气的学士，从小被父亲宠爱，疏于管教；他一句话说得漂亮，当爹的巴不得让过往行人都知道，一年到头挂在嘴上；他若一件事有闪失，当爹的为他百般掩饰，心里是希望他悄悄改掉。学士成年后，日益凶暴傲慢，终究因为说话不检点，得罪了周逖，被杀掉后，肠子被抽出，血被拿去衅鼓。

人们爱自己的孩子，罕有能够一视同仁的。从古到今，这中间的弊端可够多了。那聪慧漂亮的孩子，当然值得赏识喜爱，那愚蠢迟钝的孩子，也应该怜悯同情才是，有那偏宠孩子的，虽然想厚待他，却反而是害了他。共叔段的死，实际是他母亲造成的，赵王如意的被毒害，实际是他父亲促使的。其他如刘表宗族的覆灭、袁绍兵败地失，这些事例都像灵龟、明镜一样可供借鉴啊。

齐朝有位士大夫，曾经对我讲："我有个孩子，已经十七岁了，很懂书信公函的事，我教他讲鲜卑语、弹奏琵琶，他也快掌握了，用这些特长去为王公大人们效劳，没有不宠爱他的，这也是一件紧要的事啊。"我当时低着头，未作回答。这样教育孩子，真让人诧异啊！假如因干这种职业，就可当上卿相，我也不愿让你辈去干的。

（三）兄弟第三

[原文]

夫有人民而后有夫妇，有夫妇而后有父子，有父子而后有兄弟：一家之亲，此三者而已矣。自兹以往，至于九族，皆本于三亲焉，故于人伦为重者也，不可不笃。兄弟者，分形连气之人也，方其幼也，父母左提右挈，前襟后裾，食则同案，衣则传服，学则连业，游则共方，虽有悖乱之人，不能不相爱也。及其壮也，各妻其妻，各子其子，虽有笃厚之人，不能不少衰也。娣姒之比兄弟，则疏薄矣；今使疏薄之人，而节量亲厚之恩，犹方底而圆盖，必不合矣。惟友悌深至，不为旁人之所移者，免夫！

二亲既殁，兄弟相顾，当如形之与影，声之与响；爱先人之遗体，惜己身之分气，非兄弟何念哉？兄弟之际，异于他人，望深则易怨，地亲则易弭。譬犹居室，一穴则塞之，一隙则涂之，则无颓毁之虑；如雀鼠之不恤，风雨之不防，壁陷楹沦，无可救矣。仆妾之为雀鼠，妻子之为风雨，甚哉！

兄弟不睦，则子侄不爱；子侄不爱，则群从疏薄；群从疏薄，则僮仆为仇敌矣。如此，则行路皆踖其面而蹈其心，谁救之哉！人或交天下之士，皆有欢爱，而失敬于兄者，何其能多而不能少也！人或将数万之师，得其死力，而失恩于弟者，何其能疏而不能亲也！

娣姒者，多争之地也，使骨肉居之，亦不若各归四海，感霜露而相思，伫日月之相望也。况以行路之人，处多争之地，能无间者，鲜矣。所以然者，以其当公务而执私情，处重责而坏薄义也；若能恕己而行，换子而抚，则此患不生矣。

人之事兄，不可同于事父，何怨爱弟子不及爱子乎？是反照而不明也。沛国刘琎，尝与兄王献连栋隔壁，王献呼之数声不应，良久方答；王献怪问之，乃曰："向来未着衣帽故也。"以此事兄，可以免矣。

江陵王玄绍，弟孝英、子敏，兄弟三人，特相友爱，所得甘旨新异，非共聚食，必不先尝，孜孜色貌，相见如不足者。及西台陷没，玄绍以形体魁梧，为兵所围，二弟争共抱持，各求代死，终不得解，遂并命尔。

［译文］

先有人类而后才有夫妇，有了夫妇而后才有父子，有了父子而后才有兄弟，一个家庭中的亲人，此三者而已。由此推延，直至九族，都是来源于"三亲"，所以说"三亲"是人伦关系中最重要的，不可不重视。兄弟，是一母所生、形体不同而气脉相通的人。在他们小的时候，父母左手拉着一个，右手扯着另一个；这个牵着父母衣服的前襟，那个抓着衣服的后摆；吃饭时共用一个桌案，穿衣是哥哥穿过再给弟弟穿；学习上弟弟使用哥哥读过的书籍；就是游玩，兄弟也在同一个地方。如此则兄弟之间即使有悖礼的人，也不能不互相爱护。等到兄弟都长大了，各自娶了妻子，抚养自己的孩子，即使忠诚厚道的兄弟，感情也不能不比小时候淡薄，妯娌之间与兄弟相比，感情上疏远淡薄很多。如今让感情疏远淡薄的妯娌来节制度量亲密深厚的兄弟感情，就好像给方形的底座配上圆形的盖子，必不合适。惟有兄弟间互相爱护，感情深厚，才不会因别人的影响。你们一定要避免这种情况。

父母去世后，兄弟之间应互相照顾，要如形体随影、声与回声一样。互相爱护先辈所给予的躯体，互相珍惜从父母那里分得的血气，不是兄弟的话，谁会这样呢？兄弟之间的关系是不同于别人的，相互期望过高就容易产生不满，而相处亲密的话，这种情况就容易消除。比如一间房子，它有个洞就马上堵塞住，有条缝隙就马上涂盖，那么这房子就不用担心会倒塌。如果对麻雀、老鼠的危害不放在心上，对风雨的侵蚀不加防范，那当墙倒柱断时，就无法补救了。奴仆、侍婢好比麻雀、老鼠，妻儿好比风雨，危害是更加厉害的呀！

兄弟之间不和睦，则子侄就不会互相爱护；子侄不互相爱护，则家族中人群都会相互疏远，感情淡薄；族中人群既关系疏远，感情淡薄，则童仆之间就会相互仇视。如果变成这样，那么路人都可以任意践踏、欺辱他们，谁还能救得了他们呢？有些人能和天下之士交朋友，且很快乐，却不知敬重自己的兄长，为什么能和那么多人相处，却不能善待自己仅有的一两个兄长呢？有的人能统率数万人的军队，使部下为他拼死效力，而对自己的亲兄弟却缺少恩爱，为什么能对亲人关系疏远却不能亲爱呢！

妯娌之间是易生争执的是非之地，即使是同胞姐妹成为妯娌而住在一起，也不如让她们各嫁远方，这样，她们因长久分离，才会感叹霜露降临而互相思念，长久不见企盼相聚。更何况妯娌本来就是互不相识的路人，处于容易产生争执的环境里，能够互相体贴没有隔阂的实在很少。之所以会这样，是因为在处理家事时大家都各怀私心，负有家庭重责却怀有个人恩怨。假如妯娌都有仁爱之心，把对方的孩子当作自己的孩子一样抚养，那么妯娌不和的事情就不会发生了。

有的人不能像侍奉父亲一样来对待自己的兄长，那又何必埋怨兄长对自己的爱护不如对他的孩子呢？由此反省自己就知道自己的不明智。沛国人刘琎，曾经与他的哥哥刘瓛住在一栋房子里，相互只隔一层墙壁。有一次刘瓛呼叫刘琎，叫了好几声都没人答话，过了好一阵才听见刘琎回答。刘瓛感到很奇怪，问他原因，刘琎回答说："因为刚才还没有穿好衣帽。"以这种态度敬事兄长，就难免出现哥哥对弟弟的爱护不如对他自己的孩子的情形了。

江陵人王玄绍，与弟弟孝英、子敏三人特别友爱，若得到新奇美味，如果不是三个人一起享受，谁也不会自己先吃，兄弟三人虽然都互相勉励、尽力相待，但每次见面仍觉得自己做得不够。到江陵被敌人攻陷时，元绍因为身体魁梧，被敌兵包围，两个弟弟争着去保护他，各自求着代替哥哥去死，但终未解脱厄运，兄弟三人同时被杀害。

（四）后娶第四

［原文］

吉甫，贤父也，伯奇，孝子也，以贤父御孝子，合得终于天性，而后妻间之，伯奇遂放。曾参妇死，谓其子曰："吾不及吉甫，汝不及伯奇。”王骏丧妻，亦谓人曰：“我不及曾参，子不如华、元。”并终身不娶，此等足以为诫。其后，假继惨虐孤遗，离间骨肉，伤心断肠者，何可胜数。慎之哉！慎之哉！

凡庸之性，后夫多宠前夫之孤，后妻必虐前妻之子；非唯妇人怀嫉妒之情，丈夫有沉惑之僻，亦事势使之然也。前夫之孤，不敢与我子争家，提携鞠养，积习生爱，故宠之。前妻之子，每居己生之上，宦学婚嫁，莫不为防焉，故虐之。异姓宠则父母被怨，继亲虐则兄弟为仇，家有此者，皆门户之祸也。

思鲁等从舅殷外臣，博达之士也。有子基、谌，皆已成立，而再娶王氏。基每拜见后母，感慕呜咽，不能自持，家人莫忍仰视。王亦凄怆，不知所容，旬月求退，便以礼遣，此亦悔事也。

《后汉书》曰：“安帝时，汝南薛包孟尝，好学笃行，丧母，以至孝闻。及父娶后妻而憎包，分出之，包日夜号泣，不能去，至被殴杖。不得已，庐于舍外，旦入而洒扫。父怒，又逐之，乃庐于里门，昏晨不废。积岁余，父母惭而还之。后行六年服，丧过乎哀。既而弟子求分财异居，包不能止，乃中分其财。奴婢取其老者，曰：‘与我共事久，若不能使也。’田访取其荒顿者，曰：‘吾少时所理，意所恋也。’器物取其朽败者，曰：‘我素所服食，身口所安也。’弟子数破其产，还复赈给。建光中，公车特征，至拜侍中。包性恬虚，称疾不起，以死自乞。有诏赐告归也。”

［译文］

吉甫是贤明的父亲；伯奇是孝顺的儿子。由贤明的父亲来管束孝顺的儿子，应该是能尽天伦之乐的了。但由于吉甫后妻的挑拨，伯奇竟遭到父亲的驱逐。曾参在妻子死了以后，对他的儿子说：“我不及吉甫那样贤明，你们也没有伯奇那样的孝顺（所以我不敢再娶）。”王骏在妻子死了以后，也对别人说：“我比不上曾参，我的儿子也不及曾华、曾元。所以我更不敢再娶。”曾参、王骏两个人都终身没有再娶，这事例足以让人引以为戒。事实上，继母残酷地虐待前妻的孩子，离间父子之间的骨肉关系，让人心伤肠断的例子多的是，让人数都数不过来。对再娶这件事，要慎重啊！要慎重啊！

按照一般人的性情，后夫大多数都爱前夫留下来的孤儿，而后母必定虐待前妻遗留下来的孩子。这并不是因为妇人天生的妒忌心强而男人溺爱有所不同所致，而是情势发展的必然结果。前夫留下来的孤儿，不敢与自己的孩子争夺家业，后夫提携，尽心尽力地抚养他，长时间下去就会宠爱他。前妻的儿子，地位往往在后母的儿子的地位之上，求学当官，婚姻嫁娶，后母没有一样不提防着他，所以这样就会虐待前妻的儿子。如果异姓的孩子得到父母的宠爱，那么父母就会遭到亲生儿子的怨恨；如果前妻的孩子遭到后母的虐待，那么兄弟之间就会变成仇敌。家里有着这种问题，是家庭的祸害啊。

思鲁他们的堂舅殷外臣是一位博学多才、知礼通达的士子。他有两个儿子，一个叫殷基，一个叫殷谌，都已经长大成人。而殷外臣又再娶王氏为妻。殷基每次看见后母的时候，都会思念他的生母而感慨哭泣，不能自制，家里的人都不忍心抬头去看他。王氏也很悲伤，不知怎样做才好。不到一个月，王氏请求退亲。殷外臣也只好按照礼义把她送回了娘家。这也是一件令人十分悔恨的事啊。

《后汉书》上说："安帝的时候，汝南有个叫薛包的人，字孟尝。他勤奋好学，行为正直。他的母亲死了以后，他因为孝而闻名。等到他的父亲娶了后妻的时候，他的父亲就开始厌恶他，要把他驱逐出家门。薛包日夜号啕大哭，舍不得离去，直至被用棍棒殴打。薛包不得已，只好在屋外搭了个草棚住，一大早就回家中打扫庭院。他父亲又大发怒火，再次把他赶出家门。即使是这样，他早晚还是给父母请安。过了一年多，他的父母渐渐感到惭愧，让他搬了回来。后来，他的父母去世了，他行了六年丧礼，超过了丧礼三年的要求。

不久，他的弟弟又要求分家。薛包阻止不了，于是只能将家产平均分配：奴婢，他要年老的，原因是：‘这些奴婢与我相处的时间长，你使唤不了他们。’田地，他要求的是荒废的，原因是：‘我小时候管理过，我对它们很依恋。’器物，他取的是快要腐朽的，原因是：‘我一向都是用这些吃饭的，已经习惯了。’他的弟弟几次破产，薛包仍然救济他弟弟。建光年间，公车署特别征召薛包，并且授予他侍中这个官职。可是薛包生性喜欢恬静，借口说病得起不了床，以死推辞不就。朝廷只好下诏令，允许他告病带职在家休养。”

（五）治家第五

［原文］

夫风化者，自上而行于下者也，自先而施于后者也。是以父不慈则子不孝，兄不友则弟不恭，夫不义则妇不顺矣。父慈而子逆，兄友而弟傲，夫义而妇陵，则天之凶民，乃刑戮之所摄，非训导之所移也。

笞怒废于家，则竖子之过立见；刑罚不中，则民无所措手足。治家之宽猛，亦犹国焉。

孔子曰：“奢则不孙，俭则固；与其不孙也，宁固。”又云：“如有周公之才之美，使骄且吝，其余不足观也已。”然则可俭而不可吝也。俭者，省约为礼之谓也；吝者，穷急不恤之谓也。今有施则奢，俭则吝；如能施而不奢，俭而不吝，可矣。

生民之本，要当稼穑而食，桑麻以衣。蔬果之畜，园场之所产；鸡豚之善，埘圈之所生。爰及栋宇器械，樵苏脂烛，莫非种植之物也。至能守其业者，闭门而为生之具以足，但家无盐井耳。今北土风俗，率能躬俭节用，以赡衣食；江南奢侈，多不逮焉。

梁孝元世，有中书舍人，治家失度，而过严刻，妻妾遂共货刺客，伺醉而杀之。

世间名士，但务宽仁；至于饮食饟馈，童仆减损，施惠然诺，妻子节量，狎侮宾客，侵耗乡党：此亦为家之巨蠹矣。

齐吏部侍郎房文烈，未尝嗔怒，经霖雨绝粮，遣婢籴米，因尔逃窜，三四许日，方复擒之。房徐曰："举家无食，汝何处来?"竟无捶挞。尝寄人宅，奴婢彻屋为薪略尽，闻之颦蹙，卒无一言。

裴子野有疏亲故属饥寒不能自济者，皆收养之；家素清贫，时逢水旱，二石米为薄粥，仅得遍焉，躬自同之，常无厌色。邺下有一领军，贪积已甚，家童八百，誓满一千；朝夕每人肴膳，以十五钱为率，遇有客旅，更无以兼。后坐事伏法，籍其家产，麻鞋一屋，弊衣数库，其余财宝，不可胜言。南阳有人，为生奥博，性殊俭吝，冬至后女婿谒之，乃设一铜瓯酒，数脔獐肉；婿恨其单率，一举尽之。主人愕然，俛仰命益，如此者再；退而责其女曰："某郎好酒，故汝常贫。"及其死后，诸子争财，兄遂杀弟。

妇主中馈，惟事酒食衣服之礼耳，国不可使预政，家不可使干蛊；如有聪明才智，识达古今，正当辅佐君子，助其不足，必无牝鸡晨鸣，此致祸也。

妇人之性，率宠子婿而虐儿妇。宠婿，则兄弟之怨生焉；虐妇，则姊妹之谗行焉。然则女之行留，皆得罪于其家者，母实为之。至有谚云："落索阿姑餐。"此其相报也。家之常弊，可不诫哉!

婚姻素对，靖侯成规。近世嫁娶，遂有卖女纳财，买妇输绢，比量父祖，计较锱铢，责多还少，市井无异。或猥婿在门，或傲妇擅室，贪荣求利，反招羞耻，可不慎欤!

[译文]

风尚教化，是从上面推行到下面、由前人影响到后人的。因此，如父亲不慈爱，子女就不会孝顺；如哥哥不友爱，弟弟就不会恭敬，如丈夫不仁义，妻子就不会和顺。父亲慈爱而子女逆悖，哥哥友爱而弟弟倨傲，丈夫仁义而妻子凶悍，那就是天生的凶民，只有靠刑罚杀戮来使他们畏惧，非训导可以改变的。

家庭内部如果取消体罚，那孩子们的过失就会马上出现；刑罚施用不当，那么老百姓就无所适从。治家的宽严标准，也与治国相同。

孔子说："奢侈就显得不恭顺，俭朴就显得鄙陋。与其不恭顺，宁可鄙陋。"孔子又说："假如有一个人，他有周公那样好的才能，但只要他既骄傲又吝啬，那其他方面也就不足道。"这么说来就应该节俭而不应该吝啬了。节俭，是指减省节约以合乎礼数；吝啬，是指对穷困急难的人也不救济。现在肯施舍的却很奢侈，能节俭的却又吝啬。如果能做到肯施舍而不奢侈，能节俭而不吝啬，那就可以了。

百姓之本，关键应靠春播秋收获取食物，种桑纺麻得到衣服。蔬菜水果的聚积，是靠果园菜圃里出产；鸡肉猪肉等美味，是靠鸡窝猪圈里生产的，直到房屋器用、柴草蜡烛，没有一样不是耕种养殖的产物。善于管理家业的人，不出门而各种维持生计的物品已足了，只不过家里还缺一口产盐的井罢了。现在北方地区的风俗，一般能够做到躬俭节约，以保障衣食之用；江南地区风气奢侈，在节俭持家方面大多赶不上北方。

梁朝孝元帝的时候，有一位中书舍人，治家失度，待家人过于严苛，妻妾就共同买通刺客，乘他喝醉时杀了他。

世上的一些名士，只知讲究宽厚仁慈，以致款待客人馈赠的食品，被童仆减损，承诺接济亲友的东西，由妻子把持控制，甚至发生狎弄侮辱宾客，侵犯乡里的事，这也是家中的大蠹虫。

齐朝的吏部侍郎房文烈，从不生气发怒。一次，连续几天降雨，家中断粮，房文烈派一名婢女去买米，婢女乘这机会逃跑了，过了大约三四天，才把她抓获。房文烈只是语气平缓地对她说："一家人都没吃的了，你跑哪里去啦？"竟然不用棍棒处罚她。房文烈曾经把房子借给别人居住，奴婢们拆房子当柴烧，差不多要拆光了，他听到这事后皱了皱眉头，终于一句话也没说。

裴子野这人，凡是他的远亲旧属饥寒而无力自救者，他都收养。他家平时就清寒贫穷，碰上水旱灾害，就用二石米煮成清粥，也只够每人都喝上。他与大家一道喝清粥，从来没有显出埋怨的神情。邺下有一位领军，过于贪婪敛财，家中童仆已有八百人，他发誓要凑满一千。早晚每人的饭菜，以十五文钱为标准，遇到有客人来，也不再添加一点。后来他犯罪被法办，朝廷派人抄没他的家产时，发现他家麻鞋有一屋子，朽坏的衣服装了几库房，其余的财宝，多得无数。南阳有个人，家财富厚，却特别吝啬。有一年冬至后，女婿去拜望他，他就摆出一小铜盆酒、几块獐子肉来招待。女婿怪他薄情草率，一下子就把酒肉喝光吃尽了。这位南阳人感到惊愕，只好勉强地叫仆人添上一点，就这样添了两次。下来后他责备他女儿说："你男人爱喝酒，所以你老受穷。"到他死后，儿子们争夺家财打架，当哥哥的竟然把弟弟给杀了。

妇人主持家务，不过是操办有关酒食衣服等礼仪方面的事罢了。就国家而言，不可让她们参与国事；就家庭而言，不可让她们主持家政。如果有那聪明能干、洞察古今的妇人，正应该辅佐自己的丈夫，以弥补他的不足，决不会学母鸡在清晨打鸣，以招致灾祸的。

妇人的秉性，大都宠爱女婿而虐待儿媳。宠爱女婿，则儿子不满，虐待儿媳，则女儿就会进谗言。既然如此，那么女子不论被嫁出去还是被娶进来，都要得罪家人，这实在是当母亲的造成的。以致有谚语说："阿姑吃饭好冷清。"这是对她的报应啊。这种家庭中经常出现的弊端不能不警戒啊！

男女婚配要选择清寒人家，这是先祖靖侯立下的规矩。近来嫁女儿娶媳妇，竟然有卖女儿捞钱财，用财礼买媳妇的。这些人家为子女选配偶时，比量算计的是对方父辈祖辈的权势地位，斤斤计较的是对方财礼的多少；这方要求得多，那方应承得少，讨价还价，与商人没有两样。这些人家，招的女婿猥琐鄙贱，娶来媳妇凶悍擅权。他们贪荣求利，反而招来羞耻，对此能不慎重吗！

（六）慕贤第七

［原文］

古人云："千载一圣，犹旦暮也，五百年一贤，犹比髆也。"言圣贤之难得，疏阔如此。傥遭不世明达君子，安可不攀附景仰之乎？吾生于乱世，长于戎马，流离播越，闻见已多，所值名贤，未尝不心醉魂迷向慕也。人在少年，神情未定，所与款狎，熏渍陶染，言笑举对，无心于学，潜移暗化，自然似之。何况操履艺能，较明易习者也？是以与善人居，如入芝兰之室，久而自芳也；与恶人居，如入鲍鱼之肆，久而自臭也。墨子悲于染丝，是之谓矣。君子必慎交游焉。孔子曰："无友不如己者。"颜、闵之徒，何可世得，但优于我，便足贵之。

世人多蔽，贵耳贱目，重遥轻近。少长周旋，如有贤哲，每相狎侮，不加礼敬；他乡异县，微藉风声，延颈企踵，甚于饥渴。校其长短，核其精粗，或彼不能如此矣。所以鲁人谓孔子为东家丘。昔虞国宫之奇，少长于君，君狎之，不纳其谏，以至亡国，不可不留心也。

用其言，弃其身，古人所耻。凡有一言一行取于人者，皆显称之，不可窃人之美，以为己力；虽轻虽贱者，必归功焉。窃人之财，刑辟之所处；窃人之美，鬼神之所责。

梁孝元前在荆州，有丁觇者，洪亭民耳，颇善属文，殊工草隶，孝元书记，一皆使之。军府轻贱，多未之重，耻令子弟以为楷法，时云："丁君十纸，不敌王褒数字。"吾雅爱其手迹，常所宝持。孝元尝遣典签惠编送文章示萧祭酒，祭酒问云："君王比赐书翰，及写诗笔，殊为佳手，姓名为谁？那得都无声闻？”编以实答。子云叹曰：“此人后生无比，遂不为世所称，亦是奇事。”于是闻者少复刮目。稍仕至尚书仪曹郎，末为晋安王侍读，随王东下。及西台陷殁，简牍湮散，丁亦寻卒于扬州；前所轻者，后思一纸，不可得矣。

侯景初入建业，台门虽闭，公私草扰，各不自全。太子左卫率羊侃坐东掖门，部分经略，一宿皆办，遂得百余日抗拒凶逆。于时城内四万许人，王公朝士，不下一百，便是恃侃一人安之，其相去如此。古人云：“巢父、许由，让于天下；市道小人，争一钱之利。”亦已悬矣。

张延隽之为晋州行台左丞，匡维主将，镇抚疆埸，储积器用，爱活黎民，隐若敌国矣。群小不得行志，同力迁之。既代之后，公私扰乱，周师一举，此镇先平，齐国之亡，启于是矣。

[译文]

古人说：“千载一圣，犹旦暮也；五百年一贤，犹比髆也。”意思是说圣贤十分难得，要经过几百年才能出现一个。假如碰上了世上罕有的明达君子，怎么会不去攀附景仰他呢？我生于乱世，在兵荒马乱中长大，流离失所，所听到的和所看到的够多了，但遇到名人贤士，未尝不心醉神迷地崇拜他。人在年轻的时候，精神性情尚未成型，与圣贤之士亲近可以受其熏陶。他的言行举止，音容笑貌，即使无心去模仿，但在潜移默化中，自然跟他相似。何况操守和技能，是比较容易学习的呢？因此，与善人相处，就像与芷兰香草共处一室，时间久了，自己也会变得芳香了；与恶人相处，就像是进入满是鲍鱼的房间，时间久了，人也变得跟鲍鱼一样腥臭。墨子有感于染丝而悲叹，他说的也是一样的道理。君子结交朋友一定要慎重啊。孔子说：“不要跟不如自己的人做朋友。”像颜回、闵损那样的贤人，我们一辈子都难遇上。但只要比我强，他就值得我敬重。

世上多数人有个毛病，对传闻的人和事十分看重，对自己亲眼所见的却不相信；对远方的人十分重视，对自己身边的人却满不在乎。跟自己一起长大的人，如果当中有人成了贤达之士，往往就对他轻狎怠慢，缺少敬意。如果是异乡别县的人，只凭听了他们一点点的名声，就争着去见识一下，以致伸长了脖子，踮起了脚跟，如饥似渴地仰慕他。比较两个人的长短，核对两者的优势，或许远方的圣人不如自己身边的贤士。因此鲁国的人不把孔子视为圣人，而称之为“东家丘”。从前虞国的宫之奇，年龄比国君大了几岁，国君与他较为亲近，看不上他，因而不肯接受他的劝告，以致亡了国。这个教训我们不可不多加注意啊！

引用别人的言论却嫌弃本人，古人认为这是可耻的。凡是一句话，或一个举措，取自于他人的，都应该公开弘扬，不能够掠人之美，当作是自己的功劳；即使是地位低下之人、身份卑微之士，也要把功劳归还给他。盗窃他人的财物，会受到刑律的处罚；盗窃别人的功绩会遭到鬼神的谴责。

梁孝元帝在荆州时，那里有一位叫丁觇的人，是洪亭地方的人。他很会写文章，尤其擅长草书和隶书。孝元帝的文书抄写，全都是由他负责。军府中的人看不起他，耻于让自己的子弟去临习他的书法。当时有这样的说法：“丁觇的十张纸，抵不上王褒的几个字。”我非常喜欢丁觇的书法墨迹，常常把它们珍藏起来。孝元帝曾经派典签惠编把丁觇文章送给祭酒萧子云看。萧子云问：“君王近来常有书信赐给我，里面的诗歌文章、书法都非常漂亮，实在是一位非常出色的人才，那人姓甚名谁？”惠编据实回答。子云十分感慨地说：“这个人在年轻人中无与伦比，竟然不被世人所称道，实在是一件怪事。”别的人听了子云这样的评价以后，才改变对丁觇的看法。后来，丁觇也渐渐官至尚书仪曹郎，后来担任晋安王的伴读，追随着晋安王顺江东下。等到后来江陵陷落的时候，那些文书竹简礼札都流失了，丁觇不久也死于扬州。以前那些看不起他的人，想再得到他的只字片纸，也是得不到了。

侯景刚进入建业城的时候，城门紧紧地关着，即使这样，城内的官吏和百姓一片混乱，人人都担心自身的安全。这时，太子左卫率（官名）羊侃坐镇东掖门，他在那里部署策划防务，一夜之间就办完了应办的事。因此，才得到一百多天的时间来抵御凶恶的侯景之乱。当时，城里面有四万多人，王公大臣、朝中命官不下一百多人，但就凭着羊侃一个人安定了局势，其间竟相差到了那么大的地步。古人说："巢父、许由，把天下让给别人；而市井小人，却为一钱之利争执不休。"这其中，人与人之间相差十分悬殊！

张延隽在任晋州行台左丞时，严格管理扶持主将，镇守边疆，储积物资，爱惜百姓，使晋州坚稳威重可与一国相匹敌。而一些卑鄙小人因为不能随心所欲便共同排挤他；后来，张延隽被取代了，晋州上下一片混乱，北周一举兵，晋州就被扫平了。齐朝败亡就是从这里开始的。

（七）勉学第八

［原文］

自古明王圣帝，犹须勤学，况凡庶乎！此事遍于经史，吾亦不能郑重，聊举近世切要，以启寤汝耳。士大夫子弟，数岁已上，莫不被教，多者或至《礼》、《传》，少者不失《诗》、《论》。及至冠婚，体性稍定；因此天机，倍须训诱。有志尚者，遂能磨砺，以就素业；无履立者，自兹堕慢，便为凡人。人生在世，合当有业：农民则计量耕稼，商贾则讨论货贿，工匠则致精器用，伎艺则沈思法术，武夫则惯习弓马，文士则讲议经书。多见士大夫耻涉农商，差务工伎，射则不能穿札，笔则才记姓名，饱食醉酒，忽忽无事，以此销日，以此终年。或因家世余绪，得一阶半级，便自为足，全忘修学；及有吉凶大事，议论得失，蒙然张口，如坐云雾；公私宴集，谈古赋诗，塞默低头，欠伸而已。有识旁观，代其入地。何惜数年勤学，长受一生愧辱哉！

梁朝全盛之时，贵游子弟，多无学术，至于谚云："上车不落则著作，体中何如则秘书。"无不熏衣剃面，傅粉施朱，驾长檐车，跟高齿屐，坐棋子方褥，凭斑丝隐囊，列器玩于左右，从容出入，望若神仙。明经求第，则雇人答策；三九公宴，则假手赋诗。当尔之时，亦快士也。及离乱之后，朝市迁革。铨衡选举，非复曩者之亲；当路秉权，不见昔时之党。求诸身而无所得，施之世而无所用。被褐而丧珠，失皮而露质，兀若枯木，泊若穷流，孤独戎马之间，转死沟壑之际。当尔之时，诚驽材也。有学艺者，触地而安，自荒乱已来，诸见俘虏，虽百世小人，知读《论语》、《孝经》者，尚为人师；虽千载冠冕，不晓书记者，莫不耕田养马。以此观之，安可不自勉耶？若能常保数百卷书，千载终不为小人也。

夫明《六经》之旨，涉百家之书，纵不能增益德行，敦厉风俗，犹为一艺，得以自资。父兄不可常依，乡国不可常保，一旦流离，无人庇荫，当自求诸身耳。谚曰："积财千万，不如薄伎在身。"伎之易习而可贵者，无过读书也。世人不问愚智，皆欲识人之多，见事之广，而不肯读书，是犹求饱而懒营馔，欲暖而惰裁衣也。夫读书之人，自羲、农已来，宇宙之下，凡识几人，凡见几事，生民之成败好恶，固不足论，天地所不能藏，鬼神所不能隐也。

有客难主人曰："吾见强弩长戟，诛罪安民，以取公侯者有矣；文义习吏，匡时富国，以取卿相者有矣；学备古今，才兼文武，身无禄位，妻子饥寒者，不可胜数，安足贵学乎？"主人对曰："夫命之穷达，犹金玉木石也；修以学艺，犹磨莹雕刻也。金玉之磨莹，自美其矿璞，木石之段块，自丑其雕刻；安可言木石之雕刻，乃胜金玉之矿璞哉？不得以有学之贫贱，比于无学之富贵也。且负甲为兵，咋笔为吏，身死名灭者如牛毛、角立杰出者如芝草；握素披黄，吟道咏德，苦辛无益者如日蚀，逸乐名利者如秋荼，岂得同年而语矣。且又闻之：生而知之者上，学而知之者次。所以学者，欲其多知明达耳。必有天才，拔群出类，为将则暗与孙武、吴起同术，执政则悬得管仲、子产之教，虽未读书，吾亦谓之学矣。今子不能然，不师古之踪迹，犹蒙被而卧耳。”

人见邻里亲戚有佳快者，使子弟慕而学之，不知使学古人，何其蔽也哉？世人但知跨马被甲，长矛强弓，便云我能为将；不知明乎天道，辨乎地利，比量逆顺，鉴达兴亡之妙也。但知承上接下，积财聚谷，便云我能为相；不知敬鬼事神，移风易俗，调节阴阳，荐举贤圣之至也。但知私财不入，公事夙办，便云我能治民，不知诚己刑物，执辔如组，反风灭火，化鸱为凤之术也。但知抱令守律，早刑晚舍，便云我能平狱；不知同辕观罪，分剑追财，假言而奸露，不问而情得之察也。爰及农商工贾，厮役奴隶，钓鱼屠肉，饭牛牧羊，皆有先达，可为师表，博学求之，无不利于事也。

夫所以读书学问，本欲开心明目，利于行耳。未知养亲者，欲其观古人之先意承颜，怡声下气，不惮劬劳，以致甘腝，惕然惭惧，起而行之也；未知事君者，欲其观古人之守职无侵，见危授命，不忘诚谏，以利社稷，恻然自念，思欲效之也；素骄奢者，欲其观古人之恭俭节用，卑以自牧，礼为教本，敬者身基，瞿然自失，敛容抑志也；素鄙吝者，欲其观古人之贵义轻财，少私寡欲，忌盈恶满，赒穷恤匮，赧然悔耻，积而能散也；素暴悍者，欲其观古人之小心黜己，齿弊舌存，含垢藏疾，尊贤容众，苶然沮丧，若不胜衣也；素怯懦者，欲其观古人之达生委命，强毅正直，立言必信，求福不回，勃然奋厉，不可恐慑也；历兹以往，百行皆然。纵不能淳，去泰去甚。学之所知，施无不达。世人读书者，但能言之，不能行之，忠孝无闻，仁义不足；加以断一条讼，不必得其理；宰千户县，不必理其民；问其造屋，不必知楣横而棁竖也；问其为田，不必知稷早而黍迟也；吟啸谈谑，讽咏辞赋，事既悠闲，材增迂诞，军国经纶，略无施用。故为武人俗吏所共嗤诋，良由是乎！

夫学者所以求益耳。见人读数十卷书，便自高大，凌忽长者，轻慢同列；人疾之如仇敌，恶之如鸱枭。如此以学自损，不如无学也。

古之学者为己，以补不足也；今之学者为人，但能说之也。古之学者为人，行道以利世也；今之学者为己，修身以求进也。夫学者犹种树也，春玩其华，秋登其实；讲论文章，春华也；修身利行，秋实也。

人生小幼，精神专利，长成已后，思虑散逸，固须早教，勿失机也。吾七岁时，诵《灵光殿赋》，至于今日，十年一理，犹不遗忘；二十之外，所诵经书，一月废置，便至荒芜矣。然人有坎壈，失于盛年，犹当晚学，不可自弃。孔子云："五十以学《易》，可以无大过矣。"魏武、袁遗，老而弥笃，此皆少学而至老不倦也。曾子七十乃学，名闻天下；荀卿五十，始来游学，犹为硕儒；公孙弘四十余，方读《春秋》，以此遂登丞相；朱云亦四十，始学《易》、《论语》；皇甫谧二十，始受《孝经》、《论语》：皆终成大儒，此并早迷而晚寤也。世人婚冠未学，便称迟暮，因循面墙，亦为愚耳。幼而学者，如日出之光，老而学者，如秉烛夜行，犹贤乎瞑目而无见者也。

梁元帝尝为吾说："昔在会稽，年始十二，便已好学。时又患疥，手不得拳，膝不得屈。闲斋张葛帏避蝇独坐，银瓯贮山阴甜酒，时复进之，以自宽痛。率意自读史书，一日二十卷，既未师受，或不识一字，或不解一语，要自重之，不知厌倦。"帝子之尊，童雅之逸，尚能如此，况其庶士冀以自达者哉？

古人勤学，有握锥投斧，照雪聚萤，锄则带经，牧则编简，亦为勤笃。梁世彭城刘绮，交州刺史勃之孙，早孤家贫，灯烛难办，常买荻尺寸折之，然明夜读。孝元初出会稽，精选寮寀，绮以才华，为国常侍兼记室，殊蒙礼遇，终于金紫光禄。义阳朱詹，世居江陵，后出扬都，好学，家贫无资，累日不爨，乃时吞纸以实腹。寒无毡被，抱犬而卧。犬亦饥虚，起行盗食，呼之不至，哀声动邻，犹不废业，卒成学士，官至镇南录事参军，为孝元所礼。此乃不可为之事，亦是勤学之一人。东莞臧逢世，年二十余，欲读班固《汉书》，苦假借不久，乃就姊夫刘缓乞刺书翰纸末，手写一本，军府服其志向，卒以《汉书》闻。

齐有宦者田鹏鸾，本蛮人也。年十四五，初为阍寺，便知好学，怀袖握书，晓夕讽诵。所居卑末，使役苦辛，进伺间隙，周章询请。每至文林馆，气喘汗流，问书之外，不暇他语，及睹古人节义之事，未尝不感激沉吟久之。吾甚怜爱，倍加开奖。后被赏遇，赐名敬宣，位至侍中开府。后主之奔青州，遣其西出，参伺动静，为周军所获。问齐王何在，绐云："已去，计当出境。"疑其不信，殴捶服之，每折一肢，辞色愈厉，竟断四体而卒。蛮夷童少，犹能以学成忠，齐之将相，比敬宣之奴不若也。

邺平之后，见徙入关。思鲁尝谓吾曰："朝无禄位，家无积财，当肆筋力，以申供养。每被课笃，勤劳经史，未知为子，可得安乎?"吾命之曰："子当以养为心，父当以学为教。使汝弃学徇财，丰吾衣食，食之安得甘？衣之安得暖？若务先王之道，绍家世之业，藜羹缊褐，我自欲之。"

[译文]

自古以来的那些圣明帝王，尚且勤奋学习，何况庶民百姓呢！这类事在经书史书中随处可见，我也不想过多举例，姑且捡近世紧要的事说说，以启发点悟你们。现在士大夫的子弟，长到几岁以后，没有不受教育的，那学得多的，已学了《礼经》、《春秋三传》。那学得少的，也学完了《诗经》、《论语》。等到他们成年婚配，体质性情逐渐成型，趁这个时候要加倍地对他们进行训育诱导。那些有志气的，就能经受磨炼，以成就其光明正大的事业，而那些没有操守的，从此懒散起来，就成了平庸的人。人生在世，应该从事一定的工作：当农民的就要算计耕田种地，当商贩的就要商谈买卖交易，当工匠的就要精心制作各种用品，当艺人的就要深入研习各种技艺，当武士的就要熟悉骑马射箭，当文人的就要讲议儒家经书。我见到许多士大夫耻于从事农业商业，又缺乏手工技艺方面的本事，让他射箭连一本笔记也射不穿，让他动笔仅仅能写出自己的名字，整天酒足饭饱，无所事事，消磨时光，以此了结一生。还有的人因祖上的荫庇，得到一官半职，便自我满足，完全忘记了学习的事，碰上有吉凶大事，议论起得失来，就张口结舌，茫然无所知，如堕云雾中一般。在各种公私宴会的场合，别人谈古论今，赋诗明志，他却像嘴被塞住了一般，低着头不吭声，只有打呵欠的份。有见识的旁观者，都替他害臊，恨不能钻到地下去。这些人又何惜几年的勤学，而去长受一生的愧辱呢！

梁朝全盛之时，那些贵族子弟大多不学无术，以致当时的谚语说："登车不跌跤，可当著作郎；会说身体好，可做秘书官。"这些贵族子弟没有一个不是以香料熏衣，刮脸修面、涂脂抹粉的；他们外出乘车幔盖过坐整个车身的马车，走路穿高齿木屐，坐在织有方格图案的丝绸坐褥上，倚靠着五彩丝线织成的靠枕，身边摆的是各种古玩，进出从容、派头十足，看上去仿佛神仙一样。到明经答问求取功名的时候，他们就雇人替自己去应试，在三公九卿列席的宴会上，他们就借别人之手来帮自己做诗，在这种时刻，他们倒显得像模像样的。等到动乱来临，朝廷变革，考察选拔官吏时，不再任用过去的亲信，在朝中执掌大权的，再不见旧日的同党。这时候，这些贵族子弟们靠自己不中用，想在社会上发挥作用又没有本事。他们只能身穿粗布衣服，卖掉家中的珠宝，失去华丽的外表，露出无能的本质，呆头呆脑像段枯木，有气无力像条快要干涸的流水，在乱军中颠沛流离，最后抛尸于荒沟野壑之中。这时，这些贵族子弟就成了道道地地的蠢材了。有学问有手艺的人，走到哪里都可以站稳脚跟。自从兵荒马乱以来，我见过不少俘虏，其中一些人虽然世世代代都是平民百姓，但由于懂得《孝经》、《论语》，还可以去给别人当老师；而另外一些人，虽然是年代久远的世家大族子弟，但由于不会动笔写文章，结果没有一个不是去给别人耕田养马的。由此看来，怎么能不努力学习呢？如果能够经常保有几百卷书籍，就是再过一千年也终不会沦为小人的。

通晓六经旨意，涉猎百家著述，即使不能增强道德修养，劝勉世风习俗，也仍不失为一种才能，可借此自我充实。父兄不能长期依赖，家邦不能常保无事，一旦流离失所，没有人来庇护周济你时，就该自己设法了。俗话说："积财千万，不如薄技在身。"容易学习而又可致富贵的本事，无过于读书了。世人不管他是愚蠢还是聪明，都希望认识的人多，见识的事广，但却不肯去读书，这就好比想要饱餐却懒于做饭，想得身暖却懒于裁衣一样。那些读书人，从伏羲、神农的时代以来，在这世界上，共认识了多少人，见识了多少事，对一般人的成败好恶，他们看得很清楚，这固然不用多说，就是天地鬼神的事，也是瞒不过他们的。

有客人对我发出责问，说："那些手持强弓长戟，去诛灭罪恶之人，安抚黎民百姓，以此博取公侯爵位的人，我看也是有的；那些阐释礼仪，研习吏道，匡正时尚，使国家富足，以此博取卿相职位的人，我看是有的；而那些学问贯通古今，文武兼备，却身无俸禄官爵，妻儿挨饿受冻的人，却是数也数不清，这么看来，哪里值得对学习那么看重呢？"我回答他说："一个人的命运是困厄还是显达，就好比金、玉与木、石。研习学问，就好比琢磨金、玉，雕刻木、石。金玉经过琢磨，就比矿、璞来得更美，木、石截成段、敲成块，就比经过雕刻的来得丑陋，但怎么可以说经过雕刻的木、石就胜过未经琢磨的金、玉呢？所以，不能以有学问的人的贫贱，去与那无学问的人的富贵相比。况且，那些披挂铠甲去当兵，口含笔管充任小吏的人，身死名灭者多如牛毛，脱颖而出者少如灵芝草；现在，勤奋攻读，修养品性，含辛茹苦而没有任何益处的人就像日蚀那样少见，而闲适安乐，追名逐利的人却像秋荼那样繁多，哪能够把二者相提并论呢。况且我又听说，生下来就明白事理的是上等人，通过学习才明白事理的是次一等的人。人之所以要学习，就是想使自己知识丰富，明理通达。如果一定说有天才存在的话，那就是出类拔萃的人，作为将军，他们暗中具备了与孙武、吴起相同的军事谋略；作为执政者，他们先天就获得了管仲、子产的政教才干。虽然他们没有读过书，我也要说他们是有学问的。现在您不能够做到这一点，又不去师法古人的所作所为，那就好比蒙着被子睡大觉，什么也看不见了。”

人们看见邻居、亲戚中有出人头地的人物，懂得让自己的子弟钦慕他们，向他们学习，却不知道让自己的子弟向古代贤人学习，这是多么无知啊。一般人只看见当将军的跨骏马，披铠甲，手持长矛强弓，就说我也能当将军，却不知道了解天时的阴晴寒暑，分辨地理的险易远近，比较权衡逆境顺境，审察把握兴盛衰亡的种种奥妙。一般人只知道当宰相的秉承旨意，统领百官，为国积财储粮，就说我也能当宰相，却不知道侍奉鬼神，移风易俗，调节阴阳，荐贤举能的种种周到细致。一般人只知道私财不落腰包，公事及早办理，就说我也能管理好百姓，却不知道诚恳待人，为人楷模，治理百姓，如驾车马，止风灭火，消灾免难，化鸱为凤，变恶为善的种种道理。一般人只知道依照法令条律，判刑赶早，赦免推迟，就说我也能秉公办案，却不知道同辕观罪、分敛追财，用假言诱使诈伪者暴露，不用反复审问而案情自明这种种深刻的洞察力。推而广之，甚至那些农夫、商贾、工匠、童仆、奴隶、渔民、屠夫、喂牛的、放羊的，他们中间都有在德行学问上堪为前辈的人，可以作为学习的榜样，广泛地向这些人学习，对事业是不无好处的。

人之所以要读书求学，本来是为了开发心智，提高认识力，以有利于自己的行动。对那些不知道如何奉养父母的人，我想让他们看看古人如何体察父母心意，按父母的愿望办事；如何轻言细语，和颜悦色地与父母谈话；如何不怕劳苦，为父母弄到甜软的食品；使他们看了之后感到敬畏惭愧而效法古人。对那些不知道如何事奉国君的人，我想让他们看看古人如何笃守职责，不侵凌犯上；如何在危急关头，不惜牺牲性命；如何以国家利益为重，不忘忠心进谏的职责；使他们看了之后痛心疾首地对照自己，进而想去效法古人。对那些平时骄横奢侈的人，我想让他们看看古人如何恭谨俭朴，节约费用；如何以谦卑自守，以礼让为政教之本，以恭敬为立身之根，使他们看了之后震惊变色，自感若有所失，从而端正态度，抑制那骄奢的心意。对那些平时浅薄吝啬的人，我想让他们看看古人如何贵义轻财，少私寡欲，忌盈恶满；如何周济鳏寡孤独，体恤贫民百姓。使他们看了之后脸红，产生懊悔羞耻之心，从而做到既能积财又能散财。对那些平时暴虐凶悍的人，我想让他们看看古人如何小心恭谨，自我约束，懂得齿亡舌存的道理；如何宽仁大度，尊重贤士，容纳众人。使他们看了之后气焰顿消，显出谦恭退让的样子来。对那些平时胆小懦弱的人，我想让他们看看古人如何无牵无碍，听天由命，如何强毅正直，说话算数，如何祈求福运，不违祖道。使他们看了之后能奋发振作，无所畏惧。由此类推，各方面的品行都可采取以上方式来培养，即使不能使风气淳正，也可去掉那些偏离道德规范的不良行为。从学习中所获取的知识，没有哪里不可运用。

然而现在的读书人，只知空谈，不能行动，忠孝谈不上，仁义也欠缺，再加上他们审断一桩官司，不一定了解了其中道理，主管一个千户小县，不一定亲自管理过百姓；问他们怎样造房子，不一定知道楣是横着放而棁是竖着放；问他们怎样种田，不一定知道高粱要早下种而黍子要晚下种。整天只知道吟咏歌唱，谈笑戏谑，写诗作赋，悠闲自在，迂阔荒诞，对治军治国则毫无办法，所以他们被那些武官俗吏嗤笑辱骂，确实是有原因的。

人们学习是为了用它获得益处。我见有的人读了几十卷书，就自高自大起来，冒犯长者，轻慢同辈。大家仇视他如仇敌一般，厌恶他像对令人厌的鸱枭一般。像这样用学习给自己招来损害，还不如不要学习。

古代求学的人是为了充实自己，以弥补自身的不足，现在求学的 人是为了向别人炫耀，只会夸夸其谈；古代求学的人是为了广利大众，推行自己的主张以造福社会，现在求学的人是为了自身需要，涵养德性以求进官升爵。求学就像种果树一般，春天可以赏玩它的花朵，秋天可以摘取它的果实。讲论文章，这就好比赏玩春花；修身利行，这就好比摘取秋果。

人在幼小的时候，精神专注敏锐，长大成人以后，思想容易分散，因此，对孩子确实须要及早教育，不可坐失良机。我七岁的时候，背诵《灵光殿赋》，直到今天，隔十年温习一次，仍然不会遗忘。二十岁以后，所背诵的经书，搁置在那里一个月，便到了荒废的地步。当然，人总有困厄的时候，壮年时失去了求学的机会，仍然应当在晚年时抓紧时间学习，不可自暴自弃。孔子说：“五十岁时学习《易》，就可以不犯大的过错了。”魏武帝、袁遗，他俩到老年时学习的兴趣愈加浓厚，这些都是年轻时勤奋学习直到老年也不厌倦的例子。曾子七十岁时才开始学习，最后名闻天下；荀卿五十岁才开始到齐国游学，仍然成了大学者；公孙弘四十多岁才开始读

《春秋》，靠这学问后来终于当了丞相；朱云也是四十岁才开始学习《易经》、《论语》的，皇甫谧二十岁才开始学习《孝经》、《论语》，他们最后都成了大器晚成的大学者。这些都是早年沉迷不晓事而晚年醒悟的例子。一般人如果到成年以后还未开始学习，就说晚了，就这样拖拖拉拉过日子，好像面对着一堵墙壁什么也看不见，是够愚蠢的了。从小就开始学习的人，就好像日出光芒万丈；到老来才开始学习的人，就好像手持蜡烛在夜间行走，但总比那闭着眼睛什么也看不见的人强。

梁元帝曾经对我说："我从前在会稽郡的时候，年龄才十二岁，就已经喜欢学习了。当时我身患疥疮，手不能握拳，膝不能弯曲。我在闲斋中挂上葛布制成的帐子，以避开苍蝇独坐，身边的小银盆内装着山阴甜酒，不时喝上几口，以此减轻疼痛。这时我就独自随意读一些史书，一天读二十卷，既然没有老师传授，就常有一个字不认识，或一句话不理解的情况，这就须要严格要求自己，不感到厌倦。"元帝以帝王之子的尊贵，以孩童的闲适，尚且能够用功学习，何况那些希望通过学习以求显达的小官吏呢？

古代的勤学者，有用锥子刺大腿以防止瞌睡的苏秦；有投斧于高树、下决心到长安求学的文党；有映雪勤读的孙康；有用袋子收聚萤火虫用来照读的车武子；汉代的兒宽、常林耕种时也不忘带上经书；还有个路温舒，在放羊的时候就摘蒲草截成小简，用来写字。他们也都算是能勤奋学习的人。梁朝彭城的刘绮，是交州刺史刘勃的孙子，从小死了父亲，家境贫寒，无钱购买灯烛，就买来荻草，把它的茎折成尺把长，点燃后照明夜读。梁元帝在任会稽太守的时候，精心选拔官吏，刘绮以他的才华当上了太子府中的国常侍兼记室，很受尊重，最后官至金紫光禄大夫。义阳的朱詹，世居江陵，后来到了建业。他十分勤学，家中贫穷无钱，有时连续几天都不能生火煮饭，就经常吞食废纸充饥。天冷没有被盖，就抱着狗睡觉。

狗也十分饥饿，就跑到外面去偷东西吃，朱詹大声呼唤也不见它归来，哀声惊动邻里。尽管如此，他还是没有荒废学业，终于成为学士，官至镇南录事参军，为元帝所尊重。朱詹之所为，是一般人所不能做到的，这也是一个勤学的典型。东莞人臧逢世，二十多岁的时候，想读班固的《汉书》，但苦于借来的书自己不能长久阅读，就向姐夫刘缓要来名片、书札的边幅纸头，亲手抄得一本。军府中的人都佩服他的志气，后来他终于以研究《汉书》出了名。

北齐有位太监叫田鹏鸾，本是少数民族。年纪有十四五岁。起初当宫禁的守门人时，就知道好学，身上带着书，早晚诵读。虽然他所处的地位十分低下，工作也很辛苦，但仍能经常利用空闲时间，四处拜师求教。每次到文林馆，气喘汗流，除了询问书中不懂的地方外，顾不得讲其他的话。每当他从书中看到古人讲气节、重义气的事迹，就十分激动，连声赞叹，心情久久不能平静。我很喜欢他，对他倍加开导勉励。后来他得到皇帝的赏识，赐名为敬宣，职位到了侍中开府。齐后主逃奔青州的时候，派他往西边去观看动静，被北周军队俘获。周军问他后主在何处？田鹏鸾欺骗他们说："已走了，恐怕已经出境了。"周军不信他的话，就殴打他，企图使他屈服；他的四肢每被打断一条，声音和神色就越是严厉，最后终于被打断四肢而死。一位少数民族的少年，尚且能够通过学习变得忠诚，北齐的将相们，比敬宣这样的奴仆都不如啊。

邺城被北周军队平定之后，我们被流放到关内。那时思鲁曾经对我说："我们在朝廷没人当官，家里也没有积财，我应当尽力干活赚钱，以此尽供养之责。现在，我却常常被督促检查功课，致力于经史之学，您难道不知道我这做儿子的，怎么能够在这种情况下安心学习呢？"我教诲他说："当儿子的固然应当把供养之责放在心上，当父亲的却应当把子女的教育作为根本大事。如果让你放弃学业去赚取钱财，使我丰衣足食，那么，我吃起饭来怎么会感到香甜，穿起衣来怎么会感到温暖呢？如果你能够致力于先王之道，继承我们家世的基业，那么，我纵使吃粗茶淡饭，穿麻布衣衫，也心甘情愿。”

（八）名实第十

[原文]

名之与实，犹形之与影也。德艺周厚，则名必善焉；容色姝丽，则影必美焉。今不修身而求令名于世者，犹貌甚恶而责妍影于镜也。上士忘名，中士立名，下士窃名。忘名者，体道合德，享鬼神之福祐，非所以求名也。立名者，修身慎行，惧荣观之不显，非所以让名也。窃名者，厚貌深奸，干浮华之虚称，非所以得名也。

人足所履，不过数寸，然而咫尺之途，必颠蹶于崖岸，拱把之梁，每沉溺于川谷者，何哉？为其旁无余地故也。君子之立己，抑亦如之。至诚之言，人未能信，至洁之行，物或致疑，皆由言行声名无余地也。吾每为人所毁，常以此自责。若能开方轨之路，广造舟之航，则仲由之言信，重于登坛之盟，赵熹之降城，贤于折冲之将矣。

吾见世人，清名登而金贝入，信誉显而然诺亏，不知后之矛戟，毁前之干橹也。虙子贱云：“诚于此者形于彼。”人之虚实真伪在乎心，无不见乎迹，但察之未熟耳。一为察之所鉴，巧伪不如拙诚，承之以羞大矣。伯石让卿，王莽辞政，当于尔时，自以巧密。后人书之，留传万代，可为骨寒毛竖也。近有大贵，以孝著声，前后居丧，哀毁逾制，亦足以高于人矣。而尝于苫块之中，以巴豆涂脸，遂使成疮，表哭泣之过。左右童竖，不能掩之，益使外人谓其居处饮食，皆为不信。以一伪丧百诚者，乃贪名不已故也。

或问曰：“夫神灭形消，遗声余价，亦犹蝉壳蛇皮，兽迒鸟迹耳，何预于死者，而圣人以为名教乎?”对曰：“劝也，劝其立名，则获其实。且劝一伯夷，而千万人立清风矣；劝一季札，而千万人立仁风矣；劝一柳下惠，而千万人立贞风矣；劝一史鱼，而千万人立直风矣。故圣人欲其鱼鳞凤翼，杂沓参差，不绝于世，岂不弘哉！四海悠悠，皆慕名者，盖因其情而致其善耳。抑又论之，祖考之嘉名美誉，亦子孙之冕服墙宇也，自古及今，获其庇荫者亦众矣。夫修善立名者，亦犹筑室树果，生则获其利，死则遗其泽。世之汲汲者，不达此意，若其与魂爽俱升，松柏偕茂者，惑矣哉！”

[译文]

名誉与实际之间，如形随影像一样。德才深厚的人，名声必然好；容貌秀丽的人，他的影像也必然是美的。如今不修正身心，却企求在世上得到好名声的人，就像容貌丑陋却要求美丽的影像映显于镜中一样。上德之人忘却名声，中德的人树立名声，下德的人窃取名声。忘却名声的人，内心体悟了“道”，行为符合了“德”，受到鬼神的赐福和保佑，他们并不是靠追求而得到名声的；树立名声的人，修养身心谨慎行事，担心自己的名声得不到彰显，他们是不会对名声谦让的；窃取名声的人，貌似忠厚，心怀奸诈，谋求浮华虚名，他们是得不到真正的名声的。

人的双脚所踩的宽度，不过几寸，但是在尺把宽的小路上走，常常会失足掉下山崖，跨过双手合抱粗的独木桥，也往往会落进河里。这是为什么呢？因为这些地方两边都没有空余的地方。君子立身处世的情况，也是如此。最真诚的话，人们不一定会相信；最纯洁的行为，也会有人怀疑。这都是因为人的言行、声望名誉没有余地的缘故。我每被人诋毁，常常因此而自我反省。如果在立身处世上像走在平坦大道、宽广的浮桥上一样广有余地，那么你所说的话就像子路的言语一样，胜过诸侯会盟的誓言；你所做的事就像赵熹劝降一城，胜过冲锋陷阵的大将。

我看到世上很多人，有了清廉的名声后就开始敛财，有了信誉后承诺就差了，这些人不知道他们后来的行为，会把前面建立的名声毁掉。虙子贱说过："内心真实的东西总会在外面表现出来。"人的虚假真实都发自内心，没有不流露在外面的，只是别人没有认真观察罢了。一旦被别人看出了真相，那么巧妙掩饰的虚假还不如笨拙不加掩饰的真实，因为由此造成的羞耻太大了。伯石假意辞让卿位，王莽佯装交权，自以为很巧密。但真相还是被后人写在书上，留传万代，读之使人骨寒毛竖。近年有一名大贵人，以孝著称，前后为父母的服丧期间，表示哀痛心情的举动都超出了一般礼制，也足以获得高于常人的名声了。但他却用巴豆涂脸，特意造成病疮，给人造成悲泣过度而生疮的假象。左右侍奉的童子，未能为他遮盖，于是真相败露，反而使外人认为他服丧时的饮食住行等其他行为，全不可相信。像这样因为做了一件虚假的行为，就抹杀了许多真实行为的后果，全都是因为贪求名誉而造成的。

有人问："人死之后形神俱消，留下的名声，也就像蝉蛇蜕化后的皮壳，像鸟兽经过后留下的踪迹一样，与死人有何关系，而圣人却用它来教化百姓呢？"回答说："是为了劝勉。勉励人们树立名誉，就能得到实效。况且褒扬一个伯夷，千万人中就会形成清正的风气；褒扬一个季札，千万人中就会生成仁爱之心；褒扬一个柳下惠，千万人中就会崇尚贞操；褒扬一个史鱼，千万人中就会形成正直的风气。所以圣人希望这类美名不绝如缕，流传在世，其意义不是很大吗？天地如此之大，人们无不仰慕美名，大概是因为人的性情，都喜欢善的东西。再说，祖先的好名声，对子孙来说就像是冠冕华堂，自古至今，获得祖先声誉荫庇的也实在太多了。多行善事，树立名誉，就如同造房和种树，在生时能获得它的利益，去世后又能泽被后世。世上的庸人，不明白这个道理，如果他们与那些美名与灵魂一同升华、与松柏一样长青的贤人相比，实在是太迷茫了。"

（九）涉务第十一

［原文］

士君子之处世，贵能有益于物耳，不徒高谈虚论，左琴右书，以费人君禄位也。国之用材，大较不过六事：一则朝廷大臣，取其鉴达治体，经纶博雅；二则文史之臣，取其著述宪章，不忘前古；三则军旅之臣，取其断决有谋，强干习事；四则藩屏之臣，取其明练风俗，清白爱民；五则使命之臣，取其识变从宜，不辱君命；六则兴造之臣，取其程功节费，开略有术。此则皆勤学守行者所能办也。人性有长短，岂责具美与六涂哉？但当皆晓旨趣，能守一职，便无愧耳。

吾见世中语学之士，品藻古今，若指诸掌，及有试用，多无所堪。居承平之世，不知有丧乱之祸；处庙堂之下，不知有战阵之急；保俸禄之资，不知有耕稼之苦；肆吏民之上，不知有劳役之勤，故难可以应世经务也。

晋朝南渡，优待士族，故江南冠带有才干者，擢为令仆已下，尚书郎中书舍人已上，典掌机要。其余文义之士，多迂诞浮华，不涉世务，纤微过失，不惜行捶楚，所以处于清高，盖护其短也。至于台阁令史，主书监帅，诸王签省，并晓习吏用，济办时须，纵有小人之态，皆可鞭杖肃督，故多见委使，盖用其长也。人每不自量，举世怨梁武帝父子爱小人而疏士大夫，此亦眼不能见其睫耳。

梁世士大夫，皆尚褒衣博带，大冠高履，出则车舆入则扶侍，郊郭之内，无乘马者。周弘正为宣城王所爱，给一果下马，常服御之，举朝以为放达。至乃尚书郎乘马，则纠劾之。及侯景之乱，肤脆骨柔，不堪行步，体羸气弱，不耐寒暑，坐死仓猝者，往往而然。建康令王复性既儒雅，未尝乘骑，见马嘶歕陆梁，莫不震慑，乃谓人曰："正是虎，何故名为马乎？"其风俗至此。

古人欲知稼穑之艰难，斯盖贵谷务本之道也。夫食为民天，民非食不生矣，三日不粒，父子不能相存。耕种之，茠鉏之，刈获之，载积之，打拂之，簸扬之，凡几涉手，而入仓廪，安可轻农事而贵末业哉？江南朝士，因晋中兴，南渡江，卒为羁旅，至今八九世，未有力田，悉资俸禄而食耳。假令有者，皆信童仆为之，未尝目观起一拨土鉏，耘一株苗；不知几月当下，几月当收，安识世间余务乎？故治官则不了，营家则不办，皆优闲之过也。

[译文]

君子立身处世，贵在能对事物有益处，不能光是高谈阔论，弹琴练字，以此耗费君主的官爵俸禄。国家用材，大概不外六种：第一种是朝廷之臣，他们能通晓政治法度，经纬国家大事，学问广博，品德高尚；第二种是文史之臣，他们撰述典章，阐明前人治乱兴革之由，可供今人借鉴；第三种是军旅之臣，他们多谋善断，强悍干练，熟悉战阵之事；第四种是藩屏之臣，他们能晓民风民俗，为政清廉，爱护百姓；第五种是使命之臣，他们能洞察情况变化，择善而从，不辜负国君交付的外交使命；第六种是兴造之臣，为他们能计量功效，节约费用，开创筹划有法。以上种种，都是勤于学习、保持操行的人才能办到的。人的资质各有高下，哪能要求一个人把以上"六事"都办得完美呢？只不过人人都应该明白其要旨，能够在某个职位上尽自己的责任，也就可以无愧于心了。

我看世上那些卖弄文学的书生，品评古今，倒像指点掌中之物一般明白，试着用他们去干实事，却大都胜任不了。他们生活在社会安定的时代，不知道会有丧乱的灾祸；在朝中做官，不懂得战争攻伐的急迫；有可靠的俸禄收入，不了解耕种的辛苦；居于吏民之上，不明白劳役的艰辛，所以难得用他们去顺应时世，处理公务。

晋朝南渡后，朝廷优待士族，所以江南的官吏，凡有才干的，都提拔他们担任尚书令、尚书仆射以下，尚书郎、中书舍人以上的官职，掌管机要大事。剩下那些空谈文章的书生，大都迂阔傲慢、华而不实，不接触实际事务；纵然有一些小小过失，也不好对他们施以杖责，所以只能给他们名声清高的职位，以此来掩饰他们的弱点。至于尚书省的令史、主书、监帅，诸王身边的签帅、省事，担任这类职务的都是熟悉官吏事务，能够履行职责的人，其中有些人纵有不良表现，都可施以鞭策、督责，严加监督，所以这些人多被任用，大略是用其所长吧。人往往不自量，当时大家都埋怨梁武帝父子亲近小人而疏远士大夫，这也就如自己的眼珠子看不见自己的眼睫毛一样，是没有自知之明的表现。

梁朝的士大夫，都爱好宽袍大带、大帽高履，外出乘车舆，回家靠童仆服侍，在城郊以内，就没见有哪个士大夫骑马的。周弘正受宣城王宠爱，得到一匹果下马，经常骑着它外出，满朝官员都认为他过于放纵。至于像尚书郎这样的官员骑马，就会被人检举弹劾。到侯景之乱发生时，这些士大夫肌肤柔嫩、筋骨脆弱，受不了步行之艰；身体瘦弱、气血不足，耐不得寒暑，在仓猝变乱中坐以待毙的，往往是这些人。建康令王复，性格既温文尔雅，又从未骑过马，一看到马嘶叫腾跃，总是感到震惊害怕，对别人说："这是老虎，为什么要它叫做马呢？"那时的风气竟到了如此地步。

古人想了解农事的艰难，这大约体现了重视粮食、以农为本的思想。吃饭是民生第一大事，老百姓没有粮食就不能生存，三天不吃饭，恐怕父子之间也不能相存。种一季庄稼，要耕地、播种、薅草、松土、收割、运输、脱粒、簸扬，经过多次工序，粮食才能入仓，怎么可以轻视农业而看重商业呢？江南朝廷的士大夫们，是因为晋朝的中兴，渡江南来，最后客居异乡的，到现在已过了八九代了，还从来没有下力气种过田，全靠俸禄生活。即使有点田地的，都是靠童仆们耕种，自己从未亲眼看见翻一尺土，薅一株苗；不知道哪个月该种，哪个月该收，这样哪能懂得社会上的其他事务呢？所以他们做官不明吏道，治家不会经营，这都是生活优闲造成的过错啊。

（十）知足第十三

[原文]

《礼》云："欲不可纵，志不可满。"宇宙可臻其极，情性不知其穷，唯在少欲知足，为立涯限尔。先祖靖侯戒子侄曰："汝家书生门户，世无富贵，自今仕宦，不可过二千石，婚姻勿贪势家。"吾终身服膺，以为名言也。

天地鬼神之道，皆恶满盈。谦虚冲损，可以免害。人生衣趣以覆寒露，食趣以塞饥乏耳。形骸之内，尚不得奢靡，己身之外，而欲穷骄泰耶？周穆王、秦始皇、汉武帝，富有四海，贵为天子，不知纪极，犹自败累，况士庶乎？常以二十口家，奴婢盛多，不可出二十人，良田十顷，堂室才蔽风雨，车马仅代杖策，蓄财数万，以拟吉凶急速，不啻此者，以义散之；不至此者，勿非道求之。

仕宦称泰，不过处在中品，前望五十人，后顾五十人，足以免耻辱，无倾危也。高此者，便当罢谢，偃仰私庭。吾近为黄门郎，已可收退，当时羁旅，惧罹谤讟，思为此计，仅未暇尔。自丧乱已来，见因托风云，侥幸富贵，旦执机权，夜填坑谷，朔欢卓、郑，晦泣颜、原者，非十人五人也。慎之哉！慎之哉！

[译文]

《礼记》说："欲不可纵，志不可满。"宇宙再大也有极限，人的天性是没有穷尽的，只有减少欲望，知道知足，为自己设个限度。先祖靖侯曾告诫他的子侄说："你们家是书生门户，世世代代没有富贵过，从现在起，你们为官不可超过太守，婚姻不要攀附权势之家。”这句话，我终身信服，并把它当作至理名言。

天地鬼神之道，都厌恶满盈；谦虚淡泊，可以免除灾祸。人生活于 世穿衣只是为了遮掩身体免受寒冷，吃东西只是为填饱肚子以免饥饿罢了。身体本身不求奢侈浪费，身体之外还求穷尽骄奢吗？周穆王、秦始皇、汉武帝有四海之富，贵为天子，尚且不知满足给自己带来败亡，何况一般的百姓呢？我常认为，如果是有二十人的家庭，奴婢再多也不要超过二十个，良田不要超过十顷，房屋只求避风遮雨，车马只求代步。积蓄数万钱财，用来准备婚丧和应急之事。超过这个限度，应该仗义疏财；没有达到这个程度的，切勿用不正当的方法来求取。

做官做得稳妥的处在中品，前面可见五十个人，后面也是可以看见五十个人，这样足以避免耻辱，没有倾覆的危险。高于中品，应当谢 绝，偃息家中。我最近任黄门郎，已可告退了，但是因客居他乡，怕遭到诽谤和非议，心里想着告退，却没有机会。自从天下大乱以来，我看见乘机得势，侥幸取得富贵的人，早上大权在握，晚上却填尸山谷。月初像卓氏、郑氏那样快乐的富豪，月底却成颜回、原思那样的寒士，这种人不止五个十个啊！要谨慎，千万要谨慎！

（十一）养生第十五

［原文］

若其爱养神明，调护气息，慎节起卧，均适寒暄，禁忌食饮，将饵药物，遂其所禀，不为夭折者，吾无间然。诸药饵法，不废世务也。庾肩吾常服槐实，年七十馀，目看细字，须发犹黑。邺中朝士，有单服杏仁、枸杞、黄精、苍术、车前得益者甚多，不能一一说尔。吾尝患齿，摇动欲落，饮食热冷，皆苦疼痛。见《抱朴子》

牢齿之法，早朝叩齿三百下为良；行之数日，即便平愈，今恒持之。此辈小术，无损于事，亦可修也。凡欲饵药，陶隐居《太清方》中总录甚备，但须精审，不可轻脱。近有王爱州在邺学服松脂，不得节度，肠塞而死，为药所误者甚多。

夫养生者先须虑祸，全身保性，有此生然后养之，勿徒养其无生也。单豹养于内而丧外，张毅养于外而丧内，前贤所戒也。嵇康著《养生》之论，而以傲物受刑；石崇冀服饵之征，而以贪溺取祸，往世之所迷也。

夫生不可不惜，不可苟惜。涉险畏之途，干祸难之事，贪欲以伤生，谗慝而致死，此君子之所惜哉；行诚孝而见贼，履仁义而得罪，丧身以全家，泯躯而济国，君子不咎也。自乱离已来，吾见名臣贤士，临难求生，终为不救，徒取窘辱，令人愤懑。侯景之乱，王公将相，多被戮辱，妃主姬妾，略无全者。唯吴郡太守张嵊，建义不捷，为贼所害，辞色不挠；及鄱阳王世子谢夫人，登屋诟怒，见射而毙。夫人，谢遵女也。何贤智操行若此之难？婢妾引决若此之易？悲夫！

[译文]

如果你们爱惜保养精神，调理气息，谨慎地调节作息时间，顺应天气的寒暖变化，注意饮食禁忌，服用养生药物，达到上天所赋予的寿命，不致夭折，那我也就无话。研究各种药物的服用方法，不会荒废肩上所负责任 。庾肩吾经常服食槐实，七十多岁还能看清小字，头发胡须还是黑的。邺中的朝臣们，有人单服食杏仁、枸杞、黄精、苍术、车前等，得益很多，我不在此一一陈说。我曾经患了牙病，牙齿摇动欲落，饮食过冷过热都相当疼痛。后来看了《抱朴子》记载的固齿法，早晨叩齿三百下为最好；我试行了几天就好了，现在我仍坚持这样做。这类治病的小方子，对事业没有损害，可以学习。大凡要服药，陶弘景的《太清方》记录得很详备，只是必须仔细了解，不可轻率。最近有叫王爱州的人，在邺下效法人家服食松脂，因为不能节制、肠道梗塞而死，这种被药物贻误的例子很多。

养生的人，首先必须考虑可能发生的灾难，避免灾祸而保全性命；有了生命，然后才可能养护它，不能够徒然保养并不存在的生命。单豹善于保养身心，却因意外的灾祸而丧生；张毅善于驱凶避祸，却因体内有病而早死，这些都是前贤引以为戒的。嵇康著有《养生论》，却因为人倨傲而受刑死亡；石崇希望服用药物而延年益寿，却因贪污而遭杀身之祸，这些都是因为前人不明白养生与全身的道理。

生命不能不爱惜，但不可苟且偷生。涉足险要的路途，干些招灾惹祸的事情，贪图利欲而伤及生命，受到谗佞而致死亡，这些都是君子所不为而痛惜的。尽忠尽孝而被杀害，行仁行义而获罪，舍身以保家，捐躯以救国，君子对这些是不会自责的。自从发生战乱以来，我看见一些名臣贤士，临难求生，最后也没有得救，只白白地自取羞辱，实在令人气愤。侯景叛乱时，王公将相，大多被杀，公主姬妾，也少有保全的。只有吴郡太守张嵊，树起义旗，虽未取胜，被叛军所杀，但言辞神色没有屈服的表现。还有鄱阳王世子萧嗣的夫人谢氏，登上屋顶，怒骂叛贼，直至被叛军射死。这位夫人是谢遵的女儿。为什么贤能智慧的王公将相保持操守如此之难，而婢女妻妾从容赴死却如此容易呢？可悲啊！

二十三、名言集句

一、学习

[原文]

书中自有黄金屋　书中自有颜如玉

[原文]

天子重英豪①　文章教尔曹

万般皆下品　惟有读书高

[原文]

少小须勤学　文章可立身②

满朝朱紫③贵　尽是读书人

[原文]

莫道儒冠误④　诗书不负人

---

① 英豪：才能出众的人。

② 立身：在社会上站得住。这里指做官。

③ 朱紫：红色和紫色。这里指官服的颜色。

④ 儒冠：儒生的帽子，举人未考中进士者都戴儒冠。杜甫连续两次考进士未中，以非常遗憾的心情写了首诗，认为儒冠误身。

达而相天下　穷则善其身[1]

［原文］

久旱逢甘雨　他乡遇故知

洞房花烛夜　金榜题名时[2]

［原文］

敏而好学　不耻下问[3]

［译文］

勤勉好学，不以向比自己学问低的人求教而为耻。

二、立志

［原文］

朝为田舍郎[4]　暮登天子堂

将相本无种[5]　男儿当自强

---

① 《孟子·尽心章·上》"穷则独善其身，达则兼济天下。"达：得志，指当上官。穷：不得志，当不上官。

② 俗称"四喜"。

③ 见《论语·公冶长》：子贡问曰："孔文子何以谓之'文'也？"子曰："敏而好学，不耻下问，是以谓之'文'也。"意思是说；子贡问道："孔文子凭什么谥他为'文'？"孔丘说："他聪敏灵活，勤勉好学，又谦虚下问，不以为耻，所以用'文'字做他的谥号。"

④ 田舍郎：田舍，农家；郎，旧时对年轻男子的称呼。

⑤ 将相本无种：据《史记·卷四十八·陈涉世家》载：陈涉（即陈胜）说："王侯将相，宁有种乎。"意思是说，王侯将相本来就不是上帝布下的种子。当时是作为起义口号提出来的，是反对天命论的。

[原文]

慷慨丈夫志　生当忠孝门
为官须作相　及第必争先①

[原文]

一举登科日　双亲未老时
锦衣归故里②　端的是男儿

[原文]

寒门生贵子　白屋出公卿③

[原文]

无名草木年年发　不信男儿一世穷④

[原文]

人贫志短　马瘦毛长⑤

[原文]

蒿里隐着灵芝草　淤泥陷着紫金盆⑥

---

① 唐宋以后一种说法，“忠臣必出孝子之门”。

② 锦衣还乡：《史记·项羽本纪》项羽曰：“富贵不归故乡，如衣锦夜行，谁知之者。”

③ 寒门贫寒人家。白屋，茅草屋。
《汉书·主父偃传》士或起白屋而至三公。

④ 这是激励人们去立志改变命运，发奋自强。

⑤ 唐朝张鹜撰《朝野佥载》中有“人贫则志短，马瘦则毛长”之句。

⑥ 紫金，最好的金子呈紫铜色。灵芝草为一种贵重的药材。

［译文］

乱草丛中藏着灵芝草，烂泥里有埋没的紫金盆。

三、修身

［原文］

家贫知孝子　国乱识忠臣

［原文］

凡是登途者　都是福薄人①

［译文］

凡是在外奔波求生的人，都是没福气的。

［原文］

命贫君子拙　时来小人强②

［原文］

人生不满百　常怀千岁忧③

［译文］

人生是短促的，考虑得太长久又有什么用处呢？人生有年，夜晚的时间要比白天长，何不夜以继日地尽情享乐呢！应当及时行乐，那能等来年！傻人舍不得钱以致被后人耻笑，而想成为王子乔那样的仙人则是一般人所不能期待得到的。

---

① 登途者：在道途上奔波的人。福薄：没福气。

② 拙、笨、窘困。罗隐诗：男儿未必尽英雄，但到时来命即通。

③ 见古诗十九首：“生年不满百，常怀千岁忧；昼短夜苦长，何不秉烛游？为乐当及时，何能待来兹？愚者爱惜费，但为后世嗤，仙人王子乔，难可与等期。”

［原文］

花有重开日　人无常少年①

［译文］

要人们珍惜年华，及时进取。

［原文］

人无害虎心　虎有伤人意②

［原文］

国正天心顺　官清民自安

妻贤夫祸少　子孝父心宽③

［译文］

国家如能按照伦理道德办事，就能符合天意。当官的清廉，老百姓就能安居乐业。家有贤妻孝子日子就得太平安乐。

［原文］

白云朝朝过　青天日日闲④

---

① 元曲《窦娥冤》里有“花有重开日，人无常少年”之语。

② 人无害人之心，但要提防别人害己。所谓害人之心不可有，防人之心不可无。

③ 见《事林广记》。

国正：国家能按照伦理道德办事。

④ 白云：古人诗中常以“白云”、“浮云”比喻小人。在汉朝陆贾《新语·慎微篇》中有：“邪恶之蔽犹浮云之障明也。”这里指小人。

［原文］

无功受禄，寝食难安。

［译文］

没有什么功劳，却得到了高官厚禄，吃饭睡觉都会感到不安。

［原文］

财高语壮　力大欺人[①]

［译文］

财高说话气粗，势大欺人，都不对。

［原文］

言多语失　食多伤心[②]

［译文］

话多必失，食多伤身心。

［原文］

欲要夫子行　无可一日清

三千徒众立　七十二贤人[③]

---

① 财高语壮，财高了说话气粗，势力大欺人，都不对。

② 失：出错。伤心：伤身心。

③ 三千徒众立，七十二贤人。出于《史记·孔子世家》："孔子以诗、书、礼、乐教，弟子盖三千焉，身通六艺者七十有二人。"意思是说：孔子以诗、书、礼、乐教学生，他的学生有三千，身通六艺（诗、书、礼、乐、易、春秋）的有七十二人。

成人[①]不自在　自在不成人[②]

［译文］

想要有孔丘那样的德行，不可有一日的清闲。孔丘一共有三千多学生，可是只有七十二个成为贤人。要想成为全人就不能轻闲自在，要轻闲自在就不能成为全人。

［原文］

黄金浮世在　白发故人稀[③]

［译文］

以黄金为贵的世态常在，而白发的老人却少见。

［原文］

黄金非为贵　安乐值钱多[④]

［译文］

黄金并不可贵，安逸快乐才价值高。

---

① 子路问成人。子曰："若臧武仲之知，公绰之不欲，卞庄子之勇，冉求之艺，文之以礼乐，亦可以为成人矣。"曰："今之成人者何必然？见利思义，见危授命，久要不忘平生之言，亦可以为成人矣。"（《论语·宪问》）意思是子路问怎样才是全人。孔丘说："如果具有臧武仲的智慧，孟公绰的克制，卞庄子之勇敢，冉求的才艺，再加上礼乐作为他的文采，这样也就可以成为一个完美的人了。"孔丘又说："现在要成为完美的人何必一定要这样要求呢？现在的人，只要见到财利，而想到道义，遇到国家有危难，而肯付出生命，久处困境也不忘记平生的诺言，这样也可以成为一个完美的人了。"

② 《鹤林玉露》（宋罗大经）中有："谚云：成人不自在，自在不成人"之句。

③ 浮世：在世上浮动，这里指世态。故人：老人。

④ 元曲《迷青琐倩女离魂》中有："休道黄金贵，安乐最值钱。"

［原文］

休争三寸气[①]　白了少年头

百年随时过　万事转头空[②]

［译文］

不要执意和别人争斗，以免伤了元气，白了少年头。后两句话是人生随着时间的流逝百年很快就过去了，就像许多事情转眼之间就变成一场空。

［原文］

耕牛无宿草[③]　仓鼠有余粮

万事分已定　浮生[④]空自忙[⑤]

［原文］

人生七十古来稀　多少风光不同居

长江一去无回浪　人老何曾再少年

［译文］

古时，人能活到七十岁的很少，一生中时逢好运的日子也不多。因此，人当趁少年时游山玩水，不要等到老死，后悔少年时光。

［原文］

大道[⑥]劝人三件事　戒酒除花[⑦]莫赌钱

---

① 三寸气：意思指人的元气。

② 转头：转眼之间。

③ 宿草，隔夜的草。分，分数，指命运。

④ 浮生，人生在世，飘浮不定，所以叫浮生。

⑤ 高则诚《琵琶记》中有："人生都是命安排"之句。

⑥ 大道：养身之道。

⑦ 除花：不贪女色、不嫖妓。

［原文］

言多语失皆因酒　义断①亲疏②只为钱

［原文］

来说是非者　便是是非人③

［原文］

积善有善报　积恶有恶报

不是不报　时候未到④

［原文］

人间私语　天闻若雷

暗室亏心　神目如电

肚里跷蹊　神道先知⑤

［原文］

结有德之朋　绝无义之友

［译文］

结交有道德的朋友，与不讲仁义道德的人断绝往来。

---

① 义断：情义断绝。

② 亲疏：亲属、亲戚疏远。

③ 指责招惹是非的人，要人们离开是非之地，不听是非之言。

④ 佛家有“善应有善果，恶应有恶果”之说。《事林广记·警世格言》里有“善有善报，恶有恶报”的话。

⑤ 见《事林广记》：“人间私语，天闻如雷；暗室欺心，神目如电；人心生一念，天地悉皆知。”

天知、地知、神知，若想人不知，除非己莫为。

［原文］

常怀克己心　法度要谨守[①]

［原文］

君子坦荡荡　小人常戚戚[②]

［译文］

君子心胸宽广，小人经常忧愁。

［原文］

见事知长短　人面识高低

［原文］

水深流去慢　贵人语话迟

［原文］

良言一句三冬暖　恶语伤人六月寒

［原文］

雨里深山雪里烟　看时容易做时难[③]

［译文］

这两幅画看起来画的很简单容易，但仿作起来就很难了。

---

① 克己：克制自己。法度：法律和制度。谨：慎重，小心，不要触及刑律。

② 见《论语·述而》。

③ 雨里深山、雪里烟是明朝画家唐伯虎的两幅画。

[原文]

休争闲气　日有平西[①]

[译文]

无谓的是非不必去争论，太阳还有落山的时候。“与世无争”，可少生闲气。

[原文]

来之不善　去之亦易

[译文]

来得不正，就很容易将其失去。

[原文]

命好心也好　富贵直到老

命好心不好　中途夭折了

心命都不好　贫苦直到老[②]

[原文]

人无远虑　必有近忧[③]

[译文]

一个人如果没有长远的考虑，一定会有不久就来到的忧患。

[原文]

寸心[④]不昧[⑤]　万法皆明

---

① 日有平西：太阳西下。

② 只有好心，才有好报。

③ 见《论语·卫灵公》。

④ 寸心：方寸之心，即是人心。

⑤ 昧：欺瞒，糊涂。

[译文]

只要不昧良心，各项法律都能明白遵守。

[原文]

常将有日思无日　莫待无时思有时[①]

[原文]

善恶到头终有报　只争来早与来迟[②]

[原文]

莫道眼前无报应　分明[③]折在子孙边

[译文]

不要看眼前没报应，报应会在你子孙身上表现出来。

[原文]

酒逢知己千杯少　话不投机半句多[④]

[译文]

和知己朋友一起喝酒，喝了很多还觉得不够；两个人在一起说不来，只说半句还觉得多。

---

① 语出《事林广记·治家警语》。

要“居安思危”，注意维护自己经济、政治上的既得利益。如我们讲“厉行节约”、“富日子要当穷日子过”。

② 《萤云丛说》载：善恶若无报，乾坤必有私。此古语也。善恶到头终有报，只争来早与来迟。此古诗也。一是反说，一是正说。

③ 分明：清清楚楚。

④ 高则诚《琵琶记》：“自古道：‘酒逢知己千杯少，话不投机半句多。’”

［原文］

人离乡贱　物离乡贵①

［原文］

但行好事　莫问前程②

［原文］

马有垂鞍之义③

［原文］

狗有湿草之恩④

［原文］

年老心未老　人穷志不穷⑤

---

① 人易扬名在外，物以稀为贵。

② 见《冯道诗》："但知行好事，莫要问前程。"

③ 史称：苻坚被慕容冲所袭，后来苻坚骑着骑马快跑，掉到山涧里，追兵几乎追上，苻坚没办法上来，马就在山涧周围徘徊，把马鞍送给苻坚，苻坚够不着，马又跪下送鞍，苻坚抓住鞍爬上来，往庐江跑去了。

④ 《太平广记》载：唐太和中，广陵人杨生者蓄一犬，怜惜甚至，常以自随，后生饮醉，卧于荒草之中，时方冬燎原风势极盛，犬乃周匝嗥吠，生都不觉，犬乃就水自濡，还即卧于草上，如此数四周匝跬步，草皆沾湿，火至免灾。（《太平广记》上写着：唐朝太和年间，广陵人杨生养了一只狗。杨生非常爱它，常常带在身边。一天杨生喝醉了，睡倒在荒草中。当时正是冬天，起大火了，而且风刮得很厉害。狗就围着杨生大声吼叫，杨生听不见，狗就跑到水里把自己弄湿，又卧到草地上打湿草，这样来回多次，杨生周围半步以内的草都湿了，火烧到这儿即熄，没有烧着杨生。）

⑤ 《后汉书·马援传》：丈夫为志穷当益坚，老当益壮。

［译文］

人老了要不服老，人穷但要有志气，不要走“歪路”。

［原文］

自古皆有死　民无信不立[①]

［译文］

自古以来谁都免不了死亡。如果老百姓对统治者不信任，国家就站不住脚了。

［原文］

事要三思　免劳后悔[②]

［原文］

事君数　斯辱矣　朋友数　斯疏矣[③]

［译文］

对待君王多次进谏，就会招致侮辱。对待朋友多次规劝，反会被疏远。

［原文］

人无酬[④]天之力　天有养人之功

---

① 见《论语·颜渊》。

② 见《论语·公冶长》：季文子三思而后行。子闻之，曰：“再，斯可矣。”

这句话的意思是：季文子每做一件事都要考虑多次。孔丘听了说：“考虑两次也就行了。”

③ 见《论语·里仁》。事：侍奉。数：繁琐。

④ 酬：用财物报答。

[原文]

一马不被双鞍　忠臣不事二主①

四、处世

[原文]

与人方便　自己方便②

[原文]

凡事从实　积福自厚③

[译文]

遇事采取老实态度，福分就会越积越厚。

[原文]

人见利而不见害　鱼见食而不见钩④

[原文]

是非只为多开口　烦恼皆因强出头⑤

---

① 一马不被两鞍《元史·烈女传》载："汴梁孟志刚妻衣氏为夫治棺，绐（音带，欺骗）匠曰：可宽大，吾夫有遗书欲尽置其中，匠者然之。及成，衣氏语同居王媪曰：吾闻一马不被两鞍，吾夫既死，与之同棺共穴可也。遂自刭。"意思是说：在开封，孟志刚的妻子给丈夫做棺材，她骗木匠说：做大点儿，我丈夫留下来的书籍，要全放在里边，木匠答应了。做好后，她对邻居王媪说：我听说一马不被两鞍，我丈夫已死，我愿与之同棺共穴。遂自尽。

② 见《事林广记》："天上人间方便第一。"

③ 采取老实态度，可积福自厚。

④ 告诫人们不要因贪小利而失大利，因图眼前便宜而招致终身灾祸。

⑤ 见《事林广记》

[原文]

平生正直无私曲　问甚天公饶不饶

[译文]

一辈子正直没有私心，用不着问老天爷饶恕你否。

[原文]

猛虎不在当道卧　困龙也有上天时

[译文]

猛虎是不会卧在道路当中的，它会去山林。被困的蛟龙，虽有暂时困厄，将来还是有上天的时候。

[原文]

临崖勒马收缰晚　船到江心补漏迟①

[译文]

马跑到悬崖旁边再收缰勒马就晚了。同样，船漏了事先不修补好，划到江心时再想补就迟了。

[原文]

家业有时为来往②　还钱常记借钱时

[译文]

家里有钱为的是和人来往，还钱的时候要想到借钱的不易。

---

① 见元郑德辉《锺离春智勇宣齐三》：“呀！你如今船到江心补漏迟，抵多少临崖勒马才收骑，尚兀自追赶着争持！”

② 来往：互通有无。

［原文］

金风①未动蝉先觉　暗算无常死不知

［译文］

秋风未起蝉先觉，无常暗算死都不知。

［原文］

劝君莫做亏心事　古往今来放过谁②

［原文］

山寺日高僧未起　算来名利不如闲③

［原文］

人情好似初相见　到老终无怨恨心④

［译文］

人和人的交往不要太深。这样活到老时，就不会产生怨恨的心了。

---

① 金风：秋风。无常：变化不定。

② 不做亏心事，不怕鬼叫门。

③ 见古诗：朝臣待漏五更残，铁马将军夜渡关，山寺日高僧未起，算来名利不如闲。

漏：指铜壶滴漏，古时计算时间的器具。

五更残：夜将尽，天欲晓。

这首古诗的意思是：大臣上朝奏事夜里就得起身，看着时间等待天明。武将夜里就要度过关口出征杀敌。但是，山上寺庙里的和尚却到日头老高的时候还没起床。看来为名利奔忙的人，还不如和尚那么闲在。

④ 《礼记》中有："君子之交如水，小人之交如醴（音里，甜酒）；君子淡以成，小人甘以坏。"之句。

[原文]

白马红缨彩色新　不是亲者强来亲

一朝马死黄金尽　亲者如同陌路人

[译文]

人有钱有势的时候，不是亲戚也硬来攀亲戚。一旦家势倾倒，这些亲戚就好像路上的陌生人一样。

[原文]

青草发时便盖地　运通何须觅故人

但能依理[1]求生计　一字黄金不见人

[译文]

青草长起来时便盖满大地，时运来了何必还要找朋友故交哪！俗话说一字值千金，只要能安分守己谋生，又何必写信求助于人哪！

[原文]

得人一牛　还人一马[2]

[原文]

居[3]必择邻　交[4]必良友[5]

---

① 依理：安分守己。求生计：谋生。

② 语出唐《太公家教》，原文为："得人一牛，还人一马，往而不来，非成礼也。"言还报要厚。

③ 居：居住。

④ 交：交朋友。

⑤ 上句出自孟母三迁的故事。

[原文]

人平不语　水平不流[①]

[译文]

人心平气和就不说话了。人有不平的事，才有意见，就像水不平才流动一样。

[原文]

得荣思辱　身安思危[②]

[译文]

居安思危。

得到荣誉要想到羞辱，身体安宁要想到危险。为了长治久安，对可能来到的厄运预作防范。

[原文]

羊羔[③]虽美　众口难调

[译文]

用羊羔肉做出的菜固然鲜美，但还不能适应众人的口味。

[原文]

长想有力之奴　不念无为之子

[译文]

要经常想着得力的奴才，不要思念无所作为的儿子。

---

① 见《五灯会元》。

② 语出《列子·杨朱篇》。

③ 羊羔：小羊。这里指用小羊肉做出的鲜美的菜。又据《酒小史》记载为山西的一种美酒。

[原文]

人有旦夕[①]祸福　天有晴阴圆缺

[译文]

人的灾祸或幸福说不定早上或傍晚就可能临头，好比白天黑夜一会儿阴、一会儿晴那样的不可捉摸。常说人有旦夕福祸，天有阴晴圆缺。

[原文]

君子当权积福　小人仗势欺人

[译文]

君子掌权会为百姓做好事，小人有权势会仗势欺压人。

[原文]

谏[②]之双美　毁之两伤

[译文]

用好言规劝对方的过失，对双方都好；如果败坏别人名声，双方都受损伤。

[原文]

家和万事兴

[原文]

贫居闹市无人问　富在深山有远亲[③]

---

① 旦夕：旦指早上，夕指傍晚。

② 谏：规劝的意思。毁：损毁别人的坏话。

③ 《事林广记》中有："贫居闹市无相识，富在深山有远亲"之句。

［译文］

贫穷人家即使住在繁华的城市也没人理你，富贵人家即便住在深山，也会有亲戚来往。

［原文］

才与人交辨人心 高山流水向古今①

［译文］

和人初交就要看他的动机和态度如何。古往今来都向往有“高山流水”那样的知音。

［原文］

既读孔圣之书 必达周公之礼②

［译文］

既然读孔孟之道的书，必须按照周礼办事。

［原文］

君子敬而无失 与人恭而有礼③

---

① 高山流水——《列子》：“伯牙鼓琴，志在登高山，钟子期曰：善哉，峨峨兮若泰山。志在流水，钟子期曰：善哉，洋洋兮若江河。”（伯牙弹琴，曲意是表现登高山。钟子期说，太好啦！巍峨啊，像是泰山。曲意在表现流水，钟子期说，太好啦！宽广啊，像是长江黄河。）从此俞伯牙和钟子期成了好朋友，后人便以“高山流水”比喻知心朋友。

② 达：通达，对事理认识得透彻。周公之礼：即周礼。《元曲选》吴昌龄《断风花雪月》、贾仲名《肖淑兰》二剧中有：“既读孔圣书，必达周公礼”之句。

③ 见《论语·颜渊》。

五、福祸

[原文]

长将好事与人　祸不害已临身[1]

[译文]

经常把好事送给别人，祸事就不会落到头上。

[原文]

积善之家　必有余庆　积恶之家　必有余殃[2]

[译文]

积善之家一定有很多喜庆之事，而积恶之家一定会遭到大祸。

[原文]

忍让多福。

[原文]

赞叹福生　作念祸生

[译文]

称赞美好的东西生福。心里产生坏的念头祸生。

---

① 长：即常，经常。

好事：指为统治阶级所赞赏的行为。

与：给。

临：靠近，到达。

② 见《易经》："积善之家，必有余庆；积不善之家，必有余殃。"

[原文]

人为财死　鸟为食亡①

[原文]

顺天者存　逆天者亡②

[译文]

顺从“天”的就生存，违背“天”的就灭亡。

① 鸟儿捕食不识网，鱼儿觅饵不知钩。不要追逐私利不计后果，以导致死亡。

② 见《孟子·离娄》。

逆：违背。

中国古训

人生大智慧（下）

金沛霖 李亚斯 编著

中國華僑出版社

二十四、曾国藩家书（节选）

（一）学习·立志

读书要有志有识有恒

诸位贤弟足下：

十一月十七寄第三号信，想已收到。父亲到县纳漕，诸弟何不寄一信，交县城转寄省城也？以后凡遇有便，即须寄信，切要切要。九弟到家，遍走各亲戚家，必各有一番景况，何不详以告我？

四妹小产以后生育颇难，然此事最大，断不可以人力勉强。对渠家只须听其自然，不可过于矜持。又闻四妹起最晚，往往其姑反服事她。此反常之事，最是折福。天下未有不孝之妇而可得好处者，诸弟必须时劝导之，晓以大义。诸弟在家读书，不审每日如何用功？余自十月初一立志自新以来，虽懒惰如故，而每日楷书写日记，每日读史十页，每日记茶余偶谈一则，此三事未尝一日间断。十月二十一日立誓永戒吃水烟，洎今已两月不吃烟，已习惯成自然矣。予自立课程甚多，惟记茶余偶谈、读史十页、写日记楷本，此三事者誓终身不间断也。诸弟每人自立课程，必须有日日不断之功，虽行船走路，俱须带在身边，予除此三事外，他课程不必能有成；而此三事者，将终身以之。

前立志作曾氏家训一部，曾与九弟详细道及。后因采择经史，若非经史烂熟胸中，则割裂零碎，毫无线索，至于采择诸子各家之言，尤为浩繁，虽抄数百卷犹不能尽收。然后知古人作《大学衍义》、《衍义补》诸书，乃胸中自有条例自有议论，而随便引书以证明之，非翻书而遍抄之也。然后知著书之难，故暂且不作曾氏家训。若将来胸中道理愈多，议论愈贯串，仍当为之。

现在朋友愈多。讲躬行心得者，则有镜海先生、艮峰前辈、吴竹如、窦兰泉、冯树堂；穷经知道者，则有吴子序、邵蕙西；讲诗、文、字而艺通于道者，则有何子贞；才气奔放，则有汤海秋；英气逼人志大神静，则有黄子寿。又有毛少鹤（名锡振，广西主事，年二十七岁，张筱浦之妹夫）、朱廉甫（名琦，广西乙未翰林）、吴莘畬（名尚志，广东人，吴抚台之世兄）、庞作人（名文寿，浙江人）。此四君者，首闻予名而先来拜。虽所造有浅深，要皆有志之士，不甘居于庸碌者也。京师为人文渊薮，不求则无之，愈求则愈出。近来闻好友甚多。予不欲先去拜别人，恐徒标榜虚声。盖求友以匡己之不逮，此大益也；标榜以盗虚名，是大损也。天下有益之事，即有足损者寓乎其中，不可不辨。黄子寿近作《选将论》一篇，共六千余字，真奇才也。黄子寿戊戌年始作破题，而六年之中遂成大学问，此天分独绝，乃不可学而至。诸弟不必震而惊之，予不愿诸弟学他，但愿诸弟学吴世兄、何世兄。吴竹如之世兄现亦学艮峰先生写日记，言有矩，动有法，其静气实实可爱。何子贞之世兄，每日自朝至夕总是温书。三百六十日，除作诗文时，无一刻不温书。真可谓有恒矣。故予从前限功课教诸弟，近来写信寄弟，从不另开课程，但教诸弟有恒而已。盖士人读书，第一要有志，第二要有识，第三要有恒。有志则断不甘为下流；有识则知学问无尽，不敢以一得自足，如河伯之观海，如井蛙之窥天，皆无识者也；有恒则断无不成之事。此三者缺一不可。诸弟此时，惟有识不可以骤几，至于有志有恒，则诸弟勉之而已。予身体甚弱，不能苦思，苦思则头晕，不耐久坐，久坐则倦乏，时时属望惟诸弟而已。

明年正月恭逢祖父大人七十大寿，京城以进十为正庆。予本拟在戏园设寿筵，窦兰泉及艮峰先生劝止之，故不复张筵。盖京城张筵唱戏，名为庆寿，实则打把戏。兰泉之劝止，正以此故。现作寿屏两架。一架淳化笺四大幅，系何子贞撰文并书，字有茶碗口大。一架冷金笺八小幅，系吴子序撰文，予自书。淳化笺系内府用纸，纸厚如钱，光彩耀目，寻常琉璃厂无有也。昨日偶有之，因买四张。子贞字甚古雅，惜太大，万不能寄回。奈何奈何！

侄儿甲三体日胖而颇蠢，夜间小解知自报，不至于湿床褥。女儿体好，最易扶携，全不劳大人费心力。

今年冬间，贺耦庚先生寄三十金，李双圃先生寄二十金，其余尚有小进项。汤海秋又自言借百金与我用。计还清兰溪、寄云外，尚可宽裕过年。统计今年除借会馆房钱外，仅借百五十金。岱云则略多些。岱云言在京已该账九百余金，家中亦有此数，将来正不易还。寒士出身，不知何日是了也！我在京该账尚不过四百金，然苟不得差，则日见日紧矣。

书不能尽言，惟诸弟鉴察。

兄国藩　手草十二月二十日

试帖诗课、温习制艺

男国藩跪禀父母亲大人万福金安：

二月二十三日发家信第三号，不知已收到否？正月所寄鹿脯想已到。三月初奉大人正月十二日手谕，俱悉一切。又知附有布匹、腊肉等在黄弗卿处，第不知黄氏兄弟何日进京，又不知家中系专人送至省城，抑托人顺带也。

男在京身体如常，男妇亦清吉。九弟体已复元，前二月间因其初愈，每日只令写字养神。三月以来，仍理旧业，依去年功课。未服补剂，男分丸药六两与他吃，因年少不敢峻补。

孙男女皆好，拟于三月间点牛痘。此间牛痘局系广东京官请名医设局积德，不索一钱，万无一失。

男近来每日习帖，不多看书。同年邀为试帖诗课，十日内作诗五首，用白折写好公评，以为明年考差之具。又吴子序同年有两弟在男处附课看文。又金台书院每月月课，男亦代人作文。因久荒制艺，不得不略为温习。

此刻光景已窘，幸每月可收公项房钱十五千，外些微挪借，即可过度。京城银钱比外间究为活动。家中去年彻底澄清，余债无多，此真可喜。蕙妹仅存钱四百千，以二百在新窑食租，不知住何人屋？负薪汲水，又靠何人？率五素来文弱，何能习劳！后有家信，望将蕙妹家事琐细详书。余容后禀。

男谨呈　三月十一日

书信主要内容：发奋励志

诸贤弟足下：

十月二十一接九弟在长沙所发信，内途中日记六页，外药子一包。二十二接九月初二日家信，欣悉以慰。

自九弟出京后，余无日不忧虑，诚恐道路变故多端，难以臆揣。及读来书，果不出吾所料。千辛万苦，始得到家。幸哉幸哉！郑伴之不足恃，余早已知之矣。郁滋堂如此之好，余实不胜感激。在长沙时，未曾道及彭山屺，何也？又为祖母买皮袄，极好极好，可以补吾之过矣。

观四弟来信甚详，其发奋自励之志，溢于行间。然心欲找馆出外，此何意也？不过谓家塾离家太近，容易耽搁，不如出外较清净耳。然出外从师，则无甚耽搁；若出外教书，其耽搁更甚于家塾矣。且苟能发奋自立，则家塾可读书，即旷野之地、热闹之场亦可读书，负薪牧豕，皆可读书；苟不能发奋自立，则家塾不宜读书，即清净之乡、神仙之境皆不能读书。何必择地？何必择时？但自问立志之真不真耳！

六弟自怨数奇，余亦深以为然。然屈于小试辄发牢骚，吾窃笑其志之小，而所忧之不大也。君子立志也，有民胞物与之量，有内圣外王之业，而后不忝于父母之生，不愧为天地之完人。故其为忧也，以不知舜不如周公为忧也，以德不修学不讲为忧也。是故顽民梗化则忧之，蛮夷猾夏则忧之，小人在位贤才否闭则忧之，匹夫匹妇不被己泽忧之，所谓悲天命而悯人穷，此君子之所忧也。若夫一身之屈伸，一家之饥饱，世俗之荣辱得失、贵贱毁誉，君子固不暇忧及此也。六弟屈于小试，自称数奇，余窃笑其所忧之不大也。

盖人不读书则已，亦即自名曰读书人，则必从事于《大学》。《大学》之纲领有三：明德、亲民、止至善，皆我分内事也。若读书不能体贴到身上去，谓此三项与我身毫不相涉，则读书何用？虽使能文能诗，博雅自诩，亦只算得识字之牧猪奴耳！岂得谓之明理有用之人也乎？朝廷以制艺取士，亦谓其能代圣贤立言，必能明圣贤之理，行圣贤之行，可以居官莅民、整躬率物也。若以明德、亲民为分外事，则虽能文能诗，而于修己治人之道实茫然不讲，朝廷用此等人做官，与用牧猪奴做官何以异哉？然则既自名为读书人，则《大学》之纲领，皆己身切要之事明矣。其条目有八，自我观之，其致功之处，则仅二者而已：曰格物，曰诚意。

格物，致知之事也；诚意，力行之事也。物者何？即所谓本末之物也。身、心、意、知、家、国、天下皆物也。天地万物皆物也，日用常行之事皆物也。格者，即物而究其理也。如事亲定省，物也；究其所以当定省之理，即格物也。事兄随行，物也；究其所以当随行之理，即格物也。吾心，物也；究其存心之理，又博究其省察涵养以存心之理，即格物也。吾身，物也；究其敬身之理，又博究其立齐坐尸以敬身之理，即格物也。每日所看之书，句句皆物也；切己体察，穷究其理即格物也。此致知之事也。所谓诚意者，即其所知而力行之，是不欺也。知一句便行一句，此力行之事也。此二者并进，下学在此，上达亦在此。

吾友吴竹如格物工夫颇深，一事一物，皆求其理。倭艮峰先生则诚意工夫极严，每日有日课册，一日之中一念之差、一事之失、一言一默皆笔之于书。书皆楷字，三月则订一本。自乙未年起，今三十本矣。盖其慎独之严，虽妄念偶动，必即时克治，而著书之于书。故所读之书，句句皆切身之要药。兹将艮峰先生日课抄三页付归，与诸弟看。余自十月初一日起亦照艮峰样，每日一念一事，皆写之于册，以便触目克治，亦写楷书。冯树堂与余同日记起，亦有日课册。树堂极为虚心，爱我如兄，敬我如师，将来必有所成。余向来有无恒之弊，自此次写日课本子起，可保终身有恒矣。盖明师益友，重重夹持，能进不能退也。本欲抄余日课册付诸弟阅，因今日镜海先生来，要将本子带回去，故不及抄。十一月有白折差，准抄几页付回也。

余之益友，如倭艮峰之瑟佣，令人对之肃然。吴竹如、窦兰泉之精义，一言一事，必求至是。吴子序、邵蕙西之谈经，深思明辨。何子贞之谈字，其精妙处，无一不合，其谈诗尤最符契。子贞深喜吾诗，故吾自十月来已作诗十八首。兹抄二页，付回与诸弟阅。冯树堂、陈岱云之立志、汲汲不遑，亦良友也。镜海先生，吾虽未尝执贽请业，而心已师之矣。

吾每作书与诸弟，不觉其言之长，想诸弟或厌烦难看矣。然诸弟苟有长信与我，我实乐之，如获至宝。人固各有性情也。

余自十月初一起记日课，念念欲改过自新。思从前与小珊有隙，实是一朝之忿，不近人情，即欲登门谢罪。恰好初九日小珊来拜寿，是夜余即至小珊家久谈。十三日与岱云合伙，请小珊吃饭。从此欢笑如初，前隙尽释矣。

金竺虔服满用知县，现住小珊家，喉痛月余，现已全好。李笔峰在汤家如故。易莲舫要出门就馆，现亦甚用功，亦学倭艮峰者也。同乡李石梧已升陕西巡抚。两大将军皆锁拿解京治罪，拟斩监候。英夷之事，业已和抚。去银二千一百万两，又各处让他码头五处。现在英夷已全退矣。两江总督牛鉴，亦锁解刑部治罪。

近大事大略如此。容再续书。

兄国藩　手具十月二十六日

读书宜专、习字有恒

温甫六弟左右：

五月二十九、六月初一连接弟三月初一、四月二十五、五月初一三次所发之信，并四书文二首，笔仗实实可爱。

信中有云“于兄弟则直达其隐，父子祖孙间不得不曲致情”，此数语有大道理。余之行事，每自以为至诚可质天地，何妨直情径行。昨接四弟信，始知家人天亲之地，亦有时须委曲以行之者，吾过矣，吾过矣。

香海为人最好，吾虽未与久居，而相知颇深，尔以兄事之可也。丁秩臣、王衡臣两君，吾皆未见，大约可为尔师。或师之，或友之，在弟自为审择。若果威仪可则、淳实宏通，师之可也；若仅博雅能文，友之可也。或师或友，皆宜常存敬畏之心，不宜视为等夷，渐至慢亵，则不复能受其益矣。

尔三月之信所定功课太多，多则必不能专，万万不可。后信言已向陈季牧借《史记》，此不可不熟看之书。尔既看《史记》，则断不可看他书。功课无一定呆法，但须专耳。余从前教诸弟，常限以功课。近来觉限人以课程，往往强人以所难，苟其不愿，虽日日遵照限程，亦复无益，故近来教弟但有一专字耳。专字之外，又有数语教弟，兹特将冷金笺写出。弟可贴之座右，时时省览，并抄一幅寄家中三弟。

香海言时文须学《东莱博议》，甚是。尔先须用笔圈点一遍，然后自选几篇读熟，即不读亦可。无论何书，总须从首至尾通看一遍。不然，乱翻几页，摘抄几篇，而此书之大局精处茫然不知也。

学诗从《中州集》入亦好。然吾意读总集，不如读专集。此事人人意见各殊，嗜好不同。吾之嗜好，于五古则喜读《文选》，于七古则喜读昌黎集，于五律则喜读杜集，七律亦最喜杜诗，而苦不能步趋，故兼读元遗山集。吾作诗最短于七律，他体皆有心得，惜京都无人可与畅语，尔要学诗，先须看一家集，不要东翻西阅。先须学一体，不可各体同学。盖明一体，则皆明也。凌笛舟最善为律诗，若在省，尔可就之求教。

习字临《千字文》亦可，但须有恒。每日临帖一百字，万万无间断，则数年必成书家矣。陈季牧最喜谈字，且深思善悟。吾见其寄岱云信，实能知写字之法，可爱可畏。尔可从之切磋。此等好学之友，愈多愈好。

来信要我寄诗回南。余今年身体不甚壮健，不能用心，故作诗绝少，仅作感春诗七古五章。慷慨悲歌，自谓不让陈卧子，而语太激烈，不敢示人。余则仅作应酬诗数首，了无可观。顷作寄贤弟诗二首，弟观之以为何如？京笔现在无便可寄，总在秋间寄回。若无笔可写，暂向陈季牧借一支，后日还他可也。

兄国藩手草　六月初六日

勉在孝悌

澄侯、步淳、季洪三弟左右：

五月底连接三月一日、四月十八两次所发家信。

四弟之信，具见真性情，有困心横虑、郁积思通之象。此事断不可求速效。求速效必助长，非徒无益，而又害之。只要日积月累，如愚公之移山，终久必有豁然贯通之候；愈欲速则愈锢蔽矣。

来书往往词不达意，我能深谅其苦。今人都将学字看错了。若细读《贤贤易色》一章，则绝大学问即在家庭日用之间。于孝悌两字上尽一分便是一分学，尽十分便是十分学。今人读书皆为科名起见，于孝悌伦纪之大，反似与书不相关。殊不知书上所载的，作文时所代圣贤说的，无非要明白这个道理。若果事事做得，即笔下说不出何妨！若事事不能做，并有亏于伦纪之大，即文章说得好，亦只算个名教中之罪人。贤弟性情真挚，而短于诗文，何不日日在孝悌两字上用功？《曲礼》、《内则》所说的，句句依他做出，务使祖父母、父母、叔父母无一时不安乐，无一时不顺适；下而兄弟妻子皆蔼然有恩，秩然有序，此真大学问也。若诗文不好，此小事，不足计；即好极，亦不值一地。不知贤弟肯听此语否？

科名之所以可贵者，谓其足以承堂上之欢也，谓禄仕可以养亲也。今吾已得之矣，即使诸弟不得，亦可以承欢，可以养亲，何必兄弟尽得哉？贤弟若细思此理，但于孝悌上用功，不于诗文上用功，则诗文不期进而自进矣。

凡作字总须得势，务使一笔可以走千里。三弟之字，笔笔无势，是以局促不能远纵。去年曾与九弟说及，想近来已忘之矣。

九弟欲看余白折。余所写折子甚少，故不付。大铜尺已经寻得。付笔回南，目前实无妙便，俟秋间定当付还。

去年所寄牧云信未寄去，但其信前半劝牧云用功，后半劝凌云莫看地，实有道理。九弟可将其信抄一遍仍交与他，但将纺棉花一段删去可也。地仙为人主葬，害人一家，丧良心不少，未有不家败人亡者，不可不力阻凌云也。至于纺棉花之说，如直隶之三河县、灵寿县，无论贫富男妇，人人纺布为生，如我境之耕田为生也。江南之妇人耕田，犹三河之男人纺布也。湖南如浏阳之夏布、祁阳之葛布、宜昌之棉布，皆无论贫富男妇，人人依以为业。此并不足为骇异也。第风俗难以遽变，必至骇人听闻，不如删去一段为妙。书不尽言。

兄国藩手草　六月初六日

事贵乎专

四位老弟左右：

正月二十三日接到诸弟信，系腊月十六在省城发，不胜欣慰。四弟女许朱良四姻伯之孙，兰姊女许贺孝七之子，人家甚好，可贺。惟蕙妹家颇可虑，亦家运也。

六弟、九弟今年仍读书省城，罗罗山兄处附课甚好。既在此附课，则不必送诗文与他处看，以明有所专主也。凡事皆贵专。求师不专，则受益也不入；求友不专，则博爱而不亲。心有所专宗，而博观他途以扩其识，亦无不可。无所专宗，而见异思迁，此眩彼夺，则大不可。罗山兄甚为刘霞仙、欧阳小岑所推服，有杨生（任光）者，亦能道其梗概，则其可为师表明矣，惜吾不得常与居游也，在省用钱，可在家中支用（银三十两则够二弟一年之用矣，亦在吾寄一千两之内）。予不能别寄与弟也。

我去年十一月二十日到京，彼时无折差回南，至十二月中旬始发信，乃两弟之信骂我糊涂。何不检点至此！赵子舟与我同行，曾无一信，其糊涂更何如耶？余自去年五月底至腊月初未尝接一家信。我在蜀可写信由京寄家，岂家中信不可由京寄蜀耶？又将骂何人糊涂耶？凡动笔不可不检点。

陈尧农先生信至今未接到。黄仙垣未到京。家中付物，难于费心，以后一切布线等物，均不必付。九弟与郑、陈、冯、曹四信，写作俱佳，可喜之至。六弟与我信字太草率，此关系一生福分，故不能不告汝也。四弟写信语太不圆，由于天分，吾不复责。余容续布，诸惟心照。

兄国藩手草　正月二十六日

评论诸弟文章之优劣

四位老弟足下：

自三月十三日发信后，至今未寄一信。余于三月二十四日移寓前门内西边碾儿胡同，与城外消息不通。四月间到折差一次，余竟不知。迨既知，而折差已去矣。惟四月十九欧阳小岑南归，余寄衣箱银物并信一件。四月二十四梁桑庄南归，余寄书卷零物并信一件。两信皆仅数语，至今想尚未到。四月十三黄仙垣南归，余寄闲墨并无书信，想亦未到。兹将三次所寄各物另开清单付回，待三人到时，家中照单查收可也。

内城现住房共二十八间，每月房租京钱叁拾串，极为宽敞。冯树堂、郭筠仙所住房屋皆清洁。甲三于三月二十四日上学，天分不高不低，现在读四十天，读至自修齐至平治矣。因其年太小，故不加严。已读者字皆能识。两女皆平安。陈岱云之子在余家亦甚好。内人身体如常，现又有喜，大约九月可生。

余体气较去年略好，近因应酬太繁，天气渐热，又有耳鸣之病。今年应酬较往年更增数倍。第一为人写对联条幅，合四川、湖南两省求书者几日不暇给。第二公车来借钱者甚多，无论有借无借，多借少借，皆须婉言款待。第三则请酒拜客及会馆公事。第四则接见门生，颇费精神。又加以散馆，殿试则代人料理。考差则自己料理。诸事冗杂，遂无暇读书矣。

三月二十八大挑甲午科，共挑知县四人、教官十九人。其全单已于梁桑庄所带信内寄回。四月初八日发会试榜，湖南中七人，四川中八人，去年门生中二人。另有题名录附寄。十二日新进士复试。十四发一等二十一名，另有单附寄。十六日考差，余在场，二文一诗，皆妥当无弊病，写亦无错落。兹将诗稿寄回。十八日散馆，一等十九名。本家心斋取一等十二名，陈启迈取二等第三名，二人俱留馆。徐菜因诗内皴字误写皱字，改作知县，良可惜也。二十二日散馆者引见，二十六七两日考差者引见，二十八日新进士朝考，三十日发全单附回。二十一日新进士殿试，二十四日点状元，全榜附回。五月初四五两日新进士引见。初一日放云贵试差，初二日钦派大教习二人，初六日奏派小教习六人，余亦与焉。

初十日奉上谕，翰林侍读以下，詹事府洗马以下，自十六日起每日召见二员。余名次第六，大约十八日可以召见，从前无逐日分见翰詹之例，自道光十五年始一举行，足征圣上勤政求才之意。十八年亦如之，今年又如之。此次召见，则今年放差大半，奏对称旨者居其半，诗文高取者居其半也。

五月十一日接到四月十三日家信，内四弟、六弟各文二首，九弟、季弟各文一首。四弟东皋课文甚洁净，诗亦稳妥。“则何以哉”一篇亦清顺有法，第词句多不圆足，笔亦平沓不超脱。平沓最为文家所忌，宜力求痛改此病。六弟笔气爽利，近亦渐就范围。然词意平庸，无才气峥嵘之处，非吾意中之温甫也。如六弟之天姿不凡，此时作文，当求议论纵横，才气奔放，作为如火如荼之文，将来庶有成就。不然一挑半剔，意浅调卑，即使获售，亦当自惭其文之浅薄不堪。若其不售，则又两失之矣。今年从罗山游，不知罗山意见如何？吾谓六弟今年入泮固妙，万一不入，则当尽弃前功，壹志从事于先辈大家之文。年过二十，不为少矣，若再扶墙摩壁，役役于考卷截搭小题之中，将来时而业仍不精，必有悔恨于失计者，不可不早图也。余当日实见不到此，幸而早得科名，未受其害。向使至今未尝入泮，则数十年从事于吊渡映带之间，仍然一无所得，岂不腼颜也哉？此中误人终身多矣。温甫以世家之子弟，负过人之姿质，即使终不入泮，尚不至于饥饿，奈何亦以考卷误终身也？九弟要余改文详批，余实不善改小考文，当请曹西垣代改，下次折弁付回。季弟文气清爽异常，喜出望外，意亦层出不穷。以后务求才情横溢，气势充畅，切不可挑剔敷衍，安于庸陋。勉之勉之，初基不可不大也。书法亦有褚字笔意，尤为可喜。总之，吾所望于诸弟者，不在科名之有无，第一则孝悌为端，其次文章不朽。诸弟若果能自立，当务其大者远者，毋徒汲汲于进学也。

冯树堂、郭筠仙在寓看书作文，功无间断。陈季牧日日习字，亦可畏也。四川门生留京约二十人，用功者颇多。余不尽书。

兄国藩草　五月十二日

只有进德修业两事靠得住

四位老弟左右：

昨二十七日接信，快畅之至，以信多而处处详明也。

四弟七夕诗甚佳，已详批诗后。从此多作诗亦甚好，但须有志有恒，乃有成就耳。余于诗亦有工夫，恨当世无韩昌黎及苏、黄一辈人可与发吾狂言者。但人事太多，故不常作诗，用心思索，则无时敢忘之耳。

吾人只有进德、修业两事靠得住。进德，则孝悌仁义是也；修业，则诗文作字是也。此二者由我作主，得尺则我之尺也，得寸则我之寸也。今日进一分德，便算积了一升谷；明日修一分业，又算余了一文钱，德业并增，则家私日起。至于功名富贵，悉由命定，丝毫不能自主。昔某官有一门生为本省学政，托以两孙当面拜为门生。后其两孙岁考临场大病，科考丁艰，竟不入学。数年后两孙乃皆入，其长者仍得两榜。此可见早迟之际，时刻皆有前定。尽其在我，听其在天，万不可稍生妄想。六弟天分较诸弟更高，今年受黜，未免愤怨。然及此正可困横虑，大加卧薪尝胆之功，切不可因愤废学。

九弟劝我治家之法，甚有道理。喜甚慰甚。自荆州七遣去之后，家中亦甚整齐，问率五归家便知。《书》曰："非知之艰，行之维艰。"九弟所言之理，亦我所深知者。但不能庄严威厉，使人望若神明耳。自此后，当以九弟言书诸绅而刻刻警省。

季弟天性笃厚，诚如四弟所云"乐何如之"。求我示读书及进德之道，另纸开示。余不具。

国藩手草　八月二十九日

事事应勤思善问

四位老弟足下：

去年十二月二十二日寄去书函谅已收到。顷接四弟信，谓前信小注中误写二字。其诗比即付还，今亦忘其所误谓何矣。

诸弟写信总云仓忙，六弟去年曾言城南寄信之难，每次至抚院赍奏厅打听云云。是何其蠢也！静坐书院三百六十日，日日皆可写信，何必打听折差行期而后动笔哉？或送至提塘，或送至岱云家，皆万无一失，何必问了无关涉之赉奏厅哉？若弟等仓忙，则兄之仓忙殆过十倍，将终岁无一字寄家矣！

送王五诗第二首，弟不能解，数千里致书来问。此极虚心，余得信甚喜。若事事勤思善问，何患不一日千里？兹另纸写明寄回。家塾读书，余明知非诸弟所甚愿，然近处实无名师可从，省城如陈尧农、罗罗山皆可谓明师，而六弟、九弟又不善求益；且住省城二年，诗文与字皆无大长进。如今我虽欲再言，堂上大人亦必不肯听。不如安分耐烦，寂处里闾，无师无友，挺然特立，作第一等人物。此则我之所期于诸弟者也。昔婺源汪双池先生一贫如洗，三十以前在窑上为人佣工画碗，三十以后读书，训蒙到老，终身不应科举。卒著书百余卷，为本朝有数名儒。彼何尝有师哉？又何尝出里闾哉？余所望于诸弟者，如是而已，然总不出乎立志有恒四字之外也。

买笔付回，刻下实无妙便，须公车归乃可带回。大约府试院试可得用，县试则赶不到也。诸弟在家作文，若能按月付至京，则余请树堂看。随到随改，不过两月，家中又可收到。书不详尽，余俟续具。

兄国藩手草　二月初一日

喜闻诸弟皆得中试

男国藩跪禀父母亲大人膝下：

五月初六日，男发第六号家信后，十七日接到诸弟四月二十二日在县所发信。欣悉九弟得取前列第三，余三弟皆取前二十名，欢慰之至。

诸弟前所付诗文到京、兹特请杨春皆改正付回。今年长进甚远，良可忻慰。向来六弟文笔最矫健，四弟笔颇笨滞，观其“为仁矣”一篇，则文笔大变，与六弟并称健者。九弟文笔清贵，近来更圆转如意。季弟诗笔亦秀雅。男再审览，实堪怡悦。

男在京平安。十六七偶受暑，服药数帖，禁荤数日而愈，现已照常应酬。男妇服补剂已二十余帖，大有效验。医人云虚弱之症，能受补则易好。孙男女及合室下人皆清吉。

长沙馆于五月十二日演戏题名，状元南元朝元三匾，同日张挂，极为热闹，皆男总办，而人人乐从。头门对联云：同科十进士，庆榜三名元。可谓盛矣。

同县邓铁松在京患吐血病，甚为危症，大约不可挽回。同乡有危急事，多有就男商量者，男效祖大人之法，银钱则量力资助，办事则竭力经营。

严丽生取九弟置前列，男理应写信谢他；因其平日官声不甚好，故不愿谢。不审大人意见如何？我家既为乡绅，万不可入署说公事，致为官长所鄙薄。即本家有事，情愿吃亏，万不可与人构讼，令官长疑为倚势凌人。伏乞慈鉴。

男谨禀　五月二十九日

（二）立身、处世

唐鹤九所寄挽联极佳

沅弟左右：

季弟墓志作就，不甚称意。唐鹤九所寄挽联极佳，云：秀才肩半壁东南，方期一战成功，挽回劫运；当世号满门忠义，岂料三河洒泪，又陨台星。余欲改成功二字为功成，改洒泪二字为痛定，似更妥协。

余仅派戈什哈一人送季榇，盖以弟所派诸人，凡事皆有条理，不必更派文武委员，反虞纷乱也。

十二月十八夜于湖南会馆

近世保人有为难处

沅弟左右：

初一日接弟七月二十四六日二信，俱悉一切。

陈斌述及与鲍军门言改由七桥瓮（瓮桥）进孝陵卫；奉霆欣然乐从，余已决从此策，日内即办公牍分别咨行。地道决不复开。七桥瓮（瓮桥）是流须用浮桥，容再由此间办竹木去。前因花篱地道均非要务，故未饬潜山县耳。左帅保筠仙，此间并无所闻。钠信之所谓季帅者，似即毛寄云也。毛密片余未得见，大约系保两郭、黄、李。筠公已擢抚，筱泉已擢奥臬，南翁有旨放奥办厘，惟意城保花翎三品卿未奉明文。

弟所保各员，均奉允准。惟金安清明谕不准调营，寄谕恐弟为人耸动。盖因金君经余两次纠参，朝廷恐余各子弟意见不合也。大抵清议所不容者，断非一口一疏所能挽回，只好徐徐以待其自定。又近世保人，亦多少为难之处。有保之而旁人不以为然，反累斯人者；有保之而本人不以为德，反成仇隙者。余阅世已深，即荐贤亦多顾忌，非昔厚而今薄也。

景、河、婺、乐四卡，左帅业已归还尔处。上海四万，余志在必得，恐不免大有争论。霞仙升陕抚，先办汉口军务。间李雨苍系多帅所劾也。纪泽等今日放营省谒。父亲手泽六纸寄还。即问近好。

国藩手草　八月初二日

对贺家似不可过于冷落

澄弟左右：

日内未接来信，想各宅平安。为兄自二十五日奉入京陛见之命，二十六日寄一信，今纪泽儿来营，随侍进京。初三日因渠体气素弱，道途太远，又寄一信止之，令其无庸来豫。想两信皆呈弟览矣。

近日军情，西股张总愚尚在陕西二华一带。余檄霆军赴秦，又调老湘营驻防陕、洛。东股已过沙河，将由光、固窜鄂。现调淮军跟追，冀与鄂兵夹击，不知果有裨否。

得弟十月初三之信，知初二申刻上岸，竟得免于大难。吉人天相，万事命喧，世人纷纷争夺，果何益哉？纪渠之事，花银未免太多，当具呈之时，曾否禀告弟处？渠意以为不具一呈，则将来纪渠进京之时，部中必将谕旨瞒住，皇上必不认帐耶。若并未与弟说明，此人似不能不参责示惩。纪泽等在省，何以须避贺家妇女？余意贺家昔盛今衰，吾家姻事虽断，似不可过于冷落，使人讥为势利之见。弟以为然否？余详十月日记中。顺问近好。

十一月初五日

江西有本家数人至湖南寻宗联谱

澄、沅弟左右：

连接四月二十一八日来书。余另有复信。兹有商者：江西义宁州武宁县有本家曰曾承恩曰崇实曰位兰曰启祥曰维新者，自江西二千里来此，携有湖南省曾氏谱局公启一纸，令渠等携谱至余处呈览（启曰金陵家大人处），限五月至局修谱云云。其启不知发自何人（系刻的，余抄一份寄弟看）？其局设于何处？岂宁乡衍咏公之后人至今尚未领谱局耶？曾承恩等意欲至湖南一寻宗支而笃族谊。余不知局之所在，只得写信与弟。弟可将谱局指示，听渠等前去。联谱与否，由渠自酌而已。余亦无以相赠，写匾一方、对二副，聊答远来之意。

余家修谱已三十年，近日须续修否？如再续修，则为字辈宜仍旧不改，不可使兴字辈与兴字辈混，孙夺祖名也。上字改毓字，国字改传字，则无不可耳。余不多及，即问近好。

兄国藩手具　五月初十日

往年对人开罪处近日一一追悔

澄、沅弟左右：

久未致书，想我弟悬望之至。屡接弟信，承寄健脾糕、茶叶、腊肉之类，谢谢不尽。又代寄南云茶叶、舫仙漆碗，深为感荷。

朱唐洲、欧阳仲诚先后到此，尚无位置。王上国已派先锋官。王瑞臣派宝应厘局，每月三十六金。曾澧楼管纱帽洲炮船五号，每月五十二千。在此间即算优差。鲁秋航已札令回湘，管陈陵矶花畹岗盐卡。此外皆无差可派。武员望泽者，尤多穷困饥疲。公既无事可委，私又无钱可赠，惟有抱愧而已。

余身体尚好。今年不甚酷热，眩晕、疝气等病未发。惟目光昏蒙如常，亦不吃药点药。内人脚肿已消，膝尚作疼，略可站立，不能行动。久病之后，此已算痊愈矣。

纪鸿之次子（九月元旦生日）日内有疾，食物全不消化，夜不能寐，亦未服药。余满门平安。聂宅姻事，余已两次回信。余于八九月出外府阅操，请渠冬二月选择吉期，在宁招赘。新郎或八九月到宁，或稍迟再到，听渠裁夺。不知一峰近常与沅弟通信否？

冯树堂已抵家否？渠在此小住兼旬，又至上海访涂朗仙，又至六安州代吴竹如先生相择阳宅阴地，并为涂家择地数处，又言八九月间将至湘乡二十四都等处为我预卜葬地。若果至吾乡，请澄弟殷勤款接。渠昔在祁门，余与之口角失欢，至今悔之。今年渠至此间，余对之甚愧也。

余往年开罪之处，近日一一追悔，其于次青尤甚。昔与次青在营，曾有两家联姻之说。其时温弟、沅弟均尚有未定姻事者，系指同辈说媒言之，非指后辈言之也。顷闻次青欲与纪泽联姻，断无不允之理，特辈行不合，换惭滋深耳。

长沙无《阅微草堂笔记》，当即以此间一部寄弟。纸板亦坏，较之金陵市店之小板犹略胜耳。

沅弟信中所称德一本家、虎远本家纵容凶恶，与善为仇，诚亦可虑。凡吏治之最忌者，在不分皂白，使贤者寒心，不肖者无忌惮。若犯此症，则百病丛生，不可救药。韫帅近日天眷稍替，若更事事将就，则群辈益将恣肆。余近待属吏变殊颟顸。顷派员至三省密查，求去其尤无良者而已。

澄弟索塥峰匾，八月当寄去。梅煦庵顷已到此，待差者虽难位置，然煦庵、唐洲必当有以玉成之也。元六小恙，比已痊愈否？至为系念。顺问近好。

兄国藩手具　六月二十七日酉刻

民宜爱而刁民不必爱，绅宜敬而劣绅不必敬

沅浦九弟左右：

正月十七日蒋一等归，接十一日信，俱悉一切。兄于初五、十二、十四、十六共发四信，十六之信系交戈什哈李卿云带去，中有报销折稿，计二月初可到。次青处回信及密件，弟办理甚好。

民宜爱而刁民不必爱，绅宜敬而劣绅不必敬。弟在外能如此条理分明，则凡兄之缺憾，弟可一一为我弥缝而匡救之矣。昨信言无本不立，无文不行。大抵与兵勇及百姓交际，只要此心真实爱之，即可见谅于下。余之所以颇得民心勇心者，此也。与官员及绅士交际，则心虽有等差而外之仪文不可不稍隆，余之所以不获于官场者，此也。去年与弟握别之时，谆谆嘱弟，以效我之长，戒我之短。数月以来，观弟一切施行，果能体此二语，欣慰之至。惟作事贵于有恒，精力难于持久，必须日新又新，慎而加慎，庶几常葆令名，益崇德业。

亦山先生十六日到，十七日上学。科四、科六书尚熟。九弟妇近日平安。季洪所请乳母十七已到。六弟妇、二妹子、青山舅舅皆

常在左右不离。南五舅爹十七日来，十九日归。郑先生十九日可到。余身体如常。请刘镜湖先生，要二十四五始至。四宅眷口均吉。母亲改卜吉城之事，余常常在念。现请刘为章来乡，大约正月可到。猫面脑之地，必须渠与尧阶等一看始可放心。此外寻新穴颇不易得，然余决志在今年办妥。新宁知县许九霞过此，自言于风水颇精，许来帮同寻觅。惟渠新被劾，未便在乡久住。弟在外亦尝闻有明眼人可延至家者否？若无其人，不必为此更纷心也。余俟续布，即候近好。

兄国藩手草　正月十九日

弟之职分以战守为第一义，爱民次之

沅浦九弟左右：

二十一日春二等归，接手书，知九江克复，喜慰无量。迪安专人来报，十八夜始到。润芝中丞递报二十日到。屠戮净尽，三省官绅士民同为称快。从此抚、建、吉安贼胆愈寒。吉贼颇悍，常有出濠死斗攻扑营盘之意，宜时时防备。弟之职分，以战守为第一义，爱民次之，联络上下官绅及各营弁勇又次之。已屡言之矣，务望持之以恒，始终如一为要。

前书言先大竹亭公祠宇公费，不知弟意以为然否？如此举有成，则此后凡有书籍、法帖、钟鼎、彝器皆可存置祠中。先世之积累稍立基业，吾兄弟之什物有所归宿，即如弟寄回之“二十三史”，许仙屏“书谱”，皆可收存，为之目录。若家运隆盛，将来收积之物，兄弟子姓继继承承，尚当不替也。

永丰杜秀才在新桥下看得二地，据称的是佳城，日内当去亲看。

罗罗山之夫人张氏于二十一日仙逝，定于五月一日发引，拟令甲三前去吊唁。二十八日去，初一日归也。余不一一。

许仙屏信阅毕封送。

兄国藩手具　四月二十三日

黄金堂勿起屋事

澄侯四弟左右：

八月二十四发去之信，至今未接复信，不知弟在县已回家否？余所改书院图已接到否？图系就九弟原稿改正，中间添一花园，以原图系点文章，一个板板也。余所改规模太崇闳。当此大乱之世，兴造过于壮丽，殊非所宜，恐劫数未满，或有他虑。弟与邑中诸位贤绅熟商。去年沅弟起屋太大，余至今以为隐虑，此事又系沅弟与弟作主，不可不慎之于始。弟向来于盈虚消长之机颇知留心，此事亦当三思。至嘱至嘱。

鲍、张二十六日进兵，二十九日获一胜仗，日内围扎休宁城外。祁门老营安稳，余身体亦好。惟京城信息甚坏，皖南军务无起色，且愧且愤。家事有弟照料，甚可放心，但恐黄金堂买田起屋，以重余之罪戾，则寸心大为不安，不特生前做人不安，即死后做鬼也是不安。特此预告贤弟，切莫玉成黄金堂买田起屋。弟若听我，我便感激尔；弟若不听我，我便恨尔。但令世道略得太平，大局略有挽回，我家断不怕没饭吃。若大局难挽，劫数难逃，则田产愈多指摘愈众，银钱愈多抢劫愈甚，亦何益之有哉？嗣后黄金堂如添置田产，余即以公牍捐于湘乡宾兴堂，望贤弟千万无陷我于恶。顺问近好。

兄国藩手草　十月初四日

论洪家事是非曲直

沅弟左右：

二十五夜接二十三酉刻之信，又接二十夜之信，得知前哨亲兵业已发来，后哨亦于二十四发来。祁门如有事，断非一二哨人所能为力，现已转危为安矣。此两哨应仍照原议，留于安庆，待打过援贼，再行发来。

洪家之事，是非曲直，可一言而决。先茔葬在夏家卖契之内，则我直而洪曲。若系我直，则国藩长子也，断不要弟与澄、季独当其事，当由我挺身出来任之。有祸我当，有谤我受，决不出一分一厘与洪。若系洪直，则从容当谋一妥善之法。谚云“一家饱暖千家怨”，况吾家显宦，岂能免于讥议？至日记，除家中人来，并无人看见，希庵屡求抄阅未许。此物在家，何千龄万代之有？弟若此过虑，吾向家中取来涂灰可也。作梅不向我说而告之润帅，吾亦不以为然。七年，黄金堂起槽门，刘为章不向我告知其凶而告之李笏生，吾亦心非之。弟日内要打援贼，千万莫恼怒也。至嘱。

明二十六日，当派李卿云至建德等处阻止前后两哨，暂莫行走，听弟续信。

十月二十五夜

与鲍公信不宜有游移之词

沅、季弟左右：

接沅弟初四夜信、季弟初三夜信，俱悉一切。

狗逆于初四早赴高河铺，寻多军开仗，看来能胜多则再与鲍、成力战，不能敌多则将他窜矣。鲍公昨夜在望江驻宿。狗逆与多接仗计不出初六七之内，鲍、成必赶不上，只好置之。鲍公最无主意，不宜以纷纷无定之议相扰，余准令其赴集贤耳。余观距鲍营亦有百里，明日以后相距更远，故寄鲍信，但嘱其一切调度布置推多作主，此间即不遥制矣。弟处与鲍信，亦不宜多出主意，尤不宜屡作游移之词，指一方打一方，霆公亦与雷公相等耳。

季弟肯承认错处，即是近日长进。以余观近日之贼，打仗实不甚凶狠，所可恨者，官军更不如贼耳。圆篇酒，待击退狗党后即办，决不失信。吴、万、丁防浔，似尚不慌张。顺候近好。

四月初五日巳刻

洋酋来会当以人礼相待

沅弟左右：

武明良禀阅过。渠称贼在八都山掳船，潜渡建、东，似尚未知建德十五失守之事。八都山来东流之路，当饬水营查哨。艇船至安庆卸载，想即洋船也，东路旱营及对岸水营当见之也，望弟详查而商之水营办理。

昨夜一缄未发。本日午刻接弟十九夜一缄，俱悉一切。鲍、成既已扎得稳，甚慰甚慰。此时不求破贼，且先求自立不败之地。韦部千人既到，二日内即当调云岩回南岸。洋酋日内尚未来会，若会晤时，当以人礼待之，不以鬼礼待之，能否断安庆接济，则相机再商耳。复左信抄阅。各件付还。

四月二十日午刻

给外人之拜帖文牍已阅

沅弟左右：

今日搜获伪文十六件，兹先将文目送阅，俟抄就后再将原文送弟处。其中最要关键二端：一则狗酋赴桐城，专避鲍军之锋，言鲍回南岸，即至安庆寻战；一则池州空虚危急，人少水大，极易攻取。兄阅伪文，知两岸之贼全副精神俱在怀、桐。兄前言节后调鲍军回南岸，看来竟不可遽调也。至池州似可乘虚攻取，拟令黄翼升带淮阳水师，取守兼任其事，候再熟商，即问近好。

正封缄间，接弟二十七日申刻一缄，俱悉一节。皖南地方，若婺源、景镇两处有人守，每月可筹饷四万，若克徽郡，则月可五万。比江西之吉安则不足，比抚、建、瑞、临则有余也。此次左军能迅援景德镇否，尚不可知，且姑听之。

拜夷酋帖式阅过，尽可往见。无论中国外国之人，无不好恭维者，弟之拜帖、文牍均恭敬，既有事有求于彼，应不至以无礼相向。夷酋若来东流，兄亦必与相会，但不先施耳。上水夷船甚多，不必船船皆有大员，皆有通事，若系买卖船，弟亦不必先投此文，须查明为要。

保举可先保二三十人，附于此间另案之内，太多则不可，以未开大仗也。功牌即可刷印。雪琴放广东臬司，亦当奏留。再候日佳。

四月二十八日正午

极盛之后要格外小心

沅弟左右：

接十五、十七二信，知有荻港坏船之险，又有泥汊破垒之捷。船不善避洄溜，往往失事。要之，舵工生也。泥汊既得，是一大可喜事。舢仙等遽行进兵，吾犹以无米为虑。李少山在汤家沟，此间送信去，日内风逆，恐不能速到。前报解七万之外，又有毛中丞报解一万，湖北报解二万，均因风大不能速到，忧灼之至。余今日登城周视，并至宝塔尖，弟所布置守事均妥。

孙澍人病请回籍，今日起程。陈心泉今日接印。季弟今日甚好，但求明日不发耳。淮扬水师上游无来者，亦以风逆之故。极盛之时，每虞蹉跌，弟当格外小心。顺问近好。

九月十八日正午

待李世忠辈应宽严并济

沅弟左右：

李世忠穷困如此，既呼吁于弟处，当有以应之。三千石米，五千斤火药，余即日设法分两次解弟处，由弟转交李世忠手。

此辈暴戾险诈，最难驯驭。投诚六年，官至一品，而其党众尚不脱盗贼行径。吾辈待之之法，有应宽者二，有应严者二。应宽者：

一则银钱慷慨大方，绝不计较，当充裕时，则数十百万掷如粪土，当穷窘时，则解囊分润，自甘困苦；一则不与争功，遇有胜仗，以全功归之，遇有保案，以优奖笼之。应严者：一则礼文疏淡，往还宜稀，书牍宜简，话不可多，情不可密；一则剖明是非，凡渠部弁勇有与百姓争讼，而适在吾辈辖境，及来诉告者，必当剖决曲直，毫不假借，请其严加惩治。应宽者，利也，名也；应严者，礼也，义也……

准于新年送礼

澄弟左右：

接弟十一月二十五日一函、十二月初二日一函，俱悉一切。

此间近事平安，沅军亦未开仗。十二月内各军皆发一月满饷，近日罕见之事也。刘沅堂先生处，李希帅处，余准于新年派弁送礼。刘宅则送赙银、联幛。李宅则但送联幛，其赙银俟三月间与萧、成、蒋、毛汇送，凑成二万也。唐义渠以藩司降补，乔鹤侪（松年）升安徽巡抚。此间诸事又将小有变动。

团山嘴石桥，兹又寄去银二百两，合之家中所借四女儿之二百金，共为四百。在兄为生平第一功果。前信嫌用银太多，不过欲弟凡事从省，弟乃将帐簿付来，余岂疑经手者之侵蚀哉？沅堂师之墓志恐不能交卷。陈作梅寄李宅之信前次忘，今日始带去。顺问新禧。

国潘手草　十二月二十四日

弟肝病全靠以心医之

沅弟左右：

初七八日连接初四、五日三信，俱悉一切。

萧信卿等初八过此，问知杏南已好，南云则不深知，至以为念。

保举单收到，准于十二日出奏，一字皆不更动。其千总蓝翎可奏可咨者，现虽未定果奏，然要之不更改耳。湖郡、广德既克，皖南自可不派游兵，刘、朱、朱皆来皖北甚好，惟苦无行粮。江西盐厘七万金在途为风所阻，焦灼之至。萧为则七营，吾意仍以遣撤为是。秋纲早开，二十日业经批准。里下河之捐，余只索二十万，盖深知彼间捐事有名无实也。

弟肝气未痊，全靠自己以心医之。弟若不知自爱，懊怒不已，剥丧元气，则真太愚矣。祁幼章方伯宿藻与余同年，其尸葬金陵城中，闻春浦先生派二仆来寻，望弟善视之。陆、涂诸公之尸，余虽有札与上、江两县，均望弟留心寻觅也。顺问近好。

八月初九日

教诸弟进德修业

四位老弟足下：

九弟行程，计此时可以到家。自任丘发信之后，至今未接到第二封信，不胜悬悬。不知道上有甚艰险否？四弟、六弟院试，计此时应有信，而折差久不见来，实深悬望。

予身体较九弟在京时一样，总以耳鸣为苦。问之吴竹如，云只有静养一法，非药物所能为力。而应酬日繁，予又素性浮躁，何能着实养静？拟搬进内城住，可省一半无谓之往还，现在尚未找得。予时时自悔，终未能洗涤自新。

九弟归去之后，予定刚日读经，柔日读史之法。读经常懒散不沉着。读《后汉书》，现已丹笔点过八本；虽全不记忆，而较之去年读《前汉书》，领会较深。九月十一日起同课人议每课一文一诗，即于本日申刻用白折写。予文、诗极为同课人所赞赏。然予于八股绝无实学，虽感诸君奖许之殷，实则自愧愈深也。待下次折差来，可付课文数篇回家。予居家懒做考差工夫，即借此课以摩厉考具，或亦不至临场窘迫耳。

吴竹如近日往来极密，来则作竟日之谈，所言皆身心国家大道理。渠富有窦兰泉者（云南人），见道极精当平实。窦亦深知予者，彼此现尚未拜往；竹如必要予搬进城住，盖城内镜海先生可以师事，倭艮峰先生、窦兰泉可以友事。师友夹持，虽懦夫亦有立志。予思朱子言，为学譬如熬肉，先须用猛火煮，然后用慢火温。予生平工夫全未用猛火煮过，虽略有见识，乃是从悟境得来。偶用功，亦不过优游玩索已耳。如未沸之汤，遽用慢火温之，将愈煮愈不熟矣。一以是急思搬进城内，屏除一切，从事于克己之学。镜海、艮峰两先生亦劝我急搬。而城外朋友，予亦有思常见者数人，如邵蕙西、吴子序、何子贞、陈岱云是也。

蕙西尝言："'与周公瑾交，如饮醇醪'，我两人颇有此风味。"故每见辄长谈不舍。子序之为人，予至今不能定其品。然识见最大且精，尝教我云："用功譬若掘井，与其多掘数井而皆不及泉，何若老守一井，力求及泉而用之不竭乎？"此语正与予病相合。盖予所谓掘井多而皆不及泉者也。

何子贞与予讲字极相合，谓我"真知大源，断不可暴弃"。予尝谓天下万事万理皆出于乾坤二卦。即以作字论之：纯以神行，大气鼓荡，脉络周通，潜心内转，此乾道也；结构精巧，向背有法，修短合度，此坤道也。凡乾以神气言，凡坤以形质言。礼乐不可斯须去身，即此道也。乐本于乾，礼本于坤。作字而优游自得真力弥满者，卯乐之意也；丝丝入扣转折合法，即礼之意也。偶与子贞言及此，子贞深以为然，谓渠生平得力，尽于此矣。陈岱云与吾处处痛痒相关，此九弟所知者也。

写至此，接得家书。知四弟、六弟未得入学，怅怅。然科名有无迟早，总由前定，丝毫不能勉强。吾辈读书，只有两事：一者进德之事，讲求乎诚正修齐之道，以图无忝所生；一者修业之事，操习乎记诵词章之术，以图自卫其身。进德之事难以尽言，至于修业以卫身，吾请言之：

卫身莫大于谋食。农工商劳力以求食者也，士劳心以求食者也。故或食禄于朝，教授于乡，或为传食之客，或为入幕之宾，皆须计其所业，足以得食而无愧。科名者，食禄之阶也，亦须计吾所业，将来不至尸位素餐，而后得科名而无愧。食之得不得，穷通由天作主，予夺由人作主；业之精不精，则由我作主。然吾未见业果精，而终不得食者也。农果力耕，虽有饥馑必有丰年；商果积货，虽有壅滞必有通时；士果能精其业，安见其终不得科名哉？即终不得科名，又岂无他途可以求食者哉？然则特患业之不精耳。

求业之精，别无他法，日专而已矣。谚曰"艺多不养身"，谓不专也。吾掘井多而无泉可饮，不专之咎也。诸弟总须力图专业。如九弟志在习字，亦不必尽废他业。但每日习字工夫，断不可不提起精神，随时随事，皆可触悟。四弟、六弟，吾不知其心有专嗜否？若志在穷经，则须专守一经；志在作制义，则须专看一家文稿；志在作古文，则须专看一家文集。作各体诗亦然，作试帖亦然，万不可以兼营并骛，兼营则必一无所能矣。切嘱切嘱，千万千万。以后写信来，诸弟各有专守之业，务须写明。且须详问极言，长篇累牍。使我读其手书，即可知其志向识见。凡专一业之人，必有心得，亦必有疑义。诸弟有心得，可以告我共赏之；有疑义，可以问我共析之。且书信既详，则四千里外之兄弟不啻晤言一室，乐何如乎？

予生平于伦常中，惟兄弟一伦抱愧尤深。盖父亲以其所知者尽以教我，而我不能以吾所知者尽教诸弟，是不孝之大者也。九弟在京年余，进益无多，每一念及，无地自容。嗣后我写诸弟信，总用此格纸，弟宜存留，每年装订成册，其中好处，万不可忽略看过。诸弟写信寄我，亦须用一色格纸，以便装订。

谢果堂先生出京后，来信并诗二首。先生年已六十余，名望甚重，与予见面，辄彼此倾心，别后又拳拳不忘，想见老辈爱才之笃。

兹将诗并予送诗附阅，传播里中，使共知此老为大君子也。

予有大铜尺一方，屡寻不得，九弟已带归否？频年寄黄英（芽）白菜子，家中种之好否？在省时已买漆否？漆匠果用何人？信来并祈详示。

兄国藩手具　九月十八日

谈诸友进修情形

诸位贤弟足下：

十月二十七日寄弟书一封，内信四页、抄倭艮峰先生日课三页、抄诗二页，已改寄萧莘五先生处，不由庄五爷公馆矣。不知已到无误否？

十一月前八日已将日课抄与弟阅，嗣后每次家信，可抄三页付回。日课本皆楷书，一笔不苟，惜抄回不能作楷书耳。冯树堂进功最猛，余亦教之如弟，知无不言。可惜九弟不能在京与树堂日日切磋，余无日无刻不太息也。九弟在京半年，余懒散不努力。九弟去后，余乃稍能立志，盖余实负九弟矣。余尝语岱云曰："余欲尽孝道，更无他事，我能教诸弟进德业一分，则我之孝有一分；能教诸弟进十分，则我孝有十分；若全不能教弟成名，则我大不孝矣。"九弟之无所进，是我之大不孝也。惟愿诸弟发奋立志，念念有恒，以补我不孝之罪。幸甚幸甚。

岱云与易五近亦有日课册，惜其识不甚超越。余虽日日与之谈论，渠究不能悉心领会，颇疑我言太夸。然岱云近极勤奋，将来必有所成。

何子敬近待我甚好，常彼此做诗唱和。盖因其兄钦佩我诗，且谈字最相合，故子敬亦改容加礼。子贞现临隶字，每日临七八页，今年已千页矣。近又考订《汉书》之讹，每日手不释卷。盖子贞之学长于五事：一曰《仪礼》精，二曰《汉书》熟，三曰《说文》精，四曰各体诗好，五曰字好。此五事者，渠意皆欲有所传于后。以余观之，此三者余不甚精，不知浅深究竟何如。若字，则必传千古无疑矣。诗亦远出时手之上，不能卓然成家。近日京城诗家颇少，故余亦欲多做几首。

金竺虔在小珊家住，颇有面善心非之隙。唐诗甫亦与小珊有隙。余现仍与小珊来往，泯然无嫌，但心中不甚惬洽耳。曹西垣与邹云陔十月十六日起程。现尚未到。汤海秋久与之处，其人诞言太多，十句之中仅一二句可信。今冬嫁女二次：一系杜兰溪之子，一系李石梧之子入赘。黎樾翁亦有次女招赘。其婿虽未读书，远胜于冯舅矣。李笔峰尚馆海秋处，因代考供事，得银数十，衣服焕然一新。王翰城捐知州，去大钱八千串。何子敬捐知县，去大钱七千串。皆于明年可选实缺。黄子寿处，本日去看他，工夫甚长进，古文有才华，好买书，东翻西阅，涉猎颇多，心中已有许多古董。何世兄亦甚好，沈潜之至，虽天分不高，将来必有所成。吴竹如近日未出城，余亦未去，盖每见则耽搁一天也。其世兄亦极沈潜，言动中礼，现在亦学倭艮峰先生。吾观何、吴两世兄之姿质，与诸弟相等，远不及周受珊、黄子寿。而将来成就，何、吴必更切实。此其故，诸弟能看书自知之。愿诸弟勉之而已。此数人者，皆后起不凡之人才也。安得诸弟与之联镳并驾，则余之大幸也。

季仙九先生到京服阕，待我甚好，有青眼相看之意。同年会课，近皆懒散，而十日一会如故。

余今年过年，尚须借银百五十金，以五十还杜家，以百金用。李石梧到京，交出长郡馆公费，即在公项借用，免出外开口更好。不然，则尚须张罗也。

门上陈升一言不合而去，故余作傲奴诗。现换一周升作门上，颇好。余读《易·旅卦》，“丧其童仆”。象曰：“以旅与下，其义丧也。”解之者曰：“以旅与下者，谓视童仆如旅人，刻薄寡恩，漠然无情，则童仆亦将视主上如逆旅矣。”余待下虽不刻薄，而颇有视如逆旅之意，故人不尽忠。以后余当视之如家人手足也，分虽严明而情贵周通。贤弟待人亦宜知之。

余每闻折差到，辄望家信。不知能设法多寄几次否？若寄信，则诸弟必须详写日记数天。幸甚。余写信，亦不必代诸弟多立课程，盖恐多看则生厌，故但将余近日实在光景写示而已，伏惟诸弟细察。

十一月十七日

论述立志

四位老弟足下：

自七月发信后未接诸弟信，乡间寄信较省城百倍之难，故余亦不望也。

九弟前信有意与刘霞仙同伴读书，此意甚佳。霞仙近来读朱子书大有所见，不知其言语容止、规模气象何如？若果言动有礼，威仪可则，则直以为师可也，岂特友之哉！然与之同居，亦须真能取益乃佳，无徒浮慕虚名。人苟能自立志，则圣贤豪杰何事不可为？何必借助于人！“我欲仁，斯仁至矣。”我欲为孔孟，则日夜孜孜，惟孔孟之是学，人谁得而御我哉？若自己不立志，则虽日与尧舜禹汤同住，亦彼自彼，我自我矣，何与于我哉！去年温甫欲读书省城，吾以为离却家门局促之地，而与省城诸胜己者处，其长进当不可限量。乃两年以来看书亦不甚多，至于诗文，则绝无长进，是不得归咎于地方之局促也。去年余为择师丁君叙忠，后以丁君处太远，不能从，余意中遂无他师可从。今年弟自择罗罗山改文，而嗣后杳无信息，是又不得归咎于无良友也。日月逝矣，再过数年则满三十，不能不趁三十以前立志猛进也。余受父教，而余不能教弟成名，此余所深愧者。他人与余交，多有受余益者，而独诸弟不能受余之益，此又余所深恨者也。今寄霞仙信一封，诸弟可抄存信稿而细玩之。

此余数年来学思之力，略具大端。

六弟前嘱余将所作诗录寄回。余往年皆未存稿，近年存稿者不过百余首耳，实无暇抄写，待明年将全本付回可也。

国藩草　九月十九日

遵父命不作归计

澄侯四弟、子植九弟、季洪二弟左右：

二月十一接到第一、第二号来信。三月初十接到第三、四、五、六号来信，系正月十二、十八、二十二及二月朔日所发而一次收到。家中诸事琐屑毕知，不胜欣慰。

祖大人之病竟以服补沉香少愈，幸甚。然予终疑祖大人之体本好，因服补药太多，致火壅于上焦，不能下降。虽服沉香而愈，尚恐非切中肯綮之剂。要须服清导之品，降火滋阴为妙。予虽不知医理，窃疑必须如此，上次家书亦曾写及。不知曾与诸医商酌否？丁酉年祖大人之病，亦误服补剂，赖泽六爷投以凉药而效。此次何以总不请泽六爷一诊？泽六爷近年待我家甚好，即不请他诊病，亦须澄弟到他处常常来往，不可太疏，大小喜事宜常送礼。

尧阶即允为我觅妥地，如其觅得，即听渠买。买后或迁或否，仍由堂上大人作主，诸弟不必执见。

上次信言于思归甚切，嘱弟探堂上大人意思如何。顷奉父亲手书，责我甚切。兄自是谨遵父命，不敢作归计矣。

郭筠仙兄弟于二月二十到京。筠仙与其叔及江岷樵住张相公庙，去我家甚近。翊臣即住我家。树堂亦在我家入场。我家又添二人伏侍李、郭二君。大约榜后退一人，只用一打杂人耳。

筠仙自江西来，述岱云母子之意，欲我将第二女许配渠第二子，求婚之意甚诚。前年岱云在京，亦曾托曹西垣说及，予答以缓几年再议。今又托筠仙为媒，情与势皆不可却。岱云兄弟之为人与其居官治家之道，九弟在江西一一目击。烦九弟细告父母，并告祖父，求堂上大人吩咐。或对或否，以便回江西之信。予夫妻现无成见。对之意有六分，不对之意有四分，但求堂上大人主张。

九弟去年在江西，予前信稍有微词，不过恐人看轻耳。仔细思之，亦无妨碍，且有莫之为而为者，九弟不必自悔艾也。

碾儿胡同之屋，房东四月要回京，予已看南横街圆通观东间壁房屋一所，大约三月尾可移寓。此房系汪醇卿之宅（教习门生汪廷儒），比碾儿胡同狭一小半，取其不费力易搬，故暂移彼。若有好房，当再迁移。

黄秋农之银已付还，加利十两，予仍退之。周子佩于三月三日喜事。正斋之子竟尚未归。黄弗卿、周韩臣闻皆将告假回籍，弗卿已定十七日起行。刘盛唐得疯疾，不能人闱，可悯之至。袁漱六到京数日，即下园子用功。其夫人生女仅三日即下船进京，可谓胆大。周荇农散馆，至今未到，其胆尤大。曾仪斋（宗逵）正月二十六在省起行，二月二十九日到京。凌笛舟正月二十八起行，亦二十九到京，可谓极快。而澄弟出京，偏延至七十余天始到。人事之无定如此！新举人复试题“人而无恒”二句，赋得“仓庚鸣”得“鸣”字。四等十一人，各罚会试二科，湖南无之。

我身癣疾，春间略发而不甚为害。有人说方，将石灰澄清水用水调桐油擦之，则白皮立去，如前年擦铜绿膏。予现二三日一擦，使之不起白皮，剃头后不过微露红影（不甚红），虽召见亦无碍。除头顶外，他处皆不擦，以其仅能济一时，不能除根也。内人及子女皆平安。

今年分屋，同乡仅恕皆、同年仅松泉与寄云大弟，未免太少。余虽不得差，一切自有张罗，家中不必挂心。今日予写信颇多，又系冯、李诸君出场之日，实无片刻暇，故予未作楷信禀堂上，乞弟为我说明。澄弟理家事之间，须时时看《五种遗规》，植弟、洪弟须发愤读书，不必管家事。

兄国藩草　三月初十

情愿他人占我便宜

澄侯、子植、季洪三弟足下：

自四月二十七日得大考谕旨以后，二十九日发家信，五月十八又发一信，二十九又发一信，六月十八又发一信，不审俱收到否？二十五日接到澄弟六月一日所发信，俱悉一切，欣慰之至。

发卷所走各家，一半系余旧友，惟屡次扰人，心殊不安。我自从己亥年在外把戏，至今以为恨事。将来万一作外官，或督抚，或学政，从前施情于我者，或数百，或数千，皆钓饵也。渠若到任上来，不应则失之刻薄，应之则施一报十，尚不足以满其欲。故兄自庚子到京以来，于今八年，不肯轻受人惠，情愿人占我的便宜，断不肯我占人的便宜。将来若作外官，京城以内无责报于我者。澄弟在京年余，亦得略见其概矣。此次澄弟所受各家之情，成事不说，以后凡事不可占人半点便宜，不可轻取人财。切记切记。

彭十九家姻事，兄意彭家发泄将尽，不能久于蕴蓄，此时以女对渠家，亦若从前之以蕙妹定王家也。目前非不华丽，而十年之外，局面亦必一变。澄弟一男二女，不知何以急急定婚若此？岂少缓须臾，即恐无亲家耶？贤弟行事，多躁而少静，以后尚期三思。儿女姻缘前生注定，我不敢阻，亦不敢劝，但嘱贤弟少安无躁而已。

成斋府学教授系正七品，封赠一代，敕命二轴。朱心泉县学教谕系正八品，仅封本身，父母则无封。心翁之父母乃他封也。家中现有《搢绅》，何不一翻阅？

牧云一等，汪三入学，皆为可喜，啸山教习，容当托曹西垣一查。

京寓中划呼安。纪泽读书已至“宗族称孝焉”，大女儿读书已至

“吾十有五”。前三月买驴子一头，顷赵炳坤又送一头。二品本应坐绿呢车，兄一切向来俭朴，故仍坐蓝呢车。寓中用度比前较大，每年进项亦极多（每年俸银三百两、饭银一百两）。其他外间进项尚与从前相似。

同乡诸人皆如旧。李竹屋在苏寄信来，立夫先生许以乾馆。余不一一。

兄国藩草　六月二十七日

久而敬之

沅浦九弟左右：

久未接弟安报，不知近况何如？余在兰溪发一信，由湖北寄左季翁转致，不知得到否也？兰溪初九日与迪、希别，十一日至九江一祭塔公祠，十二日至湖口。厚庵近日体气稍逊。雪琴则神采奕奕，在湖口新修水师昭忠祠，土木之工，一一皆亲手经营，嘱余奏明。迪庵在九江修塔公祠，亦嘱余一奏。余拟会杨、李衔奏之。迪庵又欲与湘乡立忠义祠，亦将一会奏也。

胡中丞之太夫人（姓汤）于十一日辰刻仙逝。水陆数万人皆仗胡公以生以成，一旦失所依倚，关系甚重。余拟送幛一、联一、银二百，皆书余与温、沅名。玉班兄丁艰，弟如何致情？望速示。顺问近好，余详日记中不另。

兄国藩手具　七月十四日于湖口水营

再，兄于近日受暑，夜间又或受风露，体中小有不适。请焦听堂诊治，服药两帖，已愈矣。闻弟病疟，不知痊愈否？罗逢元言尚未愈，韩升之兄言服成章鉴之方，已十愈八九。澄侯信言十六日全好，则尚未悉后有反复也。七月以来，不审全复元否？弟体气素弱，不宜多服克伐之剂，而有病在身，又不宜服补剂，殊为惦念。吉安克复尚无把握，千万不可焦急，日慎一日，以求其事之济。一怀焦愤之念，则恐无成耳。千万忍耐！千万忍耐！“久而敬之”四字，不特处朋友为然，即凡事亦莫不然。至嘱。

国藩再墨　七月十四日

考妣改葬不可缓

澄侯、沅浦、季洪三弟左右：

十二月二十三日接澄、沅初十、十一日信，除夕又接十六日信，敬悉叔父大人体气渐好，不致成中痰之症，如天之福，至幸至幸！两弟缄中所言各事，兹分条列复如左：

先考妣改葬事决不可缓。余二年、七年在家主持葬事，办理草草，去冬今春又未能设法改葬，为人子者第一大端，问心有疚，何以为人？何以为子？总求以沅弟为主，速行改葬，澄弟、洪弟帮同办理，为我补过。至要至祷！洪夏争地，果可用否？吾不得知。兹亲笔写二信与洪、罗二处，以冀或有所成。

张凯章于十八日至景德镇附近地方，十九日分两路进。王（钤峰）、吴走西路，凯章走东路。王、吴挫败，义营亡百人，吉左营九人，副湘营三十七人，营务处十二人。在行仗则已为大伤，幸凯章全军未与其事。现尚扎崖角岭，去景德镇二十余里，势颇岌岌。兹札调朱南桂、朱惟堂飞速来军，望即专人送去。又王人树一信亦速送去。涤岑信，弟阅后封寄。

季弟决计出外，不知果向何处？今日办理之人，惟胡润之、左季高可与共事。此外皆若明若昧，时信时疑，非季弟所能俯仰迁就也。沅弟宜再三开导，令季弟择人而事，不可草草。或沅、季同来吾营，商定后再赴他处亦可。

沅弟所画屋样，余已批出。若作三代祠堂，则规模不妨闳大；若另起祠堂于雷有湾，而此仅作住屋，则不宜太宏丽。盖吾邑带勇诸公，置田起屋者甚少，峙衡家起屋亦乡间结构耳。我家若修造太壮丽，则沅弟必为众人所指摘，且乱世而居华屋广厦，尤非所宜。望沅弟慎之慎之，再四思之。祠堂样子，余亦画一个付回，以备采择。

科一喉痛，系先天火亏之症，宜服参茸姜附等药，庶可一劳永逸，切不可服凉药，千万记之。余不一一，顺问近好。

兄国藩手草　元旦

最宜畏惧方寸之地

沅弟左右：

接弟十一、十二日两信，俱悉一切。

辞谢一事，本可浑浑言之，不指明武职京职，但求收回成命。已请筱泉、子密代弟与余各拟一稿矣。昨接弟咨，已换署新衔，则不必再行辞谢。吾辈所最宜畏惧敬慎者，第一则以方寸为严师，其次则左右近习之人，如巡捕、戈什、幕府文案及部下营哨官之属，又其次乃畏清议。今业已换称新衔，一切公文体制为之一变，而又具疏辞官，已知其不出于至诚矣。欺方寸乎？欺朝廷乎？余已决计不辞，即日代弟具折。用四六谢折外，余夹片言弟愧悚思辞，请收成命。二十一二日专人赍京。弟须用之奏折各件，即由此次折弁带归。

弟应奏之事暂不必忙。左季帅奏专衔奏事之旨，厥后三个月始行拜疏。雪琴得巡抚及侍郎后，除疏辞复奏二次后，至今未另奏事。弟非有要紧事件，不必专衔另奏，寻常报仗，仍由余办可也。

李子真尽可分送弟处。莫世兄年未二十，子偲不欲其远离。赵惠甫可至金陵先住月余，相安则订远局，否则暂订近局。

五月杪以后之米，省局尽可支应。以三万人计之，每月需米万二千石（五百人一营者加夫一百八十名，每月需二百石）。弟部来此请米价及护票者已一万数千石，计六七月必到，不尽靠皖台也。顺问近好。

国藩手草　四月十六日

送礼不宜过厚

沅弟左右：

十一二日连接初六、初九等日信，俱悉一切。

南坡翁至弟处，吾意必盘桓终旬，何以仅住一日即行，岂议论偶有不合邪？吾十二日奏留南翁一片，措语极为平淡，不知何以上干谴责？南翁声名之坏，在浙江夷务、吉安军务之时，其在江苏州县并无所谓狼藉，而近日亦无所谓贪横。人言可畏，动彻天听。乃不发于寄云保三品卿之时，而发于余奏留之的，颇不可解。古诗云“美服患人指，高明逼神怒”，吾兄弟皆处高明之地，此后惟倍增敬慎而已。

湖熟、岔镇处处得手，高淳、东坝次第克复，广德亦有投诚之信，事机甚为顺利。而各省将帅似存意见，此中消息，恐终无灭贼之期。

皖岸盐务，即照弟所拟札刘履祥专办。惟每年四十三万二千串十八万两，必须销七万余引，殊无把握。

弟两次信称解到银钱感激涕零，措辞大为失当。万庆来此，所送之礼过厚。兄弟中无璧还之理，以后望弟莫多送，宜崇俭出。顺问近好。

兄国藩手草　十月十三日

两主考将离金陵酬费从厚

澄、沅弟左右：

十二月二十一日胡正九到，接两弟信，系十一月二十七八所发，俱悉一切。沅信言二十七日有函至省，托排单驿递，却未见到。腊月二十五日接沅腊八日由省排递之信，得悉纪瑞侄业已完娶，新妇高大，各宅清吉，东阳公亦已安葬，极慰极慰。

此间诸事平安。秦淮挑浚，年内或可毕工。两主考差囊各三竿外，户部例发途费五百亦在此支领，一切均从其厚。定于明日二十六起程。正主考回京，副主考请假回浙省墓。昭忠祠亦于年内修毕，新岁开祭。周稚威所兑百金，业交周世澄领去。

纪梁侄新入仕途，可慰可贺。拟写古人格言挂屏一副，以作贺礼，不知正月可交卷否。如贺礼太迟，可函催也。顺贺新祺。

十二月二十五日

顺境而心不适

澄、沅弟左右：

十五日发出一缄到否？后于十八日寅刻，纪泽生一子，小大平安，深以为慰。纪泽今年三十三岁，正在望子极殷之际，如愿得之，满门欣喜。惟八字于五行缺水、缺火，不知易于养成否？二十九日堂弟厚九至此。署中内外清吉。余眩晕之疾近日未发，目病则日益昏蒙，恐左目变不能久保，闻堂叔母彭孺人变盲一目，其脚本不能行动，又增目疾，老景亦苦矣。

郑小山尚书自除夕到此，初二日即督同司员审马制军之案，至今熬审将近一月。张汶祥毫无确供，即再熬亦属无益，只好仍照魁将军等上年原定之案具奏。

长江水师，外间啧有烦言。或谓遇民间有骨牌者字牌者，则以拿赌讹索，得数千或千余文乃肯释放。或以查拿私盐、查拿小钱、搜索民舟及附近人家，讹钱释放。夜索打更之灯油钱。民船拉纤，不许在炮船桅上盖过。干预词讼，至有哨官棍责举人者。甚且包庇私盐、袒护劫盗种种弊端。余设立水师，不能为长江除害，乃反为长江生害。两弟在省时，亦常闻此等闲话否？如有所闻，望详细告我。

兄精神衰惫，加以目病，每日治事甚少，任内应尽之职，不克一一办妥。而昔年所办之事，又有大不妥如水师者，贻人讥议。用是寸心焦灼，了无乐趣。境颇顺而心不适，对老弟而滋愧矣。

沅弟若果居省城，澄弟又常不在家，则吾乡五家日益寂寞，深以为念。而荇、剑两侄欲求学问文章之日进，又似宜在省会，多求良友，以扩充其识而激发其志。二者利害参半，若不得良友而亲损失，则居省之利少矣。

意臣信来，欲余专疏为黄南翁申雪表章。余以昔年曾两次疏陈南翁之才而表其功俱遭谴诘，其时余当物望尚隆之际，已不能有益于南翁，近则余望大减，恐拜疏反为南老之累，故慎重而不敢轻出。

《东皋书院记》余尚未作，而澄弟写来之节略又失去矣。顺问近好。

兄国藩手草　正月二十五日

问候母亲及叔父病

男国藩跪禀父母亲大人万福金安：

五月十一接到四月十三自省城所发信，俱悉一切。

母亲齿痛，不知比从前略松否？现服何药？下次望季弟寄方来看。叔父之病至今未愈，想甚沉重，望将药方病症书明寄京。刘东屏医道甚精，然高云亭犹嫌其过于胆大，不知近日精进何如？务宜慎之又慎！

王率五荒唐如此，何以善其后？若使到京，男当严以束之，婉以劝之。明年会试后偕公车南归，自然安置妥当，家中尽可放心，特恐其不到京耳。

本家受恬之银，男当写信去催，江西抚台系男戊戌座师，男可写信提及，亦不能言调剂之说。常南陔之世兄，闻其宦家习气太重，孙男孙女尚幼，不必急于联婚。且男之意，儿女联姻，但求勤俭孝友之家，不愿与宦家结契联婚，不使子弟长奢惰之习。不知大人意见如何？望即日将常家女庚退去，托阳九婉言以谢。渠托买高丽参，因亲事不成，亦不便买。

本家道三兄弟托荐馆，男当代为留心。然分发湖南者，即使在京答应，未必到省果去找他，此亦不可靠者也。常南陔处，即由男写信回复。

前男送各戚族家银两，不知祖父、父亲、叔父之意云何？男之浅见，不送则家家不送，要送则家家全送；要减则每家减去一半，不减则家家不减。不然，口惠而实不至，亲族之间嫌怨丛生，将来衅生不测，反成仇雠。伏乞堂上审慎施行。百叩百叩。

男谨禀　五月十二日

思归家省亲

澄侯、子植、季洪足下：

正月十一日发第一号家信，是日予极不得闲，又见温甫在外未归，心中懊恼之至，故仅写信与诸弟，未尝为书禀堂上大人。不知此书近已接到否？

温弟近定黄正斋家馆，每月俸银五两。温弟自去岁以来，时存牢骚抑郁之意。太史公所谓“居则忽忽若有所亡，出则不知其所往者”，温弟颇有此象，故举业工夫大为抛荒。间或思一振奋，而兴致不能鼓舞，余因是深以为虑，每劝其痛着祖鞭，并心一往。温弟辄言思得一馆，使身有所管束，庶心有所维系。余思自为京官，光景尚不十分窘迫，焉有不能养一胞弟而必与寒士争馆地？向人求荐，实难启口，是以久未为之谋馆。

自去岁秋冬以来，闻温弟之妇有疾，温弟羁留日久，亦觉牢落无偶，而叔父抱孙之念甚切，亦不能不思温弟南归。且余既官二品，则明年顺天主考亦在可以简放之列，恐温弟留京三年，又告回避。念此数者，每欲劝温弟南旋，故上次信告诸弟道及此层，欲诸弟细心斟酌。不料发信之后不过数日，温弟即定得黄正斋馆地。现在既已定馆，则身有所管束，心亦有所系属，举业工夫又可渐渐整理，只得待今年下半年再看光景。如我今年或圣眷略好，有明年主考之望，则于明年四五月再与温弟商入南闱或入北闱行止；如我今年圣眷平常，或别有外放意外之事，则温弟仍留京师，一定观北闱，不必议南旋之说也。坐馆以羁束身心，自是最好之事，然正斋家之馆，澄弟所深知者，万一太不合式，温弟亦难久坐。见可而留，知难而退，但能不得罪东家，好去好来，即无不可耳。

余自去岁以来，日日想归家省亲，所以不能者：一则京城欠帐将近一千，归家则途费接礼又须数百，甚是难以措办；二则二品归籍，必须自己具折，折中难于措辞。私心所愿者，颇想得一学差。三年任满，即归家省亲上也。若其不能，则或明年得一外省主考，能办途费，则后年必归次也。若二者不能，则只得望六弟、九弟明年得中一人，后年得一京官，支持门面，余则归家告养，他日再定行止耳。如三者皆不得，则直待六年之后，至甲寅年母亲七十之年，余誓具折告养，虽负债累万，归无储粟，余亦断断不顾矣。然此实不得已之计。若能于前三者之中得其一者，则后年可见堂上各大人，乃如天之福也，不审祖宗能默佑否？

现在寓中一切平安。癣疾上半身全好，惟腰下尚有纤痕。家门之福，可谓全盛，而余心犹有归省之情，难以自慰。因偶尔书及，遂备陈之。毅然伯之项，去年已至余寓，今始觅便寄南。家中可将书封好，即行送去。余不详尽，诸惟心照。

兄国藩手草　正月二十一日

大员之家勿涉公庭

澄侯、子植、季洪三弟左右：

澄侯在广东前后共发信七封，至郴州、耒阳又发二信，三月十一到家以后又发二信，皆已收到。植、洪二弟今年所发三信亦俱收到。澄弟在广东置一切甚有道理，易念园、庄生各处程仪，尤为可取。其办朱家事，亦为谋甚忠；虽无济于事，而朱家必可无怨。《论语》曰："言忠信，行笃敬，虽蛮貊之邦行矣。"吾弟出外，一切如此，吾何虑哉！贺八爷、冯树堂、梁俪裳三处，吾当写信去谢，澄弟亦宜各寄一书。即易念园处，渠既送有程仪，弟虽未受，亦当写一谢信寄去。其信即交易宅，由渠家书汇封可也。若易宅不便，即托岱云觅寄。

洪弟考试不利，区区得失，无足介忧。补发之案有名，不去复试，甚为得体。今年院试若能得意，固为大幸；即使不遽获售，去年家中既隽一人，则今岁小挫，亦盈虚自然之理，不必抑郁。植弟书法甚佳，然向例未经过岁考者不合选拔，弟若去考拔，则同人必指而目之。及其不得，人不以为不合例而失，且以为写作不佳而黜。吾明知其不合例，何必受人一番指目乎？弟书问我去考与否，吾意以科考正场为断。若正场能取一等补廪，则考拔之时，已是廪生入场矣；若不能补廪，则附生考拔，殊可不必，徒招人妒忌也。

我县新官加赋我家，不必答言，任他加多少，我家依而行之。如有告官者，我家不必入场。凡大员之家，无半字涉公庭，乃为得体。为民除害之说，为所辖之属言之，非谓去本地方官也。

排山之事尚未查出，待下次折弁付回。欧阳之二十千及柳衙叔之钱，望澄弟先找一项垫出，待彭大生还来即行归款。彭山屺之业师任千总（名占魁）现在京引见，六月即可回到省。九弟及牧云所需之笔及叔父所嘱之膏药、眼药均托任君带回。曹西垣教习服满引见，以知县用。七月动身还家。母亲及叔父之衣并阿胶等项，均托西垣带回。去年内赐衣料，袍褂皆可裁三件。后因我进闱考教习，家中叫裁缝做，渠裁之不得法，又窃去整料，遂仅裁祖父、父亲两套。本思另办好料为母亲制衣寄回，因母亲尚在制中，故未遽寄。叔父去年四十晋一，本思制衣寄祝，亦因在制，未遽寄也。兹准拟托西垣带回，大约九月可以到家，腊月服阕，即可着矣。

纪梁读书，每日百二十字，与泽儿正是一样，只要有恒，不必贪多。澄弟虽不读书，亦须常看《五种遗规》及《呻吟语》。来书想发财捐官云云，犹是浮躁气习。洗尽浮华，朴实谙练，上承祖父，下型子弟，吾于澄弟实有厚望焉。

兄国藩手草　五月初十日

行事宜谨慎

澄侯、子植、季洪三弟左右：

五月二十四发第八号家信，由任梅谱手寄去。高丽参二两、回生丸一颗、眼药数种、膏药四百余张，并白菜、大茄种，用大木匣（即去年寄镜来京之匣）盛好寄回，不知已收到否？六月十六日接到家信，系澄侯五月初七在县城所发，俱悉一切。月内京寓大小平安。予癣疾上身已好，惟腿上未愈。六弟在家已一月，诸事如常。内人及儿女辈皆好。郭雨三之大女许配黄茀卿之次子，系予作伐柯人，亦因其次女欲许余次子故，并将大女嫁湖南。此婚事似不可辞，不知堂上大人之意如何？

澄侯在县和八都官司，忠信见孚于众人，可喜之至。朱岚轩之事，弟虽二十分出力，尚未将银全数取回。渠若以钱来谢，吾弟宜斟酌行之，或受或不受，或辞多受少，总以不好利为主。此后近而乡党，远而县城省城，皆靠澄弟一人与人相酬酢。总之不贪财、不失信、不自是，有此三者，自然鬼服神钦，到处人皆敬重。此刻初出茅庐，尤宜慎之又慎。若三者有一，则不为所与矣。

李东崖先生来信，要达天听，予置之不论，其诰轴，则杜兰溪即日可交李笔峰。刘东屏先生常屈身讼庭，究为不美。澄弟若见之，道予寄语，劝其“危行言孙，蠖屈存身”八字而已。墓石之地，其田野颇开爽（若过墓石而至胡起三所居一带尤宽敞），予喜其扩荡眼界；可即并田买之，要钱可写信来京。凡局面不开展、眼鼻攒集之地，予皆不喜，可以此意告尧阶也。何子贞于六月十二丧妻，今年渠家已丧三人，家运可谓乖舛。季弟考试万一不得，亦不必牢骚。盖予既忝窃侥幸，九弟去年已进，若今年又得，是极盛，则有盈之惧，亦可畏也。同乡诸家，一切如常。凌笛舟近已移居胡光伯家，不寓我家矣。书不一一，余俟续具。

兄国藩手草　六月十七日

请父母勿过劳

侄国藩谨禀叔父母大人礼安：

六月十七发第九号信，七月初三发第十号信，想次第收到。十七日接家信二件，内父亲一谕、四弟一书、九弟、季弟在省各一书、欧阳牧云一书，得悉一切。

祖父大人之病不得少减，日夜劳父亲、叔父辛苦服事，而侄远离膝下，竟不得效丝毫之力，中夜思维，刻不能安。江岷樵有信来，言渠已买得虎骨，七月当亲送我家，以之熬膏，可医痿痹云云。不知果送来否？闻叔父去年起公屋，劳心劳力，备极经营。外面极堂皇，作工极坚固，费钱不过百千，而见者拟为三百千规模。焦劳太过，后至吐血，旋又以祖父复病，勤劬弥甚。而父亲亦于奉事祖父之余操理家政，刻不少休。

侄窃伏思父亲、叔父二大人年寿日高，精力日迈，正宜保养神气，稍稍休息，家中琐细事务，可命四弟管理。至服事祖父，凡劳心细察之事，则父亲、叔父躬任之；凡劳力粗重之事，则另添一雇工，一人不够则雇二人（雇工不要做他事，专在祖父大人身边，其人要小心秀气）。

侄近年以来精力日差，偶用心略甚，癣疾即发，夜坐略久，次日即昏倦。是以力加保养，不甚用功。以求无病无痛，上慰堂上之远怀。外间求做文、求写字者，求批改诗文者，往往历久而莫偿宿诺，是以时时抱疚，日日无心安神恬之时。前四弟在京能为我料理一切琐事，六弟则毫不能管。故四弟归去之后，侄于外间之回信，家乡应留心之事，不免疏忽废弛。侄等近日身体平安，合室大小皆顺。六弟在京，侄苦劝其南归。一则免告回避；二则尽仰事俯畜之职；三则六弟两年未作文，必在家中父亲、叔父严责方可用功。乡试渠不肯归，侄亦无如之何。

叔父去年四十晋一，侄谨备袍套一件。叔母今年四十大寿，侄谨备棉外套一件。皆交曹西垣带回，服阕后即可着。母亲外褂并汉绿布夹袄亦一同付回。

闻母亲近思用一丫环，此亦易办。在省城买不过三四十千；若有湖北逃荒者来乡（今年湖北大水奇灾），则更为便宜。望父命四弟留心速买，以供母亲、叔母之使令。其价，侄即寄回。侄今年光景之窘较甚于往年，然东支西扯尚可敷衍。若明年能得外差或升侍郎，便可弥缝家中。今年季弟喜事不知窘迫否？侄于八月接到俸银，即当寄五十金回，即去年每岁百金之说也。在京一切张罗，侄自有调停，毫不费力，堂上大人不必挂念。

侄谨禀　七月二十日

兄弟间当爱之以德

澄侯、温甫、子植、季洪足下：

正月初十日发第一号家信，二月初八日发第二号家信；报升任礼部侍郎之喜，二十六日发第三号信，皆由折差带寄。三月初一日由常德太守乔心农处寄第四号信，计托带银七十两、高丽参十余两、鹿胶二斤、一品顶带三枚、礼服五付等件。渠由山西迂道转至湖南，大约须五月端午前后乃可到长沙。

予尚有寄兰姐、蕙妹及四位弟妇江绸棉外褂各一件，仿照去年寄呈母亲、叔母之样。前乔心农太守行时不能多带，兹因陈竹伯新放广西左江道，可于四月出京，拟即托渠带回。

澄弟《岳阳楼记》，亦即托竹伯带回家中。二月初四澄弟所发之信，三月十八接到。正月十六七之信，则至今未收到。据二月四日书云，前信着刘一送至省城，共二封，因欧阳家、邓星阶、曾厨子各有信云云。不知两次折弁何以未见带到？温弟在省时，曾发一书与我，到家后未见一书，想亦在正月一封之中。此书遗失，我心终耿耿也。

温弟在省所发书，因闻澄弟之计，而我不为揭破，一时气愤，故语多激切不平之词。予正月复温弟一书，将前后所闻温弟之行，不得已禀告堂上，及澄弟、植弟不敢禀告而误用诡计之故一概揭破。温弟骤看此书，未免恨我，然兄弟之间，一言欺诈，终不可久。尽行揭破，虽目前嫌其太直，而日久终能相谅。

现在澄弟书来，言温弟鼎力办事，甚至一夜不寐，又不辞劳，又耐得烦云云。我闻之欢喜之至，感激之至。温弟天分本高，若能改去荡佚一路，归入勤俭一边，则兄弟之幸也，合家之福也。

我待温弟似乎近于严刻，然我自问此心，尚觉无愧于兄弟者，盖有说焉。大凡做官的人，往往厚于妻子而薄于兄弟，私肥于一家而刻薄于亲戚族党。予自三十岁以来，即以做官发财为可耻，以宦囊积金遗子孙为可羞可恨，故私心立誓，总不靠做官发财以遗后人。神明鉴临。予不食言，此时侍奉高堂，每年仅寄些须，以为甘旨之佐。族戚中之穷者，亦即每年各分少许，以尽吾区区之意，盖即多寄家中，而堂上所食所衣亦不能因而加丰，与其独肥一家，使戚族因怨我而并恨堂上，何如分润戚族，使戚族戴我堂上之德而更加一番钦敬乎？将来若作外官，禄入较丰，自誓除廉俸之外，不取一钱。廉俸若日多，则周济亲戚族党者日广，断不蓄积银钱为儿子衣食之需。盖儿子若贤，则不靠宦囊，亦能自觅衣饭；儿子若不肖，则多积一钱，渠将多造一孽，后来淫佚作恶，必且大玷家声。故立定此志，决不肯以做官发财，决不肯留银钱与后人。若禄入较丰，除堂上甘旨之外，尽以周济亲戚族党之穷者。此我之素志也。

至于兄弟之际，吾亦惟爱之以德；不欲爱之以姑息。教之以勤俭，劝之以习劳守朴，爱兄弟以德也；丰衣美食，俯仰如意，爱兄弟以姑息也。姑息之爱，使兄弟惰肢体，长骄气，将来丧德亏行。是即我率兄弟以不孝也，吾不敢也。我仕宦十余年，现在京寓所有惟书籍、衣服二者。衣服则当差者必不可少，书籍则我生平嗜好在此，是以二物略多。将来我罢官归家，我夫妇所有之衣服，则与五兄弟拈阄均分。我所办之书籍，则存贮利见斋中，兄弟及后辈皆不得私取一本。除此二者，予断不别存一物以为宦囊，一丝一粟不以自私。此又我待兄弟之素志也。恐温弟不能深谅我之心，故将我终身大规模告与诸弟，惟诸弟体察而深思焉。

去年所寄亲戚各项，不知果照单分送否？杜兰溪为我买《皇清经解》，不知植弟已由省城搬至家中否？

京寓一切平安。纪泽《书经》读至《冏命》。二儿甚肥大，易南谷开复原官，来京引见，闻左青士亦开复矣。同乡官京中者。诸皆如常。余不一一。

兄国藩手草　三月二十一日

再者，九弟生子大喜，敬贺敬贺。自丙午冬葬祖妣大人于木兜冲之后，我家已添三男丁，我则升阁学，升侍郎，九弟则进学补廪。其地之吉，已有明效可验。我平日最不信风水，而于朱所云“山环水抱，藏风聚气”二语，则笃信之。木兜冲之地，予平日不以为然，而葬后乃吉祥如此，可见福人自葬福地，绝非可以人力参与其间。家中买地，若出重价，则断断可以不必；若数十千，同买一二顷无碍。

宋湘宾去年回家，腊月始到。山西之馆既失，而湖北一带又一无所得。今年应常南陔之约重来湖北，而南陔已迁官陕西矣。命运之穷如此！去年曾有书寄温弟，兹亦付去，上二次忘付也。

李笔峰代馆一月，又在寓抄书一月，现在已搬出矣。毫无道理之人，究竟难与相处。庞省三在我家教书，光景甚好。邹墨林来京捐复教官，在元通观住，日日来我家闲谈。长沙老馆，我今年大加修整，人人皆以为好。琐事兼述，诸惟心照。

述在闱较射情形

澄侯、温甫、子植、季洪四弟左右：

十月初四日发第十七号家信，由折弁带交。十七日发十八号信，由廷芳宇（桂）明府带交。便寄曾希六陈体元从九品执照各一纸，欧阳沧溟先生陈开煦换执照并批回各二张、添梓坪叔庶曾祖母百褶裙一条、曾陈二人九品补服各一付、母亲大人耳帽一件（以上共一包），膏药一千张、眼药各种、阿胶二斤，朝珠二挂、笔五枝、针底子六十个（以上共一木匣），曾陈人各对一副，沧溟先生横幅篆字一副（以上共一卷）。计十二月中旬应可到省，存陈岱云宅，家中于小除夕前二日遣人至省走领可也。芳宇在汉口须见上司，恐难早到；然遇顺风，则腊月初亦可到，家中或着人早去亦可。

余于十月初五起至十一止在闱较射，十七出榜。四闱共中百六十四人，余闱内分中五十二人。向例武举人、武进士复试，如有弓力不符者，则原阅之王大臣每一名罚俸半年。今年仅张字闱不符者三名，五大臣各罚俸一年半。余闱幸无不符之人。不然，则罚俸半年，去银近五百金，在京官已视为切肤之痛矣。

寓中大小平安。纪泽儿体已全复，纪鸿儿甚壮实。

邹墨林近由庙内移到我家住，拟明年再行南归。袁漱六由会馆移至虎坊桥，好而贱。贞斋榜后本拟南旋，因愤懑不甘，仍寓漱六处教读。刘镜清教习已传到，因丁艰而竟不能补。不知命途之舛，何至于此！凌荻舟近病内伤，医者言其以甚难奏效。

黄恕皆在陕，差旋述其与陕抚殊为冰炭。江岷樵在浙署秀水县事，百姓感戴，编为歌谣。署内一贫如洗。藩台闻之，使人私借千金，以为日食之资。其为上司器重如此。其办赈务，办保甲，无不合于古。顷湖南报到。新宁被斋匪余孽煽乱，杀前令李公之阖家，署令万公亦被戕，焚掠无算，则岷樵之父母家属，不知消息若何？可为酸鼻。余于明日当飞报岷樵，令其即行言旋，以赴家难。

余近日忙乱如常，幸身体平安。惟八月家书，曾言及明年假归省亲之事，至今未奉堂上手谕。而九月诸弟未中，想不无抑郁之怀，不知尚能自为排遣否？此二端时时挂念，望澄侯详写告我。祖父大人之病，不知日内如何？余归心箭急，实为此也。

母亲大人昨日生日，寓中早面五席，晚饭三席。母亲牙痛之疾，近来家信未尝提及。断根与否？望下次示知。书不一一，余俟续禀。

兄国藩手草　十一月初五日

拟迎父母叔父来京奉养

澄侯、温甫、子植、季洪四位老弟足下：

正月初六日接到家信三函：一系十一月初三所发，有父亲手谕温弟代书者，一系十一月十八所发，有父亲手谕植弟代书者，一系十二月初三澄弟在县城所发一书，甚为详明，使游子在外，巨细了然。

庙山上金叔不知为何事而可取腾七之数？若非道义可得者，则不可轻易受此。要做好人，第一要在此处下手，能令鬼服神钦，则自然识日进气日刚。否则，不觉堕入卑污一流，必有被人看不起之日，不可不慎！诸弟现处极好之时，家事有我一人担当，正好做个光明磊落神钦鬼服之人，名声既出，信义既著，随便答言，无事不成，不必爱此小便宜也。

父亲两次手谕，皆不欲予乞假归家。而予之意，甚思日侍父母之侧，不得不为迎养之计。去冬家书，曾以归省、迎养二事与诸弟相商。今父亲手示，既不许归省，则迎养之计更不可缓。所难者，堂上有四位老人。若专迎父母而不迎叔父母，不特予心中不安，即父母心中亦必不安；若四位并迎，则叔母病未全好，远道跋涉尤艰。予意欲于今年八月初旬迎父亲、母亲、叔父三位老人来京，留叔母在家，诸弟妇细心伺候。明年正月元宵节后，即送叔父回南，我得与叔父相聚数月，则我之心安；父母得与叔父同行数千里到京，则父母之心安；叔母在家半年，专雇一人月附，诸弟妇又细心奉养，则叔父亦可放心；叔父在家抑郁数十年，今出外潇洒半年，又得观京师之壮丽，又得与侄儿、侄妇、侄孙团聚，则叔父亦可快畅。在家坐轿至湘潭，澄侯先至潭雇定好船，伺候老人开船后，澄弟即可回家。船至汉口，予遣荆七在汉口迎接。由汉口坐三乘轿子到京，行李婢仆，则用小车，甚为易办。求诸弟细商堂上老人，春间即赐回信。至要至要。

李泽显、李英灿进京，余必加意庇护。八斗冲地，望绘图与我看。诸弟自侍病至葬事，十分劳苦，我不克帮，心甚歉愧。

京师大小平安。皇太后大丧已于正月七日二十七日满，脱去孝衣。初八日系祖父冥诞，我作文致祭。即于是日亦脱白孝，以后照常当差。

尽中万绪，不及尽书，统容续布。

兄国藩手草　正月初九日

拟办社仓以惠地方

澄侯、温甫、子植、季洪四位老弟左右：

三月初四日，此间发第三号家信交折弁。十二日发第四号信交魏亚农，又寄眼药鹅毛筒及卤砂膏药共一包。计可于五月收到。季洪三月初六所发第三号信，于四月初一日收到。

邓升六爷竟尔仙逝，不胜伤悼！如有可助恤之处，诸弟时时留心。此不特戚谊，亦父大人多年好友也。

乡里凶年赈助之说，予曾与澄弟言之，若逢荒歉之年，为我办二十石谷，专周济本境数庙贫乏之人。自澄弟出京之后，予又思得一法，如朱子社仓之制，若能仿而行之，则更为可久。朱子之制：先捐谷数十石或数百石贮一公仓内，青黄不接之月借贷与饥民，冬月取息二分收还（每石加二斗），若遇小歉则蠲其息之半（每石加一斗），大凶年则全蠲之（借一石还一石），但取耗谷三升而已。朱子此法行之福建，其后天下法之，后世效之，今各县所谓社仓谷者是也，其实名存实亡。每遇凶年，小民曾不得借贷颗粒，且并社仓而无之。仅有常平仓谷，前后任尚算交代，小民亦不得过而问焉。盖事经官吏，则良法美政，后皆归于子虚乌有。

国藩今欲取社仓之法而私行之我境。我家先捐谷二十石，附近各富家亦劝其量为捐谷。于夏月借与贫户，秋冬月取一分息收还（每石加一斗）。丰年不增，凶年不减。凡贫户来借者，须于四月初间告知经管社仓之人。经管量谷之多少，分布于各借户，令每人书券一纸，冬月还谷销券。若有不还者，同社皆理斥，议罚加倍。以后每年我家量力添捐几石。或有地方争讼，理曲者，罚令量捐社谷少许。每年增加，不过十年，可积至数百石，则我境可无饥民矣。盖夏月谷价昂贵，秋冬价渐平落，数月之内，一转移之间，而贫民已大占便宜，受惠无量矣。吾乡昔年有食双谷者，此风近想未息。

若行此法，则双谷之风可息。前与澄弟面商之，说我家每年备谷救地方贫户。细细思之，施之既不能及远，行之又不可以久。且其法止能济下贫乞食之家，而不能济中贫体面之家。不若社仓之法，既可以及于远，又可以贞于久；施者不甚伤惠，取者又不伤廉，即中贫体面之家亦可以大享其利。本家如任尊、楚善叔、宽五、厚一各家，亲戚如宝田、腾七、官九、荆四各家，每年得借社仓之谷，或亦不无小补。澄弟务细细告之父大人、叔父大人，将此事于一二年内办成，实吾乡莫大之福也。

我家捐谷，即写曾呈祥、曾呈材双名。头一年捐二十石，以后每年或三石，或五石，或数十石，地方每年有乐捐者，或多或少不拘，但至少亦须从一石起。吾思此事甚熟，澄弟试与叔父大人细思之，并禀父亲大人，果可急于施行否？近日即以回信告我。

京寓大小平安。保定所发家信，三月末始到。赛中堂于初九日出京赴广西。考差在四月十四。同乡林昆圃于三月中旬作古，予为之写知单，大约可得百金。熊秋佩丁外艰。余无他事，予前所寄折稿，澄弟可抄一分交彭篆房，并托转寄江岷樵。抄一份交刘霞仙，并托转寄郭筠仙。

赛中堂视师广西，带小钦差七十五人，京兵二百四十名，京炮八十八尊，抬枪四十杆，铅子万余斤，火药数千斤。沿途办差，实为不易。粤西之事，日以猖獗。李石梧与周天爵、向荣皆甚不和，未知何日始得肃清。圣主宵旰焦灼，廷臣亦多献策，而军事非亲临其地，难以遥度。故予屡欲上折，而终不敢率尔也。余不一一。

兄国藩手草　四月初三日

告沿途注意事项

字谕纪泽儿：

吾于七月二十五日在太湖县途次痛闻吾母大故，是日仍雇小轿行六十里，是夜未睡，写京中家信料理一切，命尔等眷口于开吊后赶紧出京。二十六夜发信，交湖北抚台寄京。二十七发信，交江西抚台寄京。两信是一样说话，而江西信更详。恐到得迟，故由两处发耳。惟仓卒哀痛之中有未尽想到者，兹又想出数条，开示于后：

他人欠我帐目，算来亦将近千金。感同年鄢勖斋（敏学），当时听其肤受之愬而借与百金，其实此人并不足惜（寄云兄深知此事）。今渠已参官，不复论已。此处凡有借我钱者，皆光景甚窘之人。此时我虽窘迫，亦不必向人索取。如袁亲家、黎樾翁、汤世兄、周荇农、邹云阶，此时皆甚不宽裕。至留京公车，如复生同年、吴镜云、李子彦、刘裕轩、曾爱堂诸人，尤为清苦异常，皆万不可向其索取，即送来亦可退还。盖我欠人之帐，既不能还清出京，人欠我之帐而欲其还，是不恕也。从前黎樾翁出京时亦极窘，而不肯索穷友之债，是可为法。至于胡光伯之八十两、刘仙石之二百千钱，渠差旋时自必还交袁亲家处，此时亦不必告知渠家也。外间有借我者，亦极窘，我亦不写信去问他。

我于二十八、二十九在九江耽搁两日，雇船及办青衣等事，三十早即开船。二十九日江西省城公送来奠份银一千两，余以三百两寄京还债，以西顺兴今年之代捐贡银及寄云兄代买皮货银之类皆极紧急。其银交湖北主考带进京。想到京时家眷已出京矣，即交寄云兄择其急者而还之。下剩七百金，以二百余金在省城还帐（即左景乔之百金及凌、王、曹、曾四家之奠金），带四百余金至家办葬事。

驮轿要雇即须二乘，尔母带纪鸿坐一乘，乳妈带六小姐、五小姐坐一乘。若止一乘，则道上与众车不同队，极孤冷也。此外雇空太平车一乘，备尔母道上换用。又雇空轿车一乘，备尔与诸妹弱小者坐。其余概用三套头大车。我之主见，大略如此。若不妥当，仍请袁姻伯及毛、黎各老伯斟酌，不必以我言为定准。

李子彦无论中否皆须出京，可请其与我家眷同行几天。行至雄县，渠分路至保定去，亦不甚绕也。到清江浦写船，可请郭雨三姻伯雇，或雇湖广划子二只亦可。或至扬州换雇红船，或雇湘乡钓钩子亦可。沿途须发家信。至清江浦托郭姻伯寄信，至扬州托刘星房老伯寄信，至池州托陈姻伯至九江亦可求九江知府寄，至湖北托常太姻伯寄，以慰家中悬望。信面写法另附一条。

小儿女等须多做几件棉衣，道上十月固冷，船上尤寒也。

我托夏阶平老伯请各家诰封：一梁献廷、一邓廷楠、一刘继振三教官。我另有信与阶平兄，尔须送银十二两至夏家去。至家中请封之事，暂不交银，俟后再寄可也。

御书诗匾及戴醇士、刘菽云所写匾，俱可请裱匠启下，卷起带回。王孝凤借去天图，其底本系郭筠仙送我的，暂存孝凤处，将来请交筠仙。

我船一路阻风，行十一日，尚止走得三百余里，极为焦灼。幸冯树堂由池州回家，来至船上与我作伴，可一同到省，堪慰孤寂，京中可以放心。

江西送奠仪千金，外有门包百金。丁贵、孙福等七人已分去六十金，尚存四十金。将来罗福、盛贵、沈祥等到家，每人可分八九两，渠等在京要支钱，亦可支与他，渠等皆极苦也。

松竹斋军机信封五寸长者、六寸长者、七寸长者三等，各为我买百封并签子。

我写信十余封至京，各处有回我信者，先交折差寄回。

我在九江时，知府陈景曾、知县李福（甲午同年）皆待我极好。家眷过九江时，我已托他照应，但讨快不讨关（讨关免关钱也，讨快但求快快放行，不免关税也）。尔等过时，渠若照应，但可讨快，不可代船户讨免关。

船上最怕盗贼。我在九江时，德化县派一差人护送，每夜安船后，差人唤塘兵打更，究竟好些。家眷过池州时，可求陈姻伯饬县派一差人护送。沿途写一溜信，一径护送到湖南（上县传知下一县，谓之溜信），或略好些。若陈姻伯因系亲戚避嫌不肯，则仍至九江求德化县派差护送。每过一县换一差，不过赏大钱贰百文。

各处发讣信，现在病不知日，没有知时，不能写信稿，只好到家后再说。

（八月初八日蕲水舟中书）

沿途寄家信封面写式：

内家信，敬求加封妥寄至湖北巡抚部院常署内转，求速递至湘乡县前任礼部右堂曾宅开拆为感。某月某日自某处发。（家眷不出京，此式不用了。此后写信，但交顺天府马递至湖北抚署转交我手便是。十二夜批）。

（此信写后，余于十二日至湖北省城晤常世兄，备闻湖南消息，此后家眷不出京，我另写一信，此信全用不着了。十二夜批）。

余于初八日在舟中写就家信，十一早始到黄州。因阻风太久，遂雇一小轿起早。十二日未刻到湖北省城。晤常南陔先生之世兄，始知湖南消息。长沙被围危急，道路梗阻，行旅不通，不胜悲痛焦灼之至。现余在武昌小住，家眷此时万不可出京，且待明年春间再说。开吊之后，另搬一小房子住，余陆续设法寄银进京用。匆匆草此，俟一二日内续寄。

涤生字　十二日夜在武昌城内

祖母殡事宜俭约

字谕纪泽儿：

予自在太湖县闻讣后，于二十六日书家信一号，托陈岱云交安徽提塘寄京；二十七日写二号家信，托常南陔交湖北提塘寄京；二十八日发三号，交丁松亭转交江西提塘寄京，此三次信皆命家眷赶紧出京之说也。八月十三日在湖北发家信第四号，十四日发第五号，二十六日到家后发家信第六号。此三次信皆言长沙被围，家眷不必出京之说也。不知皆已收到否？

余于二十三日到家，家中一切皆清吉，父亲大人及叔父母以下皆平安。余癣疾自到家后日见痊愈，地方团练，我曾家人人皆习武艺，外姓亦多善打者，土匪决可无虞。粤匪之氛虽恶，我境僻处万山之中，不当孔道，亦断不受其蹂躏。现奉父亲大人之命，于九月十三日权厝先妣于下腰里屋后山内，俟明年寻有吉地再行改葬。所有出殡之事，一切皆从俭约，惟新做大杠，六十四人舁请，给费钱十余千，盖乡间木料甚贱也。请客约百余席，不用海菜，县城各官一概不请。神主即请父亲大人自点。丁贵自二十七日已打发他去了。我在家并未带一个仆人，盖居乡即全守乡间旧样子，不掺半点官宦习气。丁贵自回益阳，至渠家住数日，仍回湖北为我搬取行李回家，与荆七二人同归。孙福系山东人，至湖南声音不通，即命渠由湖北回京，给渠盘缠十六两，想渠今冬可到京也。

尔奉尔母及诸弟妹在京，一切皆宜谨慎，目前不必出京，待长沙贼退后余有信来，再行收拾出京，兹寄去信稿一件，各省应发信单一件，尔可将信稿求袁姻伯或庞师照写一纸发刻。其各省应发信，仍求袁、毛、黎、黄、王、袁诸老位妥为寄去。余到家后，诸务丛集，各处不及再写信，前在湖北所发各处信，想已到矣。

涤生手示　九月十八日

两次请罪奉谕革职而已

澄、温、季三位侍右：

初二日接奉寄谕。兄两次请罪，尚止革职，不加严谴。鲍提军革职，即以塔副将署提军任。圣鉴之公明，天恩之高厚，实令人感激无地。兹抄录付回。

江采七于三月自庐州回，初三到省。千辛万苦，或三日而仅得两饭，或数夜而不得一眠。乱世行路之难，真奇难也！在湖北时得见魏召亭，光景甚窘。曾与采五言及万一城破，当由大东门避去。湖北官弁兵勇久无饷银，真不堪设想也。召亭家书一件付去。

兄身体甚好。树堂、云仙皆来此过节。专待衡州船到、广西勇到，即配齐东下。塔智亭于初八日先带陆勇三千余人至岳州去。余不一一。

兄国藩手草　五月初四日巳刻

父亲、叔父大人前诸弟为我一一禀明，并跪叩节禧。

要有勤俭气象

澄、温、沅、季老弟左右：

初九日芝三到省，接奉父大人手谕及澄、季、芝生各信，俱悉一切。余于初八日具折谢恩，并夹片三件，兹一并抄录付回。凡谕旨、章奏等件付至家中者，务宜好为藏弆。我兄弟五人，无一人肯整齐好收拾者，亦不是勤俭人家气象。以后宜收拾完整，可珍之物固应爱惜，即寻常器件亦当汇集品分、有条有理。竹头木屑，皆为有用，则随处皆取携不穷也。温弟在此住旬余，心平气和，论事有识，以后可保家中兄弟无纷争之事，余在外大可放心。

李筱泉之家眷意欲寄居湘乡。一则省城虽防守甚严，而时时有寇至之虑，一则寓公馆比之居乡其奢俭相去甚远。渠托江采五在中沙等处，又托余在二十三四都等处寻觅住居（渠遣一人来乡同觅，先至江采五处，后至我家）。澄弟等为之留心。或在离我家二三十里之区择一善地，以省俭为主，渠光景甚窘也。余再三辞之，言我家尚难自保，且迁徙而远避，又焉能庇及他人？渠意总欲居乡，缓急尚可藏匿山穴；至土匪抢劫，渠本无可抢云云。余不能再辞，澄弟可一为照拂之。

鲍提军于初八日出省至辰州住，塔智亭初十拟至岳州。余不一一，即请近佳。

兄国藩手草　五月初四日巳刻

勉安分忍气

澄、温、沅、洪四弟足下：

二十五日春二、维五来营，接家书数件，俱悉一切。

乘败仗之时，兵勇抢劫粮台，此近年最坏风气。向帅营中屡屡见之，而皆未惩办。兄奏明将万瑞书即行正法，奉严旨饬骆中丞即行正法。闻骆中丞不欲杀之，将附片奏请开释。近日意见不合，办事之难如此。

周万胜一案，唐父台既经拿获认供，即录供通禀，请在本县正法可也，立毙杖下可也，何必遣澄弟先至省城一次？既非湘乡署内之幕友，又非署内之书办，而仆仆一行，何不惮烦？谓为出色之乡绅耶，则刘、赵诸君皆不肯去，而弟独肯出头，且县署办案，必一一请乡绅去省一次，则绅士络绎于道矣。谓为吾军中之事耶，则军事极多，澄弟能一一管之耶？且军中事件，家中亦不宜干预。唐父台径禀来营，兄可批令正法也。自兄办军务以来，澄弟在兄左右得谤议甚多，澄弟肝气亦甚旺。人咎怨于弟，弟亦咎怨于人。去春在省在岳之景象，岂忘之耶？澄弟在省河告假归家之时，其意似甚忿嫉，若终身不复出家门者。而今忽又至省一行，将何颜以对兄乎？澄弟接此回信，务望即刻回家。凡县城、省城、衡城之事，一概不可干预。丹阁叔受辱之事，可为前车之鉴。提捐项五万，前有此札，后因武昌失守，又有札止之。凡有信托商大营事者，弟概辞以不管可也。捐项事尤不可干预。湖南捐项，实未多解交吾军，十月以后未解一文。粮台所抢，陕西、江西之银也。兄在外年余，惟有忍气二字日日长进，常恐弟等在家或受侮辱，故不惮迫切言之，不知弟果知兄之意否也？

吾癣疾大发，幸精神尚足支持。罗山在广信府大获胜仗，杀贼三四千。塔军门在九江平安，吾常有家信并奏折寄回，而来信言塔公回鄂，不听吾家信，而专听谣言，何也？

纪泽儿读书记性平常，读书不必求熟，且将《左传》《礼记》于今秋点毕，以后听儿之自读自思。成败勤惰，儿当自省而图自立焉。吾与诸弟惟思以身垂范而教子侄，不在诲言之谆谆也。即候近祺。

兄国藩手草　三月二十六日

勉澄弟勿与闻外间事

澄侯、温甫、子植、季洪足下：

凌问樵来，接澄弟信，知勇劫粮台事办有头绪，澄弟已归去矣。甚慰甚慰。当此乱世，黑白颠倒，办事万难，贤弟宜藏之深山，不宜轻出门一步。澄弟去年三月在省河告归之时，毅然决绝，吾意戢影家园，足迹不履城市。此次一出，实不可解。以后务须隐遁，无论外间何事，一概不可与闻。即家中偶遇横逆之来，亦当再三隐忍，勿与计较。吾近来在外，于忍气二字加倍用功。若仗皇上天威，此事稍有了息之期，吾必杜门养疾，不愿闻官事也。

癣疾近日大发，懒于治事。自二十七日至吴城镇，迄今已满十日。罗山于二十一日克复弋阳，二十三日克复兴安，二十五六两获大胜，克服广信府城，智亭军门尚扎九江。水师前队扎南康府，李次青率陆军勇护之。后队扎吴城，均尚安吉，家中不必挂念。莘田在营，甚为安雅，拟留二三月遣归。魏荫亭近日即当告归。余不一一，即候近好。

付去谕旨一本、奏章一本，幸好为收存。向来寄回家中之奏稿，不知收置一处否？以后望作箱存之为要。诸惟心照。

兄国藩手草　四月初八日

居家以勤劳为要

澄侯、温甫、子植、李洪老弟足下：

十四日良五、彭四回家，寄去一信，谅已收到。

嗣罗山于十六日回剿武汉，霞仙亦即同去。近接武昌信息，知李鹤人于八月初二日败挫，金口陆营被贼踏毁。胡润芝中丞于初八日被贼踏破奓山陆营，南北两岸陆军皆溃，势已万不可支。幸水师尚足自立，杨、彭屯扎沌口。计罗山一军可于九月初旬抵鄂，或者尚有转机。即鄂事难遽旋转，而罗与杨、彭水陆依护，防御于岳鄂之间，亦必可固湘省北路之藩篱也。内湖水师，自初八日以后迄未开仗，日日操演。次青尚扎湖口，周凤山尚扎九江，俱属安谧。

葛十一于初八日在湖口阵亡，现在寻购尸首，尚未觅得，已奏请照千总例赐恤。将来若购得尸骸，当为之送柩回里。如不可觅，亦必醵金寄恤其家。此君今年大病数月，甫经痊愈，尚未复元，即行出队开仗。人劝之勿出，坚不肯听，卒以力战捐躯，良可伤悯。可先告知其家也。去年腊月二十五夜之役，监印官潘兆奎与文生葛荣册（即元五）同坐一船，均报阵亡，已入奏请恤矣。顷潘兆奎竟回至江西，云是夜遇渔舟捞救得生，则葛元五或尚未死，亦不可知，不知其家人中有音耗否？

余癣疾稍愈，今年七八两月最甚，为数年之第一次。近日诸事废弛，故得略痊。余俟续布，顺问近好。

甲三、甲五等兄弟，总以习劳苦为第一要义。生当乱世，居家之道，不可有余财，多财则终为患害。又不可过于安逸偷惰。如由新宅至老宅，必宜常常走路，不可坐轿骑马。又常常登山，亦可以练习筋骸。仕宦之家，不蓄积银钱，使子弟自觉一无可恃，一日不勤，则将有饥寒之患，则子弟渐渐勤劳，知谋所以自立矣。

再，父亲大人于初九日大寿，此信到日，恐已在十二以后。余二十年来，仅在家拜寿一次。游子远离，日月如梭，喜惧之怀，寸心惴惴。又十一月初三日为母亲大人七旬一冥寿，欲设为道场，殊非儒者事亲之道；欲开筵觞客，又乏哀痛未忘之意。兹幸沅弟得进一阶，母亲必含笑于九泉。优贡匾额，可于初三日悬挂。祭礼须报丰腆，即以祭余宴客可也。

我家挂匾，俱不讲究。如举人即用横匾“文魁”二字，进士即用横匾“进士”二字，翰林即用直匾“翰林第”（或用“院”字）三字，诰封用直匾“诰封光禄大夫”等字，优贡即用横匾“优贡”二字。如礼部侍郎不可用匾，盖官阶所历定也。前此用“进士及第”直匾亦属未妥。

昨接上谕，补兵部右侍郎缺。此缺二十九年八月曾署理一次，日内当具折谢恩。

澄侯弟在县何日归家？办理外事，实不易易，徒讨烦恼。诸弟在家，吾意以不干预县府公事为妥，望细心察之。即问近好。

父亲大人前跪禀万福金安、叔父大人前敬请福安。

兄国藩　八月二十七日早草于南康军中

勿置私田

澄侯、温甫、子植、季洪四位老弟左右：

安五、蒋一来，接到父亲大人手谕及各书函，欣悉温弟生子之喜。至慰至慰。我祖父母生平无一缺憾之事，惟叔父一房后嗣未盛，九泉尚未满意。今叔父得抱长孙，我祖父母必含笑于地下，此实一门之庆。而叔父近年于吉公祠造屋办祭极勤极敬，今年又新造两头横屋，刚值落成之际，得此大喜，又足见我元吉太高祖庇佑后嗣，呼吸可通，洋洋如在也。

安五等途次遇贼，迂折数日始归正道。彭雪琴亦于袁州遇警，抛弃行李，与安五等同步行数百里，千辛万苦，现尚未到大营。

江省于十一月初十日临江失守，十一日瑞州失守。两府同陷，人心惶恐，不得已调九江周凤山全军前往剿办，暂解浔城之围，吾率水军及湖口、青山两处陆军尚驻南康，安稳如常。

吾今年本拟付银百两回家，以三十两奉父亲大人甘旨之需，以二十两为叔父大人含饴之需，以五十两供往年资送亲族之旧例。此时瑞、临有贼，道途阻梗，不能令长夫带银还家，昨接冯树堂信，言渠将宝庆捐功牌之银送二百两与子植，为进京之川资，不审已收到否？如已收到，即请子植先代出百金，明年来大营如数给还，或有所增加亦未可知。如未收到，即请澄侯代为挪借百金，即付还归款也。资送亲族之项，比往年略有增改，兹另开一单，祈酌之。

屡次闻长夫言及我家去年在衡阳五马冲买田一所，系国藩私分等语。并云系澄侯弟玉成其事。国藩出仕二十年，官至二品，封妻荫子，且督师于外，薄有时名。今父亲与叔父尚未分析，两世兄弟怡怡一堂，国藩无自置私田之理。况田与蒋家垅相近，尤为鄙陋。此风一开，将来澄弟必置私产于暮下，温弟必置私产于大步桥，植弟、季弟必各置私产于中沙、紫甸等处，将来子孙必有轻弃祖居而徙外家者。昔祖父在时，每讥人家好积私财者为将败之征，又常讥驼五爹开口便言水口，达六爹开口便言桂花树，想诸弟亦熟闻之矣。内子女流不明大义，纪泽儿年幼无知，全仗诸弟教训，引入正大一路。若引之入于鄙私一路，则将来计较锱铢，局量日窄，难可挽回。子孙之贫富，各有命定。命果应富，虽无私产亦必自有饭吃；命果应贫，虽有私产多于五马冲倍蓰什佰，亦仍归于无饭可吃。兄阅历数十年，于人世之穷通得失思之烂熟。兹特备陈大略，求澄侯弟将五马冲田产为我设法出脱。或捐作元吉公祭田，或议作星冈公祭田，或转售他人，以钱项备家中日用之需。但使不为我私分之田，并不为父亲私分之田，则我之神魂为之少安，心志为之少畅。温、植、季三弟亦必力赞成吾意，至幸至慰。诸弟禀明父亲、叔父后，如何定计，望详明告我。

余身体如常，癣疾迄未大愈。营中之事尚能料理，无所疏失耳。余不一一，即问近好。

口冲三家、犁头三家向例各三串，今年拟添厚一、宽五各二串。

添梓坪满太婆向例三串，用银块封上写岁仪。

大舅、五舅、龙三表弟向例各三串，今年大舅八十，拟添一串。

定二、定三舅祖、荆四、荆八表叔向例各一串，今年拟添舅祖二人各一串。

兰姊、蕙妹向例各三串，今年拟添震四外甥三串。

商七、征一表叔向例各一串，腾七表弟二串，官九姑娘一串。

欧阳家向例六串，汪家、葛家、熊家、邓家向例各二串。

族内乞丐者共十串。

以上共用钱七十九串。如有至亲应酌添者，诸弟裁度行之。

兄国藩书　十二月初一夜于南康舟中

宜悉心忍耐

沅浦九弟左右：

十二日申刻代一自县归，接弟手书，具审一切。

十三日未刻文辅卿来家，病势甚重，自醴陵带一医生偕行，似是瘟疫之症。两耳聋，昏迷不得，间作谵语，皆惦记营中。余将弟已赴营、省城可筹半饷等事告之四五次，渠而醒悟，且有喜色。因嘱其静心养病，不必挂念营务，余代为函告南省、江省等语，渠亦即放心。十四日由我家雇夫送之还家矣。若调理得宜，半月当可痊愈，复元则尚不易易。

陈伯符十二来我家，渠因负咎在身，不敢出外酬应，欲来乡为避地计。七十侄女十二上来。亦山先生十四归去，与临山皆朝南岳。临山以二十归馆，泽山二十二夕至。科四读“上孟”至末章，明日可毕。科六读“先进”三页，近只耽搁一日也。彭茀庵表叔十一日仙逝，二十四日发引。尧阶之母十月初二日发引，请叔父题主。黄子春官声极好，听讼勤明，人皆畏之。

弟到省之期，计在十二日。余日内甚望弟信，不知金八、佑九何以无一人归来？岂因饷事未定，不遽遣使归与？弟性褊激似余，恐怫郁或生肝疾，幸悉心忍耐为要。二十二日郴州首世兄凌云专丁来家，求荐至弟营。据称弟已于十七日起程赴吉矣。兹乘便寄一缄托黄宅转递，弟接到后，望专人送信一次，以慰悬悬。

家中大小平安。析箸事暂不提。诸小儿读书，余自能一一检点，弟不必挂心。顺问近好。

兄国藩手草　九月二十二日

成大事者须兼顾规模远大与综理密微

沅浦九弟左右：

二十二日写就一函，拟交首宅来足带省。二十二夜灯后佑九、金八归，接弟十五夜所发之信，知十六日已赴吉安矣，遂不寄首宅信。屈指计弟二十四日定可抵营，二十五六当专人归来，今日尚未到家，望眼又复悬悬。

九月二十四日六叔父六旬晋一冥寿，焚包致祭。科二、科四、科六亦往与祭。关秀姑娘于十九日生子。临三、昆八于十月初一日散学，拟初间即往邹至堂处读冬书，亦山先生之所荐也。枚谷先生十月中旬可散学，亦山先生不散学。科四已读《离娄》八页，科六读至《点尔何如》，功课尚算有常。家中诸事，弟不必挂虑。

吉字中营尚易整顿否？古之成大事者，规模远大与综理密微二者阙一不可。弟之综理密微精力较胜于我。军中器械其略精者，宜另立一簿，亲自记住，择人而授之。古人以铠杖鲜明为威敌之要务，恒以取胜。刘峙衡于火器亦勤于修整，刀矛则全不讲究。余曾派诸景昌赴河南采买白蜡杆子，又办腰刀分赏各将弁，人颇爱重。弟试留心此事，亦综理之一端也。至规模宜大，弟亦讲求及之。但讲阔大者，最易混入散漫一路。遇事颟顸，毫无理条，虽大亦奚足贵？等差不紊，行之可久。斯则器局宏大，无有流弊者耳！顷胡润芝中丞来书，赞弟有曰“才大器人”四字。余甚爱之。才根于器，良为知言。

湖口贼舟于九月八日焚夺净尽，湖口梅家洲皆于初九日攻克。三年积愤，一朝雪耻，雪琴从此重游浩荡之宇。惟次青尚在坎盆之中，弟便中可与通音问也。润翁信来，仍欲奏请余出东征。余顷复信，具陈其不宜。不知可止住否？彭中堂复信一缄，由弟处寄至文方伯署，请其转递至京。或弟有书呈藩署，未添一笔亦可。李迪庵近有请假回籍省亲之意，但未接渠手信。渠之带勇，实有不可及处。弟宜常与通信，殷殷请益。

弟在营须保养身体。肝郁最易伤人，余生平受累以此，宜和易以调之也。兹着王芝三赴吉，报家中近日琐事，并问迩好。余俟续具。

外澄弟信一件，温弟信一件，罩山写信一件，陈心壶家信一件，京信一件。

兄国藩手草　十月初四日

文案不能无人料理

沅浦九弟左右：

十一月初二日，春二、甲四归，接二十四夜来书，俱悉一切。弟营中事机尚顺，家中大小欣慰。余二十二日寄第五号信，二十八日发第六号，计次第均达矣。日内四宅平安。初三日显妣江太夫人冥诞，有客四席，兰姊、蕙妹、本房皆未来，临三、昆八亦以远在云溪寺未归也。亲戚惟五舅、龙三、魏荫庭，行礼仿十月初九之例，但添歌童耳。

师逸斋之叔号小舟者，于初二日来。携有张六琴太守书缄，具告逸斋死事之惨。余具奠金五十两交小舟，为渠赴江西之旅资。又作书寄雪琴，嘱其备战船至广信，迎护逸斋之眷口由浙来江；又备舟至省城，迎护逸斋与其侄之灵柩，于南康会齐，同出湖口。由湖口段窑至黄梅师宅不过数十里耳。前此仙舟先生墓门被贼掘毁，余曾致书润芝中丞、莲舫员外，筹银三四百两为修葺之资。此次小舟归里，可一并妥为安厝。少有余资，即以赡济逸斋之眷口。然亦极薄，难以自存矣。

东乡败挫之后，李镇军、周副将为退守武阳渡。闻耆中丞缄致长沙，请夏憩亭募勇数千赴江应援，不知确否？自洪杨内乱以来，贼中大纲紊乱。石达开下顾金陵，上顾安庆，未必能再至江西；即使果来赴援，亦不过多裹乌合之卒，悍贼实已无几。我军但稍能立脚，不特吉安力能胜之，即临江萧军亦自可胜之也。

邓汪琼处已专缄去请，初五接复信，已允许矣。须正月乃可上馆，且请带一子来。泽山先生于二十八日来，科一、科四、科六读书如常。胡蔚之将以初十日回省，家中以后不请书启朋友。韩升告假回家。余文案尚繁，不可无一人料理，望弟饬王福于腊月初回家。交代后，即令韩升回省度岁。韩于正初赴吉营，计弟处有四十日无人经管文案，即交彭椿年一手料理，决无疏失。韩升与王福二人皆精细勤敏，无所轩轾。凌荫庭于日内赴雪琴处，若弟处再须好手，亦可令凌赴吉也。诸不详尽。顺问近好。

兄国藩手草　十一月初五日酉刻

愧对江西绅士

沅浦九弟左右：

十九日亮一等归，接展来函，俱悉一切。

临江克复，从此吉安当易为力，弟黾勉为之。大约明春可复吉郡，明夏可克抚、建。凡兄所未了之事，弟能为我了之，则余之愧憾可稍减矣。

余前在江西，所以郁郁不得意者：第一不能干预民事，有剥民之权，无泽民之位，满腹诚心无处施展；第二不能接见官员，凡省中文武官僚晋接有稽，语言有察；第三不能联络绅士，凡绅士与我营款惬，则或因吃醋而获咎（万篪轩是也）。坐是数者，方寸郁郁，无以自伸。然此只坐不应驻扎省垣，故生出许多烦恼耳。弟今不驻省城，除接见官员一事无庸议外，至爱民、联绅二端皆可实心求之。现在饷项颇充，凡抽厘劝捐，决计停之。兵勇扰民，严行禁之。则吾夙昔爱民之诚心，弟可为我宣达一二矣。

吾在江西，各绅士为我劝捐八九十万，未能为江西除贼安民。今年丁忧奔丧太快，若恝然弃去，置绅士于不顾者，此余之所悔也(若少迟数日，与诸绅往复书问乃妥)。弟当为余弥缝此阙。每与绅士书札往还，或接见畅谈；具言江绅待家兄甚厚，家兄抱愧甚深等语。就中如刘仰素、甘了大二人，余尤对之有愧。刘系余请之带水师，三年辛苦，战功日著，渠不负吾之知，而余不克始终与共患难。甘系余请之管粮台，委曲成全，劳怨兼任，而余以丁忧遽归，未能为渠料理前程。此二人皆余所惭对，弟为我救正而补苴之。

余在外数年，吃亏受气实亦不少。他无所惭，独惭对江西绅士。此日内省躬责己之一端耳。弟此次在营境遇颇好，不可再有牢骚之气，心平志和，以迓天庥。至嘱至嘱。

承寄回银二百两收到。今冬收外间银数百（袁漱六、郭雨三各二百），而家用犹不甚充裕，然后知往岁余之不寄银回家，不孝之罪，上通于天矣。澄弟于十四日赴县，二十日回家。赖古愚十七日上任。亦山先生十七日散学。邓先生尚未去。萧组田、罗伯宜并已归去。韩升亦于十七日旋省矣。

四宅大小平安。余日内心绪少佳，夜不成寐，盖由心血积亏，水不养肝之故，春来当好为调理。甲三所作八股文近颇长进，科一、四、六三人之书尚熟。二先生皆严惮，良师也。一切弟可放心。即颂年祺，不一一。

兄国藩手草　十二月二十一日

有用之物不宜抛弃

沅浦九弟左右：

十四日胡二等归，接弟初七夜信，俱悉一切。

初五日，城贼猛扑，凭濠对击，坚忍不出，最为合法。凡扑人之墙、扑人之濠，扑者客也，应者主也。我若越濠而应之，则是反主为客，所谓致于人者也；我不越濠，则我常为主，所谓不致于人也。稳守稳打，彼自意兴索然。峙衡好越濠击贼，吾常不以为然。凡此等处，悉心推求，皆有一定之理。迪安善战，其得诀在“不轻进不轻退”六字。弟以类求之可也。

夷船至上海、天津，亦系恫吓之常态。彼所长者，船炮也；其所短者，路极远人极少。若办理得宜，终不足患。

报销奏稿及户部复奏，即日常缄致诸公。依弟来书之意，将来开局时，拟即在湖口水次盖银钱所。张小山、魏召亭、李复生诸公多年亲依该所，现存银万余两，即可为开局诸公用费及部中使费。六君子不必皆到，此局但得伯符、小泉二人人场即可了办。若六弟在浔较久，则可至局中照护周旋；若六弟不在浔阳，则弟克吉后，回家一行，仍须往该局为我照护周旋也。至户部承书说定费赀，目下筠仙在京似可料理，将来胡莲舫进京亦可帮助。

筠仙顷有书来，言弟名远震京师。盛名之下，其实难副，弟须慎之又慎。兹将原书抄送一阅。

家中四宅小大平安。兄夜来渐能成寐。葛亦山先生病尚未愈，而教书工课如常。刘为章在白果看地，余与尧、霞不以为然。第二次往看岳龙，则飘然不反，回湘潭筱岑家去矣。顷有杜茂才者，丰城人，避难来住永丰，至我家投效，因留其看地。据刘与杜二人言，周壁冲有凶煞，是宜速改。余观杜之识似胜于刘，并胜于近处诸人，不知视东阳叔祖何如耳？余心时时未忘改葬一事，而苦自己不善看，又苦无最贴心之人。弟意以东阳叔祖为主，渠亦难于远出寻求，且上等者自须先自为谋。日夜念此，至焦灼耳。

先大父、先太夫人尚未有祭礼之费，温弟临行捐银百两，余以刘国斌之赠亦捐银百两，弟可设法捐资否？四弟、季弟则以弟昨寄之银内提百金为二人捐款。合之当业二处，每年可得谷六七十石，起祠堂，树墓表，尚属易复，亦恐无以自立。此又近数年之一大变局也。若江浙不保，则江西亦难久安，而皖北亦将应接不暇，殊为可虞。

九弟欲余下札。请同邑绅士出来修昭忠祠及东皋书院。兹办十一札，请弟分送为要。顺问近好。

兄国藩手草　四月初四日

不敢忘爱民两字

沅弟左右：

二十四早接二十二酉刻之信，闳论伟议，足以自豪，然中有必须发回核减者，意诚若在此，亦必批云："该道惯造谣言也。"

苏州阊门外民房十余里，繁华甲于天下，此时乃系金陵大营之逃兵溃勇先行焚烧劫抢而贼乃后至。兵犹火也。弗戢自焚，古人洵不余欺。弟在军中，望常以爱民诚恳之意、理学迂阔之语时时与弁兵说及，庶胜则可以立功，败亦不至造孽。当此大乱之世，吾辈立身行伍间，最易造孽，亦最易积德。吾自三年初招勇时，即以爱民为第一义。历年以来，纵未必行得到，而寸心总不敢忘爱民两个字，尤悔颇寡。家事承沅弟料理，绰有余裕，此时若死，除文章未成之外，实已毫发无憾，但怕畀以大任，一筹莫展耳。沅弟为我熟思之。吉左营及马队不发往矣。王中丞信抄去，可抄寄希、多一阅。

兄国藩手草　四月二十二日申刻

再，余有信、银寄吴子序、刘星房，望传知嘉字营帮办吴嘉仪，令其派二妥当人来此接银、信，送江省并南丰为要。

二十六日又行

心中常存爱民一念

沅、季弟左右：

初九日连接初四、六日二缄，俱悉一切。

出队以护百姓收获甚好，与吉安散耕牛籽种用意相似。吾辈不幸生当乱世，又不幸而带兵，日以杀人为事，可为寒心，惟时时存一爱民之念，庶几留心田以饭子孙耳。杨镇南之哨官杨光宗头发横而盘，吾早虑其不驯。杨镇南不善看人，又不善断事。弟若看有不妥协之意，即饬令仍回兄处，兄另拨一营与弟换可耳。吾写对联，向不要人代笔。季弟所指系何人所代，以后当饬禁之。

吾于初十日至历口，十一日拟行六十里赶至祁门县。十二日先太夫人忌辰，不欲纷纷迎接应酬也。宁国府一军紧急之至，吾不能拨兵往援，而拟少济之以饷，亦地主之道耳。家信暨云仙信寄去。

（六月初十日午刻）

以勤与爱民回报君亲

沅、季弟左右：

十二早接弟贺信，系初七早所发，嫌到此太迟也。兄膺此巨任，深以为惧。若如陆、何二公之前辙，则诒我父母羞辱，即兄弟子侄亦将为人所侮。祸福倚仗之几，竟不知何者为可喜也。默观近日之吏治、人心及各省之督抚将帅，天下似无戡定之理。吾惟以一勤字报吾君，以爱民二字报吾亲。才识平常，断难立功，但守一勤字，终日劳苦，以少分宵旰之忧。行军本扰民之事，但刻刻存爱民之心，不使先人之积累自我一人耗尽。此兄之所自矢者，不知两弟以为然否？愿我两弟亦常常存此念也。沅弟多置好官、遴选将才二语，极为扼要，然好人实难多得，弟为留心采访。凡有一长一技者，兄断不敢轻视。

谢恩折今日拜发。宁国日内无信，闻池州扬七麻子将往攻宁，可危之至！

七月二十日

主辱臣死分所当然

澄侯四弟左右：

二十四接九月初二日由县城寄缄，俱悉一切。

此间鲍军扎渔亭，张军扎黟县，均因天雨尚未进兵。贼分股窜浙，初四破淳安县，初七破严州府，杭省可危之至。左军已至乐平。江省各处防守，余已略为布置，或可无虞。近接寄谕二次，仍是寻常不要紧之件。圣驾在热河镇静办事，夷人扎队至德教门外，派三百人至园子，焚外朝房，真堪发指。通州、天津皆照常买卖，尤堪诧异。余若奉旨派出，带兵北上，成败利钝全不计较，但以明君臣之大义。主辱臣死，分所当然耳。

下首竹多，容当办礼谢弟与朱金权二人。

九月二十四日

戒子侄勿骄奢逸

澄侯四弟左右：

二月二十三夜接弟初五日信，知在敦德堂为显考作庆生道场，五宅平安，至以为慰。

此间于十九日忽被大股贼匪窜入羊栈岭，去祁门老营仅六十里，人心大震。幸鲍、张两军于二十日、二十一日大战获胜，克复黟县，迫贼出岭，转危为安。此次之险，倍于八月二十五徽州失守时也。现贼中伪侍王李世贤、伪忠王李秀成、伪辅王杨雄清皆在徽境与兄作对。伪英王陈玉成在安庆境，与多、礼、沅、季作对。军事之能否支持，总在十月、十一月内见大分晓。

陈愚谷之对联，俟下次付回。鼎三请先生，余心中实无其人，候沅、季定夺。甲三十月初六至武穴，此时计将抵家。余在外无他虑，总怕子侄习于骄奢逸三字。家败离不得个奢字，人败离不得个逸字，讨人嫌离不得个骄字，弟切戒之。即问近好。

国藩手草　十月二十四日

戒傲惰为保家之道

澄侯四弟左右：

自十一月来奇险万状，风波迭起，文报不通者五日，饷道不通者二十余日。自十七日唐桂生克复建德，而皖北沅、季之文报始通。自鲍镇二十八日至景德镇，贼退九十里，而江西饶州之饷道始通。若左、鲍二公能将浮梁、鄱阳等处之贼逐出江西境外，仍从建德窜出，则风波渐平，而祁门可庆安稳矣。

余身体平安。此一月之惊恐危急，实较之八月徽、宁失守时险难数倍。余近年在外，问心无愧，死生祸福，不甚介意，惟接到英吉利、法兰西、美利坚各国通商条款，大局已坏，令人心灰。兹付回二本，与弟一阅。时事日非，吾家子侄辈总以谦勤二字为主，戒傲戒惰，保家之道也。即问近好。

国藩手草　十二月初四日

勉去骄惰之习

澄侯四弟左右：

腊底由九弟处寄到弟信并纪泽十一月十五七日等语，俱悉一切。弟于世事阅历渐深，而信中不免有一种骄气。天地间惟谦谨是载福之道，骄则满，满则倾矣。凡动口动笔，厌人之俗，嫌人之鄙，议人之短，发人之覆，皆骄也。无论所指未必果当，即使一一切当，已为天道所不许。吾家子弟满腔骄傲之气，开口便道人短长，笑人鄙陋，均非好气象。贤弟欲戒子侄之骄，先须将自己好议人短，好发人覆之习气痛改一番，然后令后辈事事警改。欲去骄字，总以不轻非笑人为第一义；欲去惰字，总以不晏起为第一义。弟若能谨守星冈公之八字（考、宝、早、扫、书、蔬、鱼、猪）三不信（不信僧巫，不信医药，不信地师），又谨记愚兄之去骄去惰，则家中子弟日趋于恭谨而不自觉矣。

此间军事如常。左、鲍二军在鄱阳、建德交界之区尚未开仗，贼数太多，未知能否得手。祁门、黟县、渔亭等处尚属平安。余身体无恙，惟齿痛耳。顺问近好。

兄国藩手草　正月初四日

战事中寓止暴之意

沅弟左右：

二十七日申刻张复益、屈楚轩到，接二十四日来书。此二人真善走，已各赏蓝翎一支矣。二十三日步拨之缄尚未到。自十一月后，东流、建德之步拨早已撤回，并将充步拨之郧阳兵遣发回鄂。此后弟有来信，切不可写步拨字样。若由驿递九江、南昌而达祁门，亦不过十日可到，否则须专足也。

公文一件，甚好甚好，即当批准通行各属。吾家兄弟带兵，以杀人为业，择术已自不慎，惟于禁止扰民、解散胁从、保全乡官三端痛下工夫，庶几于杀人之中寓止暴之意。南坡信何以未见？或忘未封入邪？窜金溪之贼，养素禀已获胜仗，见田禀大半由云际关入闽，尚无确信。

家信数封寄还。此间接澄弟正月初八日信，寄阅。《舆地略》又寄去十本查收。余数本，此间友人分散矣。

陈镇二十一日已至东流，甚好，可略壮声威也。

正月二十八日

办大事半由人力半由天意

沅弟左右：

初三辰刻接初二巳正来书，俱悉一切。

昨日雨小而风大，今日风小而雨大，鲍军勇夫万余人，纵能渡江，想初二尚未渡毕，初三则断不能渡。凡办大事，半由人力，半由天意。如此次安庆之守，濠深而墙坚，稳静而不懈，此人力也；其是否不至以一蚁溃堤，以一蝇玷圭，则天事也。各路之赴援，以多、鲍为正援集贤之师，以成、胡为后路缠护之兵，以朱、韦为助守墙濠之军，此人事也，其临阵果否得手，能否不为狗酋所算，能否不令狗酋逃遁，此天事也。吾辈但当尽人力之所能为，而天事则听之彼苍，而无所容心。弟于人力颇能尽职，而每称擒杀狗酋云云，则好代天作主张矣。

至催鲍进兵，亦不宜太急。鲍之队伍由景镇至下隅坂，仅行五日，冒雨遄征，亦可谓极速矣。其锅则至今尚未到齐，以泥太深，小车难动也。弟自抚州拔营至景镇，曾经数日遇雨，试一回思，能如鲍公此次之迅速乎？润帅力劝鲍公进兵不必太急，待狗酋求战气竭力疲而后徐起应之云云，与弟见正相反。余意不必催鲍急进，亦不必嘱鲍缓战，听鲍公自行斟酌可也。多公调度远胜于鲍，其马队亦数倍于鲍，待多击退黄文金后，再与鲍军会剿集贤关，更有把握。

至狗酋虽凶悍，然屡败于多、李、鲍之手，未必此次忽较平日更狠。黄文金于洋塘、小麦铺两败，军器丢弃已尽。多、鲍之足以制陈、黄二贼，理也，人力之可知者也。其临阵果否得手，则数也，天事之不可知者也。来书谓狗部有马贼二千五六百，似亦未确。系临阵细数乎？抑系投诚贼供乎？闻贼探多假称投诚者，弟宜慎之。即问近好。

四月初三日巳初

观人论事宜博采众议

沅弟左右：

初六早接弟初四夜短信，俱悉一切。所应复者，条例于后：

鲍公扎集贤不动，乃四垒未破以前之议。今四垒既破，应既以鲍渡南岸，由浔赴瑞，昨已两缄询弟矣。待弟回信到，即办公牍。若令鲍剿宿松，则兄失信于江西官绅，断乎不可。

韦志浚军，余本不甚以为然。自接弟十五六日等信，言韦于用兵内行，又言其心地之好，余遂有意用韦为统领，独当一路。昨与厚庵商之，厚言独统一路则不可，令之随鲍公出战则可。又以无人可替防枞阳，故令周添募六百余人，防枞阳及安庆对岸两处。今弟确见韦不宜随鲍，则尽可返汉，惟周添募一节不可返汉耳。河溪营，系兄以严批调之赴浔；渔亭二营，系兄初一日专调归鲍。皆非鲍意也。

观人论事，因勋名已立而信之，诚所不免，然亦未尝不博采众论。如韦之为人，水师各营官赞之，祁门林令赞之，余俱未动心。至弟十六日信言韦力劝各大宪谋攻安庆，赞其心地之好，余遂动心用之。将用之，而弟此信乃说出韦之坏话。自去年以来，弟信亦未说过韦营半个坏字。目下弟极赞多公之贤，将来余若设法请重用多公，弟莫又改口也。

洋船接济安庆米三千石，当以公文与水师，请其用炮船护送，第恐洋船不听，仍在城下停泊，水师亦无如之何耳。顺问近好。

五月初六辰刻

危急时只有自己靠得住

沅、季弟左右：

都将军派兵四营来助守，固属可喜，而亦未必可恃。凡危急之时，只有在己者靠得住，其在人者，皆不可靠。恃之以守，恐其临危而先乱；恃之以战，恐其猛进而骤退。幸四营人数不多，或不致搅动弟处全局。否则彼军另有风气，另有号令，恐非徒无益，而反有损，弟宜谨慎用之。去年春间，弟不要陈大富一军，又不留成大吉一军，余深喜弟之有识有志也。

子药银米，余刻刻不忘，弟刻刻宜存节省之意，不必函函苦催。大约弟设身处地所能办到者，兄亦必能办到；兄所束手不能办者，虽弟设身处地，亦无如何也。

九月十三日

持盈保泰

孙国藩跪禀祖父母大人万福金安：

二月十四日，孙发第二号信，不知已收到否？孙身体平安，孙妇及曾孙男女皆好。孙去年腊月十八曾寄信到家，言寄家银一千两，以六百为家中还债之用，以四百为馈赠亲族之用。其分赠数目，另载寄弟信中，以明不敢自专之义也。后接家信，知兑啸山百三十千，则此银已亏空一百矣。顷闻曾受恬丁艰，其借银恐难遽完，则又亏空一百矣。所存仅八百，而家中旧债尚多，馈赠亲族之银，系孙一人愚见，不知祖父母、父亲、叔父以为可行否？伏乞裁夺。

孙所以汲汲馈赠者，盖有二故。一则我家气运太盛，不可不格外小心，以为持盈保泰之道。旧债尽清，则好处太全，恐盈极生亏；留债不清，则好中不足，亦处乐之法也。二则各亲戚家皆贫，而年老者，今不略为资助，则他日不知何如。自孙入都后，如彭满舅曾祖、彭王姑母、欧阳岳祖母、江通十舅，已死数人矣。再过数年，则意中所欲馈赠之人，正不保何苦矣！家中之债，今虽不还，后尚可还。赠人之举，今若不为，后必悔之。

此二者，孙之愚见如此。然孙少不更事，未能远谋，一切求祖父，叔父作主，孙断不敢擅自专权。其银待欧阳小岑南归，孙寄一大箱，衣物银两概寄渠处，孙认一半车钱。彼时再有信回。

孙谨禀　三月初十日

为堂上请封章事已得诏旨

男国藩跪禀父母亲大人万福金安：

十月初二，男发十五号家信。二十八日接到手谕第九号，系九月底在县城所发者。

男等在京平安。男身上疮毒至今未得全好。中间自九月中旬数日，即将面上痊愈，毫无疤痕，系陈医之力，故升官时召见无陨越之虞。十月下半月，又觉微有痕迹，头上仍有白皱皮，身上尚如九月之常。照前七八月，则已去其大半矣。一切饮食起居，毫无患苦。四弟、六弟用功皆有定课，昨二十八始开课作文。孙男纪泽《郑风》已读毕，《古诗十九首》亦已读毕。男妇及三孙女皆平顺。

前信言宗毅然家银二十两，可将谢山益家一项去还。顷接山益信，云渠去江西时，嘱其子办苏布平元丝银四十两还我家，想送到矣。如已到，即望大人将银并男前信送毅然家。渠是纹银，我还元丝，必须加水，还他二十二两可也。萧辛五处鹿胶，准在今冬寄到。

初十皇太后七旬万寿，皇上率千官行礼，四位阿哥皆骑马而来。七阿哥仅八岁，亦骑马雍容，真龙种气象。十五日皇上颁恩诏于太和殿。十六日又生一阿哥。皇上于辛丑年六秩，壬寅年生八阿哥，乙巳又生九阿哥，圣躬老而弥康如此。

男得请封章，如今年可用玺，则明春可寄回；如明夏用玺，则秋间寄回。然既得诏旨，则虽诰轴未归，而恩已至矣。望祖父先换蓝顶，其四品补服，候男在京寄回，可与诰轴并付。湖南各家俱平安。余俟续具。

男谨禀 十月二十九日

手示杜门谢客深为庆幸

男国藩跪禀父母亲大人万福金安：

乙巳十一月二十二日发家信十七号。其日同乡彭棣楼放广西思恩府知府。二十四日，陈岱云放江西吉安府知府。岱云年仅三十二岁，而以翰林出为太守，亦近来所仅见者。人皆代渠庆幸，而渠深以未得主考、学政为恨。且近日外官情形，动多掣肘，不如京官清贵安稳，能得外差，固为幸事，即不得差，亦可读书养望，不染尘埃。岱云虽以得郡为荣，仍以失去玉堂为悔。自放官后，据挡月余，已于十二月二十八出京。是夕渠有家书到京，男拆开。

接大人十一月二十四所示手谕，内叔父及九弟季弟各一信、彭茀庵表叔一信，俱悉家中一切事。前信言莫管闲事，非恐大人出入衙门，盖以我邑书吏牧人肥已，党邪嫉正，设有公正之乡绅，取彼所鱼肉之善良而扶植之，取彼所朋比之狐鼠而锄抑之，则于彼大有不便，必且造作谣言，加我以不美之名，进谗于官，代我构不解之怨。而官亦阴庇彼辈，外虽以好言待我，实则暗笑之而深斥之，甚且当面嘲讽，且此门一开，则求者踵至，必将日不暇给，不如一切谢绝。今大人手示，亦云杜门谢客。此男所深为庆幸者也。

男身体平安。热毒至今未好，涂药则稍愈，总不能断根。十二月十二日，蒙恩充补日讲起居注官。二十二日，又得充文渊阁直阁事。两次恭谢天恩，兹并将原折付回。讲官共十八人，满八缺，汉十缺。其职司则皇上所到之处，须轮四人侍立。直阁事四缺，不分满汉，其职司则皇上临御经筵之日，四人皆侍立而已。

四弟、六弟皆有进境。孙男读书已至《陈风》。男妇及孙女等皆好。

欧阳牧云有信来京，与男商请封及荐馆事。二事男俱不能应允。故作书婉转告之。外办江绸套料一件、高丽参二两、鹿胶一斤、对联一副，为岳父庆祝之仪。恐省城寄家无便，故托彭棣楼带至衡阳学署。

朱尧阶每年赠谷四十石，受惠太多，恐难为报，今年必当辞却。小斗四十石不过值钱四十千。男每年可付此数到家，不可再受他谷，望家中力辞之。毅然家之银想已送矣；若未送，须秤元银二十二两，以渠来系纹银也。

男有挽联，托岱云交萧辛五转寄毅然家，想可无误。岱云归，男寄有冬菜十斤、阿胶二斤、笔四枝、墨四条、同门录十本。彭棣楼归，男寄有蓝顶二个、四品补服四付，俱交萧辛五家转寄。伏乞查收。

男谨禀　正月初三日

五十两银钱之用法

侄国藩敬禀叔父婶母大人万福金安：

新年两次禀安，未得另书敬告一切。侄以庸鄙无知，托祖宗之福荫，幸窃禄位，时时抚衷滋愧。兹于本月大考，复荷皇上天恩，越四级而超升。侄何德何能堪此殊荣！常恐祖宗积累之福，自我一人享尽，大可惧也，望叔父作书教侄，幸甚。

金竺虔归，寄回银五十两。其四十两用法：六弟、九弟在省读书用二十六两，四弟、季弟学俸六两，买漆四两，欧阳太岳母奠金四两。前第三号信业已载明矣。后又有十两，若作家中用度则嫌其太少，添此无益，减此无损。侄意戚族中有最苦者，不得不些须顾送。求叔父将此十金换钱，分送最亲最苦之处。叔父于无意中送他，万不可说出自侄之意，使未得者有觖望有怨言。二伯祖母处，或不送钱，按期送肉与油盐之类，随叔父斟酌行之可也。

侄谨禀 六月十七日

拟每年寄银家用

澄侯、子植、季洪三弟左右：

十月十九日温甫弟出京。二十日吾发第十五号家信，不知此时收到否？吾目疾尚未全好，此次尚不能写信呈堂上，故仍以书告诸弟。

前九月十八日蒙皇上天恩，派稽察中书科事务。十月初二一信，因恐张楠皆到迟，故未写。二十日一信，因六弟出京，诸事仓惶，又忘写也。稽察中书科向系于阁学四人中钦派一人，只算差使，不算升官。其属员有中书六人、笔帖式八人。其所管之事为册封诰命。凡封亲王用金册，封郡王用银册，封贝勒、贝子以下用龙边笺册，封镇国公以下及文武五品以上官俱用诰命，六品以下俱用敕命。以上皆在中书科缮写。予于十八日奉旨派出，十九日具折谢恩。兹将原折寄回，系在员笔帖式所写，故字甚丑。

前六弟归时，予曾寄母亲零用银五两，内人寄岳母零用银二两，因思予在京多年，并未寄零钱与婶母使用，且四位弟妇买棉买麻亦极窘迫。嗣后每年予所寄亲族银内当添母亲、婶母零用钱各四千，四位弟妇零用钱各三千，每年共二十千。今年张楠皆处银到，澄弟即将各亲族处照单分送。又将婶母（四千）及四位弟妇（各三千）零用银分送（母亲今年已有银五两，不必再送）。以后每年照今年为例。上半年春俸，予寄五六十两归，以为家中用度。其有不足，望家中设法张罗。下半年秋俸，予寄五六十两归，以为各亲族帮项及母亲、婶母、四位弟妇零用之项（去年所开之单，记共八十千，若添家中此项，则共百千矣。不知须银多少，乞澄弟告知）。予之寄以今年为常规，家中所送亲族者，亦望于今年举行定例。惟孟学公之子孙赴考者，今年在省，不知曾送给否？若未送，望按名补送，以为买笔之需。至要至要，一切万祈照单施行。

予身体平安，家中大小皆如常。纪泽读书已读至《太甲上》。同乡孙鳌州已到京。余并如故。昨日放定郡王（载铨）季仙九先生至天津办盐务，又放耆英、朱凤标至山东办盐务。十一日刑部主事朱寿康（系朱伯韩之胞弟）、户部主事袁铨、广西提塘李鹏飞俱因在娼家饮酒，提督府锁拿交刑部治罪。十月宝中堂（兴）没。昨耆英授大学士，琦善仍得协办。余容后具。

国藩草　十一月十四日

置义田以赡贫民

澄侯、温甫、子植、季洪四位老弟足下：

七月十三日接到澄弟六月初七所发第九号家信，俱悉一切。吾于六月共发四次信，不知俱收到否？今年陆费中丞丁忧，闰四月无折差到。故自四月十七发信后，直至五月中旬始再发信，害家中悬望也。

祖父大人之病，日见增加，远人闻之，实深忧惧。前六月二十日所付之鹿茸片，不知何日可到？亦未知可微有功否？

予之癣病，多年沉痼，赖邹墨林举黄芪附片方，竟得痊愈。内人六月之病亦极沉重，幸墨林诊治，遂得化险为夷，变危为安。同乡找墨林看病者甚多，皆随手立效。墨林之弟岳屏四兄，今年曾到京，寓元通观，其医道甚好，现已归家。于此次以书附寄墨林家，书内求岳屏至我家诊治祖父大人，或者挽回万一，亦未可知。岳屏人最诚实而又精明，即周旋不到，必不见怪。家中只须打发轿夫大钱二千，不必别有所赠送。渠若不来，家中亦不必去请他。

乡间之谷贵至三千五百，此亘古未有者，小民何以聊生？吾自入官以来，即思为曾氏置一义田，以赡救孟学公以下贫民；为本境置义田，以赡救二十四都贫民。不料世道日苦，予以处境未裕，无论为京官者自治不暇，即使外放，或为学政，或为督抚，而如今年三江两湖之大水灾，几于鸿嗷半天下。为大官者，更何忍于廉俸之外多取半文乎！是义田之愿，恐终不能偿。然予之定计，苟仕宦所入，每年除供奉堂上甘旨外，或稍有赢余，吾断不肯买一亩田积一文钱，必皆留为义田之用。此我之定计，望诸弟皆体谅之。

今年我在京用度较大，借帐不少。八月当为希六及陈体元捐从九品，九月榜后可付照回，十月可到家，十一月可向渠两家索银，大约共须三百金。我付此项回家，此处不另附银也。

率五在水丰有人争请，予闻之甚喜。特书手信与渠，亦望其忠信成立耳。

纪鸿已能行走，体甚壮实。同乡各家如常。同年毛寄云于六月二十八日丁内艰。陈伟堂相国于七月初二仙逝，病系中痰，不过片刻即殁。江南、浙江、湖北皆展于九月举行乡试。闻江南水灾尤甚，恐须再展至十月。各省大灾，皇上焦劳，臣子更宜忧惕之时，故一切外差，皆绝不萌妄想，望家中亦不必悬盼。书不详尽。

兄国藩手草　七月十五日

迁善改过修德读书

澄侯、温甫、子植、季洪四位老弟足下：

七月初六日接澄弟四月二十六信、五月初一、初八、二十三各信，俱悉一切。植弟、洪弟各信亦俱收到。洪弟之书已至，六月初二所发者亦到矣。澄弟回家，至此始算放心。

樊城河内泡沙，如此可怖，闻之心悸。余戊戌年九月下旬在樊城河，半夜忽遭大风，帆散缆断，濒于危殆，后亦许观音戏，至今犹有余惊。以后我家出行者，万不可再走樊城河。戒之记之，敬告子孙可也。

彭山屺苦况如此，良为可怜！一月内外当更求一书以苏涸鲋，但不知有济否耳。此等人谋，亦须其人气运有以承之，如谢博泉之事即鲜实效。若使南翁在彼，当稍有起色矣。

凌荻舟之银，虽周小楼与荻舟之子私相授受，以欺紫嫂，而荻子盖又当受小楼之欺，终吞于周氏之腹而后已。余处现尚存凌银将二百金，拟今年当全寄去。澄弟既将此中消息与孙筱石道破，则此后一概交孙，万无一失。刘午峰曾言赙赠百金，不知今岁可收到否？余今年还凌银须二百，又须另筹二百五十金寄家，颇为枯窘。今年光景大不如去年，然后知澄弟之福星来临，有益于人不浅也。其二百五十金，望澄弟在家中兑与捐职者及进京会试者。总在今冬明春归款，不致有误，但不可以更多耳。

父大人至县城两次，数日之经营，为我邑造无穷之福泽。上而邑长生感，下而百姓歌颂，此诚盛德之事。但乡民可与谋始，难与乐成。恐历时稍久，不能人人踊跃输将，亦未必奏效无滞。我家倡义风示一邑，但期彭舞风声而不必总揽全局，庶可进可退，绰绰余裕耳。

朱明府之得民心，予已托人致书上游，属其久留我邑。若因办饷得手，而遂爱民勤政，除盗息讼，则我邑之受赐多矣。社仓之法，有借无还，今日风俗诚然如此。澄弟所见，良为洞悉时变之言，此事竟不可议举行矣。王介甫青苗之法所以病民者，亦以其轻于借而艰于还也。

季弟书中言每思留心于言行之差错，以时时警惕。余观此语，欣慰之至。凡人一身，只有迁善改过四字可靠；凡人一家，只有修德读书四字可靠。此八字者，能尽一分，必有一分之庆；不尽一分，必有一分之殃。其或休咎相反，必其中有不诚，而所谓改过修德者，不足以质诸鬼神也，吾与诸弟勉之又勉。务求有为善之实，不使我家高曾祖父之积累自我兄弟而剥丧。此则余家之幸也。

余癣疾上身全好，自腰以下略有未净，精神较前三年竟好得几分，亦为人子者仰慰亲心一端。宅内小大上下俱平安。

同乡周子佩丁忧，余送银八两、挽联一副。杜兰溪放山西差。漱六又不得差，颇难为情。写作俱佳，而不可恃如此！曹西垣请分发，将于月半后之官皖中。李笔峰完娶之后，光景奇窘。同乡各家大半拮据。子佩开吊，不足京蚨千串。黄正斋仅送一幛而无奠分。徐芸渠既不吊又不赙。皆同乡所不以为然者也。纪泽近日诗论又稍长进。书不十一，顺候近佳，余俟续具。

兄国藩手草　七月初八日

论官银亏空原因

澄侯、温甫、子植、季洪四弟足下：

日来京寓大小平安。癣疾又已微发，幸不为害，听之而已。湖南榜发，吾邑竟不中一人。沅弟书中言温弟之文典丽矞皇，亦尔被抑。不知我诸弟中将来科名究竟何如？以祖宗之积累及父亲、叔父之居心立行，则诸弟应不多食厥报。以诸弟之年华正盛，即稍迟一科，亦未遽为过时。特兄自近年以来事务日多，精神日耗，常常望诸弟有继起者，长住京城，为我助一臂之力。且望诸弟分此重任，余亦欲稍稍息肩。乃不得一售，使我中心无倚！

盖植弟今年一病，百事荒废；场中又患眼疾，自难见长。温弟天分本甲于诸弟，惟牢骚太多，性情太懒。前在京华不好看书，又不作文，余心即甚忧之。近闻还家以后，亦复牢骚如常，或数月不搦管为文。吾家之无人继起，诸弟犹可稍宽其责，温弟则实自弃，不得尽诿其咎于命运。吾尝见友朋中牢骚太甚者，其后必多抑塞，如吴桤台、凌荻舟之流，指不胜屈。盖无故而怨天，则天必抑不许；无故而尤人，则人必不服。感应之理，自然随之。温弟所处，乃读书人中最顺之境，乃动则怨尤满腹，百不如意，实我之所不解。以后务宜力除此病，以吴桤台、凌荻舟为眼前之大戒。凡遇牢骚欲发之时，则反躬自思：吾果有何不足而蓄此不平之气？猛然内省，决然去之。不惟平心谦抑，可以早得科名，亦且养此和气，可以消减病患。万望温弟再三细想，勿以吾言为老生常谈，不值一哂也。

王晓林先生（植）在江西为钦差，昨有旨命其署江西巡抚。余署刑部，恐须至明年乃能交卸。袁漱六昨又生一女。凡四女，已殇其二。又丧其兄，又丧其弟，又一差不得，甚矣！穷翰林之难当也。黄丽西由江苏引见入京，迥非昔日初中进士时气象，居然有经济才。王衡臣于闰月初九引见，以知县用。后于月底搬寓下洼一庙中，竟于九月初二夜无故遽卒。先夕与同寓文任吾谈至二更，次早饭时，讶其不起，开门视之，则已死矣。死生之理，善人之报，竟不可解。

邑中劝捐弥补亏空之事，余前已有信言之，万不可勉强勒派。我县之亏，亏于官者半，亏于书吏者半，而民则无辜也。向来书吏之中饱，上则吃官，下则吃民。名为包征包解，其实当征之时，则以百姓为鱼肉而吞噬之；当解之时，则以官为雉媒而播弄之。官索钱粮于书吏之手，犹索食于虎狼之口。再四求之，而终不肯吐。所以积成巨亏，并非实欠在民，亦非官之侵蚀入己也。今年父亲大人议定粮饷之事，一破从前包征包解之陋风，实为官民两利，所不利者仅书吏耳。即见制台留朱公，亦造福一邑不小。诸弟皆宜极力助父大人办成此事。惟捐银弥亏则不宜操之太急，须人人愿捐乃可。若稍有勒派，则好义之事反为厉民之举。将来或翻为书吏所借口，必且串通劣绅，仍还包征包解之故制，万不可不预防也。

梁侍御处银二百，月内必送去。凌宅之二百亦已兑去。公车来兑六七十金，为送亲族之用，亦必不可缓。但京寓近极艰窘，此外不可再兑也。邑令既与我商办公事，自不能不往还，然诸弟苟可得已，即不宜常常入署。陶、李二处，容当为书。本邑亦难保无假名请托者，澄弟宜预告之。书不详尽，余俟续具。

兄国藩手草　九月初五日

安排家眷返乡事宜

字谕纪泽儿：

七月二十五日丑正二刻，余行抵安徽太湖县之小池驿，惨闻吾母大故。余德不修，无实学而有虚名，自知当有祸变，惧之久矣。不谓天不陨灭我身，而反灾及我母；回思吾平日隐匿大罪不可胜数，一闻此信，真无地自容矣。小池驿去大江之滨尚有二百里，此两日内雇一小轿，仍走旱路，至湖北黄梅县临江之处即得雇船。计由黄梅至武昌不过六七百里，由武昌至长沙不过千里，大约八月中秋后可望到家。一出家辄十四年，吾母音容不可再见，痛极痛极！不孝之罪，岂有稍减之处！兹念京寓眷口尚多，还家甚难。特寄信到京，料理一切，开列于后：

我出京时将一切家事面托毛寄云年伯，均蒙慨许。此时遭此大变，尔往叩求寄云年伯筹划一切，必能俯允。现在京寓并无银钱，分毫无出，不得不开吊收赙仪，以作家眷回南之路费。开吊所得，大抵不过三百金。路费以人口太多之故，计须四五百金。其不足者，可求寄云年伯张罗。此外同乡如黎樾乔、黄恕皆老伯，同年如王静庵、袁午桥年伯，平日皆有肝胆，待我甚厚，或可求其凑办旅费。受人恩情，当为将来报答之地，不可多求人也。袁漱六姻伯处，只可求其出力帮办一切，不可令其张罗银钱，渠甚苦也。

京寓所欠之帐，惟西顺兴最多，此外如杨临川、王静庵、李玉泉、王吉云、陈仲鸾诸兄皆多年未偿。可求寄云年伯及黎、黄、王、袁诸君内择其尤相熟者，前往为我展缓，我再有信致各处。外间若有奠金来者，我当概存寄云、午桥两处。有一两即以一两还债，有一钱即以一钱还债。若并无分文，只得待我起复后再还。

家眷出京行路最为不易。樊城旱路既已艰难，水路尤险，此外别无好路可走。不如仍走王家营妥当，只有十八天的旱路。到清江（即王家营）时有郭雨三亲家在那里，到池州江边有陈岱云亲家及树堂在那里，到汉口时，我会托人照料。江路虽然险难，沿途有人照顾，或稍好些，听说扬州有红船最稳当，即使贵些也可雇乘。你母最怕坐车，或者雇一座驮轿也可（又听说驴子驮轿比骡子较好些）。但驮轿最不好坐，你母可先试坐一下。如不能坐，则仍坐三套大车为妥（于驮轿大车之外另雇一空轿车备用，不可装行李）。

开吊散讣不可太滥，除同年同乡门生外，惟门簿上有来往者散之，此外不可散一份。其单请庞省三先生定。此系无途费，不得已而为之，不可滥也；即不滥，我已愧恨极矣。

外间亲友，不能不讣告寄信，然尤不可滥。大约不过二三十封，我到武昌时当寄一单来，并寄信稿，此刻不可遽发信。

铺店帐目宜一一清楚，今年端节已全楚矣。此外只有松竹斋新帐，可请省三先生往清，只可少给他，不可欠他的出京。又有天元德皮货店，请寄云年伯往清。其新猞猁狲皮褂即退还他，若已做成，即并缎面送赠寄云可也。万一无钱，皮局帐亦暂展限，但累寄云年伯多矣。

西顺兴帐，自丁未年夏起至辛亥年夏止皆有折子，可将折子找出，请一明白人细算一遍（如省三先生、湘宝先生及子彦皆可）。究竟用他多少钱，专算本钱，不必兼算利钱。待本钱还清，然后再还利钱。我到武昌时，当写一信与萧沛之三兄。待我信到后，然后请寄云年伯去讲明可也。总须将本钱、利钱划为两段，乃不至鬅鬙不清。六月所借之捐贡银壹百二十余金，须设法还他，乃足以服人。此事须与寄云年伯熟计（其折子即交与毛，另誊一个带回）。

高松年有银百五十金，我经手借与曹西垣，每月利息京钱十千（立有折子）。今我家出京，高之利钱已无着落。渠系苦人，我当写信与西垣，嘱其赶紧寄京。目前求黎樾乔老伯代西垣清几个月利钱，至恳至恳。并请高与黎见面一次。

木器等类，我出京时已面许交与寄云，兹即一一交去，不可分散于人。虽炕垫炕枕及我坐蓝垫之类、玻璃灯及镜屏之类，亦一概交寄云年伯。盖器本少，分则更少矣。送渠一人，犹成人情耳，锡器、磁器亦交与他。锡器带一木箱回家亦可。其九碗和大圆席者不必带。

书籍我出京时一一点明，与尔舅父看过。其要紧者皆可带回：《读礼通考》四套不在要紧之列，此时亦须带回。此外我所不要带之书，惟《皇清经解》六十函算一大部，我出京已与尔舅说明，即赠送与寄云年伯（我带两函出京，将来仍寄京）。又《会典》五十函算一大部，可借与寄云用。自此二部外，并无大部，亦无好板。可买打磨厂油木箱，一一请书店伙计装好，上贯铁钉封皮，交寄云转寄存一庙内，每月出赁钱可也。边袖石借《通典》一函，田敬堂借地图八幅，吴南屏借《梅伯言诗册》，俱往取出带回。

一、大厅书架之后有油木箱三个，内皆法帖之类。其已裱好者可全带回，其未裱者带回亦可送人。家信及外来信，粘在本子上者皆宜带回。地舆图三副（并田敬堂借一份则四份矣），皆宜带回，又有十八省散图亦带回。字画、对联之类，择好者带回；上下木轴均撤去，以便卷成一捆。其不好者太宽者不必带，如《画象赞》、《玄秘塔》之类。做一宽箱封锁，与书箱同寄一庙内。凡收拾书箱、字画之类，均请省三先生及子彦帮办，而牧云一一过目。其不带者，均用箱寄庙，带一点单回。

我本思在江西归家，凡本家亲友皆以银钱赠送，今既毫无可赠矣。尔母归来，须略备接仪，但须轻巧不累赘者，如毡帽、挽袖之类，亦不可多费钱。如卤沙膏、眼药之属亦宜带些，高丽参带半斤。

纪泽应做棉袍褂一付、靴帽各一，以便向祖父前叩头承欢。

王雁汀先生寄书，有一单，我已点与子彦看。记得乾隆二集系王世兄取去，五集系王太史（敦敏）向刘世兄借去，余刘世兄取去者有一片。此外皆在架上，可送还他。

苗仙鹿寄卖之书：《声订》、《声读表》共一种、《毛诗韵订》一种、《建首字读本》，想到江西销售几部。今即不能，可将书架顶上三种各四十余部还他，交黎樾乔老伯转交。

送家眷出京，求牧云总其事。如牧云已中举，亦求于复试后，九月二十外起行，由王家营水路至汉口，或不还家，仍由汉口至京会试可也。下人中必须罗福、盛贵，若沈祥能来更好，否则李长子亦可。大约男仆须四人，女仆须三人。九月二十前后必须起程，不可再迟。一定由王家营走，我当写信托沿途亲友照料。

水陆途费约计三百余金，买东西捆装行李之物及略备接仪约须数十金，男女仆婢支用安家约须数十金（罗福、盛贵、鲁厨子多给几许钱亦可），共须五百金也。开吊之所入不足，则求毛年伯及诸位老伯张罗，总以早出京到家为妥。其京中各帐，我再写信去料理。

以上十七条细心看明照办，并请袁姻伯、庞先生、毛寄云老伯、黎樾乔老伯、黄恕皆老伯、王静庵老伯、袁午桥老伯同看，不可送出外去看。

七月二十六日

示车辆各物安排

又有三条，由湖北寄之信未写：

车三辆一大一小一水车，牲口三个，问西顺兴可收用否？约共值百金。如萧家不要，或售与他人，不可太贱。大骡去年买时（托临川买的）去五十金，小黑骡最好，值七十金，马亦值四十金。与其太贱而售，不如送人（若价钱相安售亦可）。马系黎老伯借用，即可赠黎家。大方车或送罗椒生，或送朱久香皆可。此外二骡二车，请袁、毛、黎、袁诸老伯商量，应送何友即送之，骡子送杨临川一个亦可。

新书柜二个（每个九屉），余随身要用，可用毡包裹带回。内太空，可将书房要紧细碎之件装其中，或未裱之帖亦可装入。各图书、各砚台石将逐一纸包，不可碰坏。

《会典》板片十块送还礼部。

国藩书于黄梅境内

此信可请袁、庞、毛、黎、黄、袁、王来一看，我到船上再写信各处也。

父亲名麟书。母亲生乾隆五十年乙巳十一月初三日，殁壬子六月十二日。彰恩诰封一品太夫人，享寿六十八岁。叔父名骥云。哀子国藩、国潢、国荃、国葆、降服子国华，孙纪泽、纪梁、纪鸿、纪渠、纪△、纪△（有两名忘记，皆三点水）。备讣式之用。六部九卿汉堂官皆甚熟，全散讣亦可。满堂必须有来往者。同官非年谊乡谊不发。

凡带器物，仍听尔母尔舅斟酌。

七月二十七日

到家拜母灵

字谕纪泽儿：

余于八月十四日在湖北起行，十八至岳州，由湘阴、宁乡绕道于二十三日到家，在腰里新屋痛哭吾母。二十五日至白杨坪老屋，敬谒吾祖星冈公坟墓。家中老少平安，地方亦安静。合境团练武艺颇好，土匪可以无虞。吾奉父亲大人之命，于九月十三日暂厝吾母于腰里屋后，俟将来寻得吉地再行迁葬。家眷在京，暂时不必出京，俟长沙事平再有信来。王吉云同年在湖北主考回京，余交三百二十金托渠带京，想近日可到。

余将发各处讣信，刻尚无暇，待九月再寄。京中寄回信，交湖北常大人处最妥。岳父、岳母俱于二十五日来我家，身体甚好，尔可告知尔母。余不尽。

涤生手示　八月二十六日

牧云仁兄不另书

余在汉口交银三百二十两，请王吉云同年带至京城。其三百两略还紧急债，或家中无钱用，则债暂缓亦可，然西顺兴捐贡银必须还也。余留银在湖北，以后可陆续寄京用，其二十两即下人之银，共门包百两。丁贵等太辛苦，分去八十矣，此二十请太太分与家下人。又书三函亦查收。字谕纪泽儿。

涤生

办理军务常动辄招尤

前信（十一月二十三夜之信）已封，而春二、维五于二十五日到营，接奉父亲大人手谕及诸弟信件，敬悉一切。

曾祖生以本境练团派费之事，而必求救于百里之外，以图免出费资，其居心不甚良善。刘东屏先生接得父大人手书，此等小事，何难一笑释之，而必展转辩论，拂大人之意？在寻常人尚不能无介于中，况大人兼三达尊而又重以世交？言不见信，焉能不介怀耶？望诸弟曲慰父大人之意，大度含容，以颐天和，庶使游子在外得以安心治事。所有来往信件，谨遵父大人谕，即行寄还。

吾自服官及近年办理军务，心中常多郁屈不平之端，每效母亲大人指腹示儿女曰“此中蓄积多少闲气，无处发泄”。其往二年诸事不或竟及尽知，今年二月在省城河下，凡我所带之兵勇仆从人等，每次上城，必遭毒骂痛打，此四弟、季弟所亲见者。谤怨沸腾、万口嘲讥，此四弟、季弟所亲闻者。自四月以后两弟不在此，景况更有令人难堪者。吾惟忍辱包羞，屈心抑志，以求军事之万有一济，现屡获大胜，而愈办愈难，动辄招尤。倘赖圣主如天之福，歼灭此贼，吾实不愿久居宦场，自取烦恼。四弟自去冬以来，亦屡遭求全之毁、蜚来之谤，几于身无完肤。想宦途风味，亦深知之而深畏之矣。而温弟、季弟来书，常以保举一事疑我之有吝于四弟者，是亦不谅兄之苦衷也。

甲三从师一事，吾接九弟信，辞气甚坚，即请研生兄，以书聘之。今尚未接回信，然业令其世兄两次以家信催之，断不可更有变局。学堂以古老坪为妥。研生兄居马托铺乡中，泽山林寒苦之士，决无官场习气，尽可放心。至甲三读书，天分本低，若再以全力学八股、试帖，则他项学业必全荒废。吾决计不令其学作八股也。

曾兆安、欧阳钰皆已保举教官，日内想可奉旨。曾子庙税钱用空二百四十千之多，可由营寄省还之。应交何店，付何人手收存，下次信来，望详明示知，以便妥寄。范知宝来，言尚欠途费一千五百，比即给之。又给三千为两月工价，又给四千为归去途费。上次春二、维五归，给银四两。下次唐四、在十归，给钱八千。渠辈到营，往往言不够使用，不可信也。余不一一统候续布。再颂澄、温、沅、季四弟近佳。

国藩再行　十一月二十七日

冯树堂一信，托速寄去。

读经书须速点速读

澄侯四弟左右：

二十八日，由瑞州营递到父大人手谕并弟与泽儿等信，俱悉一切。

六弟在瑞州，办理一应事宜尚属妥善，识见本好，气质近亦和平。九弟治军严明，名望极振。吾得两弟为帮手，大局或有转机。次青在贵溪尚平安，惟久缺口粮，又败挫之后，至今尚未克整顿完好。雪琴在吴城名声尚好，惟水浅不宜舟战，时时可虑。

余身体平安。癣疾虽发，较之往在京师则已大减。幕府乏好帮手，凡奏折、书信、批禀均须亲手为之，以是未免有延搁耳。余性喜读书，每日仍看数十页，亦不免抛荒军务，然非此更无以自怡也。

纪泽看《汉书》，须以勤敏行之。每日至少亦须看二十页，不必惑于在精不在多之说。今日半页，明日数页，又明日耽搁间断，或数年而不能毕一部，如煮饭然，歇火则冷，小火则不熟，须用大柴大火乃易成也。甲五经书已读毕否？须速点速读，不必一一求熟。恐因求熟之一字，而终身未能读完经书。吾乡子弟未读完经书者甚多，此后当力戒之。诸外甥如未读毕经书，当速补之。至嘱至嘱。

再，余往年在京曾寄银回家，每年或百金或二百金不等。一以奉堂上之甘旨，一以济族戚之穷乏。自行军以来，仅甲寅冬寄百五十金。今年三月，澄弟在省城李家兑用二百金，此际实不能再寄。盖凡带勇之人，皆不免稍肥私囊。余不能禁人之不苟取，但求我身不苟取。以此风示僚属，即以此仰答圣主。今年江西艰困异常，省中官员有穷窘而不能自存者，即抚藩各衙门亦不能寄银赡家，余何敢妄取丝毫！兹寄银三十两，以二十两奉父亲大人甘旨之需，以十两奉叔父大人含饴之佐。此外，家用及亲族常例概不能寄。

澄弟与我湘潭一别之后，已若漠然不复相关，而前年买衡阳之田，今年兑李家之银，余皆不以为然，以后余之儿女婚嫁等事，弟尽可不必代管。千万千万！再候近好。

国藩再叩　十一月二十九日

子侄辈教之敬恕

澄侯、季洪两弟左右：

九月十二日寄第十号家信，交王人树营勇带归，内有高静轩信一件、杜光邦托信一件、日记数页，计将接到。

十三日发折，奏明改道建昌之故。张凯章于二十四日拔营，由新城之杉关入闽。萧浚川于二十七八拔营，由广昌境内入闽。营中勇夫病者极多，张军之不能从行留建昌养病者至八百人之多，萧军亦复不少。吴翔冈所带千三百人，病者至四百人。建昌知府、知县皆病，委员中病者亦层见迭出。余身体尚幸平安。许仙屏之父患病，十七日归去省视。现在幕中惟郭意城及其叔笙阶二人，幸事不甚烦，余尚能了之。癣疾近日略愈。

九弟于二十六日到建，兄弟相聚极欢。克复吉安案内，湖南保九弟即选府加道衔。九弟若服阕入仕，将来必能作一好官也。

湖南乡试榜发，吾邑得中者三人。傅泽鸿不知即邓师之徒否？黄甫坡之世兄、麓溪之世兄皆中。麓溪年甫四十，而子已登科，可谓早矣。新学政单徐寿蘅放福建、郑小珊放山东。云仙不与，恐其不乐久居京师。

金陵大营去冬即有克复之望，今年六七月间，贼势尤极穷蹙。八月间，逆匪忽破浦口，德钦差营盘失陷。又破江浦、天长、仪征三县。扬州被围，并有失守之说。南京之贼接济已通，气势复旺。天下事诚有非意料所及者，澄弟当自诩先见之明也。

押韵之书、蔬、鱼、猪，不押韵之竹，千万留心，一一培养。下首台上之线瓜、娈瓜今年有收否？冬塘肥鱼望烘几个寄营，一笑。

即问近好。

兄国藩手草　九月二十八日于建昌行营

再，正封缄间，接澄弟九月十二日来信。兹亦分条复告如左：

押韵四事。蔬菜茂盛，此是一家生意。细塘上之横墙，不筑尽可，下首须雄过上首。此吾弟之老主意，兄亦颇主此说。且有菜无淤，亦是罔济，淤亦押韵字也。县城菜园之人，似尚须请来治菜畦，一切究竟在行些。

湘乡捐建忠义祠。所奉谕旨前已寄归。迪庵捐银二千两已付归，交朱铁桥手。余捐银千两，拟于九弟归时寄银五百，明年再寄五百，俟择能手修理也。

买雷家湾田业，尚不甚荒唐。余意欲为竹亭公立祠置产，亦思在大坪等处，取其在老屋上下适中之区。将来即以此作祭产，实获我心。屋前屋后总须多种竹树，以期气象葱郁。

薛晓帆之银交还，甚好。罗银买田之事，即日当告雪琴耳。

余去年在家，见家中日用甚繁。因忆先大父往年支持之苦，自悔不明事理，深亏孝道。今先人弃养，余岂可遽改前辙？余昔官京师，每年寄银一百五十两至家，只有增年更无减年，此后拟常循此规。明知家用浩繁，所短尚巨，求老弟格外节省。现虽未分家，而吃药、买布及在县、在省托买之货物，必须各房私自还钱，庶几可少息争尚奢华之风。

纪泽照常读书，不作悻悻之态，余亦欣慰。闻右九言纪梁右眼亦愈矣。子侄辈须以敬恕二字常常教之。敬则无骄气，无怠惰之气；恕则不肯损人利己，存心渐趋于厚。率复。再问近佳，不一一。

兄国藩又行　九月二十九日

寄银二百两回家

澄侯四弟左右：

在江西省城发信一缄，谅已收到，予于十六日自江省开船，十七日抵吴城，十九日至湖口，季弟与予同至湖口。二十日，先挂帆上黄州矣。雪琴留予在湖口久住。予因所调之湘后营尚在抚州未来，不得不在此少候。又朱、唐等营自景镇调至九江者，皆伤暑多病，亦不得不少为休息。而予亦抱微恙，二十二早呕吐，两日不能食，拟奏明耽搁十日。

兹专人回家，寄银二百两，以一百为纪泽儿婚事之用，以一百为五十侄女嫁事之用。又袍褂料各二件（并里子），赏纪泽制衣。又套料（大呢并里）、裙料（羽毛）各一件，赏五十制用。吾家仕宦之家，凡办喜事，财物不可太丰，礼仪不可太简。澄弟用财丰俭得宜，所患者，礼仪过于简率耳，宜更酌之。顺问近好。

七月二十三日湖口发

（三） 为 政

为官贤肖不在高位而在谨朴

澄侯、温甫、子植、季洪足下：

四月十四日接到己酉三月初九所发第四号来信，次日又接到二月二十三所发第三号来信，其二月初四所发第二号信则已于前次三月十八接到矣，惟正月十六七所发第一号信则至今未接到。京寓今年寄回之家书：正月初十发第一号（折弁），二月初八发第二号（折弁），二十六发第三号（折弁），三月初一发第四号（乔心农太守），大约五月初可到省，十九发第五号（折弁），四月十四发第六号（由陈竹伯观察），大约五月底可到省。《岳阳楼记》竹伯走时尚未到手，是以未交渠。一两月内，不少妥便，亦必可寄到家也。

祖父大人之病，日见日甚如此，为子孙者远隔数千里外，此心何能稍置！温弟去年若未归，此时在京，亦刻不能安矣。诸弟仰观父、叔纯孝之行，能人人竭力尽劳，服事堂上，此我家第一吉祥事。我在京寓，食膏粱而衣锦绣，竟不能效半点孙子之职；妻子皆安坐享用，不能分母亲之劳。每一念及，不觉汗下。

吾细思凡天下官宦之家，多只一代享用便尽。其子孙始而骄佚，继而流荡，终而沟壑，能庆延一二代者鲜矣。商贾之家，勤俭者能延三四代；耕读之家，谨朴者能延五六代；孝友之家，则可以绵延十代八代。我今赖祖宗之积累，少年早达，深恐其以一身享用殆尽，故教诸弟及儿辈，但愿其为耕读孝友之家，不愿其为仕宦之家。诸弟读书不可不多，用功不可不勤，切不可时时为科第仕宦起见。若不能看透此层道理，则虽巍科显宦，终算不得祖父之贤肖，我家之功臣。若能看透此道理，则我钦佩之至。澄弟每以我升官得差，便谓我是肖子贤孙，殊不知此非贤肖也。如以此为贤肖，则李林甫、卢怀慎辈，何尝不位极人臣，赫奕一时，讵得谓之贤肖哉？予自问学浅识薄，谬膺高位，然所刻刻留心者，此时虽在宦海之中，却时作上岸之计。要令罢官家居之日，己身可以淡泊，妻子可以服劳，可以对祖父兄弟，可以对宗族乡党，如是而已。诸弟见我之立心治行与我所言有不符处，望时时切实箴规。至要至要。

鹿茸一药，我去腊甚想买就寄家，曾请漱六、岷樵两人买五六天，最后买得一架，定银九十两。而请人细看，尚云无力。其有力者，必须百余金，到南中则值二百余金矣；然至少亦须四五两乃可奏效。今澄弟来书，言谭君送四五钱便有小效，则去年之不买就急寄，余之罪可胜悔哉！近日拟赶买一架付归。以父、叔之孝行推之，祖大人应可收药力之效。叔母之病，不知宜用何药？若南中难得者，望书信来京购买。

安良会极好。地方有盗贼，我家出力除之，正是我家此时应行之事。细毛虫之事，尚不过分，然必须到这田地方可动手。不然，则难免恃势欺压之名。既已惊动官长，故我特作书谢施悟冈，到家即封口送县可也。去年欧阳家之事，今亦作书谢伍仲常，送欧阳凌云，嘱其封口寄去可也。

澄弟寄俪裳书，无一字不合。蒋祝三信已交渠。兹有回信，家中可专人送至渠家，亦免得他父母悬望。予因身体不旺，生怕得病，万事废弛，抱疚之事甚多，本想诸弟一人来京帮我，因温、沅乡试在迩，澄又为家中必不可少之人，洪则年轻，一人不能来京；且祖大人未好，岂可一人再离膝下？只得俟明年再说。

希六之事，余必为之捐从九品。但恐秋间乃能上兑，乡试后南旋者乃可带照归耳。书不能详，余俟续寄。

国藩手草　四月十六日

整顿长郡馆

澄侯、温甫、子植、季洪四位老弟足下：

六月初二日发家信第十号，十五发第十一号，二十日发第十二号，不知次第收到否？

恕皆于二十二日奉使陕西。今年湖南差运颇利。日内身体平安。内人自前腹泻后，至今尚服黄芪、丽参、附片之类，自此可保安泰。纪泽儿读书尚熟，《诗经》现读至《生民之什》，古诗读至左太冲《咏史》，《纲鉴》讲至汉高祖末年。所作史论，较前月所作意思略多。兹付回三首。次儿肥胖可爱，四女儿皆好。庞省三教书甚为得法。宋湘宾在湖北藩署光景颇好，昨有书来致意温弟。

长郡馆向来规模不好，人人不喜。今年我督工匠大改规模，人人拍案称奇。现在同乡人请我将湖广馆亦改定规制，拟于八月兴工，想十月可毕役。

郭筠仙家水势不知如何？温甫在省见之，可问明告我。渠欠漱六五十金，近已偿去。若见筠仙、翊丞，可即告之，不另写信，岱云寄程正檠信亦已妥交，见岱云时即告之。寄庄心养、张礼度信各一件，到日即送去。余不一一，俟下次续具。

兄国藩手草　六月二十九日

举人复试阅卷

澄侯、温甫、子植、季洪四位老弟足下：

九月十八日接到澄弟八月十七夜一书，植弟一书，俱悉一切。惟澄弟书中注明十七夜二更写，云明早飞骑归去。植弟书中注明十七夜四更写，亦云明早登舟归去。似皆于十八早回家矣。而植弟书云，今早四兄归，已先携弟稿呈堂上。澄弟书云，两弟想必誊稿付京，澄与植同时发书，而所言不符，何也？吾于八月十二发十五号家信，不审此时收到否？

京寓大小平安。纪泽儿于八月十七八遘脾胃积滞之疾。初时错服补剂，至二十九乃服石膏，九月初二服大黄，遂大见效。至重阳后痊愈。惟前阴微肿，日内调治，将就痊可。饮食起居，皆已复常。纪鸿儿体最结实，日日欢笑走跃。余皆安善。

曾希六、陈体元两家执照，已于九月十二领到。欧阳沧溟先生、陈开煦两家贡单所换执照，已于九月初八领到。乡试，论人文则升玉而骧铁，榜发则升黜而骧售。天下事不可料，往彻口此。

二十五日宗室举人复试，二十七派阅卷大臣三人。十五日顺天举人复试，十七日派阅卷大臣六人。吾两次皆与焉。季世兄复试一等，赛司农（尚阿）之子、徐制军（泽醇）之子皆一等也，同乡唐、翁二君皆一等，余不详载。

澄弟欲买鹿茸，且与谭、彭二家均分。此次廷芳宇至长沙，尚不能买，缘近日银钱甚窘；稍有可图，即行买就，今冬明春准可付回。谭、彭二家之钱，交树堂带来可。

曾、陈二家之银，如必俟照到乃可取，则今冬周济亲族一项，可先向添梓坪借用，我此次先为书告东阳叔祖也。郭筠仙七月十六丁内艰，诸弟来信并未提及，何也？或者家中尚未得知与？同乡各家如常。邹芸陔又丧一妾。余皆无恙。书不十一。

兄国藩手草　九月二十一日

二十七阅卷三人：穆中堂、贾桢、曾。十七阅卷六人：祁中堂、杜受田、柏径、曾、何裕承、车克慎。

办盗匪须相机图之

澄侯、温甫、子植、季洪四位老弟足下：

八月十四日发第九号信，至十七日接到家信第七、第八二号，欣悉一切。

左光八为吾乡巨盗，能除其根株，扫其巢穴，则我境长享其利，自是莫大阴功。第湖南会匪所在勾结，往往牵一发而全身皆动。现在制军程公特至湖南，即是奉旨查办此事。盖恐粤西匪徒穷窜，一入湖南境内，则楚之会匪因而窃发也。左光八一起，想尚非巨伙入会者流。然我境办之，亦不可过激而生变。现闻其请正绅保举，改行为良，且可捉贼自效，此自一好机会。万一不然，亦须相机图之，不可用力太猛，易发难收也。

公议粮饷一事，果出通邑之愿，则造福无量。至于帮钱垫官之亏空，则我家万不可出力。盖亏空万六千两，须大钱三万余千，每都几须派千串。现在为此说者，不过数大绅士一时豪气，为此急公好义之言。将来各处分派，仍是巧者强者少出而讨好于官之前，拙者弱者多出而不免受人之勒。穷乡殷实小户，必有怨声载道者矣。且此风一开，则下次他官来此，既引师令之借钱办公为证，又引朱令之民帮垫亏为证，或亦分派民间出钱帮他，反觉无辞以谢。若相援为例，来一官帮一官，吾邑自此无安息之日矣。

凡行公事，须深谋远虑。此事若各绅有意，吾家不必拦阻；若吾家倡议，则万万不可。且官之补缺皆有呆法，何缺出轮何班补，虽抚藩不能稍为变动。澄弟在外多年，岂此等亦未知耶？朱公若不轮到班，则虽帮垫亏空，通邑挽留，而格于成例，亦不可行。若已轮到班，则虽不垫亏空，亦自不能不补此缺。间有特为变通者，督抚专折奏请，亦不敢大违成例。季弟来书，若以朱公之实授与否，全视乎亏空之能垫与否，恐亦不尽然也。曾仪斋若系革职，则不复能穿补子；若系大计休致，则尚可穿。

季弟有志于道义身心之学，余阅其书，不胜欣喜。凡人无不可为圣贤，绝不系乎读书之多寡。吾弟诚有志于此，须熟读《小学》及《五种遗规》二书。此外各书能读固佳，不读亦初无所损。可以为天地之完人，可以为父母之肖子，不必因读书而后有所加于毫末也。匪但四六古诗可以不看，即古文为吾弟所愿学者，而不看亦自无妨。但守《小学》《遗规》二书，行一句算一句，行十句算十句，贤于记诵词章之学万万矣。季弟又言愿尽孝道，惟亲命是听。此尤足补我之缺憾。我在京十余年，定省有阙，色笑远违，寸心之疚，无刻或释。若诸弟在家能婉愉孝养，视无形，听无声，则余能尽忠，弟能尽孝，岂非一门之祥瑞哉？愿诸弟坚持此志，日日勿忘，则兄之疚可以稍释。幸甚幸甚。书不十一，余俟续具。

兄国藩手草　八月十九日

受赏三品顶戴

澄侯、温甫、子植、季洪四弟足下：

久未遣人回家，家中自唐二、维五等到后亦无信来，想平安也。

余于二十九日自新堤移营，八月初一日至嘉鱼县。初五日自坐小舟至牌洲看阅地势，初七日即将大营移驻牌洲。水师前营、左营、中营自闰七月二十三日驻扎金口。二十七日贼匪水陆上犯，我陆军未到，水军两路堵之。抢贼船二只，杀贼数十人，得一胜仗。罗山于十八、二十三、二十四、二十六等日得四胜仗。初四发折俱详叙之，兹付回。

初三日接上谕廷寄，余得赏三品顶戴，现具折谢恩。寄谕并折寄回。余居母丧，并未在家守制，清夜自思，局促不安。若仗皇上天威，江面渐次肃清，即当奏明回籍，事父祭母，稍尽人子之心。诸弟及儿侄辈务宜体我寸心，于父亲饮食起居十分检点，无稍疏忽，于母亲祭品礼仪必洁必诚，于叔父处敬爱兼至，无稍隔阂。兄弟姒娣总不可有半点不和之气。凡一家之中，勤敬二字能守得几分，未有不兴；若全无一分，未有不败。和字能守得几分，未有不兴；不和未有不败者。诸弟试在乡间将此三字于族戚人家历历验之，必以吾言为不谬也。诸弟不好收拾洁净，比我尤甚，此是败家气象。嗣后务宜细心收拾，即一纸一缕、竹头木屑，皆宜捡拾伶俐，以为儿侄之榜样。一代疏懈，二代淫泆，则必有昼睡夜坐、吸食鸦片之渐矣。四弟、九弟较勤，六弟、季弟较懒。以后勤者愈勤，懈者痛改，莫使子侄学得怠惰样子。至要至要。子侄除读书外，教子扫屋、抹桌凳、收粪、锄草，是极好之事，切不可以为有损架子而不为也。

前寄来泡笋殊不佳，大约以盐菜蒸几次，又咸又苦，将泡笋味全夺去矣。往年寄京有泡竹，今年寄营有泡盐菜。此虽小事，亦足见我家妇职之不如老辈也，因便附及，一笑，烦禀堂上大人。余不一一。

坐小舟至京口看营，船太动摇，故不成字。

兄国藩手草　八月十一日

性拙而不善联络

沅浦九弟左右：

二十九日发第六号信，交刘福一等带至营中，想已接到。

日内家中小大平安。澄侯初二未刻自县城归来，季洪初二可来新宅。父大人初四日周年忌辰，只请本房，余俱不便惊动。祭祀全依朱子家礼，早至坟山泣奠，日中在家恭祭也。

吴贯槎（斋源）由桂东来此住二日。外间言萧浚川在樟树小败，究竟情形若何？下次可便述一二。

弟昨信劝我不必引前事以自艾。余在外立志以爱民为主，在江西捐银不少，不克立攻，凡关系民事者一概不得与闻。又性素拙直，不善联络地方官，所以龃龉。坐是中怀抑塞，亦常有自艾之意，春来闲服补剂，医者以为水不养肝之所致，待刘镜湖来，加意调理，或可就痊。余自知谨慎，弟尽可放心。余俟续布，顺问近好，不戬。兄国藩手草

再，九弟妇初一日微觉受寒，现服代三之剂，季洪亦间有参酌。已痊愈矣。镜湖先生来，当请其诊视，服大补剂也。又行。（初三日午刻）

再，余所为《水师得胜歌》、《陆军得胜歌》，吉安各营尚有之否？望弟觅一二份寄回为要。

涤字　二月二日又行

居官以耐烦为要

沅浦九弟左右：

十四日发第八号信，交春二等带往，并带璧还金、史两处银二百二十两，想将收到。是夕接弟初七夜信，得知一切。

贵溪紧急之说确否？近日消息何如？次青非常之才，带勇虽非所长，然亦有百折不回之气。其在兄处，尤为肝胆照人，始终可感。兄在外数年，犹惭无以对渠。去腊遣韩升至李家省视，其家略送仪物。又与次青约成婚姻，以申永好。目下两家儿女无相当者，将来渠或三索得男，弟之次女、三女可与之订婚。兄信已许之矣。在吉

安，望常常与之通信。专人往返，想十余日可归也。但得次青生还与兄相见，则同甘苦患难诸人中，尚不至留莫大之愧歉耳。

昔耿恭简公谓居官以耐烦为第一要义，带勇亦然。兄之短处在此，屡次谆谆教弟亦在此。二十七来书，有云“仰鼻息于傀儡羶腥之辈，又岂吾心之所乐”，此已露出不耐烦之端倪，将来恐不免于龃龉。去岁握别时，曾以惩余之短相箴，乞无忘也。

甲三《史》、《汉》、韩文二月中可看毕，三月即看《近思录》、《周易折中》、《四书汇参》等书。一则使略知立身行己之大要，一则有益于制艺也。

李雨苍于十七日起行赴鄂。渠长处在精力坚强，聪明过人，短处在举止轻佻，言语易伤，恐咏公亦未能十分垂青。澄侯弟于十五日上永丰，十九可归。温甫弟于二十一日起程，大约三月半可至吉安也。

九弟妇日内痊愈，业在地下照料一切。辗转床褥已历弥月，亦由体气素弱之故。以后再服补剂，必有大裨，弟尽可放心。余不一一。

兄国藩手草　二月十七日

与父母官相处之道

澄弟左右：

沅弟金陵一军危险异常，伪忠王率悍贼十余万昼夜猛扑，洋枪极多，又有西洋之落地开花炮，幸沅弟小心坚守，应可保全无虞。鲍春霆至芜湖养病，宋国永代统宁国一军，分六营出剿，小挫一次，春霆力疾回营，凯章全军亦赶至宁国守城。虽病者极多，而鲍、张合力，此路或可保全。又闻贼于东坝抬船至宁郡诸湖之内，将图冲出大江，不知杨、彭能知之否。若水师安稳，则全局不至决裂耳。

来信言余于沅弟既爱其才，宜略其小节，甚是甚是。沅弟之才，不特吾族所少，即当世亦实不多见。然为兄者，总宜奖其所长，而兼规其短。若明知其错，而一概不说，则非特沅一人之错，而一家之错也。

吾家于本县父母官，不必力赞其贤，不可力诋其非，与之相处，宜在若远若近、不亲不疏之间。渠有庆吊，吾家必到；渠有公事，须绅士助力者，吾家不出头，亦不躲避。渠于前后任之交代，上司衙门之请托，则吾家丝毫不可与闻。弟既如此，并告子侄辈常常如此。子侄若与官相见，总以谦谨二字为主。

九月初四日

日益以无将材无好官为忧

澄弟左右：

日来未接弟信，想平安也。纪鸿母子十九日起行，朱金权既不宜全家移入黄金堂，自以弟所派定之人居守为妥。

此间近状平安。惟有三事可虑：一则青阳被围二十余日，统领朱品隆病重不省人事，援兵李与江、席不甚得力；二则唐义渠在临淮危如垒卵，别无援兵可调；三则鲍春霆之病翻复无定，现调之由金陵上援宁国，不能拔营。其可喜之事，则苏、松军威大振，只要皖南不大决裂，苏州可望先克也。

余身体平安，每日所忧无将材无好官耳。纪泽等三人赴金陵，大约过二十日乃归。顺问近好。

国藩手草　八月十四日

为事宜专而精

沅浦九弟左右：

初七、初八连接弟由便足寄回及由胡二、安七送回两信，俱悉一切。亮一去时，信中记封有报销折稿，来信未经提及，或未得见耶？二十六早地孔轰倒城垣数丈，而未克成功，此亦如人之生死早迟，时刻自有一定，不可强也。

总理既已接札，则凡承上启下之公文自不得不照申照行，切不可似我疏懒，置之不理也。余生平之失在志大而才疏，有实心而乏实力，坐是百无一成。李云麟之长短亦颇与我相似，如将赴湖北，可先至余家一叙再往。润公近颇综核名实，恐亦未必投洽无间也。

初八日祖父大人八十四冥诞，共二十席。彭寿七、曾题五等皆来，留萧丕八之龙午饭。初九日温弟妇来曾家坳住，二妹子亦同在彼。七十侄女则回老屋。纪泽随易芝生至罗、李、峙衡三家拜年，即至沅堂先生家，吊其师母之丧。温弟十一日至永丰等处拜年。澄弟拟节后至城一次。王福、韩升均不在此，余甚不方便。

近日身体略好。惟回思历年在外办事，衍咎甚多，内省增疚。饮食起居，一切如常，无劳廑虑。今年若能为母亲大人另觅一善地，教子侄略有长进，则此中豁然畅适矣。弟年纪较轻，精力略胜于我，此际正宜提起全力，早夜整刷。昔贤谓宜用猛火煮、慢火温，弟今正用猛火之时也。

李次青之才实不可及，吾在外数年，独觉惭对此人。弟可与之常通书信，一则少表余之歉忱，一则凡事可以请益。

玉班兄送弟《二十二史》甚好。余京中书籍承漱六专人取出，带至江苏松江府署中，此后或易搬回。书虽不可不看，弟此时以营务为重，则不宜常看书。凡人为一事，以专而精，以纷而散。荀子称耳不两听而聪，目不两视而明，庄子称用志不纷，乃凝于神，皆至言也。

家中四宅大小平安。甲五目疾，右目尚未好，略有光，能辨对联字耳，左目已将全好。因谷四胡子仙逝，今日自往一吊，余亦未出门也。诸不详尽，顺问近好。

兄国藩手具　正月十一日

随南翁理事足增见识

沅浦九弟足下：

十七日李观察处递到家信，系沅浦弟在省城所发者。黄南兄劝捐募勇规复吉安，此豪杰之举也。南路又出此一支劲兵，则贼势万不能支。

金田老贼癸、甲两年北犯者既已只轮不返，而曾天养、罗大纲之流亦频遭诛殛，现存悍贼惟石达开、韦俊、陈玉成数人，奔命于各处，实有日就衰落之势。所患江西民风柔弱，见各属并陷，遭靡然以为天倾地坼，不复做反正之想。不待其迫胁以从，而甘心蓄发助战，希图充当军帅、旅帅，以讹索其乡人，掳掠郡县村镇，以各肥其私囊。是以每战动盈数万人，我军为之震骇。若果能数道出师，禽斩以千万计，始则江西从逆之民有悔心，继则广东新附之贼生疑贰，而江西之局势必转，而粤贼之衰象亦愈见矣。南兄能于吉安一路出师，合瑞、袁已列为三路，是此间官绅士民所祷祀以求者也，即日当先行具奏。

沅弟能随南翁以出，料理戎事，亦足增长识力。南翁能以赤手空拳干大事而不甚着声色，弟当留心仿而效之。

夏憩兄前亦欲办援江之师，不知可与南兄同办一路否？渠系簪缨巨室，民望所归，又奉特旨援江，自不能不速图集事。惟与南兄共办一支，则众擎易举；若另筹一路，则独力难成。沅弟若见憩翁，或先将鄙意道及，余续有信奉达也。

周凤山现在省城，余飞札调之来江。盖欲令渠统一军，峙衡统一军，一扎老营，一作游兵，不知渠已接札否？望沅弟催之速来。其现在袁州之伍化蛟、黄三清本系渠部曲，可令渠带来也。余俟续布。

国藩又及　九月十七日

习劳苦为办事之本

沅、季弟左右：

初七日接沅弟初三日信、季弟初二日信。旋又接沅弟初四日信。所应复者，条例如左：

辅卿而外，又荐意卿、柳南二人，甚好。柳南之笃慎，余深知之。意卿谅亦不凡。余告筱辅观人之法，以有操守而无官气、多条理而少大言为主。又嘱其求润帅、左、郭沅荐人。以后两弟如有所见，随时推荐，将其人长处短处一一告知阿兄，或告筱荃，尤以习劳苦为办事之本。引用一班能耐劳苦之人，日久自有大效，无以不敢早冒奏四字塞责。季弟言出色之人断非有心所能做得，此语确不可易。名位大小，万般由命不由人，特父兄之教家、将帅之训士不能如此立言耳。季弟天分绝高，见道甚早，可喜可爱，然办理营中小事，教训弁勇，仍宜以勤字作主，不宜以命字谕众。

润帅先几陈奏以释群疑之说，亦有函来余处矣。昨奉六月二十四日谕旨，实授两江督兼授钦差大臣。恩眷方渥，尽可不必陈明。所虑者，苏、常、淮、扬无一支劲兵前往。位高非福，恐徒为物议之张本耳。余好出汗，沅弟亦好出汗，似不宜过劳，宜常眼密耆。京茸已到，日内专人送去。

七月初八日

切戒用人滥用财侈之习

沅弟左右：

接弟腊月专丁一缄，俱悉一切。

弟于十九日敬办星冈公拨向事件，起行来营，月杪或可赶到。少荃准于二月杪赴镇江。弟能早十日赶到，则诸事皆妥。除程学启外，少荃欲再向弟处分拨千人，余亦欲许之，不知弟有何营可拔？

渠赴镇江，即日将有悍贼寻战，新勇太多，实不放心。弟进攻巢县、和、含一带不妨稍迟，待新军训练已成，再行进兵可也。

用人太滥，用财太侈，是余所切戒阿弟之大端。李、黄、金本屑拟不于伦，黄君心地宽厚，好处甚多。而此二者，弟亦当爱而知其恶也。在安庆未虐使军士，未得罪百姓，此二语，兄可信之。拼命报国，侧身修行，此二语，弟亦当记之。余近日平安。幼丹抚江，季高抚浙，希庵抚皖，应不至大掣肘。

正月十四日

办大事者须多选替手

沅弟左右：

水师攻打金柱关时，若有陆兵三千在彼，当易得手。保彭杏南，系为弟处分统一军起见。弟军万八千人，总须另有二人堪为统带者，每人统五六千，弟自统七八千，然后可分可合。杏南而外，尚有何人可以分统？亦须早早提拔。办大事者，以多选替手为第一义。满意之选不可得，姑节取其次，以待徐徐教育可也。

四月十二日

一人独成其功不如与人共享其名

澄弟左右：

五月十二日接弟四月二十八马递一信，十七日接弟四月二十六之信，俱悉一切。

此间近状如常。余因沅弟有病，令纪泽十八日往一省视。二十二日戈什哈自金陵归，言沅弟病已痊愈，十八亲至厚庵处道喜，来往八十里，并无倦容云云。惟金陵日久不下，沅之焦灼迥异寻常。皇上寄谕两次，令少荃中丞来金陵会剿。余于二十二日复奏，请少荃于六月初前来，兹将折稿抄寄弟阅。少荃果来，余恐沅弟因少荃之功大且速，相形见绌，激成肝病。少荃若不果来，吾恐金陵日久不克，沅亦郁成肝病；且恐饷绌援到，另生他变。踌躇再四，仍以请少荃速来为是。一人独成其功，不如与人共享其名之善也。

近日米价大减，每石不过二两四钱，湖南米商无不亏本。大女儿日内气痛，其病甚不轻，盖亦久有肝郁耳。顺问近好。

五月二十三日

敬体父训应公而忘私

澄侯、温甫、子植、季洪四位老弟足下：

四月初三日发第五号家信。厥后折差久不来，是以月余无家书。五月十二折弁来，接到家中四号信，乃四月一日所发者。俱悉一切。植弟大愈，此最可喜。

京寓一切平安。癣疾又大愈矣，比去年六月更无形迹。去年六月之愈，已为五年来所未有，今又过之。或者从此日退，不复能为恶矣。皮毛之疾，究不甚足虑，久而弥可信也。

四月十四日考差题“乐民之乐者，民亦乐其乐”，经文题“必有忍，其乃有济；有容，德乃大”，赋得“濂溪乐处”得“焉”字。

二十六日，余又进一谏疏，敬陈圣德三端，预防流弊。其言颇过激切，而圣量如海，尚能容纳，岂汉唐以下之英主所可及哉！余之意，盖以受恩深重，官至二品，不为不尊；堂上则诰封三代，儿子则荫任六品，不为不荣。若于此时再不尽忠直言，更待何时乃可建言？而皇上圣德之美出于天生自然。满廷臣工，遂不敢以片言逆耳，将来恐一念骄矜，遂至恶直而好谀，则此日臣工不得辞其咎。是以趁此元年新政，即将此骄矜之机关说破，使圣心日就兢业而绝自是之萌，此余区区之本意也。现在人才不振，皆谨小而忽于大，人人皆习脂韦惟阿之风。欲以此疏稍挽风气，冀在廷皆趋于骨鲠，而遇事不敢退缩，此余区区之余意也。

折子初上之时，余意恐犯不测之威，业将得失祸福置之度外矣。不意圣慈含容，典赐矜全。自是以后，余益当尽忠报国，不得复顾身家之私矣。然此后折奏虽多，亦断无有似此折之激直者。此折尚蒙优容，则以后奏折，必不致或触圣怒可知矣。诸弟可将吾意细告堂上大人，毋以余奏折不慎，或以戆直干天威为虑也。

父亲每次家书，皆教我尽忠图报，不必系念家事。余敬体吾父之教训是以公而忘私，国而忘家。计此后但略寄数百金偿家中旧债，即一心以国事为主，一切升官得差之念，毫不挂于意中。故昨五月初七大京堂考差，余即未往赴考。侍郎之得差不得差，原来不关乎与考不与考。上年己酉科，侍郎考差而得者三人：瑞常、花沙纳、张芾是也。未考而得者亦三人，灵桂、福济、王广荫是也。今年侍郎考差者五人，不考者三人，是日题“以义制事以礼制心论”，诗题“楼观沧海日”得“涛”字。五月初一放云贵差，十二放两广、福建三省，名见京报内，兹不另录。袁漱六考差颇为得意，诗亦工妥，应可一得，以救积困。

朱石翘明府初政甚好，自是我邑之福。余下次当写信与之。霞仙得县首，亦见其犹能拔取真士。

刘继振既系水口近邻，又送钱至我家求请封典，义不可辞。但渠三十年四月选授训导，已在正月二十六恩诏之后，不知尚可办否？当再向吏部查明。如不可办，则当俟明年四月升附恩诏，乃可呈请。若并升附之时准恩不能及于外官，则当以钱退还。家中须于近日详告刘家，言目前不克呈请，须待明年六月乃有的信耳。

澄弟河南、汉口之信皆已接到。行路之难，乃至于此！自汉口以后，想一路载福星矣。刘午峰、张星垣、陈谷堂之银皆可收，刘、陈尤宜受之，不受所似拘泥。然交际之道，与其失之滥，不若失之隘。吾弟能如此，乃吾之所以欣慰者也。西垣四月二十九到京，住余宅内，大约八月可出都。

此次所寄折底，如欧阳家、汪家及诸亲族不妨抄送共阅。见余忝窃高位，亦欲忠直图报，不敢惟阿取容，惧其玷辱宗族，辜负期望也。余不一一。

兄国藩手草　五月十四日

（四）治　军

在军中声名极好

澄侯、温甫、子植、季洪四位老弟足下：

二十五日遣春二、维五归家，曾寄一函并谕旨奏折二册。

二十六日，水师在九江开仗获胜。陆路塔、罗之军在江北蕲州之莲花桥大获胜仗，杀贼千余人。二十八日克复广济县城。初一日在大河埔大获胜仗。初四日在黄梅城外大获胜仗。初五日克复黄梅县城。该匪数万现屯踞江岸之小池口，与九江府城相对。塔、罗之军即日追至江岸，即可水陆夹击。能将北岸扫除，然后可渡江以剿九江府城之贼。自至九江后，即可专夫由武宁以达平江、长沙。

兹因魏荫亭亲家还乡之便，付去银一百两，为家中卒岁之资。以三份计之。新屋人多，取其二以供用；老屋人少，取其一以供用。外五十两一封，以送亲族各家，即往年在京寄回之旧例也。以后我家光景略好，此项断不可缺。家中却不可过于宽裕。处此乱世，愈穷愈好。我现在军中，声名极好。所过之处，百姓爆竹焚香跪迎，送钱米猪羊来犒军者络绎不绝。以祖宗累世之厚德，使我一人食此隆报，享此荣名，寸心兢兢，且愧且慎。现在但愿官阶不再进，虚名不再张，常葆此以无咎，即是持身守家之道。至军事之成败利钝，此关乎国家之福，吾惟力尽人事，不敢存丝毫侥幸之心。诸弟禀告堂上大人，不必悬念。

冯树堂前有信来，要功牌一百张，兹亦交荫亭带归。望澄弟专差送至宝庆，妥交树堂为要。衡州所捐之部照，已交朱峻明带去。外带照千张，交郭云仙，从原奏之所指也。朱于初二日起行，江隆三亦同归。给渠钱已四十千，今年送亲族者，不必送隆三可也。余不一一。

兄国藩　十一月初七日书于武穴舟中

带勇以能打仗为要

沅浦九弟左右：

十二月二十八日接弟二十一日手书，欣悉一切。

临江已复，吉安之克实意中事。克吉之后，弟或带中营围攻抚州，听候江抚调度；或率师随迪安北剿皖省，均无不可。届时再行相机商酌。此事我为其始，弟善其终，补我之阙，成父之志，是在贤弟竭力而行之，无为遽怀归志也。

弟书自谓是笃实一路人，吾自信亦笃实人，只为阅历世途，饱更事变，略参些机权作用，把自家学坏了。实则作用万不如人，徒惹人笑，教人怀恨，何益之有？近日忧居猛省，一味向平实处用心，将自家笃实的本质还我真面、复我固有。贤弟此刻在外，亦急须将笃实复还，万不可走人机巧一路，日趋日下也。纵人以巧诈来，我仍以浑含应之，以诚愚应之；久之，则人之意也消。若钩心斗角，相迎相距，则报复无已时耳。

至于强毅之气，决不可无，然强毅与刚愎有别。古语云自胜之谓强。曰强制，曰强恕，曰强为善，皆自胜之义也。如不惯早起，而强之未明即起；不惯庄敬，而强之坐尸立斋；不惯劳苦，而强之与士卒同甘苦，强之勤劳不倦。是即强也。不惯有恒，而强之贞恒，即毅也。舍此而求以客气胜人，是刚愎而已矣。二者相似，而其流相去霄壤，不可不察，不可不谨。

李云麟气强识高，诚为伟器，微嫌辩论过易，弟可令其即日来家，与兄畅叙一切。

兄身体如常。惟中怀郁郁，恒不甚舒鬯，夜间多不成寐，拟请刘镜湖三爷来此一为诊视。闻弟到营后体气大好，极慰极慰。

九弟媳近亦平善。元旦至新宅拜年，叔父、六弟亦来新宅。余与澄弟等初二至白玉堂，初三请本房来新宅。任尊家酬完龙愿三日，因五婶脚痛所许，初四即散，仅至女家及攸宝庵，并未烦动本房。温弟与迪安联姻，大约正月定庚。科四前要包铳药之纸，微伤其手，现已痊愈。邓先生订十八入馆。葛先生拟十六去接。甲三姻事拟对筱房之季女，现尚未定。三女对罗山次子，则已定矣。刘詹岩先生（绎）得一见否？为我极道歉忱。黄莘翁之家属近况何如？苟有可为力之处，弟为我多方照拂之。渠为劝捐之事怄气不少，吃亏颇多也。母亲之坟，今年当觅一善地改葬。惟兄脚力太弱，而地师又无一可信者，难以下手耳。余不一一，顺问近好，诸惟心照。

国藩手具　正月初四夜

再，带勇总以能打仗为第一义。现在久顿坚城之下，无仗可打，亦是闷事。如可移扎水东，当有一二大仗开。第弟营之勇锐气有余，沈毅不足，气浮而不敛，兵家之所忌也，尚祈细察。偶作一对联箴弟云：打仗不慌不忙，先求稳当，次求变化；办事无声无息，既要精到，又要简捷。贤弟若能行此数语，则为阿兄争气多矣。

国藩又行

防务极力讲求濠工巡逻

沅浦九弟左右：

二十七日刘福一等四人者归，接弟信，并《二十二史》七十二套，金、史赙银三百两，俱悉一切。此书《十七史》系汲古阁本，《宋》、《辽》、《金》、《元》系宏简录，《明史》系殿本。较之兄丙申年所购者多《明史》一种，余略相类，在吾乡已极为难得矣。吾后在京亦未另置有全史，仅添实《辽》、《金》、《元》、《明》四史及《史》、《汉》各佳本而已，《宋史》至今未办，盖阙典也。

吉贼决志不窜，将来必与浔贼同一办法，想非夏末秋初不能得手。弟当坚耐以待之。迪安去岁在浔于开濠守逻之外，间亦读书习字。弟处所掘长濠如果十分可靠，将来亦有闲隙可以偷看书籍，目前则须极力讲求濠工巡逻也。

澄弟于二十二日下县。赖明府于蝗蝻事办理极为认真，有信邀绅士去。温弟于二十五日回家。亦山先生二十二日归，二十六复来。瀛皆先生二十上学，二十二日开课，亦山亦执贽受业。甲五目疾总未甚好，右目外云如故，左目已属大好，究不能与常人一般。九弟妇体气极弱，服峻补之剂，日有起色。再过数日，应可出房照料杂事。青山二十七日暂归，余嘱其初一复来。二十八日夕接弟二十二日信，亦请青山在此多住月余，二月内必坚留之也。

周济受害绅民，非泛爱博施之谓，但偶遇一家之中杀害数口者、流转迁徙归来无食者、房屋被焚栖止靡定者，或与之数十金，以周其急。先星冈公云济人须济急时无。又云随缘布施，专以目之所触为主，即孟子所称“是乃仁术也”。若目无所触而泛求被害之家而济之，与造册发赈一例，则带兵者专行沽名之事，必为地方官所讥，且有挂小漏万之虑。弟之所见，深为切中事理。余系因昔年湖口绅士受害之惨，无力济之，故推而及于吉安，非欲弟无故而为沽名之举也。

金、史、谢信此次未写，少迟再寄。李雨苍二十九日到家。孙朗青、吴贯槎均来。初四日系先大父初周年忌辰，敬办小祥祭事。俟日内再行详布。即问近好，诸惟心照。

兄国藩手草　正月二十九日

须日夜巡守勿懈怠

沅浦九弟左右：

五月二日接四月二十三寄歇信，俱悉一切。

城贼于十七早、二十日、二十二夜均来扑我濠，如飞蛾之扑烛，多扑几次，受创愈甚，成功愈易。惟日夜巡守，刻不可懈。若攻围日久，而仍令其逃窜，则咎责匪轻。弟既有统领之名，自应认真查察，比他人尤为辛苦，乃足以资董率。九江克复，闻抚州亦已收复，建昌想亦于日内可复。吉贼无路可走，收功当在秋间。较各处独为迟滞，弟不必慌忙，但当稳围稳守，虽迟至冬间克复亦无可碍，只求不使一名漏网耳。若似瑞、临之有贼外窜，或似武昌之半夜潜窜，则虽速亦为人所诟病。如似九江之斩刈殆尽，则虽迟亦无后患。愿弟忍耐谨慎，勉卒此功。至要至要。

余病体渐好，尚未痊愈，夜间总不能酣睡。心中纠缠，时忆往事，悔愧憧扰，不能摆脱。四月底作先大父祭费记一首，兹送交贤弟一阅，不知尚可用否？此事温弟极为认真，望弟另誊一本寄温弟阅看。此本仍便中寄回，盖家中抄手太少，别无副本也。四宅大小眷口平安。邓师初一日散学归去，葛师初四日归去。今年家中学生，科一进功最多，科四、科六次之，甲三又次之。甲五病目，科三在紫甸，皆未得勤课也。

弟在营所寄银回，先后均照数收到。其随处留心，数目多寡，斟酌妥善。余在外未付银至家，实因初出之时，默立此誓；又于发州县信中以“不要钱不怕死”六字自明。不欲自欺其志，而令老父在家受尽窘迫，百计经营，至今以为深痛。弟之取与，与塔、罗、杨、彭、二李诸公相仿，有其不及，无或过也；尽可如此办理，不必多疑。顷与叔父各捐银五十两，积为星冈公，余又捐二十两与辅臣公，三十两与竟希公矣。若弟能与竟公、星公、竹公三世各捐少许，使修立三代祠堂，即于三年内可以兴工，是弟有功于先人，可以盖阿兄之愆矣。修祠或即用腰里新宅，或于利见斋另修，或另买田地，弟意如何，便中复示。公费则各立经管，祠堂则三代共之。此余之意也。

罗罗山夫人仙逝，余令纪泽于二十八日往吊。初一早发引，主系纪泽写，未另点朱。办理甚为热闹。初三日辅臣公生日，在吉公祠祭。黎明行礼，科一、科三、四皆往，科六未去。初二日接温弟信，系在湖北抚署所发。

九江一案，杨、李皆赏黄马褂，官、胡皆加太子少保，想弟处亦已闻之。温弟至黄安与迪庵相会后，或留营，或进京，尚未可知。

弟素体弱，比来天热，尚耐劳否？至念至念。馐饵滋补较善于药。如滋阴则海参炖鸭而加以益智仁，补阳则丽参蒸乌鸡或精肉之类。良方甚多，胜于专服水药也。不一一。

兄国藩手具　五月初五日

望沅弟速来商定大局

澄侯、沅浦、季洪老弟左右：

正月十三日发第三号信并折稿及温弟优恤之旨，十八日王林三等来，接澄信二件、沅信一件、纪泽一件，得知家中四宅平安，甚慰。纪泽在省所寄之禀尚未接到。

此间军事，去腊十九日吴翔冈之挫，亡百六十人，二十日凯章之胜，亦亡九十人，正月十一日凯章又小挫一次。其第五旗扎牛角岭，距凯章老营十八里之远，十二早被贼攻陷。余因五旗去凯太远，除夕曾有信止之。凯复书言旗长可恃，未移也。五旗被陷之后，又换三旗扎该处。余甚为悬悬，又函止之矣。凯军现处孤危之际，不得不思所以济之振之。已派彭山屺回湘调兵六百名，派余星焕回湘招勇千名，与喻吉三同带之。又令朱品隆添勇二百名，函告王人树添勇三百名，又令张岳龄招平江勇千二百名。共添三千余人。向耆中丞索取饷项，能得与否，尚未可知，然不能不放手一办也。待兵勇到时，先派在建老营，赴凯章处助剿，将来须另派统领，另打一支，与萧、张分为三路，庶足以张犄角之势。此间各营望沅弟如望岁，吉字中营尤如婴儿之望慈母。吾前欲派吉中营偕朱、唐去攻景镇，莘由及各帮带皆以沅弟未来，不敢作主。

余近日心绪郁郁，望沅弟来此叙手足之情，并商定大局。先考妣改葬之事，本属刻不可缓，然如此春雨淋淋，何能登山觅地？余意托萧可卿、冯至善在家再寻三四个月。九弟于二月间来营，一面为我画定全局，一面将吉字中营安个实在着落，住数月后再行回家。温弟遗蜕若竟寻不得，则沅弟于江北宿松等处招魂而归，具衣冠而葬。将来改葬先考妣时，即将温弟衣冠附葬于二亲之旁。若鬼神呵护，温弟忠骸一旦寻得，则九弟即迎温弟灵柩以归，亦是不幸中之一大幸。先考妣改葬时，附寻吉地以葬温弟，亦可少慰叔父及温弟妇之心。若九弟久不来营，吉中营全无着落，家中不能寻地，温弟招魂葬衣冠等事早也不好，迟也不好，沅弟心悬数处，均不妥善。是否应于二月来营，数月再归，望沅弟与叔父、澄、季熟商妥办。余此次缄催郭意城、王人树、王枚村来营。皆言沅弟于二月来营。沅弟若有信与意、树诸公，可邀其同行也。正月十三日接奉御赏福字，兹专人送归。又枣果面饼等物，送一半归查收。顺问近好（在建昌军中）。

再，吾近写手卷一大卷。首篆字五个，次大楷四十八个，后小行书二千余，中间空一节，命纪泽觅此三十二人之遗像绘之于篆字之后、大楷之前。查武梁祠画像内有文、周、孔、孟诸像，外间间有藏本。翁覃溪《两汉金石记》曾刻之，王兰泉《金石萃编》亦刻之。此外如名臣像亦间有之。纪泽觅得像底，则双钩摹于卷内，不必着色也。或嫌此卷太大，则另办一卷画像。此卷即先付长沙装潢，楠木匣藏之，将来求沅弟精钩刻石。其像有不可尽得者，略刻数像可也。吾生平读书百无一成，而于古人为学之津梁，实已窥见其大，故以此略示端绪。手此再告澄、沅、季三弟、并谕纪泽儿知之。

国藩又行　正月二十三日

目前敌势尚不足制

澄侯、沅浦两弟左右：

二十一日接两弟手书并纪泽一禀。沅弟信中有分关田单，一一读悉。我于家中毫无补益而得此厚产，亦惟学早三爹频称“多多谢”而已。余敬澄弟八杯酒，曰：劳苦最多，好心好报。又敬沅弟八杯酒，曰：才大心细，家之功臣。都要吃个满斟硬刮。祖考妣改葬事竟能于去冬办到，何其神速也！余贺澄弟迁居，亦系御赐福字一个，红缎对一副，挂屏二副，桌椅全堂（内桐木桌二十张，太师椅三十张，平头椅三十张，凳六十条。仍用嫁妆之法：女家出钱，请男家自行代做代漆）。自营中带回之件，且俟二月与送沅弟之件一并专人送回。叔父大人病已渐愈否？正月四日寄回之辽东参曾试服否？

此间军事如常。十三日自宿松派张胜禄、张光明、朱宽义，十五日自太湖派朱、唐等四营赴前敌助战，至今十日，尚未开仗。山内金、余二军十九日开仗。金因雨雪先收，余军小挫。目下贼以全力上趋，官军三万余人似尚不足制贼，实深焦灼。季弟于二十二日太湖城下开仗，尚属平安，来信寄阅。余已屡信嘱弟不轻出队矣。余俟续布，顺问近好。

兄国藩手草　正月二十四日

失陷九州县、关于立牌坊诸事

澄侯、沅浦两弟左右：

二十日接初二日信：澄弟一件、沅弟一件并文稿地图等件、纪泽一件。二十二日又接沅弟初九之信。俱悉一切。

此间日内尚未进兵，已札饬各军拔营，札稿抄阅。季弟之恒字二营，吾与润公皆不欲其来太湖。弟于正月六日勉强自来，幸遇机缘，太湖克复，同奏肤功。兹湘恒营同围安庆，余亦不甚放心，而季弟自觉甚有把握，故撤令之同行。既已立营，则不能不望其稍立功绩也。

自此间克复潜、太二邑，袁午帅克复凤阳，翁中丞大破炉桥，皖北军事大有起色。不料皖南徽、宁二府连陷六州县，浙江亦失去三县，杭省及湖州府危急之至。罗中丞奏请余率楚军往援，即使奉旨允准，亦缓不济急矣。金陵大营正在十分得手之际，而南则有浙江之变，北则清江浦失守。一波未平，一波复起，殊深焦灼。

陈作梅与牧云以十八日起行旋湘，盛四亦归。余前思办红缎对为两弟贺仪，后访查红缎极不上墨，乃改为冷金笺对。赠澄弟云："俭以养廉，誉洽乡党；直而能忍，庆流子孙。"赠沅弟云："人孝出忠，光大门第；亲师取友，教育后昆。"各件均交盛四带归。对在长沙裱，想三月下旬乃可到也。余在公馆设灵穿孝十四日，于二十日撤位脱素服，仍回营盘。外间来祭幛四十余幛，少迟再专人送归。其金字已尽行拆去，一则恐路远难搬，二则恐已出殡也。

起先大父祠堂，如牌坊，如诰封亭，皆须就地势为之。余意诰封亭系乡间俗样，尽可不必；牌坊则系官样。余前日所画槽门样子，即与牌坊相近。京城凡大庙中间有照壁，两头皆有木牌坊。南中文庙及贡院之"天开文运"，亦用木牌坊。先大父庙之槽门，即用木牌坊式可也。但各处木牌坊上不盖瓦，下不装板。此既作庙头门，则上当盖瓦，下当装板。总而言之，一正（杠屋五开间）两横（各三间）一牌坊槽门而已。至各处起屋之法，皆先立柱起架子，待上屋瓦盖毕之后，乃砌砖墙。各柱嵌于墙砖之中。屋之稳不稳，全在架子，不与砖墙相涉。先大父庙若用此法，则须大柱子十八根（前墙内六根，后墙内六根，中间承栌者四根，两头墙内顶屋脊者各一根），而庙外四面落檐之廊柱尚不在十八根之内（又须十四根）。如此，则须料甚多，吾乡恐办不出，且恐木匠不能做。若用吾乡旧法，概以砖墙为主，不用架子，则省料极多而木匠亦易于交卷，望两弟悉心裁酌。修昭忠祠及东皋书院祠之正栋，亦不外先大父庙式，五杠间而四面落檐，即极大方矣。所争者，亦在全用架子与否耳。应否由余下札，俟弟到营后再行面商。

白玉堂之事与季弟日日熟商，实难组一妥人认真照料。沅弟祭文情文极挚，亦苦无人专管事耳。即问近佳。

兄国藩手草　二月二十四日

目下不可言战勉守待机

沅、季弟左右：

十四日接十一日来信，俱悉一切。

此间十二日再攻徽州，过于持重。以八千余众之实在队伍，不能遵札直攻东门，列队竟日，不一交锋。是夜贼匪焚村劫营，我军惊溃者八营，完全无恙者十四营。此次伤亡虽不满百人，而士气日减，贼氛大长，目下不可言战，但能勉守，专盼左、鲍二军攻克景德镇，或两弟攻克安庆，移师东、建，庶有转危为安之一日。

家信一件，与初四信相仿，弟阅后封好派人同送。自去冬以来，实无生人之趣。季弟劝我之言，外人亦有言之者，而不知局中度日之难也。看书久荒，下棋则毫无间断，甚至一日八九局之多。九弟劝我月攘一鸡，我今乃日攘九鸡矣。左公日内无信来，不知足以自立否？顺问近好。

三月十四日　巳刻

公牍中须有一记事册

沅弟左右：

专人至，接来信，城池未克，而遽索犒赏之古文，未免揭盖太早。湖南主考放王防、胡家玉。毛公之奏停，系听胡恕堂言浙江之失，由先年借办江南乡试，招引奸细入城云云。兹将毛信抄寄一阅。虽不免士子之讥议，而为慎守省城起见，毛固不失为贤者耳。润公专人守候，余因作《箴言书院记》，勉强交卷，文不称意，抄寄弟阅。四伪王究由宿松至怀、桐否？查明见告。日内闻池州之贼已退，不知确否？即问近好。再，望溪先生之事，公私均不甚惬。

公牍中须有一事实册，将生平履历，某年中举中进士，某年升官降官，某年得罪，某年昭雪，及生平所著书名，与列祖褒赞其学问品行之语，一一胪列，不作影响约略之词，乃合定例。望溪两次获罪，一为戴名世《南山集》序入刑部狱，一为其族人方某（忘其名）挂名逆案，将方氏通族编入旗籍，雍正间始准赦宥，免隶旗籍，望溪文中所云因臣而宥及合族者也。今欲请从祀孔庙，须将两案历奉谕旨一一查出，尤须将国史本传查出，恐有严旨碍眼者，易干驳诘。从前入祀两庑之案，数十年而不一见，近年层见迭出，几于无岁无之。去年大学士九卿等议复陆秀夫从祀之案，声明以后外间不得率请从祀，兹甫及一年，若遽违新例而入奏，必驳无疑。右三者，公事之不甚惬者也。

望溪经学勇于自信，而国朝巨儒多不甚推服，《四库书目》中于望溪每有贬词，《皇清经解》中并未收其一册一句。姬传先生最推崇方氏，亦不称其经说。其古文号为一代正宗，国藩少年好之，近十余年，亦别有宗尚矣。国藩于本朝大儒，学问则宗顾亭林、王怀祖两先生。经济则宗陈文恭公，若奏请从祀，须自三公始。李厚庵与望溪，不得不置之后图。右私志之不甚惬者也。

六月二十九日

太湖之敌已退

沅弟左右：

接初三日巳刻信并小菜饕菜等，苦株可谓多矣。古文二本，当于一三日圈毕，以待锅盖之启也。《箴言书院记》实不称意，久疏于文，无怪其然。复陈军情一疏，中段三百余字系余所添。贼在太湖，初一已退，计三日内必抵集贤。如贼踞关内关外半月不退，则余调鲍军回援，一面檄丁义方、蔡芥舟办船以待。计信去三日，鲍军折回。陆行六日，九江至大桥舟行五日，不过半月，援师可到。前有弟之长濠，后有弟之援师，贼虽百万，亦难逞志。若至集贤不待半月而退，不须呼鲍回援，尤为大幸。方公品行，却是第一流人，容俟图之。即问近好。

七月初四日

天下事由命不由人

沅弟左右：

初十日未刻接初八夜信，俱悉一切。黄公信已加封寄去，冠北之，札亦发，鹤汀早年在京极熟，容少缓再调。

约旨卑思四字，实近来方寸隐微之弊，亦阅历太久，见得天下事由命不由人也。澄弟信一件寄阅。顷接舫仙禀论进兵事，望弟取阅，度量行之。顺问近好。

九月初十日未正

询巢县敌果有投诚意否

季弟左右：

五舅父归，接弟信，辩“爱人以德”四字之不确。十三日又接十二夜两信。俱悉一切。

吾兄弟三人在外，一人归尚不着迹，两人归则嫌太多。吾心中恐弟遽归，故以希帅之批待沅来为是。

油纸摹帖，初为之，则写次行而首行未干，揩摩墨迹，狼藉满纸，迨摹习称久，则手腕不甚粘滞，纸上墨迹自少矣。弟习油纸，即以此自试效验可也。

巢县铜林闸之贼果有投诚之意否？余身上痒尚未愈并告。即问近好。

十一月十四日

望沅弟来援上海

澄、沅弟左右：

王采六等来营，接澄弟十月二十三日信并纪泽一禀，知家中五宅平安。又得赵玉班寄季弟信，知沅弟于十月二十八自长沙还家，竟可赶上初三祭期。至慰至慰。

此间军事平安。三河之贼于初六日无故自退，或与庐州贼目不和，或别有诡谋，均未可知。余令振字、开字两营移守三河城，而派竹庄之千三百人接守庐江，均札归多都统就近调度。竹庄十三日自安庆开差，十七可至庐邑，不知振、开两营果能守三河要隘否？如守得坚定，则庐郡、巢县亦或易于得手。

浙江自绍兴失守后别无确信，闻宁波继陷，杭城被围，可危之至！余奏请左寺堂由广信、衢州援浙，又调鲍春霆进攻宁国。宁国距杭仅三百里，亦可掣浙贼之势，坚杭人之心。第目下均尚未拔行，不知赶得及否？

江苏、上海来此请兵之钱调甫，即前任湘抚钱伯瑜中丞之少君也，久住不去，每次涕泣哀求，大约不得大兵同行即不还乡，可感可敬。余前许令沅弟带八千人往救；正月由湘至皖，二月由皖至沪，实属万不得已之举。务望沅弟于年内将新兵六千招齐，正月交盛南带来，沅则扁舟先来，共商大计。吾家一门受国厚恩，不能不力保上海重地。上海为苏、杭及外国财货所聚，每月可得厘捐六十万金，实为天下膏腴。吾今冬派员去提二十万金，当可得也。陈舫仙丁内艰，家无兄弟，本应给假回籍治丧，吾因运漕吃紧之地，批令待沅弟来再行给假。兹将原批暨信抄阅。望沅弟正月到皖，则余不甚失信。至要至要。

东皋书院请山长，让邓寅兄去，万万不能。余自咸丰八年即与寅兄订定，请其教科一五年。科一甫十四岁，岂可遽至书院，习为浮荡。明年决请寅兄再教之，并请带之出考，与劝世兄同寓。科四、科六未请得有恒之师，耽误光阴，余甚不放心。沅弟回家，余嘱其以此事为重，不知现已延请何人？或明年即令科四、科六从邓师读书？或癸亥年延邓师于大夫第连教数年？总之，师之有恒者极为难得。邓师在兄弟处，无论何家，皆大有益于子侄。公之书院，则为益反小，可不必也。邓师脩金，应行酌增之处，望两弟与纪泽母子商定，余必付回。梁侄生女，贺贺。

余身体平安，惟疮癣之痒迄不能愈，娶妾之后亦无增减。陈氏妾入室已二十日，尚属安静大方，但不能有裨于吾之病耳。纪泽所呈寿叙及诗亦尚稳适，惟藻采太少，又欠风韵。试取庾子山《哀江南赋》熟读百遍，当引出情韵，有情则文自生矣。顺问近好。

兄国藩手草

正封缄间，接奉廷寄谕旨，兹先行抄寄一阅。涤翁道理未免太多矣。即日当专折辞谢，不敢当此重权。昔太无权，今太有权，天下事难得恰如其分也。兄又草。

十一月十四日

望速来营忘身报国

澄、沅弟左右：

日来未接家信，颇为悬念。沅弟腹泻，何以至今不愈？若云脾虚发泻，则八九月在此办事，宏毅周到，断非元气亏损之象。即到家后，寄来各信字迹精光圆湛，亦殊非积弱者所能为。弟子日服药太多，余心以为非。此次久泻，不知所服者系属何方？恐一味偏补，而于所以致泻之原未能清其根。万篪轩病疟五年，多服补剂。现在娇养太惯，动辄生疾，亦由当日致疟之原未清其根也。望弟少服药饵，迅速来营，忘身报国。凡外间谤言无因而至者，余必能解之；凡险远之处，弟不愿往者，余亦不强之。但望弟早早来营。一则受恩太重，不宜久住家中；一则舫仙思归甚切，前敌今春必有战事，余甚不放心也。

徽州危急，二十六日获一大胜，已将岩寺街打开。粮运既通，当无他虑。

正月初四日

望弟兼程来营筹商一切

沅弟左右：

十七日钦奉谕旨，兄拜协办大学士之命，弟拜浙江按察使之命。一门之内，迭被殊恩，无功无能，忝窃至此，惭悚何极？惟当同心努力，仍就拼命报国，侧身修行八字上切实做去。前奉旨赏头品顶戴，尚未谢恩，此次一并具折叩谢。到省后，或将新营交杏南等带来，而弟坐轻舟先行，兼程赴营，筹商一切，俾少荃得以速赴上海。至要至要。少荃现有四千五百人，望弟再拨一二营与之，便可独当一路。渠所部淮扬水师，余嘱其留两营在上游归弟调遣。弟将来若另造炮船，自增水师，此二营仍退还黄、李，弟自有水师两营。其余大处仍请杨、彭协同防剿，庶几可分可合，不伤和气。

正月十八日

遣散之勇饷暂补一半

沅弟左右：

初四夜接初一夜来函，俱悉一切。

贡院九月可以毕工，大慰大慰。但规模不可狭小，工程不可草率。吾辈办事，动作百年之想。昨有一读，言主考房后添造十八房住屋，须将长毛所造仓屋拆去另造，即不欲草率之意。此间所购木料，中秋前可到一批，九月再到一批。

弟中怀抑郁，余所深知。究竟弟所成就者，业已卓然不朽。古人称立德、立功、立言为三不朽。立德最难，而亦最空，故自周、汉以后，罕见以德传者。立功如萧、曹、房、杜、郭、李、韩、岳，立言如马、班、韩、欧、李、杜、苏、黄，古今曾有几人？吾辈所可勉者，但求尽吾心力之所能及，而不必遽希千古万难攀跻之人。弟每取立言中之万难攀跻者，而将立功中之稍次者一概抹杀，是孟子钩金舆羽、食重礼轻之说也。乌乎可哉？不若就现有之功，而加之以读书养气，小心大度，以求德亦日进，言亦日醇。譬如筑室，弟之立功已有绝大基址，绝好结构，以后但加装修工夫。何必汲汲皇皇，茫若无主乎？刘、朱两军，望弟迅速发来。必须安庆六县无贼，兄乃可撑住门面，乃可速赴金陵。至要至要。弟所遣散之勇，皆令在长沙领补全饷，必办不到。十八万盐本何能遽尔畅销？须令过长沙时暂补一半（遣散者今年发全饷，则留者皆不愿留），余则营官给一限期票与勇（余于萧、毛两军拟用限期票札）。弟给一限期札与营官．明年再补可也。顺问近好。

八月初五日

刚柔并用不可偏废

沅、季弟左右：

沅于人概天概之说，不甚厝意，而言及势利之天下，强凌弱之天下。此岂自今日始哉？盖从古以然矣。

从古帝王将相，无人不由自立自强做出，即为圣贤者，亦各有自立自强之道，故能独立不惧，确乎不拔。昔余往年在京，好与诸有大名大位者为仇，亦未始无挺然特立不畏强御之意。近来见得天地之道，刚柔互用，不可偏废，太柔则靡，太刚则折。刚非暴虐之谓也，强矫而已；柔非卑弱之谓也，谦退而已。趋事赴公，则当强矫，争名逐利，则当谦退；开创家业，则当强矫，守成安乐，则当谦退；出与人物应接，则当强矫，入与妻孥享受，则当谦退。若一面建功立业，外享大名，一面求田问舍，内图厚实，二者皆有盈满之象，全无谦退之意，则断不能久。此余所深信，而弟宜默默体验者也。

五月二十八日

对外间指摘宜克己自修

沅弟左右：

此次洋枪合用，前次解去之百支，果合用否？如有不合之处，一一指出，盖前次亦花大价钱买来，若过于吃亏，不能不一一与之申说也。

吾因近日办事，名望关系不浅，以鄂中疑季之言相告，弟则谓我不应述及。外间指摘吾家昆弟过恶，吾有所闻，自当一一告弟，明责婉劝，有则改之，无则加勉，岂可秘而不宣？鄂之于季，自系有意与之为难。名望所在，是非于是乎出，赏罚于是乎分，即饷之有无，亦于是乎判。去冬金眉生被数人参劾，后至抄没其家，妻孥中夜露立，岂果有万分罪恶哉？亦因名望所在，赏罚随之也。众口悠悠，初不知其所自起，亦不知其所由止。有才者忿疑谤之无因，而悍然不顾，则谤且日腾；有德者畏疑谤之无因，而抑然自修，则谤亦日息。吾愿弟等之抑然，不愿弟等之悍然。愿弟等敬听哥言，手足式好，同御外侮，不愿弟等各逞己见，于门内计较雌雄，反忘外患。

至阿兄忝窃高位，又窃虚名，时时有颠坠之虞。吾通阅古今人物，似此名位权势，能保全善终者极少。深恐吾全盛之时，不克庇荫弟等，吾颠坠之际，或致连累弟等，惟于无事时，常以危词苦语，互相劝诫，庶几免予大戾。酷热不能治事，深以为苦。

六月二十日

盛时宜作衰时想

澄弟左右：

沅、霆两军病疫，迄未稍愈。宁国各属军民死亡相继，道殣相望，河中积尸生虫，往往缘船而上，河水及井水皆不可食。其有力者，用舟载水于数百里之外。臭秽之气中人，十病八九。诚宇宙之大劫，军行之奇苦也。

洪容海投诚后，其党黄、朱等目复叛，广德州既得复失，金柱关常有贼窥伺，近闻增至三四万人，深可危虑。余心所悬念者，惟此二处。

余体气平安。惟不能多说话，稍多则气竭神乏，公事积搁，恐不免于贻误。弟体亦不甚旺，总宜好好静养。莫买田产，莫管公事。吾所嘱者，二语而已。盛时常作衰时想，上场当念下场时，富贵人家，不可不牢记此二语也。

八月初四日

危疑之际愈当澄心定虑

沅浦九弟左右：

初六日俊四等至，接二十八夜来缄，俱悉二十五日业经拔营，军容整肃，至以为慰。

吉安殷富，甲于江西，又得诸绅倾诚输助，军饷自可充裕。周梧冈一军同行，如有银钱，宜分多润寡，无令己肥而人独瘠。梧冈暗于大局，不能受风浪，若扎营放哨、巡更发探、打仗分枝，究系宿将，不可多得。主事匡汝谐在吉安招勇起团，冀图袭攻郡城，闻湖南援吉之师将别出一支，起而相应。若与弟军会合，宜善待之。

袁州既克，刘、萧军当可进攻临江，六弟与普、刘在瑞声威亦可日振。弟与夏、黄诸兄到吉安时，或宜速行抽动，或宜久顿不移，亦当相机办理。若周军与桂、茶诸军足以自立，弟率湘人助剿来江，兄弟年内相见，则余之所欣慰者也。军事变幻无常，每当危疑震撼之际，愈当澄心定虑，不可发之太骤。至要至嘱。

十一月初七日

宜养锐气不急进兵

沅弟左右：

东梁、芜湖已克。由金柱关进兵，二险已化险为夷，四妙已验其三。至幸至幸。

各处败贼俱萃宁国，杨七麻以著名枭悍之渠，当拼命力争之际，鲍军屡胜之后，杂收降卒，颇有骄矜散漫之象，余深以为虑。目下弟与雪军、季军且坚守芜、太、金柱、南陵、黄池等处，休养锐气，不遽进兵。待鲍军扎围宁国，十分稳固，多军进至九洑洲，弟与雪、季再议前进。其秣陵关、淳化镇两处，为进兵之路，须派人先去看明。弟信言从太平至金陵百四十里，中不隔水。以古书证之，则尚隔一秦淮河，余处无好图可看，弟亦须先行查明。

弟以金柱关之破，水师出力最多，厘卡当雪二季二，甚善甚善。兹定为沅五、雪三、季二，尤为惬当。

袁午帅之办事，本属浮而不实，然饷项之绌，亦足令英雄短气，且胜会欺之太甚，余当少为护持。

四月二十八日

傲为凶德惰为衰气

澄侯四弟左右：

十三日刘德四、王厚一来，接弟信并纪泽儿信，俱悉家中五宅平安。弟以捐事赴娄底一带，尚未集事否？

此间军事，四眼狗纠同五伪王救援安庆，其打先锋者十二已至集贤关。九弟屡信皆言坚守后濠，可保无虞。但能坚持十日半月之久，城中粮米必难再支，可期克复矣。徽州六属俱平安，欠饷多者（凯）七个月，少者（左、朱、唐、沅、鲍）四五六月不等，幸军心尚未涣散。江西省城戒严，附近二三十里处处皆贼。余派鲍军往救，十一二应可到省。湖北之南岸已无一贼，北岸德安、随州等处有金、刘与成大吉三军，必可日有起色。余癣疾未痊，日来天气亢燥，甚以为苦。幸公事勉强能了，近日无积搁之弊。总督关防、盐政印信于初四日到营，余即于初六日开用。

家中雇长沙园丁已到否？菜蔬茂盛否？诸子侄无傲气否？傲为凶德，惰为衰气，二者皆败家之道。戒惰莫如早起，戒傲莫如多走路、少坐轿，望弟时时留心儆戒。如闻我有傲惰之处，亦写信来规劝。即问近好。

国藩手草　七月十四日

极盛之后应加倍小心

沅弟左右：

接丁家洲舟次信，俱悉一切。

今日接官帅信，知余蒙恩赏加宫保，弟蒙恩赏穿黄马褂。一家沐非常之宠，感激惶悚。谕旨尚未接到，原信寄阅。多礼堂日内来信二次，原信及余复信均寄弟阅。

东征局解饷四万，二十八起行。赣州解饷三万，初六起行。大约日内可到。泥汊贼墙不破，陆兵断不可进；泥汊即破，进否尚宜详酌。极盛之后，当加倍小心也。下游水师请增兵，不知贼船强悍乎？抑我军怯乎？请弟细查……

九月十五日夜

安庆若克大局必有转机

字谕纪泽儿：

正月十四发第二号家信，谅已收到。日内祁门尚属平安。鲍春霆自初九日在洋塘获胜后，即追贼至彭泽。官军驻牯牛岭，贼匪踞下隅坂，与之相持，尚未开仗。日内雨雪泥泞，寒风凛冽，气象殊不适人意。伪忠王李秀成一股，正月初五日围玉山县，初八日围广丰县，初十日围广信府，均经官军竭力坚守，解围以去，现窜铅山之吴坊、陈坊等处。或由金溪以窜抚、建，或径由东乡以扑江西省城，皆意中之事。余嘱刘养素等坚守抚、建，而省城亦预筹防守事宜。只要李逆一股不甚扰江西腹地，黄逆一股不再犯景德镇等，三四月间，安庆克复，江北可分兵来助南岸，则大局必有转机矣。目下春季必尚有危险迭见，余当谨慎图之，泰然处之。

余身体平安，惟齿痛时发。所选古文，已抄目录寄归。其中有未注明名氏者，尔可查出补注，大约不出《百三名家全集》及《文选》、《古文辞类纂》三书之外。尔问《左传》解《诗》、《书》、《易》与今解不合。古人解经，有内传，有外传。内传者，本义也；外传者，旁推曲衍，以尽其余义也。孔子系《易》，小象则本义为多，大象则余义为多。孟子说《诗》，亦本子贡之因贫富而悟切磋，子夏之因素绚而悟礼后，亦证余义处为多。《韩诗外传》，尽余义也。《左传》说经，亦以余义立言者多。

袁臾生之二百金，余去年曾借松江二百金送季仙先生，此项只算还袁宅可也。树堂先生送尔三百金，余当面言只受百金。尔写信寄营酬谢，言受一璧二云云。余在营中备二百金，并尔信函交冯可也。此字并送澄叔一阅，此次不另作书矣。

涤生手示　正月二十四日

此间军事幸能化险为夷

字谕纪泽、纪鸿儿：

得正月二十四日信，知家中平安。此间军事，自去冬十一月至今，危险异常，幸皆化险为夷。目下惟左军在景德镇一带十分可危，余俱平安。余将拟十七日移驻东流、建德。

付回银八两，为我买好茶叶陆续寄来。下手竹茂盛，屋后内仍须栽竹，复吾父在日之旧观。余七年在家芟伐各竹，以倒厅不光明也。乃芟后而黑暗如故，至今悔之，故嘱尔重栽之。劳字、谦字，常常记得否？

涤生手示　二月十四日巳刻

咨请湖北协解火药五万

沅弟左右：

火药即日咨请湖北协解五万，不知见许否？凡与人交际，当求其诚信之素孚；求其协助，当谅其力量所能为。弟每求人，好开大口，尚不脱官场陋习。余本不敢开大口，而人亦不能一一应付，但略谅我之诚实耳。四十万铁究竟有着落否？此时子弹亦极少也。

韩正国、程学启初七日开行，少荃初八早开行，轮船不过三四日可抵上海。余令开字营号补皖勇改淮勇，程云必待沅帅缄谕乃敢改换。亦足见其不背本矣。

广东全省抽厘专供江浙军饷一折，本日拜发。大约秋冬之后每月可添银二十万两，春夏则苦不堪言耳。

三月初八日

粮弹均切望量入为出

沅、季弟左右：

湖南之米昂贵异常，东征局无米解来，安庆又苦于碾碓无多，每日不能舂出三百石，不足以应诸路之求。每月解子药各三万斤，不能再多，望弟量入为出，少操几次，以省火药为嘱。

扎营图阅悉。碍几场大雨，吟、昆等营必日松矣。处处皆系两层，前层拒城贼，后层防援贼，当可稳固无虞。

少荃代买之洋枪，今日交到一单，待物到即解弟处。洋物机括太灵多不耐久，宜慎用之。

次青之事，弟所进箴规，极是极是。吾过矣！吾过矣！吾因送魁士享当世大名，去年袁、翁两处及京师台谏尚累疏保郑为名将，以为不妨与李并举，又有郑罪重李情轻、暨王锐意招之等语，以为比前折略轻。逮拜折之后，通首读来，实使次青难堪。今得弟指出，余益觉大负次青，愧悔无地。余生平于朋友中，负人甚少，惟负次青实甚。两弟为我设法，有可挽回之处，余不惮改过也。

六月初二日

训练兵勇必须常讲常辨

沅浦九弟左右：

二十四日王得一归，接十六日信，俱悉一切。前两次信皆告假还乡而不遽回营者，故未写回信，亦别无便可寄也。以后有信仍以专人送归为妥。只须一人，不必两人，择捷足如曾正七之类更可迅速。

汪先生（即邓汪琼，号瀛皆）于初七日专人来订今冬上学，因迎其十五入馆。甲三于十八开课，二十三第二课，改文甚细心。甲五眼睛近日也好十分之七八，右目能认寸大字，左目则能读小注。

每日静坐二次，以助药力之不及。邓先生向来亦多病，得力于静坐者深也。科一每日仍读三百字，罣山十六日回家住六天，恰易芝生来此代馆。科四“离娄”将读毕。科六读至“卫灵公”。日内因萧组田刻字，同在一间屋内，心气未免稍浮。而科四仁厚，科六警敏，将来均可望有成，弟可放心。

二十九日祖母大人九十晋一冥寿，内外眷口皆去拜寿，惟九弟妇、季弟妇不能去。前二十日大伯母九十一冥寿，本房亦均赴木兜冲助祭，上下七席，二十九日当倍之也。今年本境买田者多，居然太平景象。余在家亦略读书。下手七宝庙下挑一土山，将下砂接长，以培坟山而遮洞风。邻近如训三、贤五、代三、金五、诗八、陈俊九、上兰叔家，均请吃便饭。猫面脑之地，余又请庚一、宽十（近亦好看地，据德六叔祖谓其颇好）去看一次。据称大局与皮公托相似，而当前一案系背面。质之东阳，则谓当日雨中忙看，或未审实云云。若果买之，余明正须自往一看耳。

弟所寄各件：代普将请饷，代黄太守上禀，均系顾全大局。即使上官未必批准，亦不失缓急相顾之道。请奖一禀，尚欠妥洽。湘后营一军，不知从何处筹饷？即宝营亦自难支持。弟辞总理之任，极是极是。带勇本系难事，弟但当约旨卑思，无好大，无欲速。管辖现有之二千人，宁可减少，不可加多。口粮业得一半，此外有可设法更好，即涓滴难求，亦自不至于脱巾溃散，但宜极力整顿，不必常以欠饷为虑也。

打仗之道，在围城之外，节太短，势太促，无埋伏，无变化，只有队伍整齐，站得坚稳而已。欲灵机应变出奇制胜，必须离城甚远，乃可随时制宜。凡平原旷野开仗与深山穷谷开仗，其道迥别。去吉城四十里，凡援贼可来之路，须令哨长、队长轮流前往该处看明地势，小径小溪、一丘一洼细细看明，各令详述于弟之前，或令绘图呈上。万一有出队迎战之时，则各哨队皆已了然于心。古人忧学之不讲，又自明辨之，余以为训练兵勇，亦须常讲常辨也。家中四宅平安，不必挂念。顺问近好。

兄国藩手草　十一月二十五日

湘勇善战

澄侯、温甫、子植、季洪四位老弟左右：

日来北风甚劲，省城各船不能来营。吾自十六挫失之后，陆续添募水勇。募小划子共百三十号，每号多者六七人，少者三四人，通共小划子载水师千余人，已到七十余号。此外添募之勇仍用快蟹、长龙、杉板等船，但恨无好炮配之。

水师前营（李孟群）、左营、中营（秦国禄）、清江营（俞晟）各战船皆已驻扎金口，去武昌仅六十里。右营尚在嘉鱼，去金口百五十里。后营、定湘营尚随余在新堤，去嘉鱼九十里。通共水师大营八营、小营五营。若在广西借得洋炮急至，则振兴气象，较自省起程时尚远胜之，但恐炮难遽至耳。

陆兵大队驻扎羊楼峒。罗山于十八日在长安驿打胜仗。二十三日在羊楼峒打胜仗，破一贼卡。二十四日在佛岭打胜仗，破一贼卡。二十六日在羊楼峒打大胜仗。四次共杀贼七八百人，而我军仅一人受伤。湘勇之善战超出各营之上，而罗山以书生而善用兵若此，良可敬也！智亭剿灭崇、通股匪后，即直下收复武汉。水师亦待陆军同进，而水勇皆踊跃欲战，暗笑主将之不进为极怯也。

二十一至二十九四次胜仗折已批回，兹抄回呈堂上大人一阅，求诸弟禀明。余不一一。

兄国藩草　七月二十七日

诸弟不宜练团带勇

澄侯、温甫、子植、季洪四位老弟左右：

刘朝相来营，得植弟手书，具审一切。

内湖水师自六月十五日开仗后，至今平安。本拟令李次青带平江勇渡鄱阳之东，与水师会攻湖口，奈自六月底至今，十日大风，不克东渡。初四日风力稍息，平勇登舟。甫经解缆，狂飚大作，旋即折回。弁勇衣被帐棚，寸缕皆湿。天意茫茫，正未可知。不知湖口之贼运数不宜遽灭乎？抑此勇渡湖宜致败挫，故特阻其行以保全此军乎？现拟俟月半后请塔军渡湖会剿。

罗山进攻义宁，闻初四日可至界上，初五六日当可开仗。湖南三面用兵，骆中丞请罗山带兵回湘，业经入奏。如义宁能攻破，恐罗山须回湖南保全桑梓，则此间又少一支劲旅矣。内湖水师船炮俱精，特少得力营官，现调彭雪琴来江，当有起色。

盐务充饷是一大好事，惟浙中官商多思专其利。邵位西来江会议，已有头绪，不知渠回浙后，彼中在事人能允行否？舍此一筹，则饷源已竭，实在坐困之势。

东安土匪，不知近日何如？若不犯邵阳界，则吾邑尚可不至震惊。带兵之事，千难万难。澄弟带勇至衡阳，温弟带勇至新桥，幸托平安，事后总以不带勇为妙。吾阅历二年，知此中构怨之事、造孽之端不一而足，恨不得与诸弟当面一一缕述也。诸弟在家侍奉父亲，和睦族党，尽其力之所能为，至于练团带勇，却不宜。澄弟在外已久，谅知吾言之具有苦衷也。

宽二弟去年下世，未寄奠分，至今歉然于心。兹付回银二十两，为宽二奠金，望送交任尊叔夫妇手收。

植弟前信言身体不健。吾谓读书不求强记，此亦养身之道。凡求强记者，尚有好名之心横亘于方寸，故愈不能记；若全无名心，记亦可，不记亦可，此心宽然无累，反觉安舒，或反能记一二处，亦未可知。此余阅历语也，植弟试一体验行之。余不一一。即问近好。并求禀呈父亲大人万福金安，叔父大人福安。

国藩手具　七月初八日

应听中丞及左季调度

沅浦九弟左右：

十月十五日接来缄并季公、筠公信，俱悉一切。

攻吉攻瑞，二者俱无把握。瑞则纵筑长围，环攻数月，仍不能下，亦属意中之事；吉则初锐后顿，仍蹈袁、瑞之辙。守吉安者为周亚春，绰号豆皮春，贼中颇有名迹。必谓我师能一至而举之，余则未敢深信。惟此军初起，劝捐皆以援吉为名，湘省官绅皆以援吉为念，势之所在，余何能违众而独成其说？纵余欲违众，弟与梧冈之三千人者，岂敢违上而自定所向，无口粮而直赴瑞州乎？弟可从憩、南两兄，一听骆中丞、左季兄之命，敕东则东，敕西则西。其周梧冈一军，刻有禀来，余亦批其听候南抚院调度。周岐山败挫之营，余亦饬其回湘，归并梧冈一军，同赴吉安，以符湘省官绅之初议，而开江西上游之生面。

至沅弟之所处，则当自为审度。辱南翁青睐，代为整理营务，送至吉安，无论战之胜败，城之克否，即可敬谢速行。或来章门与余相见，或归里门侍奉老亲，无为仆久淹于外也。此事登场甚易，收身甚难，锋镝至危，家庭至乐，何必与兵事为缘？李次青上年发愤带勇，历尽千辛万苦，日昨抚州一败，身辱名裂，不特官绅啧有烦言，即其本邑平江之勇亦怨詈交加。兵犯火也，易于见过，难于见功，弟之才能不逮次青，而所处之位，尚不如次青得行其志，若顿兵吉安城下，久不自决，以小战小胜为功，以劝捐办团为能，内乖脊令之义，外成骑虎之势，私情公谊，两无所取。弟之自计不可不审，与憩兄、南兄约不可不明也。

日内平江等勇，因口粮久缺拥闹衙署，兄情绪瞀乱，不克详陈，季翁、筠公两处，并不克作答，弟可婉告颠末，或即将此信一呈，亦足以稍见余之郁郁。余俟续布，不尽不尽。

十月初六日

将才应具四大端

沅浦九弟左右：

二十三夜彭一归，接弟十五书，俱悉一切。

吉安此时兵势颇盛。军营虽以人多为贵，而有时亦以人多为累。凡军气宜聚不宜散，宜忧危不宜悦豫。人多则悦豫，而气渐散矣。营虽多而可恃者惟在一二营，人虽多而可恃者惟在一二人。如木然，根好株好而后枝叶有所托；如屋然，柱好梁好而后椽瓦有所丽。今吉安各营，以余意揆之，自应以吉中营及老湘胡、朱等营为根株，为柱梁。此外，如长和，如湘后，如三宝，虽素称劲旅，不能不侪之于枝叶椽瓦之列。遇小敌时，则枝叶之茂椽瓦之美尽可了事；遇大敌时，全靠根株培得稳柱梁立得固，断不可徒靠人数之多、气势之盛。倘使根株不稳，柱梁不固，则一枝折而众叶随之，一瓦落而众椽随之，败如山崩，溃如河决，人多而反以为累矣。史册所载战事，以人多而为害不可胜数。近日如抚州万余人卒致败溃，次青本营不足以为根株为梁柱也；瑞州万余人卒收成功，峙衡一营足以为根株为梁柱也。弟对众营立论虽不必过于轩轾，而心中不可无一定之权衡。

来书言弁目太少，此系极要关键。吾二十二日荐曾纪仁赴吉充什长，已收用否？兹冯十五往吉，若收置厨下，亦能耐辛苦。凡将才有四大端：一曰知人善任，二曰善觇敌情，三曰临阵胆识（峙衡有胆，迪厚有胆有识），四曰营务整齐。吾所见诸将于三者略得梗概，至于善觇敌情，则绝无其人。古之觇敌者，不特知贼首之性情伎俩，并知某贼与某贼不和，某贼与伪主不协。今则不见此等好手矣。贤弟当于此四大端下工夫，而即以此四大端察同僚及麾下之人才。第一、第二端不可求之于弁目散勇中，第三、第四端则末弁中亦未始无材也。

家中大小平安。葛泽山先生回家六日未来，闻其弟喉痛，或未愈耳。科一、科四、科六皆在馆。甲五课之点读尚属安静。弟可放心。尧阶于二十二来，二十八可归。洪、夏所争之地，余意欲买之。以东阳叔祖极称其好，不知可得否。胡润之中丞奏请余率水师东下，二十七日送寄谕来家。兹抄寄弟营一阅。余俟续布。弟初九日所发之信由省城转达者，亦二十七始到也。顺问近好。

亦山不在此，命科四等写一禀安帖。

兄国藩手草　十月二十七日

带军以体察人才为第一

沅浦九弟左右：

十二日正七、有十归，接弟信，备悉一切。

定湘营既至三曲滩，其营官成章鉴亦武弁中之不可多得者，弟可与之款接。

来书谓意趣不在此，则兴会索然。此却大不可。凡人作一事，便须全副精神注在此一事，首尾不懈；不可见异思迁，做这样想那样，坐这山望那山；人而无恒，终身一无所成。我生平坐犯无恒的弊病，实在受害不小。当翰林时，应留心诗字，则好涉猎它书，以纷其志。读性理书时，则杂以诗文各集，以歧其趋。在六部时，又不甚实力讲求公事。在外带兵，又不能竭力专治军事，或读书写字以乱其志意。坐是垂老而百无一成。即水军一事，亦掘井九仞而不及泉，弟当以为鉴戒。现在带勇，即埋头尽力以求带勇之法，早夜孳孳，日所思，夜所梦，舍带勇以外则一概不管。不可又想读书，又想中举，又想作州县，纷纷扰扰，千头万绪，将来又蹈我之复辙，百无一成，悔之晚矣。

带勇之法，以体察人才为第一，整顿营规、讲求战守次之。《得胜歌》中各条，一一皆宜详求。至于口粮一事，不宜过于忧虑，不可时常发禀。弟营既得楚局每月六千，又得江局月二三千，便是极好境遇。李希庵十二来家，言迪庵意欲帮弟饷万金。又余有浙盐赢余万五千两在江省，昨盐局专丁前来禀询，余嘱其解交藩库充饷。将来此款或可酌解弟营，但弟不宜指请耳。饷项既不劳心，全副精神讲求前者数事，行有余力则联络各营，款接绅士。身体虽弱，却不宜过于爱惜，精神愈用则愈出，阳气愈提则愈盛。每日作事愈多，则夜间临睡愈快活。若存一爱惜精神的意思，将前将却，奄奄无气，决难成事。凡此皆因弟兴会索然之言而切戒之者也。弟宜以李迪庵为法，不慌不忙，盈科后进，到八九个月后，必有一番甘滋味出来。余生平坐无恒流弊极大，今老矣，不能不教诫吾弟吾子。

邓先生品学极好，甲三八股文有长进，泽山先生亦请邓改文。亦山教书严肃，学生甚为畏惮。吾家戏言戏动积习，明年吾在家当与两先生尽改之。

下游镇江、瓜洲同日克复，金陵指日可克。厚庵放闽中提督，已赴金陵会剿，准其专折奏事。九江亦即日可复。大约军事在吉安、抚、建等府结局，贤弟勉之。吾为其始，弟善其终，实有厚望。若稍参以客气，将以致志，则不能为我增气也。营中哨队诸人气尚完固否？下次祈书及。家中四宅平安。澄弟十四日赴县吊丧。余无它事，顺问近好。

兄国藩草　十二月十四夜

介李卿云投效

沅浦九弟左右：

十二、十四日连发第二、三号信，想次第收到。

兹有旧戈什哈李卿云千里来投，特命其驰赴吉安，交北差遣；尚属有用之才。渠系李竹屋之族侄，曾在次青平江营充当哨官两年，受伤假归。战阵之事，自所惯见。据次青屡称其善于打仗。余观其平日语言过多。恐其稍涉于浮，临阵或未必稳实。然其抚绥士卒颇有恩意，又大小经百余战，甘苦备尝，究为难得。在湘营充哨长则或不宜，充队长则已有余；若派总查等杂职则必胜任。弟可酌处之。

九弟妇产后三日平安，尚服补剂以扶养之。厚二十五日来，下午归去，代雇乳母。四宅大小均吉。葛先生今日可到，郑先生今日始去接也。韩升、王福尚无一人来家，殊不方便。弟处得彭椿年便可了办一切否？诸不一一，顺问近好。

兄国藩手草　正月十六日

须持坚守不战之计

沅弟左右：

初五日酉刻接初三日酉刻书并公牍。据水师哨官称，此信初四下午始至渠处也。劫数之大，良可叹悸。然使尧、舜、周、孔生今之世，亦不能谓此贼不应痛剿。

援贼至吕亭驿，日内想已开仗。吾初三日以公牍催鲍军驰援上游。初四日得润帅朔日一缄，又云鲍公且顾怀、桐。吾与润皆不免反复，殊以为愧。然多公如能抵御，则鲍虽南渡，亦尚无妨；如不能抵御，则鲍虽在宿松，亦难赶救也。弟总作一坚守不战之计，并预作一桐军小挫之想，谅当足以御之。

疮痛敷药，不作一字，顷药少干，书此以慰弟念。并问近好。季弟均此。

接澄弟信，知筠仙夫人仙逝。

再，狗酋此次援皖，利在速战。方今盛暑酷热，若出队站立烈日之中历二三个时辰之久，任是铁汉，亦将渴乏劳疲。若挂车河官军作坚守之计，任贼诱战挪战，总不出队与之交仗，待其晒过数日之后，相机打之，亦一法也。多帅谋略最优，不知肯为此坚忍之着否？弟诚与商之。

六月初五日戌刻

静以待敌不宜急躁图功

沅弟左右：

十五日接弟二十四日午刻一缄，是夜四更又接十五日一缄，俱悉一切。所应复者，条例于左：

弟欲于安庆克复后回家，余已早允许矣。如果克城，自须为弟预筹抽身之计，应令彭盛南统带吉中全军，作一支活兵，或进庐江，或帮多帅，或过南岸，或游弋于石牌、潜、太之间，请弟与盛南预先商定告我。其余如凌、喻、李、刘、朱、朱、武等营，即令守安庆城池。余未到之先，弟统之，余入安实为难得也。

余身体平安。惟因饷项支绌、群贼纷窜二事十分焦灼。内人咳嗽不止，大女儿体日瘦弱，余俱顺适。顺问近好。

兄国藩手草　三月二十四日

与敌相持最戒浪战

沅浦九弟左右：

十一日彭金三至营，发第二号家信，想十九上下可到。十五日巳刻俊四等归，接弟初八日信。俱悉一切。

前信言牵率出队之弊，关系至重。凡与贼相持日久，最戒浪战。兵勇以浪战而玩，玩则疲；贼匪以浪战而猾，猾则巧。以我之疲战贼之巧，终不免有受害之一日。故余昔在营中诫诸将曰："宁可数月不开一仗，不可开仗而毫无安排算计。"此刻吉安营头太多，余故再三谆嘱。

重九所发之折，十二日奉到朱批，兹抄付一览。圣意虽许暂守礼庐，而仍不免有后命。进退之际，权衡实难也。王得二十六日赴吉，先书数行以达左右，俊四等十八日赴吉，再行详布一切。顺候近佳。

兄国藩手草 十月十五日申刻

扎营不宜离城太近

沅浦九弟左右：

十五日发第三号信，交王得二带营，计二十三日可到。余于初十宿添祥坪，十一在丹阁叔家，夜宿白玉堂。十二日赴文吉堂葛宅之饮，欲少避家中庆生之说。而家中十一亦有客三席，曾家坳宅内十二亦有两席。十三日孙阆青司马来乡。张学使丁内艰，余办祭幛挽联交阆青带省，渠于张内戚也。张十九、二十日开吊、孙十六日冒雨归去。凌荫庭十四日归矣。王枚谷十五散学，十六归去。科一暂送罂山处读书，拟近日专丁去请邓汪琼。如渠不能来，再行定计。季洪十六日代弟接会，甲三、科四均去赴席，甲五则十二已去。叔父初二在尧阶家题主，十三在庙山主祭。温弟近在利见斋临习董字，大有长进。兰姊家起横屋一栋，日内已落成矣。临三、昆八从邹志堂先生，订十七日上馆，每人脩金五千文。澄弟昨各送十两，除读书外，计尚少有所余。

在吉安扎营，不宜离城太近。盖地太逼，则贼匪偷营难于防范，奸细混入难于查察。节太短，则我军出队难于取势，各营同战难于分段。一经扎近之后，再行退远，则少馁士气，不如先远之为愈也。

牵率出队之弊，所以难于变革者，盖此营出队之时未经知会彼营，一遇贼匪接仗，或小有差挫，即用令箭飞请彼营前来接应。来则感其相援，不来则怨其不救，甚或并未差挫，并未接仗，亦以令箭报马预请他营速来接应。习惯为常，视为固然，既恐惹人之怨憾，又虑他日之报复，于是不敢不去，不忍不去。夫战阵呼吸之际，其几甚微，若尽听他营之令牵率出队，一遇大敌，必致误事。弟思力革此弊，必须与各营委曲说明，三令五申。又必多发哨探，细侦贼情，耳目较各营为确，则人渐信，从而前弊可除矣。余俟续布。

兄国藩手草　十月十六日

治军须脚踏实地

沅浦九弟左右：

十二日安五来营，寄第二号家信，谅已收到。

十三日午刻，九弟妇生一女，极为迅速。已刻余在曾家坳，尚无信息。旋因胡二龙来，余回腰里交付，即闻接内人、四弟妇过去。少顷，龙过曾家坳，则已踏生矣。血晕约大半个时辰，服大补剂，申初痊愈。仰仗祖宗福庇，此事平安，弟可放心。

治军总须脚踏实地，克勤小物，乃可日起而有功。凡与人晋接周旋，若无真意，则不足以感人；然徒有真意而无文饰以将之，则真意亦无所托之以出，“礼”所称无文不行也。余生平不讲文饰，到处行不动，近来大悟前非。弟在外办事宜随时斟酌也。

甲三十三日回家，芝生十三日复来。温弟与李家定二月十三日拨庚。龙达生解元初七、初九宿腰里，初八宿小界家中。四宅平安，不必挂念。顺问近好。

兄国藩手草　正月十四日

闻我水师粮台银两尚有赢余，弟营此时不阙银用，不必解往。若绅民中实在流离困苦者，亦可随便周济。兄往日在营艰窘异常，初不能放手作一事，至今追恨，弟若有宜周济之处，水师粮台尚可解银二千前往。应酬亦须放手，办在绅士百姓身上，尤其放手也。

正月十四日又及

军中戒情漫喧杂之象

沅浦九弟左右：

春二、安五归，接手书，知营中一切平善，至为欣慰。

次青二月以后无信寄我，其眷属至江西不知果得一面否？弟寄接到胡中丞奏伊入浙之稿，未知果否成行？顷得耆中丞十三日书，言浙省江山、兰溪两县失守，调次青前往会剿。是次青近日声名亦渐渐脍炙人口。广信、衢州两府不失，似浙中终可无虑，未审近事究复如何？广东探报，言逆夷有船至上海，亦恐其为金陵余孽所攀援。若无此等意外波折，则洪杨股匪不患今岁不平耳。

九江竟尚未克，林启荣之坚忍实不可及。闻麻城防兵于三月十日小挫一次，未知确否？弟于次青、迪、厚、雪琴等处须多通音问，俾余亦略有见闻也。

家中四宅大小眷口清吉。兄病体已愈十之七八，日内并未服药，夜间亦能熟睡，至子丑以后则醒，是中年后人常态，不足异也。纪泽自省城归，二十五日到家。尧阶二十六日归去。澄侯二十七日赴永丰，为书院监课事。湘阴吴贞阶司马于二十六日来乡，是厚庵嘱其来一省视，次日归去。

余所奏报销大概规模一折，奉朱批："该部议奏。"户部奏于二月初九日。复奏言"曾（国藩）所拟尚属妥协"云云。至将来需用部费不下数万。闻杨、彭在华阳镇抽厘，每月可得二万，系雪琴督同凌荫庭、刘国斌等经纪其事，其银归水营杨、彭两大股分用。余偶言可从此项下设法筹出部费，贞阶力赞其议。想杨、彭亦必允从。此款有着，则余心又少一牵挂。

郭意城信言四月当来乡一次。胡莲舫信言五月当来一次。余前荐许仙屏至杨军门处，系厚庵专人来此请荐作奏者。余荐意城、仙屏二人，闻胡中丞荐刘小铖（芳蕙，袁州人），已为起草一次，不知尚须再请仙屏否？余因厚庵未续有缄来，故未先告仙屏也。仙屏上次有一信与余，尚未复信。若已来吉营，乞先为致意。季高处此次匆遽，尚未作书，下次决不食言。

温弟尚在吉安否？前胡二等赴吉，余信中未道及温弟事。两弟相晤时，日内必甚欢畅。温弟丰神较峻，与兄之伉直简僋虽微有不同，而其难于谐世，则殊途而同归，余常用为虑。大抵胸中抑郁，怨天尤人，不特不可以涉世，亦非所以养德；不特无以养德，亦非所以保身。中年以后，则肝肾交受其病。盖郁而不畅、则伤木；心火上烁，则伤水。余今日之目疾及夜不成寐，其由来不外乎此。故于两弟时时以平和二字相勖，幸勿视为老生常谈。至要至嘱。

朱云亭妹夫二十七日来看余疾，语及其弟存七尚无功名。兹开具履历名条，望弟即为玉成之。亲族往弟营者人数不少，广厦万间，本弟素志。第善现国者，睹贤哲在位，则卜其将兴；见冗员浮杂，则知其将替。善觇军者亦然。似宜略为分别，其极无用者，或厚给途费遣之归里，或酌赁民房令住营外，不使军中有惰漫喧杂之象，庶为得宜。至屯兵城下为日太久，恐军气渐懈，如两日后已弛之弓，三日已腐之馔，而主者宴然，不知其不可用。此宜深察者也。附近百姓果有骚扰情事否？此亦宜深察者也。

目力极疲，此次用先大父眼镜，故字略小，而蒙蒙者仍如故。温弟未及另缄，谅之。

兄国藩手草　三月三十日

进兵宜稳不宜急

沅弟左右：

二日未接弟信，正深系念，兹接十九日信，慰悉一切。应复之事，条列如下：

守住庐江，余已大喜大慰，再破泥汊口，更为心满意足。以后神滕河、无为州纵不遽破，亦不要紧，弟进兵宜稳，不宜过急。

水师进巢湖，弟来信仍须由运漕、东关、巢县，则是白湖不能通巢湖，与余向所闻者相同。余前思在盛家桥造船者，正职是故。昨信不肯令水师进裕溪口者，亦职是故也。弟信言须待无为州克复与否再行定计，甚是甚是。如陆军不能克城，弟不必强水师多进小河。

淮扬水师今日有三营到皖，领齐子药，明日即令二营赴下游。以余计之，此刻下游实无须多船耳。至嘱水师谨慎战守一节，兹余写一信，望弟交李、王二镇手收。

余因闻湖北润帅灵柩月底回湘，已将礼专人送去。弟与季弟之礼，将来送益阳可也。对联包做不包写。饷十万，无一到者，悬盼悬盼，实对前敌陈、刘诸人不住。

徐福系余遣散之弁勇，有护票为据。彭泽距东流仅百余里，吕令不就近来余处禀询真伪，而遽妄杀二十余命。不惟徐福不服，余亦恶其专擅。魏柳南信，一面之词，不足据也。

顷又接弟二十日申刻信，知无为州业已克复，欣慰之至。从此安庆固于苞桑矣。然巢县未破，水师恐仍难进巢湖，望弟与马玉堂熟问情形，再筹水师清巢湖之法。余不一一，顺问近好。

九月二十二日午刻

用兵以审势为第一要义

沅弟左右：

和城已克，大约裕溪口、西梁山两处俱难站脚。若得庐郡速下，则江北可一律肃清矣。雪琴已派水师三营进清巢湖。若弟能派四千人助围庐郡东路多公更易得手，但须与守巢县之兵声气联络，万一有大股援贼上犯，我之局势本紧，方能立于不败之地。

至弟欲亲率五千人南渡，助攻芜、鲁，则断不可。用兵以审势为第一要义。以弟军目下论之，若在下游采石渡江，隔断金陵、芜湖两贼之气，下窥秣陵关，是为得势。若在上游三山渡江，使巢、和、西梁留守之师与分攻鲁港之兵隔气，是为失势。余已调鲍公全军与季弟会攻芜、鲁。弟军破西梁山后，将巢、和、西梁山三处派兵守定，即作为弟军后路根本，然后亲率七八千人由采石渡江。闻太平府城已拆，该逆毫无守御，应易收复。弟驻军太平一带，与隔江和州、西梁之兵阴相犄角。水师自裕溪口起至乌江止，联络屯扎，两岸亦易通气。如此布置，则弟军上可夹攻东梁、芜湖，下可规取金陵，似为得势。余意如此，弟再细询熟于地形者，或亲赴南岸一看，乃可定局。

其渡江之早迟，由弟自行酌度。或待庐州克后，或庐未克而先渡，弟与多公函商行之。

至进兵金陵之早迟，亦由弟自行审察机势。机已灵活，势已酣足，早进可也；否则不如迟进。与其屯兵城下，由他处有变而退兵，不如在四处盘旋作势，为一击必中之计。兄不遥制也。

三月二十七日

招抚之策望酌度办理

季弟左右：

接专丁三月信，俱悉一切。所应复者，条列如左：

新四营之枪炮帐棚，仅领一半。当时因弟函言降人军械尚多，故未全发也。今既无械可用，自当兄处补发。数日之内，必凑齐两营之枪炮帐棚发去。.

剿抚兼施之法，须在军威大振之后。目下各路俱获大捷，贼心极涣，本可广为招抚。第抚以收其头目，散其党众为上；收其头目，准其略带党众数百人为次；收其头目，准其带所部二三千如韦军者，为又次；若准其仍带全部，并盘踞一方，则为下矣，今之李兆寿踞滁、全者是也。弟可于此四等中酌度办理。

四月初三日

宜了解地势处处严防

沅、季弟左右：

贼匪于地势之远近、方向之东西全不了了，宜其屡败不振，然官兵亦自处处严防。今宁国虽已克复，吾于旌德、三溪一路，犹不敢疏忽也。

闻九洑洲之北，李世忠已开河一道，可通舟楫。洲上之贼，应不能再犯北岸。吉左两营，弟调至金柱关，当无他虑。多公调石清吉之十营至金陵会剿，鲍军亦可由东坝、溧水而金陵。八月以后，弟处当不孤矣。

六月二十二日

处绝地只有死中求生

沅浦九弟左右：

多帅回顾金陵之说，万办不到。陕西大乱，死者已四五十万人，较三江两湖之劫更巨。余前复奏一疏，言多公果不入秦，当今驻军南阳。其时盖深知多之必入秦中，又不料弟与鲍、张各军病势如此之甚也。厥后官相与陕帅屡疏奏催多公入陕，朝旨亦屡次催之，分派胜剿渭北，多剿渭南兼保省城。入关以后，万不能东返。顷多公飞调的庐州石清吉部下三营入陕，余已咨复截留，尚不知留得住否。且即奏调多军回援金陵，至速亦在五个月以后，而金陵与鲍军之危迫，必在两月以内，远水不能救近火。弟惟就现有兵力，专谋坚守，不图出战，早早布置，或尚可为。

两弟共统兵二万，若责以合围，责以攻城，诚有不能；若责以专守营垒，似亦无辞可以诿谢。病疫乃是天意，弟与鲍、张、朱、唐各军皆病，多军东返，遂能保其不大病乎？弟当与各营官力图自固。身居绝地，只有死中求生之法，切不可专盼多军，致将卒始因求助而懈弛，后因失望而气馁也。

弟若另求保营之法，只有两法略可补救：一法商之毛、郭、黄、赵在湖南飞募新卒前来补缺；一法调竹庄团防营与周万倬共守芜湖，而腾出王可升之兵为活兵，危急之际，或助弟，或助鲍也。然二万人不能守营，添王可升遂守乎？殊深焦虑。

八月十六日

用兵最重气势二字

沅、季弟左右：

连接来信，略为宽舒，然危险情状，仍流露于纸上。护军营勇有自金陵归者，言初四夜弟营无恙，又言初六在东梁一带见升营水陆急赴金陵。北风极大，恐初七尚未到。余忧灼之情，以初五夜为甚，不知是夜如何危殆？初六七夜，愁云暗淡，初八则月色清明，今日北风亦稍息矣，现备军火一船，专候轮舟到拖带下去。

九月初九日

再嘱危急时莫靠他人

沅弟左右：

日内因风雨严寒，长夜深黑，正切焦虑。防守严密，实有把握，为之大慰。只要雨后墙坍无变症，江滨水涸无变症，则虽久不解围，亦自无妨。

柴炭一项，今日派人至张家滩、殷家汇收买，若买得几十船装下金陵，亦有小补。白齐文来援之事，余信语气与弟寄少荃信语气相吻合。总之，危急之际，莫靠他人，专靠自己，乃是稳着。弟惟专待新勇到齐出濠一战，不必别有盼望。

硼炮交委员带回，甚是。在人不在器之说，余言终当验也。

九月二十八日

用兵最重变化不测四字

沅弟左右：

昨日一缄，言弟军之进止视鲍军之利钝以为权衡。本日接春霆来信，贼在西河坚扎墙垒，霍军进剿，未能扑动。吾观霆军之布置散漫，主意慌乱，人心离怨，恐此次必难支持。而其病者死者比他军独多，似亦冥冥中有主之者。鲍、张果有挫失，则芜湖、三山等处必十分吃紧。中段空虚，弟在下游断难久站，不如趁金陵贼退之时、鲍军未败之先，以追为退，以东西梁山、芜湖、金柱、运漕、无为为弟军之基业，然后相机再进。庶为可战可守，可伸可缩之军。

咸丰五年，余率水陆驻扎南康，志在攻破湖口一关。五六两年，竟不能攻破。七年，余丁忧回籍，寸心以此为大憾事。罗罗山于五年八月至南康、湖口一看，知其不足以图功，即决然舍我而去，另剿湖北。其时有识者，皆佩服罗山用兵能识时务，能取远势。余虽私怨罗山之弃余而他往，而亦未尝不服其行军有伸有缩，有开有合也。观多公之决志不肯南渡，与各军秋间之多病，霆营目下之难支，是天意不欲遽克金陵已可概见。吾辈当一面顺天意，一面尽人事，改弦更张，另谋活着。

古人用兵，最重变化不测四字。弟行军太少变化。此次余苦口言之，望弟与季弟审度行之。即日退扎金柱、芜湖，分五千人至湾沚西河助剿，所以救鲍，即所以救张，即所以保全局而救阿兄也。若弟坚执前议，果扎金陵不肯挪动，鲍挫而张必随之，在余之公局固坏；而弟以重兵屯宿该处，如余之株守南康，和、张之株守金陵，弟之私局亦必坏。望弟详思之。凡行军言退，万众不愿，此次弟为救鲍而退，与寻常之退迥不相同，可以靠麾下将士，谅余苦心耳。弟若决不肯退，则请拨王可升一助春霆可乎？

十月十三日

缩营蓄锐之策极佳

沅弟左右：

初五早之捷，破贼十三垒，从此守局应可稳固，至以为慰。缩营之说，我极以为然。既不能围城贼，又不能破援贼，专图自保，自以气敛局为妥，何必以多占数里为美哉？及今缩拢，少几个当冲的营盘，每日少用几千斤火药，每夜少几百人露立，亦是便益。气敛局紧四安，凡用兵处处皆然，不仅此次也。

所需洋枪洋药铜帽等，即日当专长龙船解去。然制胜之道，实在人而不在器。鲍春霆并无洋枪洋药，然亦屡当大敌。前年十月、去年六月，亦曾与忠酋接仗，未闻以无洋人军火为憾。和、张在金陵时，洋人军器最多，而无救于十年三月之败。弟若专从此等处用心，则风气所趋，恐部下将士，人人有务外取巧之习，无反己守拙之道，或流于和、张之门径而不自觉，不可不深思，不可不猛省。真美人不甚争珠翠，真书家不甚争笔墨，然则将士之真善战者，岂必力争洋枪洋药乎？

闻霆军营务处冯标说，霆营现在病者安置城内，尽挑好者扎营城外，亦是一法。弟处或可仿而行之。将病者伤者全送江北，令在西梁、运漕等处养息，专留好者在营。将东头太远之营缩于中路、西路，又将病伤太多之营缩而小之，或以二营并而一之。认真检阅一番，实在精壮可得若干人，待王、程到齐，再行出濠大战。目下若不缩营蓄锐，恐久疲之后，亦难与言战也。

穆海航在无为州，已札饬将抵征之项银米并收，闻百姓欢欣之至。弟托之办两月米粮，必做得到，即当告之。

九月十一日

避其锐气击其惰归

沅弟左右：

接专差携归之信，俱悉守局已定。都部及升营现尚未派讯地，自是行有余力之象。至慰至慰。鲍军病者死者，比之金陵更多，又有新河庄之挫，副中及峰礼等六营折损颇多，不复成队。又有宁国县城之失，韦、洪两部全数溃败，是霆军之元气大亏，威望亦损。朱云岩既因坚守旌德，不能随鲍远行，则鲍亦独立单薄，未敢令其由官坪直取小丹阳，仍须以稳重为主。昨日已专缄告之，嘱其专剿宁国之贼，不必作援金陵之想。弟处守城，皆须全靠自己，切莫盼望他人。其可盼者，只有都部与程、王两军及回湘续招之三千人而已。

多礼堂一军，余与官、都、李四处具奏，渠亦迫思东还，大约十一月必到和州一带。只要处处守定，至冬间不患无转机也。火药实接济不上，弟当极力节省，子与银米，尚可敷衍。

再，去年三月十四日左季帅在乐平之战，全在善于蓄势审机。兹将渠原信寄弟一阅。兵无常法，弟不可泥左之法以为法，拘左之机以为机，然亦可资参采。大约与巨寇战，总须避其锐气，击其惰归，乃为善尔。

九月十五日

（五）治　家

勉勤俭耕读

澄侯、温甫、子植、季洪四位老弟左右：

十月十三县城专人来营，接到父亲大人手谕，同日成章鉴来，又接植弟十五、十八日二函，俱悉一切。张德坚处寄书至今尚未到。温弟得生一女，母子平安。甚慰甚慰。闻其侧室亦有梦熊之兆，想当再索得男也。

唐莘洲父台恺恻慈祥，吾邑士民爱戴。此际去任，自必攀辕挽留，但仅有夏憩亭一信，不足为凭。夏此时并非湖南之官，私信干预，或者有之，断不能以公牍禀告中丞。余若遽以书抵骆中丞，恐省城并无唐公调任之说，翻讶此言从何而来，则根究其由，无损于夏憩亭而转有损于唐父台。如果有调任之事，俟确信到日，沅浦以一书求左季高，可挽回也。留好官非干预公事可比，余之信所能止者，沅弟之信亦能止之，第不可早发，徒生疑窦耳。

澄弟带勇至朱州、株亭等处，此间亦自此信。兹得沅弟信，知系康斗山、刘仙桥二人，澄弟实未管带，甚好甚好。带勇之事，千难万难，任劳任怨，受苦受惊，一经出头，则一二三年不能离此苦恼。若似季弟吃苦数月便尔脱身，又不免为有识者所笑。余食禄有年，受国厚恩，自当尽心竭力办理军务，一息尚存，此志不懈。诸弟则当伏处山林，勤俭耕读，奉亲教子，切不宜干涉军政，恐无益于世，徒损于家。至嘱至嘱。

罗山分军在濠头堡失利，彭二元、李杏春殉难。有此一挫，武汉恐不能即复。浔阳周凤山一军，湖口李次青一军及水军平安如故。茶陵贼匪窜至江西，安福、永新失守，吉安府城戒严。在次青处调平江勇千三百人往援，周臬台亦带千余人往剿，不知能迅速剿灭否？

余癣疾日痊，营务平善，无劳挂虑。诸弟为我禀告父亲大人、叔父大人

兄国藩手草　三月十七夜

兄弟应和善相处

诸位老弟足下：

正月十五日接到四弟、六弟、九弟十二月初五日所发家信。

四弟之信三页，语语平实。责我待人不恕，甚为切当。谓月月

书信徒以空言责弟辈，却又不能实有好消息，令堂上阅兄之书，疑弟辈粗俗庸碌，使弟辈无地可容云云。此数语，兄读之不觉汗下。

我去年曾与九弟闲谈，云为人子者，若使父母见得我好些，谓诸兄弟俱不及我，这便是不孝，若使族党称道我好些，谓诸兄弟俱不如我，这便是不弟。何也？盖使父母心中有贤愚之分，使族党口中有贤愚之分，则必其平日有讨好的意思，暗用机计，使自己得好名声，而使其兄弟得坏名声，必其后日之嫌隙由此而生也。刘大爷、刘三爷兄弟皆想做好人，卒至视如仇雠。因刘三爷得好名声于父母族党之间，而刘大爷得坏名声故也。今四弟之所责我者，正是此道理，我所以读之汗下。但愿兄弟五人，各各明白这道理，彼此互相原谅。兄以弟得坏名为忧，弟以兄得好名为快。兄不能使弟尽道得令名，是兄之罪；弟不能使兄尽道得令名，是弟之罪。若各各如此存心，则亿万年无纤芥之嫌矣。

至于家塾读书之说，我亦知其甚难，曾与九弟面谈及数十次矣。但四弟前次来书，言欲找馆出外教书。兄意教馆之荒功误事，较之家塾为尤甚。与其出而教馆，不如静坐家塾。若云一出家塾便有明师益友，则我境之所谓明师益友者，我皆知之，且已夙夜熟筹之矣。惟汪觉庵师欧阳沧溟先生。是兄意中所信为可师者。然衡阳风俗，只有冬学要紧，自五月以后，师弟皆奉行故事而已。同学之人，类皆庸鄙无志者，又最好讪笑人（其笑法不一，总之不离乎轻薄而已。四弟若到衡阳去，必以翰林之弟相笑。薄俗可恶）。乡间无朋友，实是第一恨事。不惟无益，且大有损。习俗染人，所谓与鲍鱼处，亦与之俱化也。兄尝与九弟道及：谓衡阳不可以读书，涟滨不可以读书，为损友太多故也。今四弟意必从觉庵师游，则千万听兄嘱咐，但取明师之益，无受损友之损也。

接到此信，立即率厚二到觉庵师处受业。其束脩，今年谨具钱十挂。兄于八月准付回，不至累及家中。非不欲从丰，实不能耳。

兄所最虑者，同学之人无志嬉游，端节以后放散不事事，恐弟与厚二效尤耳。切戒切戒。凡从师必久而后可以获益。四弟与季弟今年从觉庵师，若地方相安，则明年仍可从游；若一年换一处，是即无恒者，见异思迁也，欲求长进难矣。

此以上答四弟信之大略也。

六弟之信，乃一篇绝妙古文。排界似昌黎，拗很似半山。予论古文，总须有倔强不驯之气，愈拗愈深之意。故于太史公外，独取昌黎、半山两家。论诗亦取傲兀不群者，论字亦然。每蓄此意，而不轻谈。近得何子贞意见极相合，偶谈一二句，两人相视而笑，不知六弟乃生成有此一枝妙笔。往时见弟文，亦无大奇特者。今观此信，然后知吾弟真不羁才也。欢喜无极，欢喜无极！凡兄所有志而力不能为者，吾弟皆可为之矣。

信中言兄与诸君子讲学，恐其渐成朋党。所见甚是。然弟尽可放心。兄最怕标榜，常存暗然尚絅之意，断不至有所谓门户自表者也。信中言四弟浮躁不虚心，亦切中四弟之病。四弟当视为良友药石之言。

信中又有荒芜已久，甚无纪律二语。此甚不是。臣子与君亲，但当称扬善美，不可道及过错；但当谕亲于道，不可疵议细节。兄从前常犯此大恶，但尚最腹诽，未曾形之笔墨。如今思之，不孝孰大乎是？常与阳牧云并九弟言及之，以后愿与诸弟痛惩此大罪。六弟接到此信，立即至父亲前磕头，并代我磕头请罪。

信中又言弟之牢骚，非小人之热衷，乃志士之惜阴。读至此，不胜惘然，恨不得生两翅忽飞到家，将老弟劝慰一番，纵谈数日乃快。然向使诸弟已入学，则谣言必谓学院做情。众口铄金，何从辩起！所谓塞翁失马，安知非福。科名迟早，实有前定，虽惜阴念切，正不必以虚名萦怀耳。

来信言看《礼记》疏一本半，浩浩茫茫，苦无所得，今已尽弃，不敢复阅，现读《朱子》纲目，日十余页云云。说到此处，兄不胜悔恨。恨早岁不曾用功，如今虽欲教弟，譬盲者而欲导人之迷途也，求其不误难矣。然兄最好苦思，又得诸益友相质证，于读书之道，有必不可易者数端：

穷经必专一经，不可泛骛。读经以研寻义理为本，考据名物为末，读经有一耐字诀。一句不通，不看下句；今日不通，明日再读；今年不精，明年再读。此所谓耐也。读史之法，莫妙于设身处地。每看一处，如我便与当时之人酬酢笑语于其间。不必人人皆能记也，但记一人，则恍如接其人；不必事事皆能记也，但记一事，则恍如亲其事。经以穷理，史以考事。舍此二者，更别无学矣。

盖自西汉以至于今，识字之儒约有三途：曰义理之学，曰考据之学，曰词章之学。各执一途，互相诋毁。兄之私意，以为义理之学最大。义理明则躬行有要而经济有本。词章之学，亦所以发挥义理者也。考据之学，吾无取焉矣。此三途者，皆从事经史，各有门径。吾以为欲读经史，但当研究义理，则心一而不纷，是故经则专守一经，史则专熟一代，读经史则专主义理。此皆守约之道，确乎不可易者也。

若夫经史而外，诸子百家，汗牛充栋。或欲阅之，但当读一人之专集，不当东翻西阅。如读昌黎集，则目之所见，耳之所闻，无非昌黎。以为天地间，除昌黎集而外，更别无书也。此一集未读完，断断不换他集，亦专字诀也。六弟谨记之。

读经、读史、读专集、讲义理之学，此有志者万不可易者也。圣人复起，必从吾言矣。然此亦仅为有大志者言之。若夫为科名之学，则要读四书文，读试帖、律赋，头绪甚多。四弟、九弟、厚二弟天质较低，必须为科名之学。六弟既有大志，虽不科名可也，但当守一耐字诀耳。观来信言读《礼记》疏似不能耐者，勉之勉之。

兄少时天分不甚低，厥后日与庸鄙者处，全无所闻，窍被茅塞久矣。及乙未到京后，始有志学诗古文并作字之法，亦泊无良友。近年得一二良友，知有所谓经学者、经济者，有所谓躬行实践者，始知范、韩可学而至也，司马迁、韩愈亦可学而至也，程、朱亦可学而至也。慨然思尽涤前日之污，以为更生之人，以为父母之肖子，以为诸弟之先导。无如体气本弱，耳鸣不止，稍稍用心，便觉劳顿。每自思念，天既限我以不能苦思，是天不欲成我之学问也。故近日以来，意颇疏散。计今年若可得一差，能还一切旧债，则将归田养亲，不复恋恋于利禄矣。粗识几字，不敢为非以蹈大戾已耳，不复有志于先哲矣。吾人第一以保身为要。我所以无大志愿者，恐用心太过，足以疲神也。诸弟亦须时时以保身为念，无忽无忽。

来信又驳我前书，谓必须博雅有才，而后可明理有用。所见极是。兄前书之意，盖以躬行为重，即子夏"贤贤易色"章之意。以为博雅者不足贵，惟明理者乃有用，特其立论过激耳。六弟信中之意，以为不博雅多闻，安能明理有用？立论极精，但弟须力行之，不可徒与兄辩驳见长耳。

来信又言四弟与季弟从游觉庵师，六弟、九弟仍来京中，或肄业城南云云。兄之欲得老弟共住京中也，其情如孤雁之求曹也。自九弟辛丑秋思归，兄百计挽留，九弟当能言之。及至去秋决计南归，兄实无可如何，只得听其自便。若九弟今年复来，则一岁之内忽去忽来，不特堂上诸大人不肯，即旁观者亦且笑我兄弟轻举妄动。且两弟同来，途费须得八十金，此时实难措办。弟云能自为计，则兄窃不信。曹西垣去冬已到京，郭云仙明年始起程，目下亦无好伴。惟城南肄业之说，则甚为得计。兄于二月间准付银二十两至金竺虔家，以为六弟、九弟省城读书之用。竺虔于二月起身南旋，其银四月初可到。

弟接到此信，立即下省肄业。省城中兄相好的如郭云仙、凌笛舟、孙芝房，皆在别处坐书院。贺蔗农、俞岱青、陈尧农、陈庆覃诸先生皆官场中人，不能伏案用功矣。惟闻有丁君者（名叙忠，号秩臣，长沙廪生），学问切实，践履笃诚。兄虽未曾见面，而稔知其可师，凡与我相好者，皆极力称道丁君。两弟到省，先到城南住斋，立即去拜丁君（托陈季牧为介绍），执贽受业。凡人必有师；若无师，则严惮之心不生。即以丁君为师，此外择友则慎之又慎。昌黎曰："善不吾与，吾强与之附；不善不吾恶，吾强与之拒。"一生之成败，皆关乎朋友之贤否，不可不慎也。

来信以进京为上策，以肄业城南为下策。兄非不欲从上策，因九弟去来太速，不好写信禀堂上。不特九弟形迹矛盾，即我禀堂上亦必自相矛盾也。又目下实难办途费。六弟言能自为计，亦未历甘苦之言耳。若我今年能得一差，则两弟今冬与朱啸山同来甚好。目前且从次策。如六弟不以为然，则再写信来商议可也。此答六弟信之大略也。

九弟之信，写家事详细，惜说话太短。兄则每每太长，以后截长补短为妙。尧阶若有大事，诸弟随去一人帮他几天。牧云接我长信，何以全无回信？毋乃嫌我话太直乎？扶乩之事，全不足信。九弟总须立志读书，不必想及此等事。季弟一切皆须听诸兄话。此次折弁走甚急，不暇抄日记本。余容后告。

冯树堂闻弟将到省城，写一荐条，荐两朋友。弟留心访之可也。

正月十七日

馈赠族戚

六弟、九弟左右：

三月八日接到两弟二月十五所发信，信面载第二号，则知第一号信未到。比去提塘追索，渠云并未到京，恐尚在省未发也。以后信宜交提塘挂号，不宜交折差手，反致差错。

来书言自去年五月至十二月，计共发信七八次。兄到京后，家人仅检出二次：一系五月二十二日发，一系十月十六日发。其余皆不知，远信难达，往往似此。

腊月信有糊涂字样，亦情之不能禁者，盖望眼欲穿之时，疑信杂生，怨怒交至。惟骨肉之情愈挚，则望之愈殷；望之愈殷，则责之愈切。度日如年，居室如圜墙，望好音如万金之获，闻谣言如风声鹤唳；又加以堂上之悬思，重以严寒之逼人。其不能不出怨言以相詈者，情之至也。然为兄者观此二字，则虽曲谅其情，亦不能不责之；非责其情，责其字句之不检点耳。何芥蒂之有哉！

至于回京时有折弁南还，则兄实不知。当到家之际，门几如市，诸务繁剧，吾弟可想而知。兄意谓家中接榜后所发一信，则万事可以放心矣，岂尚有悬挂者哉！来书辩论详明，兄今不复辩，盖彼此之心虽隔万里，而赤诚不啻目见，本无纤毫之疑，何必因二字而多费唇舌！以后来信，万万不必提起可也。

所寄银两，以四百为馈赠族戚之用。来书云："非有未经审量之处，即似稍有近名之心。"此二语推勘入微，兄不能不内省者也。又云："所识穷乏得我而为之，抑逆知家中必不为此慷慨，而姑为是言。"斯二语者，毋亦拟而知其如救水火也。

彭王姑待我甚厚，晚年家贫，见我辄泣。兹王姑已没，故赠宜仁王姑丈，亦不忍以死视王姑之意也。腾七则姑之子，与我同孩提长养。各舅祖则推祖母之爱而及也。彭舅曾祖则推祖父之爱而及也。陈本七、郑升六二先生，则因觉庵师而牵连及之者也。

其余馈赠之人，非实有不忍于心者，则皆因人而及。非敢有意讨好沽名钓誉，又安敢以己之豪爽形祖父之刻啬，为此奸鄙之心之行也哉？

诸弟生我十年以后，见诸戚族家皆穷，而我家尚好，以为本分如此耳，而不知其初皆与我家同盛者也。兄悉见其盛时气象，而今日零落如此，则大难为情矣。凡盛衰在气象，气象盛则虽饥亦乐，气象衰则虽饱亦忧。今我家方全盛之时，而贤弟以区区数百金为极少，不足比数。设以贤弟处楚善、宽五之地，或处葛、熊二家之地，贤弟能一日以安乎？凡遇之丰啬顺舛，有数存焉，虽圣人不能自为主张。天可使吾今日处丰亨之境，即可使吾明日处楚善、宽五之境。君子之处顺境，兢兢焉常觉天之过厚于我，我当以所余补人之不足。君子之处啬境，亦兢兢焉常觉天之厚于我：非果厚也，以为较之尤啬者，而我固已厚矣。古人所谓境地须看不如我者，此之谓也。

来书有“区区千金”四字，其毋乃不知天之已厚于我兄弟乎？兄尝观《易》之道，察盈虚消息之理，而知人不可无缺陷也。日中则昃，月盈则亏，天有孤虚，地阙东南，未有常全而不缺者。《剥》也者，《复》之几也，君子以为可喜也。《央》也者，《垢》之渐也，君子以为可危也。是故既吉矣，则由吝以趋于凶；既凶矣，则由悔以趋于吉。君子但知有悔耳。悔者，所以守其缺而不敢求全也。小人则时时求全；全者既得，而吝与凶随之矣。众人常缺，而一人常全，天道屈伸之故，岂若是不公乎？今吾家椿萱重庆，兄弟无故，京师无比美者，亦可谓至万全者矣。故兄但求缺陷，名所居曰求缺斋。盖求缺于他事，而求全于堂上。此则区区之至愿也。家中旧债不能悉清，堂上衣服不能多办，诸弟所需不能一给，亦求缺陷之义也。内人不明此意，而时时欲置办衣物，兄亦时时教之。今幸未全备，待其全时，则吝与凶随之矣。此最可畏者也。贤弟夫妇诉怨于房闼之间，此是缺陷，吾弟当思所以弥其缺而不可尽给其求，盖尽给则渐几于全矣。吾弟聪明绝人，将来见道有得，必且韪余之言也。

至于家中欠债，则兄实有不尽知者。去年二月十六接父亲正月四日手谕，中云：“年事一切，银钱敷用有余。上年所借头息钱，均已完清。家中极为顺遂，故不窘迫。”父亲所言如此，兄亦不甚了了。不知所完究系何项？未完尚有何项？兄所知者，仅江孝八外祖百两、朱岚暄五十两而已。其余如耒阳本家之帐，则兄由京寄还，不与家中相干。甲午冬借添梓坪钱五十千，尚不知作何还法，正拟此次禀问祖父。此外帐目，兄实不知。下次信来，务望详开一单，使兄得渐次筹划，如弟所云家中欠债千余金，若兄早知之，亦断不肯以四百赠人矣。如今信去已阅三月，馈赠族戚之语，不知乡党已传播否？若已传播而实不至，则祖父受啬吝之名，我加一信，亦难免二三其德之诮。此兄读两弟来书，所为踌躇而无策者也。兹特呈堂上一禀。依九弟之言书之。谓朱啸山、曾受恬处二百落空，非初意所料。其馈赠之项，听祖父、叔父裁夺。或以二百为赠，每人减半亦可；或家中十分窘迫，即不赠亦可。戚族来者，家中即以此信示之，庶不悖于过则归己之义。贤弟观之以为何如也？

若祖父、叔父以前信为是，慨然赠之，则此禀不必付归，兄另有安信付去。恐堂上慷慨持赠，反因接吾书而尼沮。凡仁心之发，必一鼓作气，尽吾力之所能为。稍有转念，则疑心生，私心亦生。疑心生则计较多，而出纳吝矣；私心生则好恶偏，而轻重乖矣。使家中慷慨乐与，则慎无以吾书生堂上之转念也。使堂上无转念，则此举也，阿兄发之，堂上成之，无论其为是为非，诸弟置之不论可耳。向使去年得云贵、广西等省苦差，并无一钱寄家，家中亦不能责我也。

九弟来书，楷法佳妙，余爱之不忍释手。起笔收笔皆藏锋，无一笔撒手乱丢，所谓有往皆复也。想与陈季牧讲究，彼此各有心得，可喜可喜。然吾所教尔者，尚有二事焉。一曰换笔。古人每笔中间必有一换。如绳索然。第一股在上，一换则第二股在上，再换则第三股在上也。笔尖之着纸者仅少许耳。此少许者，吾当作四方铁笔用。起处东方在左，西方向右，一换则东方向左矣。笔尖无所谓方也，我心中常觉其方。一换而东，再换而北，三换而西，则笔尖四面有锋，不仅一面相向矣。二曰结字有法。结字之法无穷，但求胸有成竹耳。

六弟之信，文笔拗而劲，九弟文笔婉而达，将来皆必有成。但目下不知各看何书？万不可徒看考墨卷，汩没性灵。每日习字不必多，作百字可耳。读背诵之书不必多，十页可耳。看涉猎之书不必多，亦十页可耳。但一部未完，不可换他部，此万万不易之道。阿兄数千里外教尔，仅此一语耳。

罗罗山兄读书明大义，极所钦仰，惜不能会面畅谈。

余近来读书无所得，酬应之繁，日不暇给，实实可厌。惟古文各体诗，自觉有进境，将来此事当有成就；恨当世无韩愈、王安石一流人与我相质证耳。贤弟亦宜趁此时学为诗、古文，无论是否，且试拈笔为之。及今不作，将来年长，愈怕丑而不为矣。每月六课，不必其定作时文也。古文、诗、赋、四六无所不作，行之有常。将来百川分流，同归于海。则通一艺即通众艺，通于艺即通于道，初不分而二之也。此论虽太高，然不能不为诸弟言之。使知大本大原，则心有定向，而不至于摇摇无着。虽当其应试之时，全无得失之见乱其意中，即其用力举业之时，亦于正业不相妨碍。诸弟试静心领略，亦可徐徐会悟也。

外附录《五箴》一首，《养身要言》一纸，《求缺斋课程》一纸，诗文不暇录，惟谅之。

兄国藩手书　三月初十日

告堂上诸大人均已受封

子植、季洪两弟左右：

四月十四日接子植二月三日两次手书，又接季洪信一函。子植何其详，季洪何其略也！今年以来，京中已发信七号，不审俱收到否？第六号、第七号余皆有禀呈堂上，言今年恐不考差。彼时身体虽平安，而癣疥之疾未愈，头上面上颈上并斑驳陆离，恐不便于陛见，故情愿不考差。恐堂上诸大人不放心，故特作白折楷信，以安慰老亲之念。

三月初有直隶张姓医生，言最善治癣，贴膏药于癣上，三日一换，贴三次，即可拔出脓水，贴七次，即痊愈矣。初十日，令于左胁试贴一处，果有效验，二十日即令贴头面颈上，至四月初八日，而七次皆已贴毕。将膏药揭去，仅余红晕，向之厚皮顽癣，今已荡然平矣。十五六日即贴遍身，计不过半月，即可毕事，至五月初旬考差而通身已全好矣。现在仍写白折，一定赴试。虽得不得自有一定，不敢妄想，而苟能赴考，亦可上慰高堂诸大人期望之心。

寓中大小安吉。惟温甫前月底偶患感冒风寒，遂痛左膝，服药二三帖不效，请外科开一针而愈。澄弟去年习柳字，殊不足观。今年改习赵字，而参以李北海《云麾碑》之笔意，大为长进。温弟时文已才华横溢，京城诸友多称赏之。书法以命意太高，笔不足以赴其所见。故在温弟自不称意，而人亦无由称之。故论文则温高于澄，澄难为兄；论书则澄高于温，温难为弟。

子植书法驾涤、澄、温而上之，可爱之至！可爱之至！但不知家中旧有《和尚碑》（徐浩书）及《郭家庙》（颜真卿书）否？若能参以二帖之沈着，则直追古人不难矣。

狼兼毫四支既不合用，可以二支送莘田叔，以二支送弗庵表叔。正月间曾在岱云处寄羊毫二支，不知已收到否？至五月钟子宾（名音鸿，戊戌同年，放长州府知府）太守往湖南，又可再寄二支。以后两弟需用之物，随时写信至京可也。

祖父大人嘱买四川漆，现在四川门生留京者仅二人（敖册贤、陈世镳），皆极寒之士。由京至渠家有五千余里，由四川至湖南有四千余里，彼此路皆太远。此二人在京常半年不能得家信，即令彼能寄信至渠家，渠家亦万无便可赴湖南。九弟须详禀祖父大人，不如在省以重价购顶上川漆为便。做直牌匾，祖父大人系诰封中宪大夫，父亲系诰封中宪大夫，祖母诰封恭人，母亲诰封恭人。京官加一级请封，侍讲学士是从四品，故堂上皆正品也。蓝顶是暗蓝，余正月已寄回二顶矣。书不宣尽，诸详澄、温书中。今日身上敷药，不及为楷。堂上诸大人，两弟代为禀告可也。

四月十六日

遵祖父意祖母不必改葬

澄侯、子植、季洪三弟左右：

二月十一日接到三弟正月初旬手书，俱悉一切。澄侯以腊月二十三至岳州，余见罗芸皋已知之。后过湖又阻风，竟走七十余天始到。人事之难测如此！吾弟此后又添了阅历工夫矣。黎樾乔托带之件，当装车时，吾语弟曰："此物在大箱旁边恐不妥，弟明日到店，须另安置善地。"不知弟犹记得我言否？出门人事事皆须细心。今既已弄坏，则亦不必过于着急。盖此事黎樾乔与弟当分任其咎。两人皆粗心，不得专责弟一人也。

祖大人之病久不见效，兄细思之，恐有火，不宜服热药，盖祖父体赋素强，丁酉之春以服补药之故，竟成大病。后泽六爷以凉药治好。此次每日能吃三中碗饭，则火未甚衰，恐医者不察，徒见小便太数，则以为火衰所致，概以热药投之，亦足误事。兄不明医理，又难遥度，而回忆丁酉年之往事，又闻陶云汀先生为补药所误之说，特书告家中。望与名医细商，不知有可服凉药之理否？兄自去年接祖母卜后，即日日思抽身南归。无如欲为归计，有三难焉：现在京寓欠帐五百多金，欲归则无钱还帐，而来往途费亦须四百金，甚难措办。一难也。不带家眷而归，则恐我在家或有事留住，不能遽还京师，是两头牵扯；如带家眷，则途费更多，家中又无房屋。二难也。我一人回家，轻身快马，不过半年可以还京。第开缺之后，明年恐尚不能补缺，又须在京闲住一年。三难也。

有此三难，是以踌躇不决。而梦寐之中，时时想念堂上老人，望诸弟将兄意详告祖父及父母。如堂上有望我回家之意，则弟书信与我，我概将家眷留在京师，我立即回家。如堂上老人全无望我归省之意，则我亦不敢轻举妄动。下次写信，务必详细书堂上各位老人之意。

祖母之葬事既已办得坚固，则不必说及他事。日前所开山向吉凶之说，亦未可尽信。山向之说，地理也；祖父有命而子孙从之，天理也。祖父之意已坚，而为子孙者乃拂违其意，而改卜他处，则祖父一怒，肝气必郁，病势必加，是已大逆天理；虽得吉地，犹将变凶，而况未必吉乎？自今以后不必再提改葬之说。或吉或凶，听天由命；即朱尧阶、易敬臣亦不必请他寻地（尧阶二人如看得有妥地，亦不妨买）。四弟则在家帮父亲、叔父管家事，时时不离祖父左右。九弟、季弟则专心读书。只要事事不违天理，则地理之说，可置之不论不议矣。

吾身之癣，春间又发，特不如去岁之甚。面上颈上则与弟出京时一样，未再发也。六弟近日颇发愤，早间亦能早起。纪泽《诗经》尚未读完，现系竹屋教，总多间断，将来必要请一最能专馆之人。

黎樾乔御史服满引见，回原衙门行走。黄正斋之长子于正月初间失去，至今尚未归来。邓星阶就正斋之馆，李希庵就杜兰溪之馆，系我所荐。同县刘九爷、罗邹二人及新科三人皆已到京，住新馆。江岷樵住张相公庙，去我家甚近。郭筠仙尚未到。袁漱六于正月二十四到京，现在家眷住北半截胡同。周荇农尚未到。杨春皆于正月二日生一子。刘药云移寓虎坊桥，其病已全好。赵菘原之妻于正月仙逝。舒伯鲁二月出都。我家碾儿胡同房东将归，三四月必须搬家。黄秋农之银已付来，加利息十两，兄意欲退还他。

九弟、季弟读书，开口便有自画之意。见得年纪已大，功名无成，遂有憾惰之意。此万万不可。兄之乡试座师徐晓屯、许吉斋两先生，会试房师季仙九先生，皆系二十六七入泮，三十余岁中举，四十余岁入词林。诸弟但须日日用功，万不必作叹老嗟卑之想。譬如人欲之京师，一步不动而长吁短叹，但曰京师之远，岂我所能到乎？则旁观者必笑之矣。吾愿吾弟步步前行，日日不止，自有到期，不必计算远近而徒长吁短叹也。望澄侯时时将此譬喻说与子植、季洪听之，千万千万！无怠无怠！

九弟信言诸妯娌不甚相能，尤望诸弟修身型妻，力变此风。若非诸弟痛责已躬，则内之气象必不改，而乖戾之致咎不远矣。望诸弟熟读《训俗遗规》、《教女遗规》，以责已躬，以教妻子。此事全赖澄弟为之表率，关系至大，千万千万！不胜嘱切之至！伏惟留心自反为幸。

兄国藩　手草二月十二日

禀今年未得差

男国藩跪禀父母亲大人膝下：

昨初九日已刻接读大人谕及诸弟信，俱悉一切。祖父大人之病已渐愈，不胜祷祝，想可由此而痊愈也。男前与朱家信言无时不思乡土，亦久宦之人所不免，故前次家信亦言之。今既承大人之命，男则一意服官，不敢违拗，不作是想矣。

昨初六日派总裁房差，同乡惟黄恕皆一人（单另列，初八日题目亦另列）。男今年又不得差，则家中气运不致太宣泄，祖父大人之病必可以速愈，诸弟今年或亦可以入学，此盈虚自然之理也……

二月十二日

“靡不有初，鲜克有终”

沅浦九弟左右：

正七归，接一信。启五等归，又接一信。正七以疟，故不能遽回营。启五求于尝新后始去。兹另遣人送信至营，以慰远廑。

三代祠堂或分或合，或在新宅，或另立规模，统俟弟复吉后归家料理。造祠之法，亦听弟与诸弟为之，落成后，我作一碑而已。看地之事，宽十现在代觅，冒暑裹粮，一出动十日半月，又不取我家盘缠，颇为可感。惟吉壤难得，即仅图五患之免，亦不易易。余意欲祖父母、父母改葬后，将神道碑立毕，然后或出或处，乃可惟余所欲。

目下在家意绪极不佳。回思往事，无一不惭愧，无一不偏浅。幸弟去秋一出，而江西、湖南物望颇隆。家声将替，自弟振之，兹可欣慰。“靡不有初，鲜克有终”，望弟慎之又慎，总以克终为贵。

家中四宅大小平安。二十三四大水，县城、永丰受害颇甚，我境幸平安无恙。闻季洪有油在永丰，亦已被淹，渠信未之详也。澄弟以三十日赴永丰，因修丞署及蝗虫事。

弟寄归之书皆善本，林氏续选古文雅正，虽向不知名，亦通才也。如有《大学衍义》、《衍义补》二书可买者，望买之。学问之道，能读经史者为根柢，如两通（杜氏《通典》、马氏《通考》）两衍义及本朝两通（余乾学《读礼通考》、秦蕙《五礼通考》）皆萃《六经》诸史之精，该内圣外王之要。若能熟此六书，或熟其一二，即为有本有末之学。家中现有四通而无两衍义，祈弟留心。弟目下在营不可看书，致荒废正务。天气炎热，精神有限，宜全用于营事中也。余近作《宾兴堂记》，抄稿寄阅。久荒笔墨，但有间架，全无精意。愧甚愧甚。顺问近好。

兄国藩手草　五月三十日

再，弟尚有二女未许字人。余前与次青约请两家订为婚姻，以申永好。渠二子皆已定聘，余许以渠若于三年之内续生男子，即以弟本年生女许之。当复信之时，未曾与弟往返函商，亦因弟与温、季两弟平日皆佩服次青之为人也。兹特奉告，望弟莞允。次青节孝之后，此次赏不偿劳，余实负之。将来天佑其家，必有余庆也。

又及。

此次信交龙勇六送营。勇六即愿留营，不复带回信归也，望弟收用之。倘有家信，另派长夫送归可耳。抚、建之贼，究系窜闽？抑仍入浙？望查明寄归。

玉班观察家订婚之说，余主持之，尽可对，九弟妇意欲少缓，仍请弟为主。月半道场亦待弟归再办也。

余有戈什四人（陈考元、向子荣、蒋魁宾、詹鸿宾）在得胜营，望告知普钦堂，遇便保之。又罗德煌从我最久，现在刘培元营，宜设法优保之，可与刘一商也。余不一一……

兄国藩再具　五月二十日

愿以劳谦廉三字自惕

沅、季弟左右：

帐棚即日赶办，大约五月可解六营，六月再解六营，使新勇略得却暑也。抬小枪之药，与大炮之药，此间并无分别，亦未制造两种药。以后定每月解药三万斤至弟处，当不致更有缺乏。王可升十四日回省，其老营十六可到。到即派往芜湖，免致南岸中段空虚。

雪琴与沅弟嫌隙已深，难遽期其水乳。沅弟所批雪信稿，有是处，亦有未当处。弟谓雪声色俱厉。凡目能见千里，而不能自见其睫，声音笑貌之拒人，每苦于不自见，苦于不自知。雪之厉，雪不自知；沅之声色，恐亦未始不厉，特不自知耳。曾记咸丰七年冬，余咎骆、文、耆待我之薄，温甫则曰："兄之面色，每予人以难堪。"又记十一年春，树堂深咎张伴山简傲不敬，余则谓树堂面色亦拒人于千里之外。观此二者，则沅弟面色之厉，得毋似余与树堂之不自觉乎？

余家目下鼎盛之际，余忝窃将相，沅所统近二万人，季所统四五千人，近世似此者曾有几家？沅弟半年以来，七拜君恩，近世似弟者曾有几人？日中则昃，月盈则亏，吾家亦盈时矣。管子云：斗斛满则人概之，人满则天概之。余谓天之概无形，仍假手于人以概之。霍氏盈满，魏相概之，宣帝概之；诸葛恪盈满，孙峻概之，吴主概之。待他人之来概而后悔之，则已晚矣。吾家方丰盈之际，不待天之来概、人之来概，吾与诸弟当设法先自概之。

自概之道云何，亦不外清、慎、勤三字而已。吾近将清字改为廉字，慎字改为谦字，勤字改为劳字，尤为明浅，确有可下手之处。沅弟昔年于银钱取与之际不甚斟酌，朋辈之讥议菲薄，其根实在于此。去冬之买犁头嘴、栗子山，余亦大不谓然。以后宜不妄取分毫，不寄银回家，不多赠亲族，此廉字工夫也。谦之存诸中者不可知，其着于外者，约有四端：曰面色，曰言语，曰书函，曰仆从属员。沅弟一次添招六千人，季弟并未禀明，径招三千人，此在他统领所断做不到者，在弟尚能集事，亦算顺手。而弟等每次来信，索取帐棚子药等件，常多讥讽之词，不平之语，在兄处书函如此，则与别处书函更可知矣。沅弟之仆从随员颇有气焰，面色言语，与人酬接时，吾未及见，而申夫曾述及往年对渠之词气，至今饮憾。以后宜于此四端痛加克治，此谦字工夫也。每日临睡之时，默数本日劳心者几件，劳力者几件，则知宣勤王事之处无多，更竭诚以图之，此劳字工夫也。

余以名位太隆，常恐祖宗留诒之福自我一人享尽，故将劳、谦、廉三字时时自惕，亦愿两贤弟之用以自惕，且即以自概耳。

湖州于初三日失守，可悯可敬。

五月十五日

宜早起务农疏医远巫

沅、季弟左右：

久不接来信，不知季病痊愈否？各营平安否？东征局专解沅饷五万，上海许解四万，至今尚未到皖。阅新闻纸，其中一条言何根云六月初七正法，读之悚惧惆怅。

余去岁腊尾买鹿茸一架，银百九十两，嫌其太贵，今年身体较好，未服补药，亦未吃丸药。兹将此茸药送至金陵，沅弟配制后，与季弟分食之。中秋凉后，或可渐服，但偶有伤风微恙，则不宜服。余阅历已久，觉有病时断不可吃药，无病时可偶服补剂调理，亦不可多。吴彤云大病二十日，竟以不药而愈，邓寅皆终身多病，未尝服药一次。季弟病时好服药，且好易方，沅弟服补剂，失之太多，故余切戒之，望弟牢记之。

弟营起极早，饭后始天明，甚为喜慰，吾辈仰法家训，惟早起、务农、疏医、远巫四者尤为切要。

七月二十五日

能死于金陵不失为志士

沅弟左右：

兹请峰山至金陵一行，劝慰老弟宽怀，专以国事为重。不带勇则已，带勇则死于金陵，犹不失为志士。弟以季之殁于金陵为悔为憾，则不可也。袁简斋诗云“男儿欲报君恩重，死到沙场是善终”，当时以为名句。季棕到安庆，余必加漆五次，大约停住两旬。峰山至金陵小住十日可也。

十一月二十四日

我兄弟所得赐物概藏于先大父庙内

沅弟左右：

弟处气象日稳，为之少慰。

萧军克复运漕，闻将进剿铜城闸。鲍军粮路虽未大通，而古、赖等专人至霆营投诚，黄、胡等逆亦自狡而不悍。或者支撑此局、风波渐定亦未可知。季弟棺漆过三次，而匠工不甚精细，此后当亲监教之。铭旌必须改写，旧者对灵焚化。

余生平不信鬼神怪异之说，而八年五月三日扶乩，预料九江一军之必败，厥后果有三河之变。及昨二十九日写铭旌时，异香满室，余所亲见亲闻，又觉神异之不尽虚妄也。

弟蒙赏之衣料，宜制成后，拜赐服之。服数次后，敬谨收藏。将来兄弟所得赐物、诰轴，概藏于先大父庙内。

十二月十五日

教子侄习劳早起

澄弟左右：

三次寄缄论季弟丧事，想均接到。闻季弟灵榇尚在西梁山一带，不知何日始达安庆。皖北暂有平稳之象，惟鲍军十分危急。鲍若不支，则宁郡之老湘营亦必难坚守。宁若不支，则徽州亦难久守。日夜忧灼，无可设法。

余以军务处处棘手，又遭季弟之变，寸心如焚。纪泽须留家中办季弟大事，二三月尚不能来营。但望军事稍顺，则余怀可渐渐舒畅矣。季弟柩过安庆，余欲留停二十天，一则多漆几次，二则到家后不进曹禾冲等屋，直进马公塘，则一切丧礼应行之仪注，即在安庆行之。且待到此后，再行斟酌。

家中诸子侄，望弟概教之习劳起早，不轻服药，一切照星冈公在日规矩。至嘱至嘱。

十二月初四日

俭朴之风不可改

澄弟左右：

接弟三月二十五日县城发信，知已由长沙归，带陈婿夫妇回门。

希庵之病，不知近日何如？此间望之真如望矣岁。

六安州以初六日解围，闻伪忠王因太仓州为少荃中丞所克，遂率大股回援苏州，不复上犯湖北。鄂之幸。亦余之幸也。鲍军现由庐州进攻巢县，萧为则与彭杏南初九日攻破铜城闸，毛竹丹、刘南云初七日攻破东关，北岸之事大有转机。苗沛霖复叛，攻围寿州已半月，尚能坚守。城中仅五百人，苗之伎俩实不足畏也。南岸芜湖、金柱关、宁国皆极平稳，徽州近日亦松，江西之北边亦不致被贼冲入，此皆可喜之事。饷银虽极缺乏，然米粮充足，除度五、六、七荒月外，大约可剩谷二万余石。

余身体平安，入夏渴睡甚多。欧阳凌云于初八日赴金陵，晓岑于十一日抵皖。泽儿果起行东来否？如其来营，必约金二外甥与袁婿同来。甥到此读书可豁眼界，婿亦可略就范围耳。闻弟居家用费甚奢，务宜收啬，累世俭朴之风，不可尽改。至嘱至嘱。即问近好。

兄国藩手草　四月十四日

担当大事全在明强二字

沅弟左右：

二十七日接二十一日来信，俱悉一切。

弟辞抚之意如此坚切，余二十二日代弟所作之折想必中意矣。来信“乱世功名之际尤为难处”十字实获我心。本日余有一片，亦请将钦篆、督篆二者分出一席，另简大员。兹将片稿抄寄弟阅。吾兄弟常存此兢兢业业之心，将来遇有机缘，即便抽身引退，庶几善始善终，免蹈大戾乎？至于担当大事，全在明强二字。《中庸》学、问、思、辨、行五者，其要归于愚必明，柔必强。弟向来倔强之气，却不可因位高而顿改。凡事非气不举，非刚不济，即修身养家，亦须以明强为本。

巢县既克，和、含必可得手。以后进攻二浦，望弟主持一切，函告鲍、萧、彭、刘四公。余相隔太远，不遥制也。顺问近好。

国藩手草　四月二十七日

弟公文不宜用咨呈。用咨以符通例。

为文宜从简当二字着力

沅弟左右：

日内未接来信，不知城贼又出扑我营否？寿州之围断不能解，大约如前年安庆故事，援贼看我破城耳。顷接云仙信，于弟疏稿不甚以为然，兹寄阅。余批弟疏亦寄去查收。弟平日于文章一途最谦退不敢自信，寄云仙处请益晰疑，原无不可。祭文寄京师刘韫翁处，则似自信为能文者，不似平日之谦谨。京师人文荟萃，韫翁交游最广，万目传观，究为非宜。以后弟文宜专从简当二字着力，每日读书一时工夫亦不可少。

方子白谨厚朴实，或有裨于弟，而无佻薄难近之态，弟若欲延之，则另派员署和州也。刘冰如一信抄阅，系寄湖北司道者，读之寒心。李黼堂在湖北偶一蹉跌，便若半身不遂者，不知真病乎？抑装病乎？顺问近好。

国藩手草　五月初九日

无形之功不宜形诸奏牍

沅弟左右：

十五日接弟初六、四、初十日三次信，十六日又接初八日信，俱悉一切。所应复者，条列如左：

二浦既克，现依弟议，移韦守巢县、东关，梁、王、万三营守西梁山、铜城闸，腾出萧军分守二浦，刘军围攻九洑，鲍军南渡打东坝、二溧，另有公牍知会矣。

弟在湖南索取之药四万斤、银万两、绳十万，今日已到此间。

除催令速行外，余又另解三万、米三千、子弹五万斤，又解还弟代济鲍营米一千九百石，均于日内成行。

陈氏即葬于安庆城外，已买得地一处，定于二十一日下殡。

靖毅公墓志，此时可写矣，日内当添数语寄去。

去年进兵雨花台，忠、侍以全力来援，俾浙沪皆大得手。今年攻克各石城，俾二浦速下，扬州、天、六之贼皆回南岸，此弟功之最大处。然此等无形之功，吾辈不宜形诸奏牍，并不必腾诸口说，见诸书牍，此是谦字之真工夫。所谓君子之所不可及，在人之所不见也。吾时时以和为殷鉴，望弟时时以和为殷鉴。比之向忠武，并不甚劣。弟不必郁郁也。顺问近好。

国藩手草　五月十六日

弟谢恩折写定交来弁带还

沅弟左右：

十八日接十三日酉刻之信，畅论扬、镇两不宜调来会剿，甚是甚是！余十二日折中有一面咨调扬、镇兵等语，诚恐寄谕与都、冯两处，便尔提及。此间无咨牍，渠自不轻动也。弟谢恩折昨日改定，今日写定。不料轮舟明日尚不开行，只得交来弁带还。弟处借有附近府县印花否？兹寄去一颗，以便封发。如有府县印，则不必借总督印。军情无可多说，不能不稍着议论，故将次卿折全数涂改，惠甫折则未动也。金陵近得透雨否？酷热少解否？顺问近好。

国藩手草　六月二十日夜

夹板正折一件、稿一件、家信二件照收。

奏折一事弟须用一番工夫

沅弟左右：

接二十六日巳刻来信，俱悉一切。

奏折一事，弟须用一番工夫。秋凉务闲之时试作二三篇，眼界不必太高，自谦不必太甚。上次惠甫、次卿二稿，只须改润一二十字，尽可去得。目下外间咨来之折，惟浙沪湘三处较优，左、李、郭本素称好手也。此外如官、骆、沈、严、僧、吴、都、冯之折，弟稍一留心即优为之。以后凡有咨送折稿到弟处者，弟皆视如学生之文，圈点批抹。每折看二次，一次看其办事之主意、大局之结构，一次看其造句下字之稳否。一日看一二折，不过月余，即可周知时贤之底蕴。然后参看古人奏稿，自有进益。每日极多不过二三刻工夫，不可懒也。二十五日拜发之件，尽可咨行邻省。

金眉生与鹤侪积怨甚深，吾辈听言，亦须独具权衡。权位所在，一言之是非，即他人之荣辱予夺系焉。弟性爽快，不宜发之太骤。顺问近好。

兄国藩手书　七月初一日

强字须从明字做出

沅弟左右：

初十夜接初六日专人来信，俱悉一切。

鹤侪借留弟营委员至三个月之久，宜弟恚怒不平。弟去之严札，其是处余以圆圈识之，其太繁处余以尖圈识之。乔来之戆禀，余亦以圆圈尖圈识之。何铣之事，本拟俟筠仙查复后再行严办。今筠公有抚粤之行，后来者不知为谁。意欲严惩何铣，竟不知如何下手乃为恰如题分。盖谴罚有罪，亦须切当事理，乃服人心。筠、南二公日内必到此间，商定后再行举发可也。

近人折稿，弟处咨到者少，余当饬抄成本，陆续寄去，每月寄送二份。古人奏疏，亦当抄二三十篇，以备揣摹。

强字原是美德，余前寄信亦谓明强二字断不可少。第强字须从明字做出，然后始终不可屈挠。若全不明白，一味横蛮，待他人折之以至理，证之以后效，又复俯首输服，则前强而后弱，京师所谓瞎闹者也。余亦并非不要强之人，特以耳目太短，见事不能明透，故不肯轻于一发耳。又吾辈方鼎盛之时，委员在外，气焰薰灼，言语放肆，往往令人难近。吾辈若专尚强劲，不少敛抑，则委员仆从等不闹大祸不止。

盐务规复引地，余有寄南坡一信，抄稿付阅。所索子药太多，候酌发之，即问近好。

国藩手草　七月十一日

凡事当存谨慎俭朴之见

澄弟左右：

接弟九月中旬信，俱悉一切。此间近事，自石埭、太平、旌德三城投诚后，又有高淳县投诚，于十月初二日收复，东坝于初七日克复，宁国、建平于初六、初九日收复，广德亦有投诚之信，皖南即可一律肃清。淮上苗逆虽甚猖獗，而附苗诸圩因派粮派人逐求无厌，纷纷叛苗而助官兵，苗亦必不能成大气候矣。

近与儿女辈道述家中琐事，知吾弟辛苦异常，凡关孝友根本之事，弟无不竭力经营。惟各家规模总嫌过于奢华。即如四轿一事，家中坐者太多，闻纪泽亦坐四轿，此断不可。弟曷不严加教责？即弟亦只可偶一坐之，常坐则不可。篾结轿而远行，四抬则不可；呢轿而四抬则不可入县城、衡城，省城则尤不可。湖南现有总督四人，皆有子弟在家，皆与省城各署来往，未闻有坐四轿。余昔在省办团，亦未四抬也。以此一事推之，凡事皆当存一谨慎俭朴之见。

八侄女发嫁，兹寄去奁仪百两、套料裙料各一件。科三盖新屋移居，闻费钱颇多。兹寄去银百两，略为做助。吾恐家中奢靡太惯，享受太过，故不肯多寄钱物回家，弟必久亮之矣。即问近好。

国藩手草　十月十四日

克城之迟早乃有天定

沅弟左右：

接十七、二十一日两次来信。上海解银三万，至弟营之轮船在无为境内炸裂沉坏，伤毙数十人，钱万串及军装全失，故弟函到此亦迟。

弟将续募八大营停止，甚善甚善。惟刘连捷之数营、辰沅一带之数营俱未停止，犹嫌人数太多，粮米不继。闻贼中米足者可支年余，不足者难支一月，克城之迟早，乃有天定，不关人谋也。

厚庵请归养亲养病，缄牍俱到，拟仍作书坚留之。弟心中欲做之文章，余亦久怀此意。将来或兄先发，或弟先发，须熟商明白，再行举动。晏彤翁处，余于十五日专差送一幛、一联、如意、燕菜，不知赶上否？黄中瓒来，当优待之。江军门来此五日，病势极重，殆不可支，悯虑之至！顺问近好。

国藩手草　十月二十八日

十二日保折，二十七日接到。刘、张赏黄马褂。

无贪功之速成但求事之稳适

沅弟左右：

接十月二十五日来信，俱悉一切。

御赏诗文集谢折久已专差拜发，竟忘寄稿与弟．兹由公牍寄去。

湘后左右营应即由金陵粮台发饷，以归划一。王远和、黎定志既不明白，弟应速放管带或帮带官，切勿瞻徇迟疑。余在此与王柱堂说明，王、黎只暂带至金陵，即由弟另派人带。并无王、黎长带之说，公牍亦斟酌详明也。莘田叔所带两营，日内亦将到营，望弟无贪功之速成，但求事之稳适。厚庵告假，闻与雪琴微有不协，弟知其详否？即问近好。

国藩手草　十一月初二

正封缄间，闻苏州二十五克复，虽未得少荃信，而上海来人甚多，事甚确也。余保少荃，弟让程镇，大有益于东南全局，可慰可慰。弟二十八日夜信，顷亦接到。皖票昨夜始由篪轩送弟处，立意早定，而办事太慢，余之咎也。

国藩又行　初二申正

以俭字相勖则可久矣

澄弟左右：

十二月二十九日接十五日县城所发之缄，俱悉一切。

五十侄女生子，恭喜弟又做一届外公。余兄弟屡见孙女，尚未抱孙，不知何年乃做真公公。科四今春完娶，想三家之中不久必有佳音耳。

此间年底平安。各营腊月皆放一个月满饷，近岁所仅见也。惟米贵异常，年前已卖至五千二百文一石。九弟及各军近日均无战事。苗沛霖既诛，其部下头目为僧王擒斩殆尽。李世忠亦知畏罪。近有文书来，将渠所据城池交出，请我派人去守，其枪炮亦愿缴出。将来江北可无后患。

余身体平安，合署内外俱好，惟俭字日减一日。余兄弟无论在官在家，彼此常以俭字相勖，则可久矣。顺问新岁吉好。

国藩手草　正月初四日

惟崇俭可长久

字谕纪泽：

八月二十日胡必达、谢荣凤到，接尔母子及澄叔三信，并《汉魏百三家》、《圣教序》三帖。二十二日谭在荣到，又接尔及澄叔二信。俱悉一切。

蔡迎五竟死于京口江中，可异可悯。兹将其口粮三两补去外，以银二十两赈恤其家。朱运四先生之母仙逝，兹寄去奠仪银八两。蕙姑娘之女一贞，于今冬发嫁，兹付去奁仪十两。家中可分别妥送。大女儿择于十月初三日发嫁，袁家已送期来否？余向定妆奁之资二百金，兹先寄百金回家，制备衣物，余百金俟下次再寄。其自家至袁家途费暨六十侄女出嫁奁仪，均俟下次再寄也。居家之道，惟崇俭可以长久，处乱世尤以戒奢侈为要义，衣服不宜多制，尤不宜大镶大滚，过于绚烂。尔教导诸妹，敬听父训，自有可久之理。

牧云舅氏书院一席，余已函托寄云中丞，沅叔告假回长沙，当面再一提及，当无不成。余身体平安。二十一日成服哭临，现在三日已毕。疮尚未好，每夜搔痒不止，幸不甚为害。湖叔近患疟疾，二十二日痊愈矣。此次未写澄叔信，尔将此呈阅。

八月二十四日

女儿出嫁不可奢侈

字谕纪泽儿：

昨见尔所作《说文》分韵解字凡例，喜尔今年甚有长进，固请莫君指示错处。莫君名友芝，字子偲，号侣亭，贵州辛卯举人，学问淹雅。丁未年在琉璃厂与余相见，心敬其人。七月来营，复得畅谈。其学于考据、词章二者皆有本原，义理亦践修不苟。兹将渠批订尔所作之凡例寄去，余亦批示数处。

又寄银百五十两，合前寄之百金，均为大女儿于归之用。以二百金为奁具，以五十金为程仪，家中切不可另筹银钱，过于奢侈。遭此乱世，虽大富大贵，亦靠不住，惟勤俭二字可以持久。又寄丸药二小瓶，与尔母服食。尔在家常早起否？诸弟妹早起否？说话迟钝、行路厚重否？宜时时省记也。

涤生手示　九月二十四日

寄银为二女奁资

字谕纪泽儿：

接沅叔信，知二女喜期，陈家择于正月二十八日入赘，澄叔欲于乡间另备一屋。余意即在黄金堂成礼，或借曾家坳头行礼，三朝后仍接回黄金堂。想尔母子与诸叔已有定议矣。兹寄回银二百两，为二女儿奁资。外五十金，为酒席之资，俟下次寄回（亦于此次寄矣）。

浙江全省皆失。贼势浩大，迥异往时气象。鲍军在青阳，亦因贼众兵单，未能得手。徽州近又被围。余任大责重，忧闷之至。疮癣并未少减。每当痛痒极苦之时，常思与尔母子相见，因贼氛环逼，不敢遽接家眷。又以罗氏女须嫁，纪鸿须出考，且待明春察看。如贼焰少衰，安庆无虑，则接尔母来此一行。尔夫妇与陈婿在家照料一切。若贼氛日甚，则仍接尔来此一行。明年正二月，再有准信。纪鸿县府各考，均须请邓师亲送。澄叔前言纪鸿至书院读书，则断不可。

前蒙恩赐遗念衣一、冠一、搬指一、表一，兹用黄箱送回（宣宗遗念衣一、玉佩一，亦可藏此箱内），敬谨尊藏。此嘱。

涤生手示　十二月十四日

嫁女不应恋母家

字谕纪鸿儿：

接尔澄叔七月十八日信并尔寄泽儿一缄，知尔奉母于八月十九日起程来皖，并三女与罗婿一同前来。

现在金陵未复，皖省南北两岸群盗如毛，尔母及四女等姑嫂来此，并非久住之局。大女理应在袁家侍姑尽孝，本不应同来安庆，因榆生在此，故吾未曾写信阻大女之行。若三女与罗婿，则尤应在家事姑事母，尤可不必同来。余每见嫁女贪恋母家富贵而忘其翁姑者，其后必无好处。余家诸女当教之孝顺翁姑，敬事丈夫，慎无重母家而轻夫家，效浇俗小家之陋习也。三女夫妇若尚在县城省城一带，尽可令之仍回罗家奉母奉姑，不必来皖。若业已开行，势难中途折回，则可同来安庆一次。小住一月二月，余再派人送归。其陈婿与二女，计必在长沙相见，不可带之同来。俟此间军务大顺，余寄信去接可也。

此间一切平安。纪泽与袁婿、王甥初二俱赴金陵。此信及奏稿一本，尔禀寄澄叔，交去人送去。余未另信告澄叔也。

涤生手示　八月初四日

一切以勤俭二字为主

字谕纪泽儿：

二十四日申正之禀，二十六申刻接到。余于二十五日巳刻抵金陵陆营，文案各船亦于二十六日申刻赶到。沅叔湿毒未愈，而精神甚好。伪忠王曾亲讯一次，拟即在此杀之。由安庆咨行各处之折，在皖时未办咨札稿，兹寄去一稿。若已先发，即与此稿不符，亦无碍也。刻折稿寄家可一二十份，或百份亦可。沅叔要二百份。宜先尽沅叔处，此外各处不宜多散。此次令王洪升坐轮船于二十七日回皖，以后送包封者仍坐舢板归去。包封每日止送一次，不可再多。尔一切以勤俭二字为主。至嘱。

涤生手示　六月二十六日酉刻

顷见安庆付来之咨行稿甚妥，此间稿不用矣。

子侄须勤俭自勉以长保盛美

澄弟左右：

前接弟信，知已由李家送葬归来，俱悉一切。

此间近状平安。沅弟之肝疾未平，湿毒更炽，克城封爵之后而郁抑之气并未稍减。余在金陵住二十余日，自六月二十五至七月初八、九，沅弟心神不怡，初十日至二十日，察沅心怀似稍开豁，病亦日减。近与余相隔二十余日，情复郁结，疾亦略增。余定于初一日起程，再赴金陵，家眷亦于初间同去，并于二十一日具折，为沅弟告病开缺回籍调理。沅见归期已近，或可速痊。然起行总在十月，但能归家过年，不能赶十一月初三也。

纪鸿想已抵家，在署一年，已沾染贵公子气习否？吾家子侄，人人须以勤俭二字自勉，庶几长保盛美。观《汉书·霍光传》，而知大家所以速败之故。观金日䃅、张安世二传，解示后辈可也。即问近好。

八月二十四日

奉母总以勤俭自惕

字谕纪泽、纪鸿儿：

余于初四日自邵阳开行后，初八日至清江浦。闻捻匪张、任、牛三股开至蒙、亳一带，英方伯雉河集营被围，易开俊在蒙城，亦两面皆贼，粮路难通。余商昌岐带水师由洪泽湖至临淮，而自留此待罗、刘率队至乃赴徐州。

尔等奉母在寓，总以勤俭二字自惕，而接物出以谦慎。凡世家之不勤、不俭者，验之于内眷而毕露。余在家深以妇女之奢逸为虑，尔二人立志撑持门户，亦宜自端内教始也。余身尚安，癣略甚耳。

涤生手示 闰五月初九日

谈闺女成婚之地

字谕纪泽、纪鸿儿：

七月二十四日接泽儿十九日之禀、鸿儿十四日之禀并诗文一首。八月初二接泽儿二十八日一禀并郭筠仙姻丈与尔之信，俱悉一切。

其二十六日专兵之禀尚未到也。

郭宅姻事，吾意决不肯由轮船海道行走。嘉礼尽可安和中度，何必冒大洋风涛之险？至成礼或在广东或在湘阴，须先将我家或全眷回湘，或泽儿夫妇送妹回湘，吾家主意定后，而后婚期之或迟或早可定，而后成礼之或湘或粤亦可定。

吾既决计不回江督之任，而全眷犹恋恋于金陵，不免武仲据防之嫌，是尔母及全眷早迟总宜回湘，全眷皆须还乡，一四女何必先行？吾意九月间，尔兄弟送家属悉归湘乡。经过省城时，如吉期在半月之内，或尔母亲至湘阴一送亦可。如吉期尚遥，则纪泽夫妇带四妹在长沙小住，届期再行送至湘阴成婚。

至成礼之地，余意总欲在湘阴为正办。筠仙姻丈去岁嫁女，既可在湘阴由意城主持，则今年娶妇，亦可在湘阴由意城主持。金陵至湘阴近三千里，粤东至湘阴近二千里。女家送三千，婿家迎二千，而成礼于累世桑梓之地，岂不尽美尽善？尔以此意详复筠仙姻丈一函，令崔成贵等由海道回粤。余亦以此意详致一函，由排单寄去，即以此信为定。喜期定用十二月初二日，全眷十月上旬自金陵启行，断不致误。如筠仙姻丈不愿在湘阴举行，仍执送粤之说，则我家全眷暂回湘乡，明年再商吉期可也。

郭宅送来衣服、首饰及燕菜、马褂之类全数收领，途费四百则交来使带回，无庸收存。此间送女途费理应自备也。崔巡捕、杨仆各给银四十两，但用余名写书一封答之。其喜期之书帖，待湘阴成礼时再办。

鸿儿之文气势颇旺，下次再行详示。尔母须用伏苓，候至京之便购买。余以二十四日自临淮起行，十日无雨，明日可到临徐州矣。途一切平安，勿念。

涤生手示　八月初三日

再，尔复筠仙姻叔之信，或将余此日之信抄一稿附去，或不抄，尔兄弟酌之。余决计不由海道行走，如必欲送粤，余不甚坚执也，但心以湘阴为宜耳。陈舫仙寄到在京见闻密件，兹抄寄尔阅，秘之。朱金权远来，似不便阻某来徐，只好听之。又示。

如闺女在湘阴成婚日期不可改

字谕纪泽儿：

八月十一日接尔七月二十五、八月初三日禀二件，知王长胜有中途被抢之事，不知初六又派人送信否？邵世兄开来行略等件收到，位西先生遗文亦阅一过。本月当作墓铭，出月当亲为书写，仍付金陵，交刻季公铭之张氏兄弟钩刻。大约刊刻拓印须三个月工夫，年底乃可葳事。尔告邵子晋急急返杭料理葬事，以速为妙。此石不宜埋藏土中，将来或藏之邵氏家庙，或嵌之邵屋壁，或一二年后，于墓之址丈余另穿一小穴补行埋之亦无不可。此次不可待碑成再定葬期也。

科四进学在四十二名，其下尚有三名。余于八月六日送去贺礼银五十两，横批写格言一幅，尧阶之世兄贺仪二十两亦已付去。尔九叔祖母生日，不便由余处寄礼，由尔母寄去为妥。

潘文质即日坐舢板回金陵，此间有高丽参三斤带去，亦可用以配礼。余以初四抵徐，一切平安。九叔自闻抚晋之命已来过信三次，兹封寄尔等一阅。余不多及。

涤生手示　八月十三日

前初三日信全家回湘之说，尔母子议定否？若不愿遽归，迅速具禀来商。郭家如应允在湘阴成婚，则当依其十二月初二日之期，不可更改。或全家同行，或仅尔夫妇送去，总须在重阳前定局也。又示。袁勿斋求挽联、书序，实无暇为之，尔婉辞之可也。

日来核改水师章程

字谕纪泽、纪鸿儿：

十一日接泽儿初六日排单一函，十七日午刻接专兵杨锦荣送到尔二人信函。泽儿信面注十一日，则杨弁七日即到，已照格赏钱千八百文矣。“广雅”、邵铭收到。郭家韩文既缺四卷，即不必带来。尔母之信欲令泽儿夫妇先归，而自带鸿儿留金陵，以便去余稍近，声息易通。余明年正月即移驻周家口。该处距汉口八百四十里，距长沙一千六百余里，距金陵亦一千三百余里。两边皆系陆路，通信于金陵，与通信于长沙，其难一也。泽儿来此省觐，送余移营起程后即回金陵。全眷仍以三月回湘为妥。吴育泉正月上学，教满两月，如果师弟相得，或请之赴湖南，或令纪鸿、陈婿随吴师来余营读书亦无不可。家中人少，不宜分作两处住也。

余日来核改水师章程，将次完竣。惟提镇以下至千把，每年各领养廉若干，此间无书可查，泽儿可翻《会典》，查出寄来（难抄许多，将书数本折角寄）。凡经制之现行者查典，凡因革之有由者查事例。武职养廉，记始于乾隆四十七年补足名粮案内。文职养廉，记始于雍正五年耗羡归公案内。尔细查武职养廉数目，即日先寄。又提督之官，见《明史·职官志》都察院条内，本与总督、巡抚等官皆系文职而带兵者，不知何时改为武职。尔试翻寻《会典》，或询之凌晓岚、张啸山等，速行禀复。

向伯常十一日得病，十八日午时去世。笃行好学，极可悯也，余不悉。

涤生手示　十一月十八日

尔母之病须熬党参膏调理

字谕纪泽儿：

十二月二日接尔十一月二十八日一禀，知尔母又患胃脘痛症。

晓岑丈后果来否？轮船行走虽易，自瓜口至扬尚有五十里，亦不易行。尔母之病体略与尔祖母江太夫人相似，总不外姜、附、耆、术、丽参之属即可奏效。若熬党参膏终年调理，必有大益。尔初十以后起程来徐，系坐长龙否？寒衣似须增加，徐州之寒甚于金陵，今年雪极多且大也。余不悉告。

涤生手示　十二月初三日

要体会勤俭刚明忠恕谦浑八德

字谕纪泽、纪鸿：

顷据探报，张逆业已回窜，似有返豫之意。其任赖一股锐意来东，已过汴梁，顷探亦有改窜西路之意。如果齐省一律肃清，余仍当赴周家口以践前言。

雪琴之坐船已送到否？三月十七果成行否？沿途州县有送迎者，除不受礼物酒席外，尔兄弟遇之，须有一种谦谨气象，勿恃其清介而生傲惰也。余近年默省之勤、俭、刚、明、忠、恕、谦、浑八德，曾为泽儿言之，宜转告与鸿儿，就中能体会一二字，便有日进之象。泽儿天质聪颖，但嫌过于玲珑剔透，宜从浑字上用些工夫。鸿儿则从勤字上用些工夫。用工不可拘苦，须探讨些趣味出来。

余身体平安，告尔母放心。此嘱。

济宁州　三月十四夜

可协修湘乡县志

字谕纪泽、纪鸿儿：

六月六日接纪泽五月十七、二十六日两禀，俱悉一切，沅叔足疼痊愈，深可喜慰。惟外毒遽瘳，不知不生内疾否？唐文李、孙二家，系指李翱、孙樵。八家始于唐荆川之文编，至茅鹿门而其名大定，至储欣同人而添孙、李二家。御选《唐宋文醇》，亦从储而增为十家。以全唐皆尚骈俪之文，故韩、柳、李、孙四人之不骈者为可贵耳。

湘乡修县志，举尔纂修。尔学未成，就文甚迟钝，自不宜承认，然亦不可全辞。一则通系公事，吾家为物望所归，不得不竭力赞助；二则尔惮于作文，正可借此逼出几篇。天下事无所为而成都是极少，有所贪有所利而成者居其半，有所激有所逼而成者居其半。尔纂韵抄毕，宜从古文上用功。余不能文，而微有文名，深以为耻，尔文更浅而亦获虚名，尤不可也。或请本县及外县之高手为撰修，而尔为协修。

吾友有山阳是鲁一同父，所撰“邳州志”、“清河县志”（下次专人寄回），即为近日志书之最善者。此外再取有名之志为式，议定体例，俟余核过，乃可动手。

纪鸿前文申夫改过，并自作一文三诗，兹寄去。申夫订于八月至鄂，教授一月，即行回川。渠善于讲说，而讲试帖尤为娓娓可听。鸿儿、瑞侄听渠细讲一月，纵八股不进，试帖必有长进。鸿儿文病在太无拄意，以后以看题及想拄意为先务。

余于十五日自济宁起程，顷始行二十余里。身体尚好，但觉疲乏耳。此谕。

涤生手示　六月十六日

居家礼节断不可忽

字谕纪泽、纪鸿儿：

十六日在济宁开船后寄去一信，二十三日在韩庄下寄沅叔一信并日记，均到否？

余于二十五日至宿迁。小舟酷热，昼不干汗，夜不成寐，较之去年赴临淮时困苦倍之。欧阳健飞言宿迁极乐寺宽大可住。余以杨庄换船，本须耽搁数日乃能集事。因一面派人去办船，一面登岸住庙，拟在此稍停三日再行前进。尔兄侍母八月回返。在徐州所开接礼单，余不甚记忆。惟本家兄弟接礼究嫌太薄，兹拟酌送两千金。内澄叔一千，白玉堂六百，有恒堂四百。尔禀商尔母及沅叔先行挪用，余近日将此数寄武昌抚署可也。

吾家门第鼎盛，而居家规模礼节总未认真讲求。历观古来世家久长者，男子须讲求耕读二事，妇女须讲求纺织酒食二事。“斯干”之诗，言帝王居室之事，而女子重在酒食是议。“家人”卦，以二爻为主，重在中馈。“内则”一篇，言酒食者居半。故吾屡教儿妇诸女亲主中馈，后辈视之若不要紧。此后还乡居家，妇女纵不能精于烹调，必须常至厨房，必须讲求作酒作醯醢小茶换茶之类。尔等亦须留心于莳蔬养鱼。此一家兴旺气象，断不可忽。纺织虽不能多，亦不可间断。大房唱之，四房皆和之，家风自厚矣。

至嘱至嘱。

涤生手示宿迁　六月二十六日

拟于十月奏请开缺

字谕纪泽、纪鸿儿：

接泽儿八月十八日禀，俱悉。择期九月二十日还湘，十月二十四日四女喜事，诸务想办妥矣。凡衣服首饰百物，只可照大女二女三女之例，不可再加。纪鸿于二十日送母之后，即可束装来营，自坐一轿，行李用小车，从人或车或马皆可，请沅叔派人送至罗山，余派人迎至罗山。

淮勇不足恃，余亦久闻此言，然物论悠悠，何足深信。所贵好而知其恶，恶而知其美。省三、琴轩均属有志之士，未可厚非。申夫好作识微之论，而实不能平心细察。余所见将才杰出者极少，但有志气，即可予以美名而奖成之。

余病虽已愈，而难以用心，拟于十二日续假一月，十月奏请开缺，但须沅弟无非常之举，吾乃可徐行吾志耳。否则别有波折，又须虚与委蛇也。此谕。

九月初九日

奏请开去各缺未必果准

字谕纪泽儿：

自接尔十月初九日一禀，久无续音。不知二十四日果办喜事否？全家已抵富堨否？

此间军事，东股任、赖窜入光、固，贼势已衰。西股张宗禹久踞秦中华阴一带，余派春霆往援，大约腊初可以成行。霞行迫不及待寄来一信，峻辞苛责，甚至以杨嗣昌比我，余不能堪，此后亦不复与通信矣。

十七日复奏不能回江督本任一折，刻木质关防留营自效一片，兹抄寄家中一阅。前有一信令尔来营侍余进京，后又有三信止尔勿来，想俱接到。若果能开去各缺，不过留营一年，或可请假省墓。但平日虽有谗谤之言，亦不乏誉颂之人，未必果准悉开诸缺耳。

纪鸿在此体气甚好，月余未令作文，听其潇洒闲适，一畅天机。腊月当令与叶甥开课作文。尔胆怯等症由于阴亏，朱子所谓气清者魄恒弱。若能善晓酣眠，则此症自去矣。此函呈澄叔一阅。特谕。

涤生手示　十一月十八日

初移富堨不可轻慢近邻

字谕纪泽儿：

十一月二十二日接尔十月二十七在长沙发禀，二十三日接十一月初二在湘潭发禀，二十六日接十一日在富堨发禀。得悉平安回家，小大清吉，至为欣慰。

此间军事，任、赖由固始窜至鄂境，郭子美二十三日在德安获胜。该逆不得逞志于鄂，势必仍回河南。张逆入秦，已奏派春霆援秦，本月当可起程。惟该逆有至汉中过年、明春入蜀之说，不知鲍军追赶得及否？

本日折差回营，十三日又有满御史参劾，奉有明发谕旨，兹抄回一阅。十月二十六日寄信令尔来营随侍进京，厥后又有三信止尔勿来，计尔到家后不过数日即接来营之手谕。余拟再具数疏婉辞，必期尽开各缺而后已。将来再奉入觐之旨，亦未可知。

尔在家料理家政，不复召尔来营随侍矣。李申夫之母尝有二语云“有钱有酒款远亲，火烧盗抢喊四邻”，戒富贵之家不可敬远亲而慢近邻也。我家初移富坱，不可轻慢近邻，酒饭宜松，礼貌宜恭。建四爷如不在我家，或另请一人款待宾客亦可。除不管闲事，不帮官司外，有可行方便之处，亦无吝也。尔信于郭家及长沙事太略，下次详述一二。此谕。

涤生手示　十一月二十六日

澄叔处将此信送阅。

正封缄间，接奉二十三日寄谕，令余仍回江督之任。余病不能多阅文牍，决计具疏固辞。兹将谕旨抄回一阅。

陈季牧遽尔沦谢。此间于初一日派李翥汉至长沙陈宅吊唁，幛一悬、银二百两。此外尚有数处送情，再有信寄家也。

又行二十八夜。

决计不为疆吏不居要任

字谕纪泽儿：

十二月初六日接尔十一月二十一日排递之信，十八日接二十七日专勇之信，俱悉一切。

余自奉回两江本任之命，十七、初三日两次具疏坚辞，皆未谕允，训词肫挚，只得遵旨暂回徐州接受关防，令少荃得以迅赴前敌，以慰宸廑。兹将初九日寄谕、二十一日奏稿抄寄家中一阅。余自揣精力日衰，不能多阅文牍，而意中所欲看之书又不肯全行割弃，是以决计不为疆吏、不居要任。两三月内，必再专疏恳辞。

军务极为棘手。二十一日有一军情片，二十二日有与沅叔信，兹抄去一阅。

朱金权利令智昏，不耐久坐，余在徐州已深知之。今年既请彭芳六照管书籍、款接人客，应将朱金权辞绝之，并请澄叔专信辞谢，乃有凭据。

余近作书箱，大小如何廉舫八箱之式。前后用横板三块，如吾乡仓门板之式。四方上下皆有方木为柱为框，顶底及两头用板装之。出门则以绳络之而可挑，在家则以架乘之而可累两箱三箱四箱不等。开前仓板则可作柜，并开后仓板则可过风。当作一小者送回，以为式样。吾县木作最好而贱，尔可照样作数十箱，每箱不过费钱数百文。读书乃寒士本业，切不可有官家风味。吾于书箱及文房器具，但求为寒士所能备者，不求珍异也。家中新居富塽，一切须存此意，莫作代代作官之想，须作代代做士民之想。门外挂匾不可写侯府相府字样。天下多难，此等均未必可靠，但挂宫太保第一匾而已。

吾明年正月初赴徐，纪鸿随往。二月半后天暖令鸿儿坐炮船至扬州。搭轮船至汉口，三月必可到家。郭婿读书何如？详写告我。此信呈澄叔一阅。

涤生手示　十二月二十三日

嗣后每月三信不可再少

字谕纪泽儿：

正月初四日专人送信并书箱之式回家。旋于初六日自周家口起行，至十五日抵徐州府。一路平安，惟初十日阻雪一天，余均按程行走。定于十九日接印。官场自李少筌宫保而下，至大小文武各员，皆愿我久于斯任，不再疏辞；江南士民闻亦望之如岁。自问素无德政，不知何以众心归向若此？

沅叔劾官相之事，此间平日相知者如少荃、雨生、眉生皆不以为然，其疏者亦复同辞。闻京师物论亦深责沅叔而共怨官相，八旗颇有恨者（雨生云然）。尔当时何以全不谏阻？顷见邸抄，官相处分当不甚重，而沅叔构怨颇多，将来仕途易逢荆棘矣。

曾文煜尚未到营，而尔交彼带来之信却已先到。近两旬未接尔信，殊深悬系。嗣后除专勇接信外，须另写两次交李中丞排递来营。每月三信，不可再少。信中须详写几句，如长沙风气何如，吾县及吾都风俗如何，尔与何人交好，凡本家亲邻近状皆宜述及，以慰远怀。此信呈澄叔一阅。

涤生手示　徐州考棚正月十七日

不积银钱留与儿孙

字谕纪泽儿：

二月初九日王则智等到营，接澄叔及尔母腊月二十五日之信并甜酒、饼粑等物。十二日接尔正月二十一日之禀，十三日接澄叔正月十四日之信，俱悉一切。

富壿修理旧屋，何以花钱至七千串之多？即新造一屋，亦不应费钱许多。余生平以大官之家买田起屋为可愧之事，不料我家竟尔行之。澄叔诸事皆能体我之心，独用财太奢与我意大不相合。凡居官不可有清名，若名清而实不清，尤为造物所怒。我家欠澄叔一千余金，将来余必寄还，而目下实不能遽还。

尔于经营外事颇有才而精细，何不禀商尔母暨澄叔，将家中每年用度必不可少者逐条开出，计一岁除田谷所入外，尚少若干，寄营余核定后以便按年付回。袁薇生入泮，此间拟以三百金贺之，以明余屏绝榆生，恶其人非疏其家也。余定于十六日自徐起行回金陵。

近又有御史参我不肯接印，将来恐竟不能不作官。或如澄叔之言，一切遵旨而行亦好。兹将折稿付回。曾文煜到金陵住两三月，仍当令其回家。余将来不积银钱留与儿孙，惟书籍尚思买耳。

沅叔屡奉寄谕严加诘责。劾官之事中外多不谓然。湖北绅士公呈请留官相，幸谭抄呈入奏时朝廷未经宣布。沅叔近日心绪极不佳，而捻匪久蹂鄂境不出，尤可闷也。此信呈澄叔阅，不另致。

涤生手草　二月十三日

告知各处存银及用途

字谕纪泽儿：

吾以初六日午刻至扬州，初八日巳刻即将起行。运司派曾德麟解到缉私经费二千余金，吾令其解金陵后路粮台，而在藩署借印批回。吾之银存于雨亭署内者，系养廉（已有万八千多余），尔尽可取用。存于作梅台中者，系运司缉私经费及沪关月送公费（现闻近三万金），为余此次进京之用（连来往途费恐近二万）。其下余若干（尔临北上时查明确数）始存台中，将来如实窘迫，亦可取用。否则散去可也（凡散财最忌有名）。

余日内平安。尔母及儿妇痊愈否？署中一切须时时照摄，十一可搬家否？如实不能，则十九搬移，不可再迟。至嘱至嘱。

涤生手示　十一月初八日巳刻

对报销册不复部议感激万分

字谕纪泽儿：

接十一月十二、十七日安禀，知尔母亲病势大减，儿妇亦痊愈矣，至以为慰，余以十七日自清江起行，天气晴和，每日按站行走，惟中有三日仅走半站，亦以爱惜马力，非真不能行也。

折弁刘高山归，报销折奉批旨“着照所请，该部知道”。竟不复部核议，殊属旷典。前雨亭方伯托许缘仲关说部中书吏，余与李相前后军饷三千余万，拟花部费银八万两。今虽得此恩旨，不复部议，而许缘仲所托部吏拟姑听之，不遽翻异前说。但八万已嫌太多，不可再加丝毫。尔先与雨亭一说，并请其告之李相，余不久亦有信与雨亭也。

余于甲子年免办报销册之旨，不追索金陵城内伪王库银之旨，不深究幼主下落之旨，及此次不复部议之旨，感激次骨，较之得高爵穹官，其感百倍过之。在途中日日念请开缺折难于下笔，徒添一矫情痕迹，无益于事。今因深感批旨，恐竟不具折陈情矣（久宦不休，将来恐难善始善终）。余途中甚健，纪鸿及仆从辈平安。鸿等今日登泰山，余未往也。日记已抄二十一天。姑先寄回，尔可由官封寄澄、沅两叔一阅，余到京续寄。尔每月三次寄信至余处，亦须三次寄两叔处。此嘱。

涤生手示　十一月二十七日泰安府店

京中虚文应酬近日更甚

字谕纪泽儿：

十七日寄去一缄并初一至十六日记，想将收到。厥后十七八九在城内拜客三天。二十日搬出城外，寓法源寺。二十一二三四各处公请听戏四天。二十五六皆有事趋朝。京中向系虚文应酬，全无真意流露，近日似更甚矣。赛中堂之世兄崇文山（绮）乙丑状元，人似有真意，才德具备，将来必为大器……

拟再具折续假

字谕纪泽儿：

十三日折弁归，接尔十一日禀。初九日信局所寄禀尚未到也。

余眩晕之症十愈七八，虽未能除根，而周、黎皆云总可除净，现尚服滋阴降火之品。

周虎文定于十五日回京，渠初以五月验看，七八月赴江西到省，似难再留。到部谒堂似非难事，尔云多延十日，何也？折弁言尔将以十八日出京，余拟以二十一二日具折续假。若尔能于二十、二十一日到省方为妥善。切盼切盼。

保定亢旱异常，人心惶惶，焦虑何极！接家信，四女之子痊愈，足一堪慰之事。季女许字聂家，沅叔即日代办下定事件。余目疾毫无转机。在京曾询访一二否？余不及详。

涤生手示　五月十三日酉刻

适派弁至总理衙门送信，便带此函到京。

预嘱后事

余即日前赴天津，查办殴毙洋人焚毁教堂一案。外国人性情凶悍，津民习气浮嚣，俱难和谐，将来构怨兴兵，恐致激成大变。余此行反复筹思，殊无良策。余自咸丰三年募勇以来，即自誓效命疆场，今老年病躯，危难之际，断不肯吝于一死，以自负其初心。恐邂逅及难，而尔等诸事无所禀承，兹略示一二，以备不虞。

余若长逝，灵柩自以由运河搬回江南归湘为便。中间虽有临清至张秋一节须改陆路，较之全行陆路者差易。去年由海船送来之书籍、木器等过于繁重，继不可全行带回，须细心分别去留。可送者分送，可毁者焚毁，其必不可弃者，乃行带归，毋贪琐物而花途费。其在保定自制之木器全行分送。沿途谢绝一切，概不收礼，但水陆略求兵勇护送而已。

余历年奏折，令夏吏择要抄录，今已抄一多半，自须全行择抄。抄毕后存之家中，留于子孙观览，不可发刻送人，以其间可存者绝少也。

余所作古文，黎莼斋抄录颇多，顷渠已照抄一份寄余处存稿，此外黎所未抄之文寥寥无几，尤不可发刻送人，不特篇帙太少，且少壮不克努力，志亢而才不足以副之，刻出适以彰其陋耳。如有知旧劝刻余集者，婉言谢之可也。切嘱切嘱。

余生平略涉儒先之书，见圣贤教人修身，千言万语，而要以不忮不求为重。忮者，嫉贤害能，妒功争宠，所谓怠者不能修，忌者畏人修之类也。求者，贪利贪名，怀土怀惠，所谓未得患得，既得患失之类也。忮不常见，每发露于名业相侔、势位相埒之人；求不常见，每发露于货财相接、仕进相妨之际。将欲造福，先去忮心，所谓人能充无欲害人之心，而仁不可胜用也。将欲立品，先去求心，所谓人能充无穿窬之心，而义不可胜用也。忮不去，满怀皆是荆棘；求不去，满腔日即卑污。余于此二者常加克治，恨尚未能扫除净尽。尔等欲心地干净，宜于此二者痛下工夫，并愿子孙世世戒之。附作忮求诗二首录右。

历览有国有家之兴，皆由克勤克俭所致，其衰也，则反是。余生平亦颇以勤字自励，而实不能勤。故读书无手抄之册，居官无可存之牍。生平亦好以俭字教人，而自问实不能俭。今署中内外服役之人，厨房日用之数，亦云奢矣。其故由于前在军营，规模宏阔，相沿未改，近因多病，医药之资漫无限制。由俭入奢易于下水，由奢反俭难于登天。在两江交卸时，尚存养廉二万金。在余初意，不料有此，然似此放手用去，转瞬即已立尽。尔辈后居家，须学陆俊山之法，每月用银若干两，限一成数，另封秤出。本月用毕，只准赢余，不准亏欠。衙门奢侈之习，不能不彻底痛改。余初带兵之时，立志不取军营之钱以自肥其私，今日差幸不负始愿，然亦不愿子孙过于贫困，低颜求人，惟在尔辈力崇俭德，善持其后而已。

孝友为家庭之祥瑞。凡所称因果报应，他事或不尽验，独孝友则立获吉庆，反是则立获殃祸，无不验者。

吾早岁久宦京师，于孝养之道多疏，后来辗转兵间，多获诸弟之助，而吾毫无裨益于诸弟。余兄弟姊妹各家，均有田宅之安，大抵皆九弟扶助之力。我身殁之后，尔等事两叔如父，事叔母如母，视堂兄弟如手足。凡事皆从省啬，独待诸叔之家则处处从厚，待堂兄弟以德业相劝、过失相规，期于彼此有成，为第一要义。其次则亲之欲其贵，爱之欲其富，常常以吉祥善事代诸昆季默为祷祝，自当神人共钦。温甫、季洪两弟之死，余内省觉有惭德。澄侯、沅浦两弟渐老，余此生不审能否相见。尔辈若能从孝友二字切实讲求，亦足为我弥缝缺憾耳。

附忮求诗二首：

善莫大于恕，德莫凶于妒。妒者妾妇行，琐琐奚此数。己拙忌人能，己塞忌人遇。己若无事功，忌人得成务；己若无党援，忌人得多助。势位苟相敌，畏逼又相恶。己无好闻望，忌人文名著；己无贤子孙，忌人后嗣裕。争名日夜奔，争利东西骛。但期一身荣，不惜他人污。闻灾或欣幸，闻祸或悦豫。问渠何以然，不自知其故。尔室神来格，高明鬼所顾。天道常好还，嫉人还自误。幽明丛诟忌，乖气相回互。重者灾汝躬，轻亦灭汝祚。我今告后生，悚然大觉寤。终身让人道，曾不失寸步。终身祝人善，曾不损尺布。消除嫉妒心，普天零甘露。家家获吉祥，我亦无恐怖（右不忮）。

知足天地宽，贪得宇宙隘。岂无过人姿，多欲为患害。在约每思丰，居困常求泰。富求千乘车，贵求万钉带。未得求速偿，既得求勿坏。芬馨比椒兰，磐固方泰岱。求荣不知厌，志亢神愈泰。岁燠有时寒，日明有时晦。时来多善缘，运去生灾怪。诸福不可期，百殃纷来会。片言动招尤，举足便有碍。戚戚抱殷忧，精爽日凋瘵。矫首望八荒，乾坤一何大！安荣无遽欣，患难无遗憝。君看十人中，八九无倚赖。人穷多过我，我穷犹可耐。而况处夷途，奚事生嗟忾？于世少所求，俯仰有余快。俟命堪终古，曾不愿乎外（右不求）。

六月初四日

天津案洋人包藏祸心

字谕纪泽儿：

接尔十九、二十日两禀，俱悉一切。

余于十九、二十日服山东丁中丞荐来之眼医刘姓方药二剂。不惟无效，二十一日又发眩晕之病。竹舲等以为刘方太疏散之咎。今日又请竹舲开方，似四五月旧方，不再服刘方矣。眼蒙殊甚，作字极苦。天津洋案，罗公使十九日相见，虽无十分桀骜要挟之象，然推诿于提督，为兵船到后要挟地步。目下洋船到者已八九号，闻后来尚且不少，包藏祸心，竟不知作何究竟？崇帅事事图悦洋酋之意以顾和局，余观之殊不足恃。死生置之度外，徐俟其至而已。

白玉堂、敦德堂各寄百金尚妥，即照寄去。朱四婶婶处应寄奠仪三十金。高列三请假进京引见，即可允许监印，系佐杂差使。唐君（伯存）科第出身，不欲以此烦之。刘医所开药方二纸抄阅。欧阳健飞与余信寄去，朝珠盒不便寄也。此谕。

涤生手示　六月二十一日

慎独、主敬、求仁、习劳

一曰慎独则心安。自修之道，莫难于养心。心既知有善知有恶，而不能实用其力，以为善去恶，则谓之自欺。方寸之自欺与否，盖他人所不及知，而己独知之。故“大学”之“诚意”章，两言慎独。果能好善如好好色，恶恶如恶恶臭，力去人欲，以存天理，则“大学”之所谓自慊，“中庸”所谓戒慎恐惧，皆能切实行之。即曾子之所谓自反而缩，孟子之所谓仰不愧，俯不怍，所谓养心莫善于寡欲，皆不外乎是。故能慎独，则内省不疚，可以对天地质鬼神，断无行有不慊于心则馁之时。人无一内愧之事，则天君泰然，此心常快足宽平，是人生第一自强之道，第一寻乐之方，守身之先务也。

二曰主敬则身强。敬之一字，孔门持以教人，春秋士大夫亦常言之，至程朱则千言万语不离此旨。内而专静纯一，外而整齐严肃，敬之工夫也；出门如见大宾，使民如承大祭，敬之气象也；修己以安百姓，笃恭而天下平，敬之效验也。程子谓上下一于恭敬，则天地自位，万物自育，气无不和，四灵毕至。聪明睿智，皆由此出。以此事天飨帝，盖谓敬则无美不备也。吾谓敬字切近之效，尤在能固人肌肤之合筋骸之束。庄敬日强，安肆日偷，皆自然之征应，虽有衰年病躯，一遇坛庙祭献之时，战阵危急之际，亦不觉神为之悚，气为之振，斯足知敬能使人身强矣。若人无众寡，事无大小，一一恭敬，不敢懈慢，则身体之强健，又何疑乎？

三曰求仁则人悦。凡人之生，皆得天地之理以成性，得天地之气以成形，我与民物，其大本乃同出一源。若但知私己，而不知仁民爱物，是于大本一源之道已悖而失之矣。至于尊官厚禄，高居人上，则有拯民溺救民饥之责。读书学古，粗知大义，即有觉后知觉后觉之责。若但知自了，而不知教养庶汇，是于天之所以厚我者辜负甚大矣。

孔门教人，莫大于求仁，而其最切者，莫要于欲立立人、欲达达人数语。立者自立不惧，如富人百物有余，不假外求；达者四达不悖，如贵人登高一呼，群山四应。人孰不欲己立己达，若能推以立人达人，则与物同春矣。后世论求仁者，莫精于张子之《西铭》。彼其视民胞物与宏济群伦，皆事天者性分当然之事。必如此，乃可谓之人，不如此，则曰悖德，曰贼。诚如其说，则虽尽立天下之人，尽达天下之人，而曾无善劳之足言，人有不悦而归之者乎？

四曰习劳则神钦。凡人之情，莫不好逸而恶劳，无论贵贱智愚老少，皆贪于逸而惮于劳，古今之所同也。人一日所着之衣所进之食，与一日所行之事所用之力相称，则旁人韪之，鬼神许之，以为彼自食其力也。若农夫织妇终岁勤动，以成数石之粟数尺之布，而富贵之家终岁逸乐，不营一业，而食必珍馐，衣必锦绣，酣豢高眠，一呼百诺，此天下最不平之事，鬼神所不许也，其能久乎？

古之圣君贤相，若汤之昧旦丕显，文王日昃不遑，周公夜以继日坐以待旦，盖无时无不勤劳自励。《无逸》一篇，推之于勤则寿考，逸则夭亡，历历不爽。为一身计，则必操习技艺，磨炼筋骨，困知勉行，操心危虑，而后可以增智慧而长才识。为天下计，则必己饥己溺，一夫不获，引为余辜。大禹之周乘四载，过门不入，墨子之摩顶放踵，以利天下，皆极俭以奉身，而极勤以救民，故荀子好称大禹、墨翟之行，以其勤劳也。

军兴以来，每见人有一材一技、能耐艰苦者，无不见用于人，见称于时。其绝无材技、不惯作劳者，皆唾弃于时，饥冻就毙。故勤则寿，逸则夭；勤则有材而见用，逸则无能而见弃。勤则博济斯民，而神祇钦仰，逸则无补于人，而神鬼不歆。是以君子欲为人神所凭依，莫大于习劳也。

余衰年多病，目疾日深，万难挽回，汝及诸侄辈身体强壮者少，古之君子修己治家，必能心安身强而后有振兴之象，必使人悦神钦而后有骈集之祥。今书此四条。老年用自儆惕，以补昔岁之愆；并令二子各自勖勉，每夜以此四条相课，每月终以此四条相稽，仍寄诸侄共守，以期有成焉。

金陵署中日记

买附近田亩事请酌办

男国藩跪禀父母亲大人礼安：

四月底接家中二月二十六所发书，五月初八又接三月二十九所发书，俱悉一切。祖父大人病体未愈，不知可服虎骨胶否？

男在京身体如常。华男在黄家就馆，端节后仍于初八日上学。纪泽读《告子》至“鱼，我所欲也”，书尚熟。次孙体甚肥胖。四孙女俱平安，长孙女《论语》已读毕。家妇亦好。其余眷口俱如常。

前叔父信言知广彭姓山内有地有旱田十亩。男思好地峰回气聚，其田必膏腴，其山必易生树木，盖气之所积，自然丰润。若硗田童山（山无草木曰童），气本不聚，鲜有佳城，如庙山宗祠各山之童涸，断无吉穴矣。大抵凡至一处，觉得气势团聚山水环抱者，乃可以寻地，否则不免误认也。知广之地不知何如，男因有旱田十亩之说，故进此说。祖母葬后，家中尚属平安，其他或尚可用。如他处买地，不必专买丈尺。若附近田亩在二四百和千内者，京中尽可寄回，京中欠帐已过千金，然张罗尚为活动，从不窘迫，堂上大人尽可放心。余容续禀。

男谨禀　五月初十日

禀带银回家等事

侄国藩谨禀叔父母大人福安：

八月十六日发第十三号家信，不审已收到否？九月初十日接到四弟、九弟、季弟等信，系八月半在省城所发者。知祖大人之病又得稍减，九弟得补廪，不胜欣幸！

前劳辛垓廉访八月十一出京，侄寄去衣包一个，计衣十件，不知已到否？侄有银数十两欲寄回家，久无妙便。十月间武冈张君经赞回长沙，拟托渠带。闻叔父为坍上公屋加工修治，侄亦欲寄银数两，为叔父助犒赏匠人之资。罗六（嘉秬）所存银二十二两在侄处。右三项皆拟托张君带归。

前欧阳沧溟先生馆事，伍太尊已复书于季仙九先生。兹季师又回一信于伍处，托侄便寄。家中可送至欧阳家，嘱其即投伍府尊也。牧云又托查万崇轩先生选教官之迟早，兹已代为查出，写一红条，大约明冬可选。此二事，可嘱澄侯写信告知牧云。

侄等在京身体平安。西席宋湘宾九月十一出京。是日即聘庞君（名际云，号省三，直隶人）。曹西垣初十挈眷出都，黎樾乔十六出京。江岷樵于初八到京，严仙舫初十到京。余同乡俱如旧。

常南陔先生欲以其幼女许配纪泽，托郭筠仙说媒。李家（即赍予之妹）尚未说定，两家似皆可对。不知堂上大人之意若何？望示知。下次家信来，望寄酒药研成末，封信内寄京，以便酿酒为要。余容续具。

侄谨禀 九月十二日

改建房舍应适合居住

澄侯、温甫、子植、季洪四弟左右：

十一月十四发第十四号家信，不知收到否？十二月初九接到家中十月十二一信（内有酒药）、十一月初一日一信、初十日一信，俱悉一切。

家中改屋，有与我意见相同之处。我于前次信内曾将全屋画图寄归。想已收到。家中既已改妥，则不必依我之图矣。但三角丘之路必须改于檀山嘴下，而于三角丘密种竹木。此我画图之要嘱，望诸弟禀告堂上，急急行之。家中改房，亦有不与我意合者，已成则不必再改。但六弟房改在炉子内，此系内外往来之屋，欲其通气，不欲其闷塞，余意以为必不可，不若以长横屋上半节间断作房为妥（连间两隔，下半节作横屋客坐，中间一节作过道，上半节作房）。内茅房在石柱屋后，亦嫌太远，不如于季洪房外高有打进去七八尺（即旧茅房沟对过之有，若打进丈余，则与上首栗树处同宽），既可起茅房、澡堂，而后边地面宽宏，家有喜事，碗盏、菜货亦有地安置，不至局促，不知可否？

家中高丽参已完，明春得便即寄。彭十九之寿屏，亦准明春寄到。此间事务甚多，我又多病，是以迟迟。

澄弟办贼，甚快人心。然必使其亲房人等知我家是图地方安静，不是为一家逞势张威，庶人人畏我之威、而不恨我之太恶。贼既办后，不特面上不可露得意之声色，即心中亦必存一番哀矜的意思。诸弟人人当留心也。

罗芸皋坐东皋，求我援引，此刻想已无及矣（我想写一信与师令及伍府尊，此次又赶不及）。且如何援引之法，须写信告我。渠前年存银二十二两在我处，昨托张楠皆带交还渠。张言途中要借用，我已答应，嘱渠到家即办交邵阳彭筱房转寄芸皋，并作书告筱房矣，明春可问芸皋看收到否？征一表叔在我家教读甚好，此次未写信请安，诸弟为我转达。张豆付（和尚之称如此）写信寄南，殊为可恶！我付之不理，若并未接到此信者然，渠亦无如之何。同乡周荇农家之鲍石卿前与六弟交游，近因在妓家饮酒（十一月初六日蒋玫荇之母生日，席散鲍即出游），提督府捉去交刑部革去供事。而荇农、获舟尚游荡不畏法，真可怪也！

余近日常有目疾，余俱康泰。内人及二儿四女皆平安，小儿甚胖大。西席庞公拟十一回家，正月半来，将请李笔峰代馆。宋多宾在道上仆跌断腿（宋有与六弟信），五十余天始抵樊城，大可悯也。余不一一。

国藩手草　十二月初十日

贺澄弟生子

四位老弟足下：

去腊初十日戊申第十八号家信，厥后二十六日接温弟在湖北所发信。正月初八日接诸弟腊月十五所发信，而温弟在河南托邹墨林转寄一信，则至今未到。澄弟十一月十九所发一信，亦至今未到也。

澄弟生子，庆贺庆贺。吾与澄弟去年报最，今年轮应温、植、洪三人报最矣。但植弟之妇，闻已有言语，恐正成当在温弟之前，植弟未免疾行先长耳。四位弟妇，闻皆率母亲、叔母之教？能勤能俭，予闻之不胜欣喜。已办有材料，今春为四弟妇各制一衣，觅便即行寄回。

澄弟捐监执照，亦准于今年寄回。父亲名书呈祥，取麟趾呈祥之义也。前年温弟捐监，叔父名书呈材，取天骥呈材之义也。当时恐六弟尚须小试，故捐监填名略变，以为通塌地步。而今温弟既一成不易，故用呈祥配呈材，暗寓麟字骥字于中。将来即分两房，曰呈祥房，曰呈材房，亦免得直写父、叔官名耳。

李子山、曾希六族伯托我捐功名，其伙计陈体元亦托捐。我丁酉年在栗江煤垅，此二人待我不薄。若非煤垅之钱，则丁酉万不能进京。渠来托我，不能不应，拟今岁为之办就。其银钱嘱渠送至我家，有便将执照付至家中。渠银钱一到，即发执照与渠可也；即未收全，亦可发也。丁酉年办进京盘费，如朱文八、王燧三、燧六等皆分文不借，则曾、陈二人岂不可感也哉！现在乔心农（晋芳）放常德知府，二月出京。四弟监照与二人执照，大约可托渠带至湖南也。

去年年内各族戚之钱，不知如数散给否？若未给，望今春补给，免得我时时挂心。考试者十千及乞丐之十千，不审皆给否？务乞详以示我。

竹山湾找当价，不知比楚善叔一头原价何如？乞明告我。既买竹山湾，又买庙台上，银钱一空，似非所宜。以后望家中无买田，须略积钱，以备不时之需。

植弟诗才颇好，但须看古人专集一家乃有把握，万不可徒看选本。植弟则一无所看，故无把握也。季洪诗文难于进功，须用心习字。将来即学侍奉叔父，实与《论语》远游、喜惧二章之训相违。余现令九弟速来瑞州与温并军，庶二人可以更番归省。澄弟宜时常在家以尽温凊之职，不宜干预外事。至嘱至嘱。

李次青自抚州退保崇仁，尚属安静。惟败勇之自抚回省者，日内在中丞署中闹请口粮，与三年又一村之局相似，实为可虑。

明年延师，父大人意欲请曾香海，甚好甚好。此君品学兼优，吾所素佩，弟可专人作书聘请，稍迟旬日，吾再手缄请之。其馆金丰俭，则父大人酌定，吾自营寄归可也。

俊四归，带回福字荷包，祈查收。不一一。

兄国藩手具　十月初二日

家中应种蔬养鱼养猪栽竹

澄、季两弟左右：

兄于十二日到湖口，曾发一信，不知何时可到？胡蔚之奉江西耆中丞之命接我晋省。一行于十七日至湖口。余因于二十日自湖口开船入省，北风甚大，二十一日可抵章门也。杨厚庵送至南康，彭雪琴径送至省。诸君子用情之厚，罕有伦比。浙中之贼，闻已全省肃清，余到江与耆中丞商定，大约由河口入闽。

家中种蔬一事，千万不可怠忽。屋门首塘养鱼，亦有一种生机。养猪亦内政之要者。下首台上新竹，过伏天后有枯者否？此四事者，可以觇人家兴衰气象，望时时与朱见四兄熟商。见四在我家，每年可送束脩钱十六千。余在家时，曾面许以如延师课读之例，但未言明数目耳。季弟生意颇好，然此后不宜再做，不宜多做，仍以看书为上。余在湖口病卧三日，近已痊愈，尚微咳嗽。癣疾久未愈，心血亦亏，甚颇焦急也。久不接九弟之信，极为悬系。见其初九日与雪琴一信，言病后元气未复，想比已全痊矣。甲五近来目疾何如？千万好为静养。在湖口得见魏荫庭，近况尚好。余详日记中，顺问近好。

兄国藩手草　七月二十日于江西省河下

后辈子侄宜教之以礼

澄侯、季洪两弟左右：

八月十九曾象五来营，二十一日蒋得胜来，接两弟初一、二、三等日之信，俱悉家中四宅平安，不胜欣慰。

余于八月初八日至河口，本拟即日入闽，由铅山进捣崇安，十二日已拜折矣，其折稿寄吉安转寄至家。因闽贼出窜江西，连破泸溪、金溪、安仁三县，不得已派张凯章回剿。十八日抵安仁。十九日大战获胜，克复县城，杀贼约四千余，追至万年、乐平等县，尚未收队。待张军归来，余即率以入闽也。

刘星槎尚未到营。以后家信不可交投效之人带来，渠或中途率计忽归，或投别处军营；即果到，亦迟而又迟。莫如交省城左季高处最为便捷。

家中养鱼、养猪、种竹、种蔬四事，皆不可忽。一则上接祖父以来相承之家风，二则望其外有一种生气，登其庭有一种旺气，虽多花几个钱，多请几个工，但用在此四事上总是无妨。澄弟在家教科一、厚七、旺十习字极好，不特学生有益，亦可教学相长。弟近年书法远逊于昔，在家无事，每日可仍临帖一百字，将浮躁处大加收敛。心以收敛而细，气以收敛而静。于字也有益，于身于家皆有益。明年请师，仍请邓寅皆先生，人品、学问，皆为吾邑第一流人。若在我家教得十年，则子侄皆有成矣。葛罣山先生前言愿来余营，不知其计已决否？若不果来，可仍请之教科四、科六。若渠决来军，则科四、六亦可请邓先生教之。

左头横屋配房二间甚好，但嫌其不甚光亮，又嫌由阶基至帐房（即韩升等住房）须由地坪绕入耳。思云馆之外、染坊架子之下尚须添种王瓜竹，夏月思云馆中可生凉风。牛路之内须筑墙一道。田塘上田一丘，秋冬可作菜园。此皆余在家时与澄弟熟商者，望即行之。

季弟远隔紫甸，余总不放心。汤家屋场之业及各处田业，余皆不愿受。若季弟能在近处居住，或在老屋之上新屋之下中间择买一屋，与季弟安居，我则愿寄钱文至家办成此事。否则，余守旧规不敢少改也。

后辈子侄，总宜教之以礼。出门宜常走路，不可动用车马，长其骄惰之气。一次姑息，二次、三次姑息，以后骄惯则难改，不可不慎。顺问近好。

兄国藩手草　八月二十二日弋阳行营

宜和睦尽孝道

澄侯、沅浦、季洪老弟左右：

十三日专吉字营勇送信至家，十七日接澄弟初二日信，十八日接澄弟初五日信，敬悉一切。三河败挫之信，初五日家中尚无确耗，且县城之内毫无所闻，亦极奇矣！

九弟于二十二日在湖口发信，至今未再接信，实深悬系。幸接希庵信，言九弟至汉口后有书于渠，且专人至桐城、三河访寻下落。余始知沅浦弟安抵汉口，而久无来信，则不解何故。岂余近日别有过失，沅弟心不以为然耶？此当初闻三河凶报、手足急难之际，即有微失，亦当将皖中各事详细示我。

今年四月，刘昌储在我家请乩。乩初到，即判曰：“贼得偃武修文，得闲字（字谜败字）。”余方讶败字不知何指，乩判曰：“为九江言之也，不可喜也。”余又讶九江初克，气机正盛，不知何所为而云。然乩又判曰：“为天下，即为曾宅言。”由今观之，三河之挫，六弟之变，正与“不可喜也”四字相应，岂非数皆前定耶？

然祸福由天主之，善恶由人主之。由天主者，无可如何，只得听之；由人主者，尽得一分算一分，撑得一日算一日。吾兄弟断不可不洗心涤虑，以求力挽家运。第一，贵兄弟和睦。去年兄弟不和，以致今冬三河之变。嗣后兄弟当以去年为戒。凡吾有过失，澄、沅、洪三弟各进箴规之言，余必力为惩改，三弟有过，亦当互相箴规而惩改之。第二，贵体孝道。推祖父母之爱以爱叔父，推父母之爱以爱温弟之妻妾儿女及兰、蕙二家。又，父母坟域必须改葬。请沅弟做主，澄弟不可过执。第三，要实行勤俭二字，内间妯娌不可多事铺张。后辈诸儿须走路，不可坐轿骑马。诸女莫太懒，宜学烧茶煮菜。书、蔬、鱼、猪，一家之生气；少睡多做，一人之生气。勤者生动之气，俭者收敛之气。有此二字，家运断无不兴之理。余去年在家，未将此二字切实做工夫，至今愧恨，是以谆谆言之。余详日记中，不赘。

十一月二十三日

每得意时即有失意事

澄侯、沅浦、季洪老弟左右：

十三日写信，专人回家。十五日接澄、沅冬月二十九三十两缄，得悉叔父大人于二十七患病，有似中风之象。

吾家自道光元年即处顺境，历三十余年均极平安。自咸丰年来，每遇得意之时，即有失意之事相随而至，壬子科，余典试江西，请假归省，即闻先太夫人之讣。甲寅冬，余克武汉田家镇，声名鼎盛，腊月二十五甫奉黄马褂之赏，是夜即大败，衣服、文卷荡然无存。六年之冬、七年之春，兄弟三人督师于外，瑞州合围之时，气象甚好，旋即遭先大父之丧。今年九弟克复吉安，誉望极隆，十月初七接到知府道衔谕旨，初十即有温弟三河之变。此四事者，皆吉凶同域，忧喜并时，殊不可解。现在家中尚未妄动，妥慎之至！余在此则不免皇皇。所寄各处之信，皆言温弟业经殉节，究欠妥慎，幸尚未入奏，将来拟俟湖北奏报后再行具疏也，家中亦俟奏报到日乃有举动。诸弟老成之见，贤于我矣。

叔父大人之病，不知近状何如？兹专法六归，送鹿茸一架，即沅弟前此送我者。此物补精血远胜他药，或者有济。

迪公、筱石之尸业经收觅，而六弟无之，尚有一线生理。若其同尽，则六弟遗骸必去迪不远。意者其已逃出，如潘兆奎；或暂降，如葛原五乎？家中分用钱项，澄弟意待各炊时再说，余亦无成见，听弟主张可也。沅弟信言家庭不可说利害话，此言精当之至，足抵万金。余生平在家在外，行事尚不十分悖谬，惟说些利害话，至今悔恨无极。

霞仙请做嫁妆，即祈澄弟代做，明年三、四、五月可办婚事。即问近好。

兄国藩手草　十二月十六日

已折奏温弟殉节事

澄侯、沅浦、季洪老弟左右：

初二日专人送一缄，初八盛四归又付一缄，想次第将到。初十日接胡中丞信，迪庵及温弟已奉旨优恤，迪公饬终之典至隆极渥。其灵柩二十五日到湖北，二十六日宣读恩旨，二十九日请官中堂题主，正月初三日起行还湘，备极哀荣。温弟与之同一殉难，而遗骨莫收，气象迥别。予于十一日具折奏温弟殉节事，盖至是更无生还之望矣。恸哉！家中此刻已宣布否？若尚未宣布，则请更秘一月，待二月间杨镇南等归来，我折亦奉批转来。如实寻不得，则招魂具衣冠以葬。余上无以对祖考妣及老妣，下无以对侄儿女。自古皆有死，死节尤为忠义之门。奕世有光，本无所憾。特以骸骨未收，不能不抱憾终古。

沅弟近日出外看地否？温弟之事，虽未必由于坟墓风水，而八斗冲屋后及周璧冲三处皆不可用，子孙之心，实不能安。千万设法，不求好地，但求平安。洪夏之地，余心不甚愿。一则嫌其经过之处山岭太多，一则既经争讼，恐非吉壤。地者，鬼神造化之所秘惜，不轻予人者也。人力所能谋，只能求免水、蚁、凶煞三事，断不能求富贵利达。明此理，绝此念，然后能寻平稳之地。不明此理，不绝此念，则并平稳者亦不可得。沅弟之明亮能了悟。余在建尚平安，惟心绪郁悒，不能开怀，殊褊浅耳！

正月十三日

如闻我过错请函告

澄侯四弟左右：

初四早发家信，是夕接弟二十三夜之信。今年以来，贤弟实太劳苦，较之我在军营，其劳殆过十倍，万望加意保养也。祁阳之贼或可不窜湘乡，万一窜入，亦系定数，余已不复悬系。

余自去年六月再出，无不批之禀，无不复之信。往年之嫌隙尤悔，业已消去十分之七八。惟办理军务仍不能十分尽职，盖精神不足也，贤弟闻我在外近日尚有些什么错处，不妨写信告我。

内人问纪泽招赘之事，予复信请弟做主，或五月招赘，或八月成婚皆可，余无成见耳。科三、九读书之进否，家信须提及，即候近佳。

兄国藩手具　五月初六日

言坟墓建筑方式

澄、沅两弟左右：

六月十八日刘得一归，寄一信。二十四派吉中营二人送信。计皆当有复信，而至今未到，颇为悬系。伍少海人来，接澄弟十七夜信，知宝庆解围，团勇当撤，贼窜祁、衡，吾邑遂可弛防乎？

予在湖口住十日，八月初一日开至浔阳。因等候送者耽搁二日，初四五本可开行，又以阻风不克成行。好在上游无事，贼不入蜀，余行虽迟滞，尚不误事。日内守风此间，可游览庐山近处胜景。朱品隆等各营已由陆路先至黄州。季弟奉胡中丞札，募勇千人，闻初四日自黄州起行归湘矣。吉字中营之饷，到黄州再派人起解；如已开船北来，则不远解亦可。

先考妣改葬之期已近，果办得到否？须略置墓田，令守墓者耕之。凡墓下立双石柱，方柱圆首。柱高而远不刻字者，谓之华表；柱矮而刻字者，谓之阙。四柱平立，上有横石二条，谓之坊。凡神道，有上覆以亭者（陵上圣德神功碑之亭，四面皆有拱门，民间亦有用此式者）；有左右及后面皆以砖石贴砌，上盖圆筒瓦者（北道上多有）；有露立全无覆盖者（不耐风日）。三者随弟斟酌。要之上用螭首，下用龟趺，则一定之式，不可改易。公卿大夫之家有隆礼者，于墓门之南（专指向南者言之）立墓表碑（上刻文章），又于极南远处立神道碑（上刻大字，某官某人神道碑。不刻文）。稍简者仅立一碑。二者听弟斟酌。要之宜立于墓门之外。江西立于坟堆之趾，湖南立于罗匡之头，皆非古法，亦欠大样，不可学也。至筑坟结顶，上年周璧冲结顶最合古法。今京师王公贝勒及品官之家坟茔多用此式，勿以其为吾乡所创见骇闻而不用也。吾之所见如此，望弟细心详酌。

吾于祖父坟墓祠庙皆未尽心，实怀隐疚。今沅弟能力办之，澄弟能玉成之，为先人之功臣，即为余弥此阙憾，且慰且感。余此次在外专了从前未了之事，而弥缝过失，亦十得七八耳。顺问近好。

兄国藩手草　八月初八日于九江舟次

去年曾托雪琴一保胡维峰，以答其数年之殷殷，兹雪琴禀官帅保举。原札寄归，望交维峰也。又行。

温弟奉部议追赠为太常寺卿

澄侯四弟左右：

九月二十一日接初七日一缄，具审一切。泽儿姻事改为十六。五十侄女喜期，前缄亦是十六，不知何时改为十九？江南老名士今年亦极忙矣！湘乡防堵，以曾沅浦第一，朱岚轩第二，岂老名士反居第三耶？阅卷大臣似亦不甚公平。

余近尚有腹泻之疾，每日一二次不等，幸不甚剧。寅皆先生明年仍请之教书。余去岁信中谓当连请五年，盖其端坐有恒，可即为法。甲五近在书房听讲否？甲五颇有外才，只要笔下水路清楚，则将来到处去得。温甫弟奉部议追赠太常寺卿，可望得谥。余身体平安，足慰远念。顺问近好。

此信于二十五早发后，长夫行至汉口翻船，失去信件，兹命下人再抄一通寄家。

九月二十四日

叔父丧礼以哀为主

澄侯、沅浦两弟左右：

初五日接来信，痛悉叔父大人于十九日戌刻弃世，哀痛曷极！自八年十一月闻温弟之耗，叔父即说话不圆，已虞其以忧伤生。叔父生平外面虽处顺境，而暗中却极郁抑，思之伤心。应复各事，条列如左：

余请陈作梅先生赴湘乡看地，请阳牧云陪之。二月中旬自宿松起行，三月初可至家。叔父葬地如已寻定，可候作梅来定葬期，或在三月之杪，或闰三月可也。

叔父平时最好体面，此次一切从丰，两弟自有权衡。六十四人大辇、诰封亭二事必不可少。丧礼以哀为主，丧次以肃静为主。丁未年于此二者未能讲求，至今愧恨，望两弟留意。

余于闻叔讣之第二日进公馆设位成服，拟素食七日，素服十四日，仍行撤灵入营。季弟拟请假回籍，余信嘱其来宿松灵前行礼，早来迟来现尚未定。

沅弟言及朱惟堂一事。此人余不深知，但闻尧阶与季高赞之，人树、凯章亦颇称之。余屡札朱南桂、惟堂来，而至今杳然，未接沅弟信之前三日尚办一札去也，此后决不再札矣。尧阶又荐朱贤来，云可当营官，财欺我之言耳。近来细看尧阶之言多不可信。往岁余托尧阶觅父母葬地，其后全不留心。此人虽系至亲，似宜疏而不宜密。

沅弟言新大夫第不敢再求惬意，自是知足之言，但湿气一层不可不详察。若湿气太重，人或受之则易伤脾。凡屋高而天井小者，风难入，日亦难入，必须设法祛散湿气，乃不生病。至嘱至嘱。余俟作梅兄赴湘详布。顺问近好。

二月初八日

治家有书蔬鱼猪早扫考宝八诀

澄侯四弟左右：

二十七日刘得四来，接弟十三日信，欣悉各宅平安，（沅弟）是日申刻到，又得详问一切，敬知叔父临终毫无抑郁之情，至为慰念。

余与沅弟论治家之道，一切以星冈公为法，大约有八个字诀。其四字即上年所称书、蔬、鱼、猪也，又四字则曰早、扫、考、宝。早者，起早也；扫者，扫屋也；考者，祖先祭祀，敬奉显考、王考、曾祖考，言考而妣可该也；宝者，亲族邻里，时时周旋，贺喜吊丧，问疾济急，星冈公常曰人待人无价之宝也。星冈公生平于此数端最为认真。故余戏述为八字诀曰：书、蔬、鱼、猪、早、扫、考、宝也。此言虽涉谐谑，而拟即写屏上，以祝贤弟夫妇寿辰，使后世子孙知吾兄弟家教，亦知吾兄弟风趣也。弟以为然否？顺问近好。

国藩手草　闰三月二十九日

家事切不可趋于奢华

澄侯四弟左右：

前寄一缄，想已入览。近日江浙军事大变，自闰月十六日金陵大营溃败退守镇江，旋退保丹阳。二十九日丹阳失守，张国梁阵亡。四月初五日和雨亭将军、何根云制军退至苏州。初十日无锡失守。

十三日苏州失守。目下浙江危急之至。孤城新复，无兵无饷，又无军火器械，贼若再至，亦难固守。东南大局一旦瓦裂，皖北各军必有分援江浙之命，非胡拥帅移督两江，即余往视师苏州。二者苟有其一，则目下此间三路进兵之局不能不变。抽兵以援江浙，又恐顾此而失彼；贼若得志于江浙，则江西之患亦近在眉睫。吾意劝湖南将能办之兵力出至江西，助防江西之北界，免致江西糜烂后湖南专防东界，则劳费多而无及矣。不知湖南以吾言为然否？左季高在余营住二十余日，昨已归去。渠尚肯顾大局，但也与江西积怨颇深，恐不愿帮助耳。沅弟、季弟新围安庆，正得机得势之际，不肯舍此而他适。余则听天由命，或皖北，或江南，无所不可，死生早已置之度外，但求临死之际，寸心无可悔恨，斯为大幸。

家中之事，望贤弟力为主持，切不可日趋于奢华。子弟不叫学大家口吻，动辄笑人之鄙陋，笑人之寒村，日习于骄纵而不自知。至戒至嘱。余本思将书、蔬、鱼、猪、早、扫、考、宝八字作一寿屏为贤弟夫妇贺生，日内匆匆，尚未作就。兹先寄燕菜一匣、秋罗一匹，为弟中外称庆。其寿屏亦准于五月续寄也。又寄去银五十两、袍褂料一套，为甲五侄新婚贺仪。嗣后诸侄皆照此样，余去年寄内人信已详之矣。弟身体全好否？两足流星落地否？余目疾近日略好。有言早洗面水泡洗二刻即效，比试行之。诸请放心。即问近好，并祝中外大寿。

四月二十四日

（六）教子侄

读书明理

字谕纪鸿儿：

家中人来营者，多称尔举止大方，余为少慰。凡人多望子孙为大官，余不愿为大官，但愿为读书明理之君子。勤俭自持，习劳习苦，可以处乐，可以处约。此君子也。余服官二十年，不敢稍染官宦气习，饮食起居，尚守寒素家风，极俭也可，略丰也可，太丰则吾不敢也。凡仕宦之家，由俭入奢易，由奢返俭难。尔年尚幼，切不可贪爱奢华，不可惯习懒惰。无论大家小家、士农工商，勤苦俭约，未有不兴；骄奢倦怠，未有不败。尔读书写字不可间断，早晨要早起，莫坠高曾祖考以来相传之家风。吾父吾叔，皆黎明即起，尔之所知也。

凡富贵功名，皆有命定，半由人力，半由天事。惟学作圣贤，全由自己作主，不与天命相干涉。吾有志学为圣贤，少时欠居敬工夫，至今犹不免偶有戏言戏动。尔宜举止端庄，言不妄发，则入德之基也。手谕。

父涤生字　九月二十九夜在江西抚州门外

勿浪掷光阴

字谕纪泽儿：

胡二等来，接尔安禀，字画尚未长进。尔今年十八岁，齿已渐长，而学业未见其益。陈岱云姻伯之子号杏生者，今年入学，学院批其诗冠通场。渠系戊戌二月所生，比尔仅长一岁，以其无父无母家渐清贫，遂尔勤苦好学，少年成名。尔幸托祖父余荫，衣食丰适，宽然无虑，遂尔酣拳佚乐，不复以读书立身为事。古人云劳则善心生，佚则淫心生，孟子云生于忧患，死于安乐，吾虑尔之过于佚也。新妇初来，宜教之入厨作羹，勤于纺织，不宜因其为富贵子女不事操作。大、二、三诸女已能做大鞋否？三姑一嫂，每年做鞋一双寄余，各表孝敬之忱，各争针线之工；所织之布，做成衣袜寄来，余亦得察闺门以内之勤惰也。余在军中不废学问，读书写字未尝间断，惜年老眼蒙，无甚长进。尔今未弱冠，一刻千金，切不可浪掷光阴。

四年所买衡阳之田，可觅人售出，以银寄营，为归还李家款。父母存，不有私财，士庶人且然，况余身为卿大夫乎？

余癣疾复发，不似去秋之甚，李次青十七日在抚州败挫，已详寄沅浦函中。现在崇仁加意整顿，三十日获一胜仗。口粮缺乏，时有决裂之虞，深用焦灼。

尔每次安禀详陈一切，不可草率，祖父大人之起居，合家之琐事，学堂之工课，均须详载，切切此谕。

父涤生字十月初二日

读《汉书》须读通小学

字谕纪泽儿：

接尔安禀，字画略长进，近日看《汉书》。余生平好读《史记》、《汉书》、《庄子》、韩文四书，尔能看《汉书》，是余所欣慰之一端也。

看《汉书》有两种难处，必先通于小学、训诂之书，而后能识其假借奇字；必先习于古文辞章之学，而后能读其奇篇奥句。尔于小学、古文两者皆未曾入门，则《汉书》中不能识之字、不能解之句多矣。欲通小学，须略看段氏《说文》、《经籍纂诂》二书。王怀祖（名念孙，高邮州人）先生有《读书杂志》，中于《汉书》之训诂极为精博，为魏晋以来释《汉书》者所不能及。欲明古文，须略看《文选》及姚姬传之《古文辞类纂》二书。班孟坚最好文章，故于贾谊、董仲舒、司马相如、东方朔、司马迁、扬雄、刘向、匡衡、谷永诸传全录其著作；即不以文章名家者，如贾山、邹阳等四人传、严助朱买臣等九人传、赵充国屯田之奏、韦元成议礼之疏以及贡禹之章、陈汤之奏狱，皆以好文之故，悉载巨篇。如贾生之文，既著于本传，复载于《陈涉传》、《食货志》等篇；子云之文，既著于本传，复载于《匈奴传》、《五贡传》等篇，及之充国《赞酒箴》，亦皆录入各传。盖孟坚于典雅瑰玮之文，无一字不甄采，尔将十二帝纪阅毕后，且先读列传。凡文之为昭明暨姚氏所选者，则细心读之；即不为二家所选，则另行标识之。若小学、古文二端略得途径，其于读《汉书》之道思过半矣。

世家子弟最易犯一奢字、傲字。不必锦衣玉食而后谓之奢也，但使皮袍呢褂俯拾即是，舆马仆从习惯为常，此即日趋于奢矣。见乡人则嗤其朴陋，见雇工则颐指气使，此即日习于傲矣。《书》称："世禄之家，鲜克由礼。"《传》称："骄奢淫佚，宠禄过也。"京师子弟之坏，未有不由于骄、奢二字者，尔与诸弟其戒之。至嘱至嘱。

十一月初五日

读书写字之法

字谕纪泽儿：

余此次出门，略载日记，即将日记封每次家信中。闻林文忠家书，即系如此办法。尔在省，仅至丁、左两家，余不轻出，足慰远怀。

读书之法，看、读、写、作，四者每日不可缺一。看者，如尔去年看《史记》、《汉书》、韩文、《近思录》，今年看《周易折中》之类是也。读者，如《四书》、《诗》、《书》、《易经》、《左传》诸经，《昭明文选》、李杜韩苏之诗、韩欧曾王之文，非高声朗诵则不能得其雄伟之概，非密咏恬吟则不能探其深远之韵。譬之富家居积，看书则在外贸易，获利三倍者也，读书则在家慎守，不轻花费者也；譬之兵家战争，看书则攻城略地，开拓土宇者也，读书则深沟坚垒，得地能守者也。看书如子夏之"日知所亡"相近，读书与"无忘所能"相近，二者不可偏废。至于写字，真行篆隶，尔颇好之，切不可间断一日。既要求好，又要求快。余生平因作字迟钝，吃亏不少。尔须力求敏捷，每日能作楷书一万则几矣。至于作诸文，亦宜在二三十岁立定规模；过三十后，则长进极难。作四书文，作试帖诗，作律赋，作古今体诗，作古文，作骈体文，数者不可不一一讲求，一一试为之。少年不可怕丑。须有狂者进取之趣，过时不试为之，则后此弥不肯为矣。

至于作人之道，圣贤千言万语，大抵不外敬恕二字。“仲弓问仁”一章，言敬恕最为亲切。自此以外，如立则见参于前也，在车则见其倚于衡也；君子无众寡，无小大，无敢慢，斯为泰而不骄；正其衣冠，俨然人望而畏，斯为威而不猛。是皆言敬之最好下手者。孔言欲立立人，欲达达人；孟言行有不得，反求诸己。以仁存心，以礼存心，有终身之忧，无一朝之患。是皆言恕之最好下手者。尔心境明白，于恕字或易著功，敬字则宜勉强行之。此立德之基，不可不谨。

科场在即，亦宜保养身体。余在外平安，不多及。

再，此次日记，已封入澄侯叔函中寄至家矣。余自十二至湖口，十九夜五更开船晋江西省，二十一申刻即在章门。余不多及。又示。

涤生手谕　七月二十一日舟次樵舍下去

江西省城八十里

读书务求心得

字谕纪泽：

八月一日，刘曾撰来营，接尔第二号信并薛晓帆信，得悉家中四宅平定，至以为慰。

汝读《四书》无甚心得，由不能虚心涵泳，切己体察。朱子教人读书之法，此二语最为精当。尔现读《离娄》，即如《离娄》首章“上无道揆，下无法守”，吾往年读之，亦无甚警惕。近岁在外办事，乃知上之人必揆诸道，下之人必守乎法。若人人以道揆自许，从心而不从法，则下凌上矣。“爱人不亲”章，往年读之，不甚亲切。近岁阅历日久，乃知治人不治者，智不足也。此切己体察之一端也。涵泳二字，最不易识，余尝以意测之。曰：涵者，如春雨之润花，如清渠之溉稻。雨之润花，过小则难透，过大则离披，适中则涵濡而滋液；清渠之溉稻，过小则枯槁，过多则伤涝，适中则涵养而勃兴。泳者，如鱼之游水，如人之濯足。程子谓鱼跃于渊，活泼泼地；庄子言濠梁观鱼，安知非乐？此鱼水之快也。左太冲有“濯足万里流”之句，苏子瞻有夜卧濯足诗，有浴罢诗，亦人性乐水者之一快也。善读书者，须视书如水，而视此心如花如稻如鱼如濯足，则涵泳二字，庶可得之于意言之表。尔读书易于解说文义，却不甚能深入，可就朱子涵泳体察二语悉心求之。

邹叔明新刊地图甚好。余寄书左季翁，托购致十幅。尔收得后，可好藏之。薛晓帆银百两宜璧还。余有复言，可许交季翁也。此嘱。

父涤生字　八月初三日

学诗之法

字谕纪泽儿：

十九日曾六来营，接尔初七日第五号家信并诗一首，俱悉。次日入闱，考具皆齐矣。此时计已出闱还家。

余于初八日至河口。本拟由铅山入闽，进捣崇安，已拜疏矣。光泽之贼窜扰江西，连陷泸溪、金溪、安仁三县，即在安仁屯踞。十四日派张凯章往剿。十五日余亦回驻弋阳。待安仁破灭后，余乃由泸溪云际关入闽也。

尔七古诗，气清而词亦稳，余阅之忻慰。凡作诗，最宜讲究声调。余所选抄五古九家、七古六家，声调皆极铿锵，耐人百读不厌。余所未抄者，如左太冲、江文通、陈子昂、柳子厚之五古，鲍明远、高达夫、王摩诘、陆放翁之七古，声调亦清越异常。尔欲作五古七古，须熟读五古七古各数十篇。先之以高声朗诵，以昌其气；继之以密咏恬吟，以玩其味。二者并进，使古人之声调，拂拂然若与我之喉舌相习，则下笔为诗时，必有句调凑赴腕下。诗成自读之，亦自觉琅琅可诵，引出一种兴会来。古人云“新诗改罢自长吟”，又云“煅诗未就且长吟”，可见古人惨淡经营之时，亦纯在声调上下工夫。盖有字句之诗，人籁也；无字句之诗，天籁也。解此者，能使天籁人籁凑泊而成。则于诗之道思过半矣。

尔好写字，是一好气习。近日墨色不甚光润，较去年春夏又稍退矣。以后作字，须讲究墨色。古来书家，无不善使墨者，能令一种神光活色浮于纸上，固有临池之勤染翰之多所致，亦缘于墨之新旧浓淡，用墨之轻重疾徐，皆有精意远乎其间，故能使光气常新也。

余生平有三耻：学问各途，皆略涉其涯埃，独天文算学，毫无所知，虽恒星五纬亦不识认，一耻也；每作一事，治一业，辄有始无终，二耻也；少时作字，不能临摹一家之体，逐致屡变而无所成，迟钝而不适于用，近岁在军，因作字太钝，废阁殊多，三耻也。尔若为克家之子，当思雪此三耻。推步算学，纵难通晓，恒星五纬，观认尚易。家中言天文之书，有《十七史》中各天文志，及《五礼通考》中所辑观象授时一种。每夜认明恒星二三座，不过数月，可毕识矣。凡作一事，无论大小难易，皆宜有始有终。作字时，先求圆匀，次求敏捷。若一日能作楷书一万，少或七八千，愈多愈熟，则手腕毫不费力。将来以之为学，则手抄群书，以之从政，则案无留牍。无穷受用，皆自写字之匀而且捷生出。三者皆足弥吾之缺憾矣。

今年初次下场，或中或不中，无甚关系，榜后即当看《诗经》注疏。以后穷经读史，二者迭进。

国朝大儒，如顾、阎、江、戴、段、王数先生之书，亦不可不熟读而深思之。光阴难得，一刻千金。以后写安禀来营，不妨将胸中所见，简编所得，驰骋议论，俾余得以考察尔之进步，不宜太寥寥。此谕。

八月二十日书于弋阳军中

读经须研史记

字谕纪泽儿：

闻儿经书将次读毕，差用少慰。自《五经》外，《周礼》、《仪礼》、《尔雅》、《孝经》、《公羊》、(谷梁》六书自古列之于经，所谓十三经也。此六经宜请塾师口授一遍。尔记性平常，不必求熟。十三经外所最宜熟读者莫如《史记》、《汉书》、《庄子)、韩文四种。余生平好此四书，嗜之成癖，恨未能一一诂释笺疏，穷力讨治。自此四种而外，又如《文选》、《通典》、《说文》、《孙武子》、《方舆纪要》，近人姚姬传所辑《古文辞类纂》，余所抄十八家诗，此七书者，亦余嗜好之次也。凡十一种，吾以配之《五经》、《四书》之后，而《周礼》等六经者，或反不知笃好，盖未尝致力于其间，而人之性情各有所近焉尔。吾儿既读《五经》、《四书》，即当将此十一书寻究一番，纵不能讲习贯通，亦当思涉猎其大略，则见解日开矣。

涤生手谕　九月二十八日

治经学赋习字法

字谕纪泽：

十月十一日接尔安禀，内附隶字一册。二十四日接澄叔信，内附尔临《元教碑》一册。王五及各长夫来，具述家中琐事甚详。

尔信内言读《诗经》注疏之法，比之前一信已有长进。凡汉人传注、唐人之疏，其恶处在确守故训，失之穿凿，其好处在确守故训，不参私见。释谓为勤，尚不数见，释言为我，处处皆然，盖亦十口相传之诂，而不复顾文气之不安。如《伐木》为文王与友人入山，《鸳鸯》为明王交于万物，与尔所疑《螽斯》章解，同一穿凿。

朱子《集传》，一扫旧障，专在涵泳神味，虚而与之委蛇，然如《郑风》诸什注疏，以为皆刺忽者固非，朱子以为皆淫奔者，亦未必是。尔治经之时，无论看注疏，看宋传，总宜虚心求之。其惬意者，则以朱笔识出；其怀疑者，则以另册写一小条，或多为辩论，或仅著数字，将来疑者渐晰，又记于此条之下，久久渐成卷帙，则自然日进。高邮王怀祖先生父子，经学为本朝之冠，皆自札记得来。吾虽不及怀祖先生，而望尔为伯申氏甚切也。

尔问时艺可否暂置，抑或它有所学？余惟文章之可以道古，可以适今者，莫如作赋。汉魏六朝之赋，名篇巨制，具载于《文选》，余尝以《西征》、《芜城）及《恨》、《别》等赋示尔矣。其小品赋，则有"古赋识小象"。律赋，则有本朝之吴谷人、顾耕石、陈秋舫诸家。尔若学赋，可于每三、八日作一篇大赋，或数千字，小赋或仅数十字，或对或不对，均无不可。此事比之八股文略有意趣，不知尔性与之相近否？尔所临隶书《孔庙碑》，笔太拘束，不甚松活，想系执笔太近毫之故，以后须执于管顶。余以执笔太低，终身吃亏，故教尔趁早改之。《无教碑》墨气甚好，可喜可喜。郭二姻叔嫌左肩太俯，右肩太耸，吴子序年伯欲带归示其子弟。尔字姿于草书尤相宜，以后专习真草二种，篆隶置之可也。四体并习，恐将来不能一工。

余癣疾近日大愈，目光平平如故。营中各勇夫病者，十分已好六七，惟尚未复元，不能拔营进剿，良深焦灼。闻甲五目疾十愈八九，欣慰之至。尔为下辈之长，须常常存个乐育诸弟之念。君子之道，莫大乎与人为善，况兄弟乎？临三、昆八，系亲表兄弟，尔须与之互相劝勉。尔有所知者，常常与之讲论，则彼此并进矣。此谕。

十月二十五日

宜研究天文之学

字谕纪泽：

二十五日寄一信，言读《诗经》注疏之法。二十七日县城二勇至，接尔十一日安禀，俱悉一切。

尔看天文，认得恒星数十座，甚慰甚慰。前信言《五礼通考》中观象授时二十卷内恒星图最为明晰，曾翻阅否？国朝大儒于天文历数之学，讲求精熟，度越前古。自梅定九、王寅旭以至江、戴诸老，皆称绝学，然皆不讲占验，但讲推步。占验者，观星象云气以卜吉凶，《史记·天官书》、《汉书·天文志》是也。推步者，测七政行度，以定授时，《史记·律书》、《汉书·律历志》是也。秦味经先生之观象授时，简而得要。心壶既肯究心此事，可借此书与之阅看（《五礼通考》内有之，《皇清经解》内亦有之）。若尔与心壶二人能略窥二者之端绪，则足以补余之阙憾矣。四六落脚一字粘法，另纸写示（因接安徽信，遂不开示）。

书至此，接赵克彰十五夜自桐城发来之信，温叔及李迪庵方伯，尚无确信，想已殉难矣，悲悼曷极！来信寄叔祖父封内中有往六安州之信，尚有一线生机。余官至二品，诰命三代，封妻荫子，受恩深重，久已置死生于度外，且常恐无以对同事诸君于地下。温叔受恩尚浅，早岁不获一第，近年在军，亦不甚得志，设有不测，赍憾有穷期耶？军情变幻不测，春夏间方冀此贼指日可平，不图七月有庐州之变，八九月有江浦、六合之变，兹又有三河之大变，全局破坏，所咸丰四年冬间相似，情怀难堪。但愿尔专心读书，将我所好看之书领略得几分，我所讲求之事钻研得几分，则余在军中，心常常自慰。尔每日之事，亦可写日记，以便查核。

十月二十九日于建昌营次

对长辈应尽爱敬之心

字谕纪泽：

闻尔至长沙已逾月余，而无禀来营，何也？少庚讣信百余件，闻皆尔亲笔写之。何不发刻？或请人帮写？非谓尔宜自惜精力，盖以少庚年未三十，情有等差，礼有隆杀，则精力亦不宜过竭耳。近想已归家度岁。今年家中因温甫叔之变，气象较之往年迥不相同。余因去年在家，争辩细事，与乡里鄙人无异，至今深抱悔憾。故虽在外，亦恻然寡欢。尔当体我此意，于叔祖各叔父母前尽些爱敬之心。常存休戚一体之念，无怀彼此歧视之见，则老辈内外必器爱尔，后辈兄弟姊妹以为榜样，日处日亲，愈久愈敬。若使宗族乡党皆曰纪泽之量大于其父之量，则余欣然矣。

余前有信教尔学作赋，尔复禀并未提及。又有信言涵养二字，尔复禀亦未及之。嗣后我信中所论之事，尔宜一一禀复。余于本朝大儒，自顾亭林之外，最好高邮王氏之学。王安国以鼎甲官至尚书，谥文肃，正色立朝，生怀祖先生。念孙经学精卓。生王引之，复以鼎甲官尚书，谥文简。三代皆好学深思，有汉韦氏、唐颜氏之风。余自憾学问无成，有愧王文肃公远甚，而望尔辈为怀祖先生，为伯申氏，则梦寐之际，未尝须臾忘也。怀祖先生所著《广雅疏证》、《读书杂志》，家中无之。伯申氏所著《经义述闻》、《经传释词》、《皇清经解》内有之，尔可试取一阅。莫不知者，写信来问。本朝穷经者，皆精小学，大约不出段、王两家之范围耳。余不一一。

父涤生示 十二月三十日

再，纪泽明春须至罗家、刘家、李家拜年，如今年正月之样。刘峙衡待我极好，余至今念之，拟寄银百两交其妻子，泽儿至峙家，顺便仍宜拜沅堂老师。李家迪公之事，余当在营厚赙之。

涤生再示

南北书法派别

字谕纪泽儿：

二十二日接尔禀并《书谱叙》，以示李少荃、次青、许仙屏诸公，皆极赞美。云尔钩联顿挫，纯用孙过庭草法，而间架纯用赵法，柔中寓刚，绵里藏针，动合自然等语。余听之亦欣慰也。

赵文敏集古今之大成，于初唐四家内师虞永兴，而参以钟绍京，因此以上窥二王，下法山谷，此一径也；于中唐师李北海，而参以颜鲁公、徐季海之沈着，此一径也；于晚唐师苏灵芝，此又一径也。由虞永兴以溯二王及晋六朝诸贤，世所称南派者也；由李北海以溯欧，褚及魏北齐诸贤，世所谓北派者也。尔欲学书，须窥寻此两派之所以分。南派以神韵胜，北派以魄力胜。宋四家，苏黄近于南派，米、蔡近于北派。赵子昂欲合二派而汇为一。尔从赵法入门，将来或趋南派，或趋北派，皆可不迷于所往。

我先大父竹亭公，少学赵书，秀骨天成。我兄弟五人，于字皆下苦功，沅叔天分尤高。尔若能光大先业，甚望甚望！

制艺一道，亦须认真用功。邓瀛师，名手也。尔作文，在家有邓师批改，付营有李次非批改，此极难得，千万莫错过了。付回赵书《楚国夫人碑》，可分送三先生（汪、易、葛）二外甥及尔诸堂兄弟。又旧宣纸手卷、新宣纸横幅，尔可学《书谱》，请徐柳臣一看。此嘱。

父涤生手谕　三月二十三日

看书不可不知选择

字谕纪泽：

前次于诸叔父信中，复示尔所问各书帖之目。乡间苦于无书，然尔生今日，吾家之书，业已百倍于道光中年矣。买书不可不多，而看书不可不知所择。以韩退之为千古大儒，而自述其所服膺之书，不过数种：曰《易》、曰《书》、曰《诗》、曰《春秋左传》、曰《庄子》、曰《离骚》、曰《史记》、曰相如、子云。柳子厚自述其所得，正者：曰《易》、曰《书》、曰《诗》、曰《礼》、曰《春秋》；旁者：曰《谷梁》、曰《孟》、《荀》、曰《庄》、《老》、曰《国语》、曰《离骚》、曰《史记》。二公所读之书，皆不甚多。本朝善读古书者，余最好高邮王氏父子，曾为尔屡言之矣。今观怀祖先生《读书杂志》中所考订之书：曰《逸周书》、曰《战国策》、曰《史记》、曰《汉书》、曰《管子》、曰《晏子》、曰《墨子》、曰《荀子》、曰《淮南子》、曰《后汉书》、曰《老》、《庄》、曰《吕氏春秋》、曰《韩非子》、曰《扬子》、曰《楚辞》、曰《文选》，凡十六种。又别著《广雅疏证》一种。伯申先生《经义述闻》中所考订之书：曰《易》、曰《书》、曰《诗》、曰《周官》、曰《仪礼》、曰《大戴礼》、曰《礼记》、曰《左传》、曰《国语》、曰《公羊》、曰《谷梁》、曰《尔雅》，凡十二种。王氏父子之博，古今所罕，然亦不满三十种也。余于《四书》、《五经》之外，最好《史记》、《汉书》、《庄子》、韩文四种，好之十余年，惜不能熟读精考。又好《通鉴》、《文选》及姚惜抱所选《古文辞类纂》、余所选《十八家诗抄》四种，共不过十余种。早岁笃志为学，恒思将此十余书贯串精通，略作札记。仿顾亭林、王怀祖之法。今年齿衰老，时事日艰，所志不克成就，中夜思之，每用愧悔。泽儿若能成吾之志，将《四书》、《五经》及余所好之八种一一熟读而深思之，略作札记，以志所得，以著所疑，则余欢欣快慰，夜得甘寝，此外别无所求矣。至王氏父子所考订之书二十八种，凡家中所无者，尔可开一单来，余当一一购得寄回。

学问之途，自汉至唐，风气略同，自宋至明，风气略同；国朝又自成一种风气，其尤著者，不过顾、阎（百诗）、戴（东原）、江（慎修）、钱（辛楣）、秦（味经）、段（懋堂）、王（怀祖）数人，而风会所扇，群彦云兴。尔有志读书，不必别标汉学之名目，而不可窥数君子之门径。凡有所见闻，随时禀知，余随时谕答，较之当面问答，更易长进也。

四月二十一日

学文宜分门别类亲自手抄

字谕纪泽儿：

余送叔父母生日礼目，鱼翅二斤太大，不好带，改送洋带一根。此带颇奇，可松可紧，可大可小，大而星冈公之腹可用也，小而鼎二、三之腰亦可用也。此二根皆送轩叔，春罗送叔母。

"尔作时文，宜先讲词藻，欲求词藻富丽，不可不分"类抄撮体面话头。近世文人，如袁简斋、赵瓯北、吴谷人，皆有手抄词藻小本，此众人所共知者。阮文达公为学政时，搜出生童夹带，必自加细阅。如系亲手所抄，略有条理者，即予进学；如系请人所抄，概录陈文者，照例罪斥。阮公一代闳儒，则知文人不可无手抄夹带小本矣。昌黎之记事提要、纂言钩玄，亦系分类手抄小册也。尔去年乡试之文，太无词藻，几不能敷衍成篇。此时下手工夫，以分类手抄词藻为第一义。

尔此次复信，即将所分之类开列目录，附禀寄来。分大纲子目，如伦纪类为大纲，则君臣、父子、兄弟为子目；王道类为大纲，则井田、学校为子目。此外各门可以类推。尔曾看过《说文》、《经义述闻》，二书中可抄者多。此外如江慎修之《类腋》及《子史精华》、《渊鉴类函》，则可抄者尤多矣，尔试为之。此科名之要道，亦即学问之捷径也。此谕。

父涤生字　五月初四日

读书要养得胸次博大活泼

字谕纪泽儿：

初四夜接尔二十六号禀。所刻《心经》微有《西安圣教》笔意，总要养得胸次博大活泼，此后当更有长进也。

尔去年看《诗经》注疏已毕否？若未毕，自当补看，不可无恒耳。讲《通鉴》，即以我过笔者讲之。亦可将来另购一部，尔照我之样过笔一次可也。

冯树堂师诗草曾寄营矣。尔复信言十二年进京，程资不敢领。新写闳深肃穆四匾字，拓一份付回。余不多及。

父涤生字　五月初四日

再，同县拔贡生傅泽鸿寄朱卷数十本来营，兹付去程仪三十两，尔可觅便寄傅家，或专人送去，又示。

望抄《原才》等稿寄营

字谕纪泽儿：

正月间曾以"欧阳生文集序"寄晓岑，久无复信，不知寄到否？便中一查。又去年托小岑买得刘石庵小横幅，已取回否？此幅极佳，余笃好之，曾交银十两，尔取回为要。

余往年作《原才》一篇，去年于尔案间见之，尔可抄一稿寄营。又甲辰年作《五箴》及《祭汤海秋文》，尔见稿否？亦可抄来也。近思将历年所作古文清一稿本，虽无佳者，亦不忍听其零落耳。日内当写一目录至各处查出也。

涤生示　六月十九早

示学书法门径

字谕纪泽儿：

尔前寄所临《书谱》一卷，余比送徐柳臣先生处，请其批评。

初七日接渠回信，兹寄尔一阅。十三日晤柳臣先生，渠盛称尔草字可以入古，又送尔扇一柄，兹寄回。刘世兄送“西安圣教”，兹与卷并寄回查收。

尔前用油纸摹字，若常常为之，间架必大进。欧、虞、颜、柳四大家是诗家之李、杜、韩、苏，天地之日星江河也。尔有志学书，须窥寻四人门径。至嘱至嘱！

涤生手示　七月十四日

看注疏及写字方法

字谕纪泽儿：

接尔七月十三、二十七日两禀，并赋一篇，尚有气势，兹批出发还（尚未批，下次再发）。凡作文，末数句要吉祥；凡作字，墨色要光润。此先大父竹亭公常以教余与诸叔父者。父谨记之，无忘祖训。尔问各条，分列示知：

尔问《五箴》末句“敢告马走”。凡箴以《虞箴》为最古（《左传·襄公》），其末曰“鲁臣司原，敢告仆夫”。意以鲁臣有司郊原之责，吾不敢直告之，但告其仆耳。扬子云仿之作《州箴》。冀州曰：牧臣司冀，敢告在阶。扬州曰：牧臣司扬，敢告执筹。荆州曰：牧臣司荆，敢告执御。青州曰：牧臣司青，敢告执矩。徐州曰：牧臣司徐，敢告仆夫。余之“敢告马走”，即此类也。走犹仆也（见司马迁《报任安书》注、班固《实戏》注）。朱子作《敬箴》，曰“敢告灵台”，则非仆御之类，于古人微有歧误矣。凡箴以官箴为本，如韩公《五箴》、程子《四箴》、朱子各箴、范浚《心箴》之属，皆失本义。余亦相沿失之。

尔问看注疏之法，“‘书经’文义奥衍，注疏勉强牵合”，二语甚有所见。《左》疏浅近，亦颇不免。国朝如王西庄（鸣盛）、孙渊如（星衍）、江艮庭（声）皆注《尚书》，顾亭林（炎武）、惠定宇

（栋）、王伯申（引之）皆注《左传》，皆刻《皇清经解》中。《书经》则孙注较胜，王、江不甚足取。《左传》则顾、惠、王三家俱精。王亦有《书经述闻》，尔曾看一次矣。大抵《十三经注疏》以三《礼》为最善，《诗》疏次之。此外皆有醇有驳。尔既已看动数经，即须立志全看一过，以期作事有恒，不可半途而废。

尔问作字换笔之法，凡转折之处，如"㇆"之类，必须换笔，不待言矣。至并无转折形迹，亦须换笔者。如以一横言之，须有三换笔（末向上挑，所谓磔也，中折而下行，所谓波也，右向上行，所谓勒也；初入手，所谓直来横受也）。以一直言之，须有两换笔（直横入，所谓横来直受也，上向左行，至中腹换而右行，所谓努也）。捺与横相似，特末笔磔处更显耳（直波磔入）。撇与直相似，特末笔更撇向外耳（停掠横入）。凡换笔，皆以小圈识之，可以类推。凡用笔，须略带欹斜之势，如本斜向左，一换笔则向右矣；本斜向右，一换则向左矣。举一反三，尔自悟取可也。

李春醴处，余拟送之八十金。若家中未先送，可寄信来。凡家中亲友有庞韦事，皆可寄信由营致情也。

涤生手示　八月十二日于黄州

言语举止要稳重

字谕纪泽、纪鸿儿：

十月二十九日接尔母及澄叔信，又棉鞋瓜子二包，得知家中各宅平安。泽儿在汉口阻风六日，此时当已抵家。举止要重，发言要慎。尔终身要牢记此二语，无一刻可忽也。

余日内平安，鲍、张二军亦平安。左军二十二日在贵溪获胜一次，二十九日在德兴小胜一次，然贼数甚众，尚属可虑。普军在建德，贼以大股往扑，只要左、普二军站得住，则处处皆稳矣。

泽儿字，天分甚高，但少刚劲之气，须用一番苦工夫，切莫把天分自弃了。家中大小，总以起早为第一义。澄叔处，此次未写信，尔等禀之。

涤生手示　十一月四日

释文中雄奇之道

字谕纪泽儿：

腊月二十九日接尔一禀，系十一月十四日送家信之人带回，又由沅叔处送到尔初归时二信，慰悉。尔以十四日到家，而鸿儿十八日禀中言尔总在日内可到，何也？岂鸿信十三四写就而朱金权于十八日始署封面耶？霞仙先生之令弟仙逝，余于近日当写唁信，并寄奠仪。尔当先去吊唁。

尔问文中雄奇之道，雄奇以行气为上，造句次之，选字又次之。然未有字不古雅而句能古雅，句不古雅而气能古雅者；亦未有字不雄奇而句能雄奇，句不雄奇而气能雄奇者。是文章之雄奇，其精处在行气，其粗处全在造句选字也。余好古人雄奇之文，以昌黎为第一，扬子云次之。二公之行气，本之天授。至于人事之精能，昌黎则造句之工夫居多，子云则选字之工夫居多。

尔问叙事志传之文难于行气，是殊不然。如昌黎《曹成王碑》、《韩许公碑》，固属千奇万变，不可方物，即卢夫人之铭、女孥之志，寥寥短篇，亦复雄奇倔强。尔试将此四篇熟看，则知二大二小，各极其妙矣。

尔所作《雪赋》，词意颇古雅，惟气势不畅，对仗不工。两汉不尚对仗，潘、陆则对矣，江、鲍、庾、徐则工对矣。尔宜从对仗上用工夫。此嘱。

涤生手示　正月初四日

长大后不可涉历兵间

字谕纪泽、纪鸿儿：

接二月二十三日信，知家中五宅平安，甚慰甚慰。

余以初三日至休宁县，即闻景德镇失守之信。初四日写家书，托九叔处寄湘，即言此间局势危急，恐难支持，然犹意力攻徽州，或可得手，即是一条生路。初五日进攻，强中、湘前等营在西门挫败一次。十二日再行进攻，未能诱贼出仗。是夜二更，贼匪偷营劫村，强中、湘前等营大溃。凡去二十二营，其挫败者八营（强中三营、老湘三营、湘前一、震字一），其幸而完全无恙者十四营（老湘六、霆三、礼二、亲兵一、峰二），与咸丰四年十二月十二夜贼偷湖口水营情形相仿。此次未挫之营较多，以寻常兵事言之，此尚为小挫，不甚伤元气。目下值局势万紧之际，四面梗塞，接济已断，加此一挫，军心尤大震动。所盼望者，左军能破景德镇、乐平之贼，鲍军能从湖口迅速来援，事或略有转机，否则不堪设想矣。

余自从军以来，即怀见危授命之志。丁、戊年在家抱病，常恐溘逝牖下，渝我初志，失信于世。起复再出，意尤坚定。此次若遽不测，毫无牵恋。自念贫窭无知，官至一品，寿逾五十，薄有浮名，兼秉兵权，忝窃万分，夫复何憾！惟古文与诗，二者用力颇深，探索颇苦，而未能介然用之，独辟康庄。古文尤确有依据，若遽先朝露，则寸心所得，遂成广陵之散。作字用功最浅，而近年亦略有入处。三者一无所成，不无耿耿。至行军本非余所长，兵贵奇而余太平，兵贵诈而余太直，岂能办此滔天之贼？即前此屡有克捷，已为侥幸，出于非望矣。尔等长大之后，切不可涉历兵间，此事难于见功，易于造孽，尤易于诒万世口实。余久处行间，日日如坐针毡，所差不负吾心，不负所学者，未尝须臾忘爱民之意耳。近来阅历愈多，深谙督师之苦。尔曹惟当一意读书，不可从军，亦不必作官。

吾教子弟不离八本、三致祥。八者曰：读古书以训诂为本，作诗文以声调为本，养亲以得欢心为本，养生以少恼怒为本，立身以不妄语为本，治家以不晏起为本，居官以不要钱为本，行军以不扰民为本。三者曰：孝致祥，勤致祥，恕致祥。吾父竹亭公之教人，则专重孝字。其少壮敬亲，暮年爱亲，出于至诚，故吾纂墓志，仅叙一事。吾祖星冈公之教人，则有八字，三不信。八者曰：考、宝、早、扫、书、蔬、鱼、猪。三者，曰僧巫，曰地师，曰医药，皆不信也。处兹乱世，银钱愈少，则愈可免祸；用度愈省，则愈可养福。尔兄弟奉母，除劳字俭字之外，别无安身之法。吾当军事极危，辄将此二字叮嘱一遍，此外亦别无遗训之语，尔可禀告诸叔及尔母无忘。

三月十三日

次青至今未回殊令骇异

沅、季弟左右：

初十日接弟初六、七之信，俱悉一切。

平江勇已全数撤遣。此次平江勇之可恶，实出情理之外。沅弟昔尝力言平江勇断不可用，余今悔信之不笃也。次青走出皖南境外，至浙江衢州、江西广信等处，至今尚未回老营，尤可骇异。

弟要饷银，兄处现亦无之。如北岸果十分吃紧，由水营买三四千石米送安庆城下，吾力犹能为之。若稍舒裕，则必践前此二万之约。枞阳塞河千串，当在二套口厘金项下支取。此雪琴每月以四千串交内银钱所者也，望弟与雪琴商之。弟虽以有饷为把握，而吾深以弟之意矜气浮为虑，务当返躬猛省，千万千万！初五日午刻来信，吾读之且惧且恶也。季弟不欲撤安庆之围，此是至当之论，吾亦力持此议。

希庵之是否早调商、固等处，则由润帅主持耳。希庵十二日由祁动身回营，鲍、张尚未进兵。左公初五日，自江西开船，计到皖当在二十间。

九月十一夜

子侄须谦勤

澄侯四弟左右：

日内皖南局势大变。初一日德兴失守，初三日婺源失守，均经左季翁一军克复。初四日建德失守，而余与安庆通信之路断矣。十二日浮梁失守，而祁门粮米必经之路断矣。现调鲍镇六千人进攻浮梁，朱、唐三千人进攻建德。若不得手，则饷道一断，万事瓦裂，殊可危虑。

余忝窃高位，又窃虚名，生死之际，坦然怡然。惟部下兵勇四五万人，若因饷断而败，亦殊不忍坐视而不为之所。家中万事，余俱放心，惟子侄须教一勤字一谦字。谦者骄之反也，勤者佚之反也。骄奢淫佚四字，惟首尾二字尤宜切戒。至诸弟中外家居之法，则以考、宝、早、扫、书、蔬、鱼、猪八字为本，千万勿忘。顺问近好。

兄国藩手草　十一月十四日午刻

子侄当谨守家训

澄侯四弟左右：

上次送家信者，三十五日即到。此次专人，四十日未到。盖因乐平、饶州一带有贼，恐中途绕道也。

自十二日克复休宁后，左军分出八营在于甲路地方小挫，退扎景镇。贼幸未跟踪追犯，左公得以整顿数日，锐气尚未大减。目下左军进剿乐平、鄱阳之贼。鲍公一军，因抚、建吃紧，本调渠赴江西省，先顾根本，次援抚、建。因近日鄱阳有警，景镇可危，又暂留鲍军不遽赴省。胡宫保恐狗逆由黄州下犯安庆沅弟之军，又调鲍军救援北岸。其祁门附近各岭，二十三日又被贼破两处。数月以来，实属应接不暇，危险迭见。而洋鬼又纵横出入于安庆、湖口、湖北、江西等处，并有欲来祁门之说。看此光景，今年殆万难支持。然余自咸丰三年冬以来，久已以身许国。愿死疆场，不愿死牖下，本其素志。近年在军办事，尽心竭力，毫无愧怍，死即瞑目，毫无悔憾。

家中兄弟子侄，惟当记祖父的八个字，曰："考、宝、早、扫、书、蔬、鱼、猪。"又谨记祖父之三不信，曰："不信地仙，不信医药，不信僧巫。"余日记册中又有八本之说，曰："读书以训诂为本，作诗文以声调为本，事亲以得欢心为本，养生以戒恼怒为本，立身以不妄语为本（即不扯谎也），居家以不晚起为本，作官以不要钱为本，行军以不扰民为本。"此八本者，皆余阅历而确有把握之论，弟也当教诸子侄谨记之。无论世之治乱，家之贫富，但能守星冈公之八字与余之八本，总不失为上等人家。我每次写家信，必谆谆嘱咐。盖因军事危急，故预告一切也。

余身体平安。营中虽欠饷四月，而军心不甚涣散。或尚能支持，亦未可知。家中不必悬念。顺问近好。

兄国藩手草　二月二十四日

再嘱诸子弟谨守家训

澄、沅、季弟左右：

余于初二日自祁门起行至渔亭，初三日至休宁。初四日派各营进攻徽州。所有祁门、渔亭各营，皆派七八成队来此，老营空虚。闻景德镇于二月三十日失守，陈一军溃散，左京堂亦被围困，不知能守住营盘否？景镇既失，祁、黟、休三县之米粮接济已断。如能打开徽州，尚可通浙江米粮之路；若不能打开徽州，则四面围困，军心必涣，殊恐难支。

余近年在外勤谨和平，差免衍尤，惟军事总无起色。自去冬至今，无日不在危机骇浪之中。所欲常常告诫诸弟与子侄者，惟星冈公之八字、三不信及余之八本、三致祥而已。八字曰："考、宝、早、扫、书、蔬、鱼、猪"也，三不信曰："药医也，地仙也，僧巫也"，八本曰："读书以训诂为本，作诗文以声调为本，事亲以得欢心为本，养生以少恼怒为本，立身以不妄言为本，居家以不晏起为本，做官以不爱钱为本，行军以不扰民为本"，三致祥曰："孝致祥，勤致祥，恕致祥"。兹因军事日危，旦夕不测，又与诸弟重言以申明之。家中无论老少男妇，总以习勤劳为第一义，谦谨为第二义。劳则不佚，谦则不傲，万善皆从此生矣。此次家信，专人送安庆后再送家中，因景镇路梗故也。顺问近好。

兄国藩手草　三月初四日辰正于休宁城中

外黄南坡挂屏交安庆转寄，柳帖二幅寄家交纪泽。

宜努力看读写作

字谕纪泽：

前接来禀，知尔抄《说文》，阅《通鉴》，均尚有恒，能耐久坐，至以为慰。去年在营，余教以看、读、写、作，四者阙一不可。尔今阅《通鉴》，算看字工夫；抄《说文》，算读字工夫。尚能临帖否？或临《书谱》，或用油纸摹欧、柳楷书，以药尔柔弱之体，此写字工夫，必不可少者也。尔去年曾将《文选》中零字碎锦分类纂抄，以为属文之材料，今尚照常摘抄否？已卒业否？或分类抄《文选》之词藻，或分类抄《说文》之训诂，尔生平作文太少，即以此代作字工夫，亦不可少者也。尔十余岁至二十岁虚度光阴，及今将看、读、写、作四字逐日无间，尚可有成。尔语言太快，举止太轻，近能力行迟重二字以改救否？

七月二十四日

目录分类之方法

字谕纪泽：

接尔八月十四日禀并日课一单、分类目录一纸。日课单批明发还。

目录分类，非一言可尽。大抵有一种学问，即有一种分类之法，有一人嗜好，即有一人摘抄之法。若从本原论之，当以《尔雅》为分类之最古者。天之星辰，地之山川，鸟兽草木，皆古圣贤人辨其品汇，命之以名。《书》所称大禹主名山川，《礼》所称黄帝正名百物是也。物必先有名，而后有是字，故必知命名之原，乃知文字之原。舟车、弓矢、俎豆、钟鼓日用之具，皆先王制器以利民用，必先有器而后有是字，故又必知制器之原，乃知文字之原。君臣、上下、礼乐、兵刑、赏罚之法，皆先王立事以经纶天下，或先有事而后有字，或先有字而后有事，故又必知万事之本，而后知文字之原。此三者物最初，器次之，事又次之。三者既具，而后有文词《尔雅》一书，如释天、释地、释山、释水、释草木、释鸟兽虫鱼，物之属也；释器、释宫、释乐，器之属也；释亲，事之属也；释诂、释训、释言，文词之属也。《尔雅》之分类，惟属事者最略，后世之分类，惟属事者最详。事之中又判为两端焉：曰虚事，曰实事。虚事者，如经之三《记》，马之八《书》，班之十《志》，及三《通》之区别门类是也。实事者，就史鉴中已往之事迹，分类纂记，如《事文类聚》、《白孔六帖》、《太平御览》及我朝《渊鉴类函》、《子史精华》等书是也。尔所呈之目录，亦是抄摘实事之象，而不如《子史精华》中目录之精当。余在京藏《子史精华》，温叔于二十八年带回，想尚在白玉堂，尔可取出核对，将子目略为减少。后世人事日多，史册日繁，摘类书者，事多而器物少，乃势所必然。然即可照此抄去，但期与《子史精华》规模相仿，即为善本。其末附古语鄙谚，虽未必无用，而不如径摘抄《说文》训诂，庶与《尔雅》首三篇相近也。

余亦思仿《尔雅》之例抄纂类书，以记日知月无忘之效，特患年齿已衰，军务少暇，终不能有所成。或余少引其端，尔将来继成之可耳。

余身体尚好，惟疮久不愈。沅叔已拔营赴庐江、无为州，一切平安。胡宫保仙逝，是东南大不幸事，可伤之至。紫兼毫营中无之。兹付笔二十支、印章一包查收。蓝格本下次再付。澄叔处尚未写信，将此送阅。

九月初四日

须读唐宋诗及明于小学

字谕纪泽：

正月十三四连接尔十二月十六、二十四两禀，又得澄叔十二月二十二一缄、尔母十六日一缄，备悉一切。

尔诗一首阅过发回。尔诗笔远胜于文笔，以后宜常常为之。余久不作诗，而好读诗。每夜分辄取古人名篇高声朗诵，用以自娱。今年亦当闲作二三首，与尔曹相和答，仿苏氏父子之例。尔之才思，能古雅而不能雄骏，大约宜作五言，而不宜作七言。余所选十八家诗，凡十厚册，在家中，此次可交来丁带至营中。尔要读古诗，汉魏六朝，取余所选曹、阮、陶、谢、鲍、谢六家，专心读之，必与尔性质相近。至于开拓心胸，扩充气魄，穷极变态，则非唐之李杜韩白、宋金之苏黄陆元八家不足以尽天下古今之奇观。尔之质性，虽与八家者不相近，而要不可不将。而不可不要，将此八人……，此八人之集悉心研究一番，实《六经》外之巨制，文字中之尤物也。尔于小学粗有所得，深用为慰。欲读周汉古书，非明于小学无可问津。余于道光末年，始好高邮王氏父子之说，从事戎行未能卒业，冀尔竟其绪耳。

余身体尚可支持，惟公事太多，每易积压。癣痒迄未甚愈。家中索用银钱甚多，其最要紧者，余必付回。京报在家，不知系报何喜？若节制四省，则余已两次疏辞矣。此等空空体面，岂亦有喜报耶？

葛家信一封，匾字四个付回。澄叔处此次未写信，尔将此呈阅。

涤生手示　正月十四日

上海靠洋人助守无恙

字谕纪泽儿：

二月十三日接正月二十三日来禀并澄侯叔一信，知五宅平安。二女正月二十日喜诸凡顺遂，至以为慰。

此间军事如恒。徽州解围后贼退不远，亦未再来犯。左中丞进攻遂安，以为攻严州保衢州之计。鲍春霆屯兵青阳，近未开仗。满叔在三山夹收降卒三千人，编成四营。沅叔初七日至汉口，十五后当可抵皖。李希帅初九日至安庆，三月初赴六安州。多礼堂进攻庐州，贼坚守不出。上海屡次被贼扑犯，洋人助守，尚幸无恙。

余身体平安。今岁间能成寐，为近年所仅见。惟圣眷太隆，责任太重，深以为危，知交有识者亦皆代我危之，只好刻刻谨慎，存一临深履薄之想而已。

今年县考在何时？鸿儿赴考，须请寅师送往。寅师父子一切盘费，皆我家供应也。共需若干，尔附信来，由营寄来。

七十侄女于归，寄去银百两、褂料一件并里裙料一件。尔所需笔墨等件付回，照单查收。此信并呈澄叔一阅，不另具。

涤生手示　二月十四日

函慰奔走烦劳

字谕纪泽儿：

三月十三日接尔二月二十四日安禀并澄叔信，俱悉五宅平安。

尔至葛家送亲后，又须至浏阳送陈婿夫妇，又须赶回黄宅送亲，又须接办罗氏女喜事。今年春夏，尔在家中，比余在营更忙。然古今文人学人，莫不有家常琐事之劳其身，莫不有世态冷暖之撄其心。尔现当家门鼎盛之时，炎凉之状不接于目，衣食之谋不萦于怀，虽奔走烦劳，犹远胜于寒士困苦之境也。尔母咳咳不止，其病当在肺家。兹寄去好参四钱五分、高丽参半斤，好者如试之有效，当托人到京再买也。余近久不吃丸药，每月两逢节气，服归脾汤三剂。迩来瞌睡甚多，不知是好是歹。

军事平安。鲍公于初七日在铜陵获一大胜仗。少荃坐火轮船于初八赴上海，其所部六千五百人当陆续载去。希庵所派救颍州之兵，颍郡于初五日解围。第三女于四月二十二日于归罗家，兹寄去银二百五十两查收。余不详，即呈澄叔一阅。此嘱。

涤生手示　三月十四日

处事行之有恒

字谕纪泽儿：

连接尔十四、二十二日在省城所发禀，知二女在陈家，门庭雍睦，衣食有资，不胜欣慰。

尔累月奔驰酬应，犹能不失常课，当可日进无已。人生惟有常是第一美德，余早年于作字一道，亦尝苦思力索，终无所成。近日朝朝摹写，久不间断，遂觉月异而岁不同。可见年不分老少，事无分难易，但行之有恒，自如种树畜养，日见其大而不觉耳。尔短处在言语欠钝讷，举止欠端重，看书能深入而作文不能峥嵘。若能从此三事上下一番苦工，进之以猛，持之以恒，不过一二年，自尔精进而不觉。言语迟钝，举止端重，则德进矣。作文有峥嵘雄快之气，则业进矣。尔前作诗，差有端绪，近亦常作否？李、杜、韩、苏四家之七古，惊心动魄，曾涉猎及之否？

此间军事，近日极得手。鲍军连克青阳、石埭、太平、泾县四城。沅叔连克巢县、和州、含山三城暨铜城闸、雍家镇、裕溪口、西梁山四隘。满叔连克繁昌、南陵二城暨鲁港一隘。现仍稳慎图之，不敢骄矜。

余近日疮癣大发，与去年九十月相等。公事丛集，竟日忙冗，尚多积搁之件。所幸饮食如常，每夜安眠或二更三更之久，不似往昔彻夜不寐，家中可以放心。此信并呈澄叔一阅，不另致也。

涤生手示　四月初四日

读书可以变化气质

字谕纪泽、纪鸿儿：

今日专人送家信，甫经成行，又接王辉四等带来四月初十之信，尔与澄叔各一件，藉悉一切。

尔近来写字，总失之薄弱，骨力不坚劲，墨气不丰腴，与尔身体向来轻字之弊正是一路毛病。尔当用油纸摹颜字之《郭家庙)、柳字之《琅琊碑》、《玄秘塔》，以药其病。日日留心，专从厚重二字上用工，否则字质太薄，即体质亦因之更轻矣。人之气质，由于天生，本难改变，惟读书则可变化气质。古之精相法者，并言读书可以变换骨相。欲求变化之法，总须先立坚卓之志。即以余生平言之，三十岁前最好吃烟，片刻不离，至道光丁寅十一月二十一日立志戒烟，至今不再吃。四十六岁以前作事无恒，近五年深以为戒，现在大小事均尚有恒。即此二端，可见无事不可变也。尔于厚重二字，须立志变改。古称金丹换骨，余谓立志即丹也。满叔四信偶忘送，故特由驿补发。此嘱。

涤生示　四月二十四日

贺纪鸿儿幸取县首

澄弟左右：

纪鸿儿幸取县首，诗文虽不甚稳惬，而其中多有精警之句、疏宕之气，寅皆先生时雨之化，可敬可感。当略备微仪，以申鄙意。府院考皆当极热之时，鸿儿体弱，不知能耐此酷暑否？今年乡试，鸿儿即可不必入场。盖工夫尚早，年纪太轻，本无望中之理，又恐鸿儿难熬此九日之辛苦也。

军事平善。多将军于十四夜攻克庐州府城，皖北数十州县为粤匪所占，今皆克复，一律肃清，只余二三城为捻匪、苗逆所占，想亦易于就绪。四眼狗未经擒戮，北窜河南，殊为后患。沅弟由西梁山渡江南岸，进攻金柱关，季弟尚在鲁港。鲍春霆进剿宁国府，徽、衢等处贼皆退，江西今年得保平安。

余身体平安，家中不必挂念。

四月二十四日

汉人词章皆精小学训诂

字谕纪泽儿：

接尔四月十九日一禀，得知五宅平安。尔《说文》将看毕，拟先看各经注疏，再从事于词章之学。

余观汉人词章，未有不精于小学训诂者，如相如、子云，孟坚于小学皆专著一书，《文选》于此三人之文著录最多。余于古文，志在效法此三人，并司马迁、韩愈五家。以此五家之文，精于小学训诂，不妄下一字也。尔于小学，既粗有所见，正好从词章上用功。《说文》看毕之后，可将《文选》细读一遍。一面细读，一面抄记，一面作文，以仿效之，凡奇僻之字，雅故之训，不手抄则不能记，不摹仿则不惯用。自宋以后能文章者不通小学，国朝诸儒通小学者又不能文章，余早岁窥此门径，因人事太繁，又久历戎行，不克卒业，至今用为疚憾。尔之天分，长于看书，短于作文。此道太短，则于古书之用意行气，必不能看得谛当。目下宜从短处下工夫，专肆力于《文选》，手抄及摹仿二者皆不可少。待文笔稍有长进，则以后诂经读史，事事易于着手矣。

此间军事平顺。沅、季两叔皆直逼金陵城下。兹将沅信二件寄家一阅。惟沅、季两军进兵太锐，后路芜湖等处空虚，颇为可虑。余现筹兵补此瑕隙，不知果无疏失否？余身体平安。惟公事日繁，应复之信积搁其多，余件尚能料理，家中可以放心。此信送澄叔一阅。余思家乡茶叶甚切，迅速付来为要。

涤生手示　五月十四日

教诫袁婿

字谕纪泽：

二十日接家信，系尔与澄叔五月初二所发，二十二日又接澄侯衡州一信，俱悉五宅平安，三女嫁事已毕。

尔信极以袁婿为虑，余亦不料其遽尔学坏至此，余即日当作信教之。尔等在家却不宜过露痕迹，人所以稍顾体面者，冀人之敬重也。若人之傲惰鄙弃业已露出，则索性荡然无耻，拼弃不顾，甘与正人为仇，而以后不可救药矣。我家内外大小于袁婿处礼貌均不可疏忽，若久不悛改，将来或接至皖营，延师教之亦可。大凡世家子弟，钱不可多，衣不可多，事虽至小，所关颇大。

此间各路军事平安。多将军赴援陕西，沅、季在金陵孤军无助，不无可虑，湖州于初三日失守。鲍攻宁国，恐难遽克。安徽亢，顷间三日大雨，人心始安。谷即在长沙买，以后澄叔不必挂心。此次不另寄澄信，尔禀告之。此嘱。

五月二十四日

戒勿沾富贵习气

字谕纪鸿儿：

前闻尔县试幸列首选，为之欣慰。所寄各场文章，亦皆清润大方。昨接易芝生先生十三日信，知尔已到省。城市繁华之地，尔宜在寓中静坐，不可出外游戏征逐。兹余函商郭意城先生，在于东征局兑银四百两，交尔在省为进学之用。如郭不在省，尔将此信至易芝生先生处借银亦可。印卷之费，向例两学及学书共三份，尔每份宜送钱百千。邓寅师处谢礼百两，邓十世兄处送银十两，助渠买书之资。余银数十两，为尔零用及略添衣物之需。

凡世家子弟衣食起居，无一不与寒士相同，庶可以成大器；若沾染富贵气习，则难望有成。吾忝为将相，而所有衣服不值三百金，愿尔等常守此俭朴之风，亦惜福之道也。其照例应用之钱，不宜过啬（谢廪保二十千，赏号亦略丰）。谒圣后，拜客数家，即行归里。今年不必乡试，一则尔工夫尚早，二则恐体弱难耐劳也。此谕。

涤生手示

再，尔县考诗有错平仄者。头场（末句移），二场（三句禁，仄声用者禁止禁戒也，平声用者犹云受不住也，谚云禁不起），三场（四句节俭仁惠崇系倒写否？十句逸仄声），五场（九、十句失粘）。过院考时，务将平仄一一检点，如有记不真者，则另换一个字。抬头处亦宜细心。再谕。

五月二十七日

吟诗作字可法陶潜王羲之等

字谕纪泽儿：

曾代四、王飞四先后来营，接尔二十日、二十六日两禀，俱悉五宅平安。

和张邑侯诗，音节近古，可慰可慰。五言诗，若能学到陶潜、谢朓一种冲淡之味和谐之音，亦天下之至乐，人间之奇福也。尔既无志于科名禄位，但能多读古书，时时吟诗作字，以陶冶性情，则一生受用不尽。第宜束身圭璧，法王羲之、陶渊明之襟韵潇洒则可，法嵇、阮之放荡名教则不可耳。

希庵丁艰，余即在安庆送礼，写四兄弟之名，家中似可不另送礼。或鼎三侄另送礼物亦无不可，然只可送祭席挽幛之类，银钱则断不必送。尔与四叔父、六婶母商之。希庵到家之后，我家须有人往吊，或四叔，或尔去皆可，或目下先去亦可。近年以来，尔兄弟读书，所以不甚耽搁者，全赖四叔照料大事，朱金权照料小事。兹寄回家鹿茸一架、袍褂料一付，寄谢四叔。丽参三两、银十二两，寄谢金权。又袍褂料一付，补谢寅皆先生。尔一一妥送。家中贺喜之客，请金权恭敬款接，不可简慢，至要至要。

贤五先生请余作传，稍迟寄回。此次未写复信，尔先告之。家中有殿板《职官表》一书，余欲一看，便中寄来。抄来国史文苑、儒林传尚在否？查出禀知。此嘱。

涤生手草　七月十四日

行气为文章要义

字谕纪泽儿：

接尔七月十一日禀并澄叔信，俱悉一切。鸿儿十三日自省起程，想早到家。

此间诸事平安。沅、季二叔在金陵亦好。惟疾疫颇多，前建清醮，后又陈龙灯狮子诸戏，仿古大傩之礼，不知少愈否？鲍公在宁国招降童容海一股，收用者三千人，余五万人悉行遣散，每人给钱一千。鲍公办妥此事，即由高淳、东坝会剿金陵。希帅由六安回省，初三已到。久病之后，加以忧戚，气象黑瘦，咳嗽不止，殊为可虑。本日接奉谕旨，不准请假回籍，赏银八百，饬地方官照料。圣恩高厚，无以复加，而希帅思归极切。观其病象，亦非回籍静养断难痊愈。渠日内拟自行具折陈情也。

尔所作拟庄三首，能识名理，兼通训诂，慰甚慰甚。余近年颇识古人文章门径，而在军鲜暇，未尝偶作，一吐胸中之奇。尔若能解《汉书》之训诂，参以《庄子》之诙诡，则余愿偿矣。至行气为文章第一义，卿、云之跌宕，昌黎之倔强，尤为行气不易之法。尔宜先于韩公倔强处揣摩一番。京中带回之书，有《谢秋水集》（名文游，国初南丰人），可交来人带营一看。澄叔处未另作书，将此呈阅。

涤生手示 八月初四日

宁国失守殊堪忧虑

字谕纪泽儿：

接尔闰月禀，知澄叔尚在衡州未归，家中五宅平安，至以为慰。

此间连日恶风惊浪。伪忠王在金陵苦攻十六昼夜，经沅叔多方坚守，得以保全。伪侍王初三四亦至，现在金陵之贼数近二十万。业经守二十日，或可化险为夷。兹将沅叔初九、十与我二信寄归，外又有大夫第信，一慰家人之心。鲍春霆移扎距宁郡城二十里之高祖山，虽病弁太多，十分可危，然凯军在城主守，春霆在外主战，或足御之。惟宁国县城于初六日失守，殊可深虑。余近日忧灼，迥异寻常气象，与八年春间相类。盖安危之机，关系太大，不仅为一己之身名计也。但愿沅、霆两处幸保无恙，则他处尚可徐徐补救。此信送澄叔一阅。不详。

涤生手示 九月十四日

盼来此一叙以纾忧郁

字谕纪泽、纪鸿儿：

日内未接家信，想五宅平安。此间军事，金陵于初五日解围，营中一切平安，惟满叔有病未愈。目下危急之处有三：一系宁国鲍、张两军粮路已断，外无援兵；一系旌德朱品隆一军被贼围扑，粮米亦缺；一系九洑洲之贼窜过北岸，恐李世忠不能抵御。大约此三处者断难幸全。余两月以来，十分忧灼，牙疼殊甚，心绪之恶，甚于八年春在家、十年春在祁门之状。尔明年新正来此，父子一叙，或可少纾忧郁。

尔近日走路身体略觉厚重否？说话略觉迟钝否？鸿儿近学作试帖诗否？袁氏婿近常在家否？尔若来此，或带袁婿与金二外甥同来亦好。澄叔处未另致。

涤生手示　十月二十四日

诗文雄奇须立意脱俗

字谕纪泽儿：

二十九接尔十月十八在长沙所发之信，十一月初一又接尔初九日一禀，并与左镜和唱酬诗及澄叔之信，俱悉一切。

尔诗胎息近古，用字亦皆的当。惟四言诗最难有声响，有光芒，虽《文选》韦孟以后诸作，亦复尔雅有余，精光不足。扬子云之《州箴》、《百官箴》诸四言，刻意摹古，亦乏作作之光，渊渊之声。余生平于古人四言，最好韩公之作；如《祭柳子厚文》、《祭张署文》、《进学解》、《送穷文》诸四言，固皆光如皎日，响如春霆。即其他凡墓志之铭词及集中如《淮西碑》、《元和圣德》各四言诗，亦皆于奇崛之中迸出声光。其要不外意义层出、笔仗雄拔而已。自韩公而外，则班孟坚《汉书·叙传》一篇，亦四言中之最携雅者。尔将此数篇熟读成诵，则于四言之道自有悟境。镜和诗雅洁清润，实为吾乡罕见之才，但亦少奇矫之致。凡诗文欲求雄奇矫变，总须用意有超群离俗之想，乃能脱去恒蹊。尔前信读《马清督诔》，谓其沈郁似《史记》，极是极是。余往年亦笃好斯篇。尔若于斯篇及《芜城赋》、《哀江南赋》、《九辨》、《祭张署文》等篇吟玩不已，则声情自茂，文思汩汩矣。

此间军事危迫异常。九洑洲之贼纷窜江北，巢县、和州、含山俱有失守之信。余日夜忧灼，智尽能索，一息尚存，忧劳不懈，它非所知耳！尔行路渐重厚否？纪鸿读书有恒否？至为廑念。余详日记中。此次澄叔处无信，尔详禀告。

涤生手示　十一月初四日

劝妹妹耐劳忍气

字谕纪泽儿：

萧开二来，接尔正月初五日禀，得知家中平安。罗太亲翁仙逝，此间当寄奠仪五十金、祭幛一轴，下次付回。

罗婿性情乖戾，与袁婿同为可虑，然此无可如何之事。不知平日在三女儿之前亦或暴戾不近人情否？尔当谆嘱三妹柔顺恭谨，不可有片语违忤。三纲之道，君为臣纲，父为子纲，夫为妻纲，是地维所赖以立，天柱所赖以尊。故《传》曰：君，天也；父，天也；夫，天也。《仪礼》记曰：君至尊也，父至尊也，夫至尊也。君虽不仁，臣不可以不忠；父虽不慈，子不可以不孝；夫虽不贤，妻不可以不顺。吾家读书居官，世守礼义，尔当告戒大妹三妹忍耐顺受。吾于诸女妆奁甚薄，然使女果贫困，吾亦必周济而覆育之。目下陈家微窘，袁家、罗家并不忧贫。尔谆劝诸妹，以能耐劳忍气为要。吾服官多年，亦常在耐劳忍气四字上做工夫也。

此间近状平安。自鲍春霆正月初六日泾县一战后，各处未再开仗。春霆营士气复旺，米粮亦足，应可再振，伪忠王复派贼数万续渡江北，非希庵与江味根等来恐难得手。

余牙疼大愈，日内将至金陵一晤沅叔。此信送澄叔一阅，不另致。

涤生手示　正月二十四日

言孝以保身为重

字谕纪泽儿：

二月二十一日在运漕行次，接尔正月二十二日、二月初三日两禀，并澄叔两信，俱悉家中五宅平安。大姑母及季叔葬事，此时均当完毕。尔在团山嘴桥上跌而不伤，极幸极幸。闻尔母与澄叔之意欲修石桥，尔写禀来，由营付归可也。《礼》云："道而不径，舟而不游。"古之言孝者，专以保身为重。乡间路窄桥孤，嗣后吾家子侄凡遇过桥，无论轿马，均须下而步行。吾本意欲尔来营见面，因远道风波之险，不复望尔前来，且待九月霜降水落，风涛性定，再行寄谕定夺。目下尔在家饱看群书，兼持门户。处乱世而得宽闲之岁月，千难万难，尔切莫错过此等好光阴也。

余以十六日自金陵开船而上，沿途闻看金柱关、东西梁山、裕溪口、运漕、无为州等处，军心均属稳固，布置亦尚妥当。惟兵力处处单薄，不知足以御贼否。余再至青阳一行，月杪即可还省。南岸近亦吃紧。广匪两股窜扑徽州，古、赖等股窜扰青阳。其志皆在直犯江西以营一饱，殊为可虑。

澄叔不愿受沅之赐封。余当寄信至京，停止此举，以成澄志。尔读书有恒，余欢慰之至。第所阅日博，亦须札记一二条，以自考证。脚步近稍稳重否？常常留心。此嘱。

涤生手示　二月十四日

澄叔此次未另写信，将此禀告。

《闻人赋》圈批发还

字谕纪泽儿：

顷接尔禀及澄叔信，知余二月初四在芜湖下所发二信同日到家，季叔与伯姑母葬事皆已办妥。尔自槠山处归来，俗务应稍减少。

此间近日军事最急者，惟石涧埠毛竹丹、刘南云营盘被围。自初三至初十，昼夜环攻，水泄不通。次则黄文金大股由建德窜犯景德镇。余本檄鲍军救援景镇，因石涧埠危急，又令鲍改攻援北岸。沅叔亦拨七营援救石涧埠。只要守住十日，两路援兵皆到，必可解围。又有捻匪由湖北下窜，安庆必须安排守城事宜。各路交警，应接不暇，幸身体平安，尚可支持。

《闻人赋》圈批发还，尔能抗心希古，大慰余怀。纪鸿颇好学否？尔说话走路，比往年较迟重否？付去高丽参一斤，备家中不时之需。又付银十两，尔托楮山为我买好茶叶若干斤。去年寄来之茶，不甚好也。此信送与澄叔一看，不另寄。奏章谕旨一本查收。

涤生手示 三月十四日

须得老成者同伴

字谕纪鸿儿：

接尔禀件，知家中五宅平安，子侄读书有恒，为慰。

尔问今年应否往过科考？尔既作秀才，凡岁考科考，均应前往入场，此朝廷之功令，士子之职业也。惟尔年纪太轻，余不放心，若邓师能晋省送考，则尔凡事有所禀承，甚好甚好。若邓师不赴省，则尔或与易芝先生同往，或随晕山、镜和、子祥诸先生同伴，总须得一老成者照应一切，乃为稳妥。尔近日常作试帖诗否？场中细检一番，无错平仄，无错抬头也。此次未写信与澄叔，尔为禀告。

涤生手示 五月十八日

船行沿途不可惊动官长

字寄纪鸿儿：

尔于十九日自家起行，想九月初可自长沙挂帆东行矣。船上有大帅字旗，余未在船，不可误挂。经过府县各城，可避者略为避开，不可惊动官长，烦人应酬也。余日内平安。沅叔及纪泽等在金陵亦平安。此谕。

涤生手示　八月十二日

兄弟宜相劝勉

字谕纪瑞侄左右：

前接吾侄来信，字迹端秀，知近日大有长进。纪鸿奉母来此，询及一切，知侄身体业已长成，孝友谨慎，至以为慰。吾家累世以来，孝悌勤俭。辅臣公以上吾不及见，竟希公、星冈公皆未明即起，竟日无片刻暇逸。竟希公少时在陈氏宗祠读书，正月上学，辅臣公给钱一百，为零用之需。五月归时，仅用去一文，尚余九十九文还其父，其俭如此。星冈公当孙入翰林之后，犹亲自种菜收粪。吾父竹亭公之勤俭，则尔等所及见也。今家中境地虽渐宽裕，侄与诸昆弟切不可忘却先世之艰难，有福不可享尽，有势不可使尽。勤字工夫，第一贵早起、第二贵有恒；俭字工夫，第一莫着华丽衣服，第二莫多用仆婢雇工。凡将相无种，圣贤豪杰亦无种，只要人肯立志，都可以做得到的。侄等处最顺之境，当最富之年，明年又从最贤之师，但须立定志向，何事不可成？何人不可作？愿吾侄早勉之也。荫生尚算正途功名，可以考御史。待侄十八九岁，即与纪泽同进京应考。然侄此际专心读书，宜以八股试帖为要，不可专恃荫生为基，总以乡试会试能到榜前，益为门户之光。

纪官闻甚聪慧，侄亦以立志二字，兄弟互相劝勉，则日进无疆矣。顺问近好。

涤生手示　十二月十四日

洪秀全尸昨已挖出亲验

字谕纪泽儿：

二十九日接到二十七日申刻禀。余以是日巡览各营，夜宿萧信卿处，距沅叔大营三十里，故接包封稍晚也。天气虽热，然此间屡得大雨，早晚尚凉，比之沅叔与诸将终年在矮屋破棚之中，战争于烈日骤雨之下，苦乐相去远矣。尔等勿以为念。余拟将城内城外周览一过，七月中旬即可返棹回皖。洪秀全之逆尸昨已挖出亲验，李秀成之亲供亦将取毕。沅叔湿毒尚未愈也。

涤生手示　六月二十九夜

督科一请示禀批数字附还。

李秀成已于初六“正法”

字谕纪泽儿：

日内北风甚劲，未接包封及尔禀信，余亦未发信也。

伪忠王亲自写亲供，多至五万余字。两日内看该酋亲供，如校对房本误书，殊费目力。顷始具奏江、李二酋处治之法。李酋已于初六正法，供词亦抄送军机处矣。

沅叔拟于十一二等日演戏请客，余亦于十五前后起程回皖。日内因天热事多，尚未将江西一案出奏，计非五日不能核定此稿。老年畏热，亦畏案牍之繁难。余将来到金陵，即在英王府寓居，顷已派人修理矣。此谕。

涤生手示　七月初七日

蒙恩封侯沅叔封伯

字谕纪泽儿：

本日未刻接富将军咨到廷寄，余蒙恩封一等侯，沅叔蒙恩封一等伯。惟二十三日之折尚未批回，恩旨一道尚未接到。大约夹板仍发安庆，连日因风逆，故未到耳。兹将寄谕抄付安庆一看，恐战船较迟，故用排递。此嘱。

涤生手示　七月初八日申正

力去傲惰二弊

字谕纪鸿：

自尔起行后，南风甚多，此五日内却是东北风，不知尔已至岳州否？余以二十五日至金陵，沅叔病已痊愈。二十八日戮洪秀全之尸，初六日将伪忠王正法。初八日接富将军咨，余蒙恩封侯，沅叔封伯。余所发之折，批旨尚未接到，不知同事诸公得何懋赏，然得五等者甚少。余借人之力以窃上赏，寸心不安之至。

尔在外以谦谨二字为主，世家子弟，门第过盛，万目所瞩。临行时，教以三戒之言，末二条及力去傲惰之弊，当已牢记之矣。场前不可与州县来往，不可送条子，进身之始，务知自重，酷热尤须保养身体。此嘱。

七月初九日

择交是第一要事

字谕纪鸿：

自尔还湘启行后，久未接尔来禀，殊不放心。今年天气奇热，尔在途次平安否？

余在金陵与沅叔相聚二十五日，二十日登舟还皖，体中尚适。余与沅叔蒙恩晋封侯伯，门户太盛，深为祗惧。尔在省以谦敬二字为主，事事请问意臣、芝生两姻叔，断不可送条子，致腾物议。十六日出闱，十七八拜客，十九日即可回家。九月初在家听榜信后，再起程来署可也。择交是第一要事，须择志趣远大者。此嘱。

七月二十四日归县舟次

拟驻临淮先救皖北之急

字谕纪泽、纪鸿儿：

专人来，接鸿儿初六夜信，俱悉署内平安。罗氏外孙有病，比来已就痊否？又闻刘松山一军在龙潭闹饷，不肯渡江，不知近状何如？深为系念。

余于初八日至清江浦，发、捻二逆群萃皖北蒙、亳一带。英方伯雉河集营被围甚紧。英二十八骑于初六日自营冲出，其诸将尚在该集守营求救。余拟改驻临淮，先救皖北之急。二十内外自袁浦启行。身体尚好。临淮至金陵官封二日可到也。日记一本可寄湘乡否？两叔信另寄矣。

涤生手示　清江浦闰五月十四日

皖南各军闹饷竟日忧灼

字谕纪泽儿：

接尔十一、十五日两次安禀，俱悉一切。尔母病已痊愈，罗外孙亦好，慰慰。

余到清江已十一日，因刘松山未到，皖南各军闹饷，故尔迟迟未发。雉河、蒙城等处日内亦无警信。罗茂堂等今日开行，由陆路赴临淮。余俟刘松山到后，拟于二十一日由水路赴临淮。身体平安。惟廑念湘勇闹饷，有弗戢自焚之惧，竟日忧灼。蒋之纯一军在湖北业已叛变。恐各处相煽，即湘乡亦难安居，思所以痛惩之之法，尚无善策。

杨见山之五十金，已函复小岑在于伊卿处致送。邵世兄及各处月送之款，已有一札，由伊卿长送矣，惟壬叔向按季送，偶未入单，刘伯山书局撤后，再代谋一安砚之所，该局何时可撤，尚无闻也。

寓中绝不酬应，计每月用钱若干？儿妇诸女，果每日纺绩有常课否？下次禀复。吾近夜饭不用荤菜，以肉汤炖蔬菜一二种，令其烂如泥，味美无比，必可以资培养（菜不必贵，适口则足养人），试炖与尔母食之（星冈公好于日入时手摘鲜蔬，以供夜餐。吾当时侍食，实觉津津有味，今则加以肉汤，而味尚不逮于昔时）。后辈则夜饭不荤，专食疏而不用肉汤，亦养生之宜，且崇俭之道也。颜黄门（之推）《颜氏家训》作于乱离之世，张文端（英）《聪训斋语》作于承平之世，所以教家者极精。尔兄弟各觅一册，常常阅习，则日进矣。

涤生手草　清江浦　闰五月十九日

询问家人病情

字谕纪泽儿：

接尔闰五月二十一六九日暨六月初一日信，俱悉一切。罗家外孙近日更愈否？尔母服王子蕃药得愈，想仍系温补之品。尔祖母江太夫人昔年无论何病皆须服温补之剂，尔母似亦相类，总不可用克伐药也。高丽参、鹿胶二者，日内折弁进京必如数购买。

余出师已四十六天，未遇酷暑，尚能禁受。惟淮水盛涨，营垒恐将淹没。雉河解围，皖事已松，余七月当赴徐州。

毛年伯所送《二十四史》，余思一看，或将《后汉书》专人送阅亦可。此间无鱼翅可买，宜在金陵买十余斤寄来。乔中丞顷来相访，即无以燕之也。鸿儿有禀来否？并问。

涤生手示　六月初八日

告此间大水并询近况

字谕纪泽、纪鸿儿：

十五日接泽儿十一日禀，鸿儿无禀，何也？今日接小岑信，知邵世兄一病不起，实深伤悼。位西立身行己读书作文俱无差谬，不知何以家运衰替若此？岂天意真不可测耶？尔母之病，总服温补之剂，当无他虞。罗氏外孙及朱金权已痊愈否？

此间大水异常，各营皆已移渡南岸。惟余所居淮北两营系罗茂堂所带，二日内尚可不移。再长水八寸，则危矣。阴云郁热，雨势殊未已也。

邵世兄处，应送奠仪五十金，可由家中先为代出，有便差来营即付去。滕中军所带百人，可令每半月派一兵来，此不必定候家乡长夫送信。余托陈小浦买龙井茶，尔可先交银十六两，亦候下次兵来时付去。邵宅每月二十金，尔告伊卿照常致送否？须补一公牍否？尔每旬至李宫保处一谈否？幕中诸友凌晓岚等，相见契惬否？气势、识度、情韵、趣味四者，偶思邵子四象之说可以分配，兹录于别纸。尔试究之。

涤生手示　六月十九日

问沅叔病况

字谕纪泽儿：

二十三日接尔十七日禀，并汪刻“公羊”、陈刻“后汉书”、茶叶、腊肉等事俱悉。二十四日接奉寄谕，知沅叔已简授山西巡抚。谕旨咨少荃宫保处，尔可借阅。沅叔闰五月初六至十四之病，不知此时痊愈否？余须寄信嘱其北上陛见之便，且至徐州兄弟相会。

陈刻“二十四史”颇为可爱，不知其错字多否？“几何原本”可先刷一百部。曾恒德无事，亦可来营。余又有取阅之书，可令滕中军派兵送来，录如别纸。

涤生手示　六月二十五日

“刘禹锡集”、“王昌龄集”、“张籍集”。右三种于全唐诗内抽出寄来（刘集有单行本否？试问子偲丈）。唐四家诗选（王、孟、韦、柳四本）。“易经纂言”、“诗经纂言”。右二种“吴文正公（澄）集”

中有之，“通志堂经解”中亦有之。兹取吴集本。

古来文人均在气势上痛下工夫

字谕纪泽、纪鸿儿：

纪泽于陶诗之识度不能领会，试取“饮酒”二十首、“拟古”九首、“归田园居”五首、“咏贫士”七首等篇反复读之，若能窥其胸襟之广大，寄托之遥深，则知此公于圣贤豪杰皆已升堂入室。尔能寻其用意深处，下次试解说一二首寄来。

又问有一专长，是否须兼三者乃为合作。此则断断不能。韩无阴柔之美，欧无阳刚之美，况于他人而能兼之？凡言兼众长者，皆其一无所长者也，鸿儿言此表范围曲成，横竖相合，足见善于领会。至于纯熟文字，极力揣摩固属切实工夫，然少年文字，总贵气象峥嵘，东坡所谓蓬蓬勃勃如釜上气。古文如贾谊“治字策”、贾山“至言”、太史公“报任安书”、韩退之“原道”、柳子厚“封建论”、苏东坡“上神宗书”，时文如黄陶庵、吕晚村、袁简斋、曹寅谷，墨卷如“墨选观止”、“乡墨精锐”中所选两排三迭之文，皆有最盛之气势。尔当兼在气势上用功，无徒在揣摩上用功。大约偶名多，单句少，段落多，分股少，莫拘场屋之格式。短或三五百字，长或八九百字千余字，皆无不可。虽系“四书”题，或用后世之吏事，或论目今之时务，亦无不可。总须将气势展得开，笔仗使得强，乃不至于束缚拘滞，愈紧愈呆。

嗣后尔每月作五课揣摩之文，作一课气势之文。讲揣摩者送师阅改，讲气势者寄余阅改。四象表中，惟气势之属太阳者，最难能而可贵。古来文人虽偏于彼三者，而无不在气势上痛下工夫。两儿均宜勉之。此嘱。

七月初三日

阅书须从有恒二字痛下工夫

字谕纪泽儿：

十二日接尔初八日禀，俱悉一切。福秀之病，全在脾亏。余前信已详言之。今闻晓岑先生峻补脾胃，似亦不甚相宜。凡五脏极亏者，皆不受峻补也。尔少时亦极脾亏，后用老米炒黄，熬成极釅之稀饭，服之半年，乃有转机。尔母当尚能记忆。金陵可觅得老米否？试为福秀一服此方。开生到已数日，元征信接到，兹有复信，并邵二世兄信。尔阅后封口交去。渠需银两，尔陆续支付可也。

义山集似曾批过，但所批无多。余于道光二十三四五六年等，用胭脂圈批。惟余有丁刻“史记”（六套在家否）、王刻韩文（在尔处）、程刻韩诗（最精本）、小本杜诗、康刻“古文辞类纂”（温叔带回，霞仙借去）、震川集（在季师处）、山谷集（在黄恕皆家）首尾完毕，余皆有始无终，故深以无恒为憾。近年在军中阅书，稍觉有恒，然已晚矣。故望尔等于少壮时，即从有恒二字痛下工夫。然须有情韵趣味，养得生机盎然，乃可历久不衰。若拘苦疲困，则不能真有恒也。

密禀悉，当细察耳。

涤生手示　七月十三日

正封缄间，又接泽儿初九日禀。小孩病尚未好。尔母泄泻，系脾虚火亏。昔年在京服重剂黄芪参术，此后不宜日日服药，服则补火补气。内银钱所房屋尽可退还佘山租钱。李宫保处宜旬一往，幕中陈、凌、蒋、陈等皆熟人也。

又示十四日申刻

养生必须少恼怒

字谕纪泽儿：

三十日成鸿纲到，接尔八月十六日禀。俱悉尔十一后连日患病，十六尚神倦头眩，不知近已痊愈否？吾于凡事皆守“尽其在我，听其在天”二语，即养生之道亦然。体强者，如富人因戒奢而益富；体弱者，如贫人因节啬而自全。节啬非独食色之性也，即读书用心，亦宜俭约，不使太过。余八本匾中，言养生以少恼怒为本。又尝教尔胸中不宜太苦。须活泼泼地，养得一段生机，亦去恼怒之道也。既戒恼怒，又知节啬，养生之道，已尽其在我者矣。此外寿之长短，病之有无，一概听其在天，不必多生妄想去计较他。凡多服药饵，求祷神祇，皆妄想也。吾于医药、祷祀等事，皆记星冈公之遗训，而稍加推阐，教示后辈。尔可常常与家中内外言之。尔今冬若回湘，不必来徐省问，徐去金陵太远也。朱金权于初十内外回金陵，欲伴尔回湘。

近日贼犯山东，余之调度，概咨少荃宫保处。澄、沅两叔信附去查阅，不须寄来矣。此嘱。

涤生手示　九月初一日

将邵位西之墓铭付回

字谕纪泽儿：

二十四日接尔十一日禀，并耆、术、附子收到。此间有马谷山龙井茶十二瓶，陈小浦所买之茶应全留金陵。莫偪老带来之二瓶，如有便，拟带寄澄、沅叔也。精茗及各药物以后当交内府所收，辽参则交王芝圃收。贺胜臣现进京递折子。黄齐昂即日出外管带马队矣。

兹将邵位西墓铭付回。其兄之名空二字，尔可填写，交匠人钩摹刊刻。季公墓铭，匠人刻出太时俗，无深厚之意，余字尚不如是薄也。尔可教张氏二匠，用刀须略明行气之法。刀下无气，则顺修逆描，全失劲健之气矣。

《几何原本序》付去照收。余十九日复奏李公入洛、李丁迭迁一疏，尔可至李宫保署查阅。

此间带来之笔墨甚少，尔命曾文煜捡各种笔墨二十余支、十余笏，便中付来。此嘱。

涤生手示　九月二十五日

宜常读《庭训格言》及《聪训斋语》

字谕纪泽、纪鸿儿：

二十六日接纪泽二十日排递之禀，纪鸿初六日舢板带来禀件、衣书，今日派夫往接矣。李老太太病势颇重，近日略愈否？深为系念。泽儿肝气痛病亦全好否？尔不应有肝郁之症。或由元气不足，诸病易生，身体本弱，用心太过。上次函示以节啬之道，用心宜约，尔曾体验否？张文端公英所著《聪训斋语》，皆教子之言。其中言养身、择友、观玩山水花竹，纯是一片太和生机，尔宜常常省览。鸿儿体亦单弱，亦宜常看此书。吾教尔兄弟不在多书，但以圣祖之《庭训格言》（家中尚有数本），张公之《聪训斋语》（莫宅有之，申夫又刻于安庆）二种为教，句句皆吾肺腑所欲言。

以后在家则莳养花竹，出门则饱看山水，环金陵百里内外，可以遍游也。算学书切不可再看，读他书亦以半日为率。未刻以后，即宜歇息游观。古人以惩忿窒欲为养生要诀。惩忿即吾前信所谓少恼怒也，窒欲即吾上信所谓知节啬也。因好名好胜而用心太过，亦欲之类也。药虽有利，害亦随之，不可轻服。切嘱。

此间派队于二十八日出剿，初一二可以见仗。十九日折奉旨留中，暂无寄谕。尔可先告李宫保也。余不多及。

涤生手示　九月晦日

省览《聪训斋语》有益进德养生

字谕纪泽儿：

初三夜蒋大春到，接尔二十六日早一禀。俱知李老太太病已痊愈，尔病亦好，慰慰。此间之贼于二十九日稍与徐郡派出之马队接仗，其夜即窜萧县，初一二日窜又渐远，现尚不知果窜何处。各兵既力求宽限，以后即限九日，以八百里之程，每日仅走九十里，并非强人所难。仍须立一章程：早到一日赏三百，早二日赏六百；迟一日打四十，二日打八十。革去。

张文端公《聪训斋语》兹付去二本，尔兄弟细心省览，不特于德业有益，实于养生有益。

余身体平安，惟精神日损，老景逐增，而责任甚重，殊为悚惧。余不多及。

涤生手示　十月初四日

静心读书可却病延年

字谕纪泽、纪鸿儿：

十四日接尔初四日禀并贺寿各帖。俱悉一切。邮封最慢，不如借李宫保移封，或借雨亭、省三、眉生申封，皆可迅速。每次借十个，填写完毕，两月后再借可也。

贼自初三、四两日在丰县为潘军所败，仓皇四窜。行至宁陵，又为归德周盛波一军所败。据擒贼供称将窜湖北，不知确否。此间俟幼荃游击之师办成，除四镇大兵外，尚有两支大游兵，尽敷剿办。但求朱、唐、金军遣撤不生事变，则诸务渐有归宿矣。

泽儿身体复元，思来徐州省亲。余拟于今冬至曹、济、归、陈四府巡阅地势，现尚未定，尔暂不必来。如余不赴齐、豫，尔至十二月十五以后前来徐州，侍余度岁可也。彭笛仙在粮台，尔常相见否？其学问长处究竟如何？《聪训斋语》，余以为可却病延年。尔兄弟与松生、慕徐常常体验否？可一禀及。此嘱。

涤生手示　十月十七日

鸿儿每十日须写一禀

字谕纪泽、纪鸿儿：

十八日接泽儿十一夜禀并笔墨二包。余日内偶忘写信，故戎国治未得速归。二十二日又接尔十一日禀。余近日身体平安，捻匪自窜河南后，久无消息。十九日之折，顷接寄谕，业经照准。

明年寓中请师。顷桐城吴汝纶挚甫来此，渠以本年连捷，得内阁中书，告假出京。余劝今不必递尔进京当差，明年可至余幕中专心读一书，多作古文。因拟请其父吴元甲号育泉者至金陵教书，为纪鸿及陈婿之师。育泉以廪生举孝廉方正，其子汝纶，系一手所教成者也，挚甫闻此言欣然乐从，归告其父，想必允许。惟澄、沅叔已答应将富塽让与我家居住，明岁将送全眷回湘，吴来金陵，恐非长久之局。挚甫由徐赴金陵，余拟派差官送之。尔可与之面商一切。

沈戟门先生今冬可辞谢也。邵铭既难递刻，拟换写后半。琦、赛两名之下各添一公字，便中寄来。胜将薪水单阅过，可照此发。鸿儿每十日宜写一禀，字宜略大，墨宜浓厚。此嘱。

涤生手示　十月二十四夜

水师章程十二月出奏

字谕纪泽儿：

二十日成巡捕来，接尔十月二十一日禀及尔母一函。二十四日接尔二十日禀，系善后局排单递来。二十八日接尔二十二日信，系蒋大春赍到，并《会典》五册、《明史》一册。国初提督尚文武兼用，厥后专用武职，不知始于何时。前明有挂印总兵，以总兵而挂平西将军、征南将军等印。国朝总兵亦间存挂印之名，而实无真印，不知何年并挂印之名而去之。尔试问刘伯山能记之否。水师章程定于十二月出奏。如其查不出，亦不要紧，凡办事不必定讲考据也。

薛世香业由徐州经过回豫。其祭幛等，尔不必带来徐州，可交李宫保，托其寄长洲县蒯令转寄薛处。沈师放学时，可送八金以为节敬。渠明年既未定馆，尔可商之李宫保，求派入忠义局。容闳所送等件如果在二十金以内，即可收留，多则璧还为是。尔来徐州，初十后即可起程。余于十二三派员至清江接护。北徐严寒，甚于金陵。尔最畏寒，宜有以筹备之，或谓洋绒作棉袄棉裤之里最暖，但绵不宜厚。尔至扬州买三四丈带来。余不悉。

涤生手示　十一月二十九日

莫间断学字之功

字谕纪鸿：

尔学柳帖《琅琊碑》，效其骨力，则失其结构，有其开张，则无其𡒄搏。古帖本不易学，然尔学之尚不过旬日，焉能众美毕备，收效如此神速？

余昔学颜柳帖，临摹动辄数百纸，犹且一无所以。余四十以前在京所作之字，骨力间架皆无可观，余自愧而自恶之。四十八岁之后，习李北海《岳麓寺碑》，略有进境，然业历八年之久，临摹已过千纸。今尔用功未满一月，遂欲遽跻神妙耶？余于凡事皆用困知勉行工夫，尔不可求名太骤，求效太捷也。以后每日习柳字百个，单日以生纸临之，双日以油纸摹之。临帖宜徐，摹帖宜疾，专学其开张处。数月之后，手愈拙，字愈丑，意兴愈低，所谓困也。困时切莫间断，熬过此关，便可少进。再进再困，再熬再奋，自有亨通精进之日。不特习字，凡事皆有极困极难之时，打得通的，便是好汉。余所责尔之功课，并无多事，每日习字一百，阅《通鉴》五页，诵熟书一千字（或经书或古文、古诗，或八股试帖，从前读书即为熟书，总以能背诵为止，总宜高声朗诵），三八日作一文一诗。此课极简，每日不过两个时辰即可完毕，而看、读、写、作四者俱全。余则听尔自为主张可也。

尔母欲与全家往周家口，断不可行。周家口河道甚窄，与永丰河相似，而余住周家口亦非长局，决计全眷回湘。纪泽俟全行复元，二月初回金陵。余于初九日起程也。此嘱。

正月十八日

须认真讲求八股试帖

字谕纪鸿：

日内未接尔禀，想阖寓平安。余定以二月九日由徐州起程，至山东济兖、河南归陈等处，驻扎周家口，以为老营。纪泽定于初一日起程，花朝前后可抵金陵，三月初送全眷回湘。

尔出外二年有奇，诗文全无长进，明年乡试，不可不认真讲求八股试帖。吾乡难寻明师，长沙书院亦多游戏征逐之习，吾不放心。尔至黄安后，可与方存之、吴挚甫同伴，由六安州坐船至周家口，随我大营读书。李申夫于八股试帖最善讲说。据渠论及，不过半年，即可使听者欢欣鼓舞，机趣洋溢而不能自已。尔到营后，弃去一切外事，既看“鉴”、临帖、算学等事皆当辍舍，专在八股试帖上讲求。丁卯六月回籍乡试，得不得虽有命定，但求试卷不为人所讥笑，亦非一年苦功不可。

正月二十四日

作字宜学颜柳

字谕纪鸿：

凡作字总要写得秀，学颜、柳，学其秀而能雄；学赵、董，恐秀而失之弱耳。尔并非下等资质，特从前无善讲善诱之师，近来又颇有好高好速之弊。苦求长进，须勿忘而兼以勿助，乃不致走入荆棘耳。

二月十八日兖州行次

鸿儿不可冒昧来营

字谕纪泽、纪鸿儿：

四月十日，接尔二人在裕溪口所发禀，二十二日接纪泽在安庆一信，二十四日接纪泽在九江所发信，知沿途清吉为慰。此时想已安抵湖北。沅叔恩明谊美，必当全眷在湖北过夏。余意业已回籍，即以一直到家为妥。

富堨房屋如未修完，即在大夫府第借住。纪鸿即留鄂署读书。世家子弟既为秀才，断无不应科场之理。既入科场，恐诗文为同人及内外帘所笑，断不可不切实用功。科六与黄宅生先生若来湖北，纪鸿宜从之讲求八股。湖北有胡东谷，是一时文好手。此外尚有能手否？尔可禀商沅叔，择一善讲者而师事之。

余尚不能遽赴周家口，申夫亦不能遽赴鄂中，道远而逼近贼氛。鸿儿不可冒昧来营，即在武昌沅叔左右苦心作诗文经策。

彭芳四来，已留用矣。

涤生手示　四月二十五日济宁

鸿瑞两人宜专攻八股试帖

字谕纪泽、纪鸿儿：

前接泽儿四月二十一日信，兹又接尔二人二十七日禀，知尔九叔母率全眷抵鄂，极骨肉团聚之乐。宦途亲眷本难相逢，乱世尤难。留鄂过暑，自是至情。

鸿儿与瑞侄一同读书，请黄宅生先生看文，恰与吾前信之意相合。屡闻近日精于举业者，言及陕西路闫先生（德）“仁在堂稿”及所选仁在堂试帖、律赋、课艺无一不当行出色，宜古宜今。余未见此书，仅见其所著“柽华馆试帖”，久为佩仰。陕西近三十年科第中人，无不出闫先生之门。湖北官员中想亦有之。纪鸿与瑞侄等须买“仁在堂稿”、“柽花馆试帖”悉心揣摩，如武汉无可购买，或折差由京买回亦可。

鸿儿信中拟专读唐人诗文。唐诗固宜专读，唐文除韩、柳、李、孙外，几无一不四六者，亦可不必多读。明年鸿、瑞两人宜专攻八股试帖。选仁在堂中佳者，读必手抄，熟必背诵。尔信中言须能背诵乃读他篇，苟能践言，实良法也。读“柽花馆试帖”，亦以背诵为要，对策不可太空。鸿、瑞二人可将“文献通考”序二十五篇读熟，限五十日读毕，终身受用不尽。既在鄂读书，不必来营省亲矣。余详初六日所送四月日记及九叔信中日记。

涤生手示　五月十一夜

学祖父夜夜洗脚不轻服药

字谕纪泽、纪鸿儿：

五月十八日接泽儿四月二十八日禀函，二十一日又接初七日信各一件并诗文，俱悉一切。

尔母患头昏泄泻，自是阴亏脾虚之症，宜以扶阳补脾为主。近日高丽参易照浮火，辽参贵重不可多得，不如多服党参，亦有效验而无流弊。道光二十八年，尔母在京大病，脾虚发泻，即系重服参、术、耆而愈。以大锅熬党参膏为君，每次熬十斤汁。芾村身体最强，据云不服他药，惟每年以党参二十余斤熬膏常服，日益壮盛，并劝余常服此药。纪泽于看书等事似有过人之聪明，而于医药等事似又过人之愚蠢。即如汗者，心之精液，古人以与精血并重，养生家惟恐出汗，有伤元气。泽儿则伤风初至即求发汗，伤风将愈尚求大汗。屡汗元气焉得不伤？腠理焉得不疏？又如服药以达荣卫，有似送信以达军营。治标病者似送百里之信，隔日乃有回信；治本病者似送三五百里之信，经旬乃有回信。泽儿则日更数方，譬之辰刻送信百里，午刻未回又换一信，酉刻未回再换一令。号令数更，军营将安所适从？方剂屡改，脏腑安所听命？以后于己病母病宜切记此二事。即沅叔脚上湿毒，亦宜戒克伐之剂，禁屡换之方。余近年学祖父星冈公夜夜洗脚、不轻服药，日见康强。尔与沅叔及诸昆弟能学之否？

宋生香先生文笔圆熟，尽可从游。鸿儿之文笔太平直，全无拄意。明年下场，深恐为同辈所笑。自六月以后，尔与纪瑞将各项工课渐停，专攻八股试帖，兼学经策。每月寄文六篇来营，断不可少。但求诗文略有可观，不使人讥尔兄弟案首是送情的，则余心慰矣。常仪庵治齿方无处检寻。余不悉。

涤生手示　五月二十五日

朱邵卿领批须院试入学后乃可放心，深为悬念。

读史须作史论咏史诗

字谕纪泽、纪鸿儿：

接纪泽六月二十三、七月初三日两禀，并纪鸿及瑞侄禀信、八股。两人气象俱光昌，有发达之概，惟思路未开，作文以思路宏开为必发之品。意义层出不穷，宏开之谓也。

余此次行役，始为酷热所困，中为风波所惊，旋为疾病所苦。此间赴周家口尚有三百余里，或可平安耳。尔拟于《明史》看毕，重看《通鉴》，即可便看王船山之“读通鉴论”，尔或间作史论或作咏史诗。惟有所作，则心自易入，史亦易熟，否则难记也。余近状详日记中。到周口后又专人送信。此示。

涤生手谕　八月初三日

早间所食之盐姜已完，近日设法寄至周家口。吾家妇女须讲究做小菜，如腐乳、酱油、酱菜、好醋、倒笋之类，常常做些寄与我吃。“内则”言事父母舅姑，以此为重。若外间买者，则不寄可也。

纪鸿病宜在眠食上调养

字谕纪泽、纪鸿儿：

旬日以来接泽儿七月十五、二十四、八月初三日等禀，鸿儿八月初二日禀并诗文各二首。余近况及八月上旬日记已于十二日寄沅叔矣。现在外病虽去，惟用心辄汗，近四日已不看书。眼蒙且疼，齿痛亦甚，盖元气亏而有虚火，且有肝郁，但平日调养得宜，不久或可复元。

鸿儿背痛微热等症，医者或即以痨病目之，切不可误信危言深论轻于服药。鹿胶太滞，高丽参系硫磺水浇种，均不可轻服。昔晓岑之子功甫高云亭深语不传之秘，终无效验。彭有十于壬子冬在余家，刘蓝舟诊之，危言告余曰："若非峻补，难过明夏。"彭以无钱谢之。今蓝舟已逝十年，而有十至今无恙。凡医生危言深语，切弗轻信，尤不可轻于服药，调养工夫全在眠食二字上。观鸿儿此次禀信、诗文，似无病者。或聪明未开，才不能赴其所志，胸襟稍觉郁郁。或随母回湘，或来周口侍奉余侧，胸襟开扩，弗药可愈。叶亭甥侍此一年，胸襟日畅，文与字均长进也。

回家馈赠，除澄叔三家从厚外，余可不必优厚。尔外祖父母宜送百金，此外辅臣公后裔各家、王氏四家、江氏三家、牧清一家、姊妹各家听尔母子商酌分送，极多者亦不过四十金耳，或请沅叔一酌。宋生香处亦宜酌送脩金。尔待康后起程，当在秋杪，计申夫八月中旬必达鄂省。彼急于回蜀，论文不能久耳。此谕。

涤生手示　八月十四日

读古文当先认其貌后观其神

字谕纪泽儿：

九月二十六日接尔初九日禀，二十九、初一等日接尔十八、二十一日两禀，俱悉一切。二十三如果开船，则此时应抵长沙矣。二十四之喜事，不知由湘阴舟次而往乎？抑自省城发喜轿乎？

尔读李义山诗，于情韵既有所得，则将来于六朝文人诗文，亦必易于契合。

凡大家名家之作，必有一种面貌、一种神态，与他人迥不相同。譬之书家羲、献、欧、虞、褚、李、颜、柳，一点一画，其面貌既截然不同，其神气亦全无似处。本朝张得天、何义门虽称书家，而未能尽变古人之貌。故必如刘石庵之貌异神异，乃可推为大家。诗文亦然。若非其貌其神迥绝群伦，不足以当大家之目。渠既迥绝群伦矣，而后人读之，不能辨识其貌，领取其神，是读者之见解未到，非作者之咎也。尔以后读古文古诗，惟当先认其貌，后观其神，久之自能分别蹊径。今人动指某人学某家，大抵多道听途说，扣盘扪烛之类，不足信也，君子贵于自知，不必随众口附和也。余病已大愈，尚难用心，日内当奏请开缺。近作古文二首，亦尚入理，今冬或可再作数首。

唐镜海先生没时，其世兄求作墓志，余已应允，久未动笔，并将节略失去。尔向唐家或贺世兄处（庶农先生子，镜海之婿也）索取行状节略寄来。罗山文集年谱未带来营，亦向易芝先生（渠求作碑甚切）索一部付来，以便作碑，一偿夙诺。

纪鸿初六日自安黄起程，日内应可到此，余不悉。

涤生手示　十月十一日

拟于正月初旬起程进京

字谕纪泽儿：

十八日接尔初一日在六溪口所发之禀，二十一日接尔在槖驼河口所发之禀，俱悉一切。喜期果仍是二十四否？筠仙近日意兴何如？余于十三日具疏请开各缺，并附片请注销爵秩。二十五日接奉批旨，再赏假一月，调理就痊，进京陛见一次。余拟于正月初旬起程进京。

鸿儿少不更事，欲令尔于十一月十五以后自家来营，随侍进京。尔近日身体强壮否？接尔复禀，果有起行来豫定期，余即令纪鸿由豫回湘。鸿抵湘乡过年，尔抵周口过年，中途可约于鄂署一会。余近无他苦，惟腰疼畏寒，夜不成寝。群疑众谤之际，此心不无介介。然回思迩年行事无甚差谬，自反而缩，不似丁冬戊春之多悔多愁也。到京后仍当具疏请开各缺，惟以散员留营维系军心，担荷稍轻。尔兄弟轮流侍奉，军务松时，请假回籍省墓一次，亦足以娱暮景。

纪鸿在此体气甚好，心思亦似开朗，惜不能久侍，当令其回家事母耳。折片并批旨抄阅。尔送呈澄叔一看。此谕。

涤生手示　十月二十六日

再，尔体弱，今年行路太多，如自觉难吃辛苦，即不来侍奉进京，亦不强也（禀商尔母及澄叔议定回信）。若来，则带吴文煜来清检书籍。家中书籍亦须请一人专为料理，否则伤湿伤虫；或在省城书贾中找之。又行。

鸿儿言尔母欲将满女许徐氏。余嫌辈行不合，且诸女许宦家者多不称意，能在乡间许一富家亦好。明春到京，亦可于回都京官中求之也。

决计此后不复做官

字谕纪泽儿：

二十六日寄去一信，令尔于腊月来营，侍余正月进京。继又念尔体气素弱，甫经到家又行，由豫入都，驰驱太劳，且余在京不过半月两旬，尔不随侍亦无大损。而富墺新造家室，尔在家即有所损。兹再寄一信止尔之行。尔仍居家侍母，经营一切，腊月不必来营，免余惦念。

余定于正初北上，顷已附片复奏抄阅。届时鸿儿随行，二月回豫，鸿儿三月可还湘也。余决计此后不复做官，亦不作回籍安逸之想，但在营中照料杂事，维系军心。不居大位享大名，或可免于大祸大谤。若小小凶咎，则亦听之而已。

余近日身体颇健，鸿儿亦发胖。家中兴衰，全系乎内政之整散。尔母率二妇诸女，于酒食纺绩二事，断不可不常常勤习。目下官虽无恙，须时时作罢官衰替之想。至嘱至嘱。初五将专人送信，此次未另寄澄叔信，可送阅也。

涤生手示　十一月初三

虑后辈读书天分平常

字谕纪泽儿：

二月十六日接正月初十禀，二十一日又接二十六日信。得知是日生女，大小平安，至以为慰。儿女早迟有定，能常生女即是可生男之征，尔夫妇不必郁郁也。李宫保于甲子年生子已四十二矣。惟元五殇亡，余却深为廑系。家中人口总不甚旺，而后辈读书天分平常，又无良师善讲者教之，亦以为虑。

科一作文数次，脉理全不明白，字句亦欠清顺。欲令其归应秋闱，则恐文理纰缪，为监临以下各官所笑；欲不令其下场，又恐阻其少年进取之志。拟带至金陵，于三月初八、四月初八学乡场之例，令其于九日内各作三场十四艺，果能完卷无笑语，五月再遣归应秋试。科一生长富贵，但闻谀颂之言，不闻督责鄙笑之语，故文理浅陋而不自知。又处境太顺，无困横激发之时；本难期其长进。惟其眉宇大有清气，志趣亦不庸鄙，将来或终有成就。余二十岁在衡阳从汪师读书，二十一岁在家中教澄、温二弟，其时之文与科一目下之文相似，亦系脉不清而调不圆。厥后癸巳、甲午间，余年二十三四聪明始小开，至留馆以后年三十一二岁聪明始大开。科一或禀父体，似余之聪明晚开亦未可知。拟访一良师朝夕与之讲《四书》、经书、八股，不知果能聘得否？若能聘得，则科一与叶亭及今为之未迟也。

余以十六日自徐州起行，二十二日至清江，二十三日过水闸，到金陵后仍住姚宅行台。此间绅民望余回任甚为真切，御史阿凌阿至列之弹章，谓余不肯回任为骄妄，只好姑且做去，祸福听之而已。澄叔正月十三、二十八之信已到，暂未作复，此信送澄叔一阅。

涤生手示　二月二十五日宝应舟中

徐寿衡之长子次子皆殇，其妻（扶正者）并其女亦丧，附及。

纪鸿病日内转危为安

字谕纪泽儿

十八日寄去一信，言纪鸿病状。十九日请一医来诊。鸿儿乃天花痘喜也。余深用忧骇。以痘太密厚，年太长大，而所服十五六七八九等日之药，无一不误。阖署惶恐失措，幸托痘神佑助，此三日内转危为安。兹将日记由鄂转寄家中，稍为一慰。再过三日灌浆，续行寄信回湘也。

尔与澄叔二月二十八日之信顷已接到。尔七律十五首圆适深稳，步趋义山，而劲气倔强处颇似山谷。尔于情韵、趣味二者皆由天分中得之。凡诗文趣味约有二种：一曰诙诡之趣，一曰闲适之趣。诙诡之趣，惟庄、柳之文，苏、黄之诗。韩公诗文，皆极诙诡。此外实不多见。闲适之趣，文惟柳子厚游记近之，诗则韦、孟、白傅均极闲适。而余所好者，尤在陶之五古、杜之五律、陆之七绝，以为人生具此高淡襟怀，虽南面王不以易其乐也。尔胸怀颇雅淡，试将此三人之诗研究一番，但不可走入孤僻一路耳。余近日平安，告尔母及澄叔知之。

涤生手示　三月二十二日

望变柔为刚化刻为厚

字谕纪泽儿：

接尔三月十一日省城发禀，俱悉一切。鸿儿出痘，余两次详信告知家中。此六日尤为平顺，兹抄六日日记寄沅叔转寄湘乡，俾全家放心。

余忧患之余，每闻危险之事，寸心如沸汤浇灼。鸿儿病痊后，又以鄂省贼久踞臼口、天门，春霆病势甚重，焦虑之至。尔信中述左帅密劾次青，又与鸿儿信言闽中谣歌之事，恐均不确。余闻少荃言及闽绅公禀当左帅，幼丹实不与闻。特因官阶最大，列渠首衔。左帅奏请幼丹督办轮船厂务，幼已坚辞，见诸廷寄矣。余于左、沈二公之以怨报德，此中诚不能无芥蒂，然老年笃畏天命，力求克去褊心忮心。尔辈少年，尤不宜妄生气，于二公但不通闻问而已，此外着不得丝毫意见。切记切记。

尔禀气太清，清则易柔。惟志趣高坚，则可变柔为刚；清则易刻，惟襟怀闲远，则可化刻为厚。余字汝曰劼刚，恐其稍涉柔弱也。教汝读书须具大量，看陆诗以导闲适抱，恐其稍涉刻薄也。尔天性淡于荣利，再从此二事用功，则终身受用不尽矣。

鸿儿全数复元。端午后当遣之回湘。此信呈澄叔一阅，不另具。

涤生手示　三月二十八日

鸿儿既到省城自当进场应试

字谕纪泽、纪鸿儿：

高名扬来，接六月二十六日两禀，知鸿儿平安到家。顷又接鸿儿七月八日禀，知来省后寓居黄宅矣。余六月十六之信引温叔因病不能终场，陶少云因病不能终卷，嘱尔到家不必再出赴省。今既到省城，如身体尚可支持，自当进场应试。余不执成见也。《六经》及分类字锦此时无便可寄，亦非科场急需之书，将来觅便将局刻各书寄几份与诸侄可耳。泽儿中秋后前来金陵，即携纪渠同来，令其开豁眼界，长育德性。余不乐久居此官，尔不宜挈眷来也。袁漱六所送北宋本（不论是淳化本、景祐本）《前汉书》，尔可带来。余昔年阅过之《通鉴》，亦须带来。段《说文》、《读书杂志》、《经义述闻》均带来。今年奇热，余度夏甚苦，然看书未甚间断。家中造楼藏书，本系应办之事，然木料非常之难，果能办否？此谕。

涤生手示　七月二十二夜

《曹集铨评》可发金陵书局刊刻

字谕纪泽儿：

初八日寄去一缄，由澄叔之便带往，想早达矣。余以十三日至清江，料捡二日，十六日可以就道。桂未谷《说文》一部，途次不便携带。兹付至金陵，明年与后运之书同带可也。《曹集铨评》四本系山阳丁俭卿所撰，余许以发金陵书局代为刊刻。子建为诗家不祧之祖，亦不可无专集，尔可送缦云先生处发刻，并言明补校。莫子偲、张廉卿送至高邮，议于廉卿四十金，既而悔其太少，以渠往返途费不资也。本日寄信于丁雨生，请其补送三十金于廉卿（张即日至苏州），而另由此间寄银还之。此示。

涤生手示　十一月十四日清江

再，邵位西墓铭，余每以在徐州写者不称意为歉，常欲更书一通。今日砚冻笔又不佳，勉强写毕，其不称意如故也。尔可即以此上石，由余家出钱刻成，以碑石归之邵家。文中间有改字，均照原本略好。（十一月十四夜清江舟上。雪大，拟十六启行，恐须改期。）

李相创机器局为中国自强之本

字谕纪泽儿：

泰安发一信交刘高山带至金陵。是日接尔二十日禀，知十九日已移下江考棚为慰。李中堂欲借后圆地球，尽可允许，俟渠到湖北，即交便轮船带去。并求其将方子可请入楚督署内，刊刻此图，附刻图说，仍求将方元征调入鄂省，酌委署缺，必为良吏。李相创立上海、金陵两机器局，制造船炮，为中国自强之本，厥功甚伟。余思宏其绪而大其规，如添翻译馆、造地球，皆是一串之事，故余告冯、沈二君，以后上海铁厂仍请李相主持，马、丁两帅会办。尔可将此意先行函告李相，余以后再有函商之也。

应敏斋所兑号票银虽止一万二千，而言明可用二万两，计别敬用万六七千，尚有三四千作盘川，尽足敷用。小舫此举殊为多事。尔亦不宜寄来，姑带在身边可也。

日内途次平安。三十日小雪，恰与丁中丞在齐河会谈。今日至刘智庙，已交直隶境。兹将二十二以后九日日记寄去，尔速寄澄、沅两叔一览。余久未寄湘信，甚歉甚歉，过保定再寄耳。此嘱。

涤生手示　十二月初三日

（七）养生、养性

养生之道在顺乎自然

字谕纪泽、纪鸿儿：

二十日接纪泽在清江浦、金陵所发之信。二十二日李鼎荣来，又接一信。二十四日又接尔至金陵十九日所发之信。舟行甚速，病亦大愈为慰。老年来始知圣人教孟武伯问孝一节之真切。尔虽体弱多病，然后宜清静调养，不宜妄施攻治。庄生云："闻在宥天下，不闻治天下也。"东坡取此二语，以为养生之法。尔熟于小学，试取在宥二字之训诂体味一番，则知庄、苏皆有顺其自然之意。养生亦然，治天下亦然。若服药而日更数方，无故而终年峻补，疾轻而妄施攻伐强求发汗，则如商君治秦、荆公治宋，全失自然之妙。柳子厚所谓名为爱之其实害之，陆务观所谓天下本无事庸人自扰之，皆此义也。东坡游罗浮诗云："小儿少年有奇志，中宵起坐存黄庭。"下一存字，正合庄子在宥二字之意。盖苏氏兄弟父子皆讲养生，窥取黄老微旨，故称其子为有奇志。以尔之聪明，岂不能窥透此旨？余教尔从眠食二端用功，看似粗浅，却得自然之妙。尔以后不轻服药，自然日就壮健矣。

余以十九日至济宁，即闻河南贼匪图窜山东，暂住此间，不遽赴豫。贼于二十二日已入山东曹县境，余调朱星槛三营来济护卫，腾出潘军赴曹攻剿。须俟贼出齐境，余乃移营西行也。

尔侍母西行，宜作还里之计，不宜留连鄂中。仕宦之家，往往贪恋外省，轻弃其乡，目前之快意甚少，将来之受累甚大。吾家宜力矫此弊。余不悉。

涤生手示　二月二十五日

李眉生于二十四日到济宁相见矣。四叔、九叔寄余信二件寄阅。他人寄纪泽信四件、王成九信一件查收。

饭后数千步乃养生要诀

字谕纪泽儿：

曾名琮来，接尔十一月二十五日禀，知十五、十七尚有两禀未到。尔体甚弱，咳吐咸痰，吾尤以为虑，然总不宜服药。药能活人，亦能害人。良医则活人者十之七，害人者十之三；庸医则害人者十之七，活人者十之三。余在乡在外，凡目所见者，皆庸医也。余深恐其害人，故近三年来，决计不服医生所开之方药，亦不令尔服乡医所开之方药。见理极明，故言之极切，尔其敬听而遵行之。每日饭后走数千步，是养生家第一秘诀。尔每餐食毕，可至唐家铺一行，或至澄叔家一行，归来大约可三千余步。三个月后，必有大效矣。

尔看完《后汉书》，须将《通鉴》看一遍。即将京中带回之《通鉴》，仿照余法，用笔点过可也。尔走路近略重否？说话略钝否？千万留心，此谕。

涤生手示　十二月二十四日

养性五箴

少不自立，荏苒遂洎今兹，盖古人学成之年，而吾碌碌尚如斯也，不其戚矣！继是以往，人事日纷，德慧日损，下流之赴，抑又可知，夫灾疾所以益智，逸豫所以亡身，仆以中材而履安顺，将欲刻苦而自振拔，谅委其难之！因作《五箴》以自创云。

立志箴

煌煌先哲，彼不犹人。藐焉小子，亦父母之身。聪明福禄，予我者厚哉！弃天而佚，是及凶灾。积悔累千，其终也已。往者不可追，请从今始。荷道以躬，与之以言。一息尚活，永矢弗谖。

居敬箴

天地定位，二五胚胎。鼎焉作配，实曰三才。俨恪斋明，以凝女命。女之不庄，伐生戕性。谁人可慢？何事可弛？弛事者无成，慢人者反尔。纵彼不反，亦长吾骄。人则下女，天罚昭昭。

主静箴

斋宿日观，天鸡一鸣，万籁俱息，但闻钟声。后有毒蛇，前有猛虎。神定不慑，谁敢余侮？岂伊避人，日对三军。我虑则一，彼纷不纷。驰骛半生，曾不自主。今其老矣，殆扰扰以终古。

谨言箴

巧语悦人，自扰其身。闲言送日，亦搅女神。解人不夸，夸者不解。道听途说，智笑愚骇。骇者终明，谓女实欺。笑者鄙女，虽矢犹疑。尤悔既丛，铭以自攻。铭而复蹈，嗟女既耄。

有恒箴

自吾识字，百历洎兹。二十有八载，则无一知。曩之所忻，阅时而鄙。故者既抛，新者旋徙。德业之不当，曰为物牵。尔之再食，曾未闻或愆。黍黍之增，久乃盈斗。天君司命，敢告马走。

养身要言

癸卯入蜀道中作

一阳初动处，万物始生时，不藏怒焉，不宿怨焉。（右仁所以养肝也。）

内有整齐思虑，外而敬慎威仪。泰而不骄，威而不猛。（右礼所以养心也。）

饮食有节，起居有常。作事有恒，容止有定。（右信所以养脾也。）

扩然而大公，物来而顺应。裁之吾心而安，揆之天理而顺。（右义所以养肺也。）

心欲其定，气欲其定，神欲其定，体欲其定。（右智所以养肾也。）

求缺斋课程

癸卯孟夏立

读应熟读书十页。看应看书十页。习字一百。数息百八。记过隙影（即日记）。记茶余偶谈一则。（右每日课。）

逢三日写回信。逢八日作诗、古文一艺。（右月课。）

熟读书：《易经》、《诗经》、《史记》、《明史》、《屈子》、《庄子》、杜诗、韩文。

应看书不具载。

切勿恃才傲物

四位老弟足下：

前次回信内有四弟诗，想已收到。九月家信有送率五诗五首，想已阅过。吾人为学最要虚心。尝见朋友中有美材者，往往恃才傲物，动谓人不如己，见乡墨则骂乡墨不通，见会墨则骂会墨不通，既骂房官，骂主考，未入学者则骂学院。平心而论，己之所为诗文，实亦无胜人之处；不特无胜人之处，而且有不堪对人之处。只为不肯反求诸己，便都见得人家不是，既骂考官，又骂同考而先得者。傲气既长，终不进功，所以潦倒一生而无寸进也。

余平生科名极为顺遂，惟小考七次始售。然每次不进，未尝敢出一怨言，但深愧自己试场之诗文太丑而已。至今思之，如芒在背。当时之不敢怨言，诸弟问父亲、叔父及朱尧阶便知。盖场屋之中，只有文丑而侥幸者，断无文佳而埋没者，此一定之理也。

三房十四叔非不勤读，只为傲气太胜，自满自足，遂不能有所成。京城之中，亦多有自满之人。识者见之，发一冷笑而已。又有当名士者，鄙科名为粪土，或好作诗古，或好讲考据，或好谈理学，嚣嚣然自以为压倒一切矣。自识者观之，彼其所造，曾无几何，亦足发一冷笑而已。故吾人用功，力除傲气，力戒自满，毋为人所冷笑，乃有进步也。

诸弟平日皆恂恂退让，第累年小试不售，恐因愤激之久，致生骄惰之气，故特作书戒之，务望细思吾言而深省焉。幸甚幸甚。

国藩手草　十月二十一日

行事以有恒为要

四位老弟足下：

前月寄信，想已接到。余蒙祖宗遗泽、祖父教训，幸得科名，内顾无所忧，外遇无不如意，一无所觖矣。所望者再得诸弟强立，同心一力，何患令名之不显？何患家运之不兴？欲别立课程，多讲规条，使诸弟遵而行之，又恐诸弟习见而生厌心；欲默默而不言，又非长兄督责之道。是以往年常示诸弟以课程，近来则只教以有恒二字。所望于诸弟者，但将诸弟每月功课写明告我，则我心大慰矣。乃诸弟每次写信，从不将自己之业写明，乃好言家事及京中诸事。此时家中重庆，外事又有我料理，诸弟一概不管可也。以后写信，但将每月作诗几首，作文几首，看书几卷，详细告我，则我欢喜无量。诸弟或能为科名中人，或能为学问中人，其为父母之令子一也，我之欢喜一也。慎弗以科名稍迟，而遂谓无可自力也。如霞仙今日之身份，则比等闲之秀才高矣。若学问愈进，身份愈高，则等闲之举人、进士又不足论矣。

学问之道无穷，而总以有恒为主。兄往年极无恒，近年略好，而犹未纯熟，自七月初一起，至今则无一日间断。每日临帖百字；抄书百字，看书少亦须满二十页，多则不论。自七月起，至今已看过《王荆公文集》百卷，《归震川文集》四十卷，《诗经大全》二十卷，《后汉书》百卷，皆朱笔加圈批。虽极忙，亦须了本日功课，不以昨日耽搁而今日补做，不以明日有事而今日预做。诸弟若能有恒如此，则虽四弟中等之资，亦当有所成就，况六弟、九弟上等之资乎？

明年肄业之所，不知已有定否？或在家，或在外，无不可者。谓在家不可用功，此巧于卸责者也，吾今在京，日日事务纷冗，而犹可以不间断，况家中万万不及此间之纷冗乎？树堂、筠仙自十月起，每十日作文一首，每日看书十五页，亦极有恒。诸弟试将朱子《纲目》过笔圈点，定以有恒，不过数月即圈完矣。若看注疏，每经亦不过数月即完。切勿以家中有事而间断看书之课，又弗以考试将近而间断看书之课。虽走路之日，到店亦可看；考试之日，出场亦可看也。

兄日夜悬望，独此有恒二字告诸弟，伏愿诸弟刻刻留心，幸甚幸甚。

兄国藩手草　十一月二十一日

对宗族姻党宜敬爱之

诸位老弟足下：

十四日发十四号家信，因折弁行急，未作书与诸弟。十六早接到十一月十二所发信，内父亲一信、四位老弟各一件。是日午刻又接九月十二所寄信，内父亲及四、六、九弟各一件。俱悉一切，不胜欣幸。

曹石樵明府待我家甚为有礼，可感之至。兹寄一信去：西坤四位，因送项太简，致生嫌隙。今虽不复形之口角，而其心究不免有觖望。故特作信寄丹阁叔，使知我家光景亦非甚裕者。贤弟将此信呈堂上诸大人，以为开诚布公否？如堂上诸大人执意不肯送去，则不送亦可也。四弟之诗又有长进，第命意不甚高超，声调不甚响亮。命意之高，须要透过一层。如说考试，则须说科名是身外物，不足介怀，则诗意高矣；若说必以得科名为荣，则意浅矣。举此一端，余可类推。腔调则以多读诗为主，熟则响矣。去年树堂所寄之笔，亦我亲手买者。春光醉目前每支大钱五百文，实不能再寄，汉璧尚可寄，然必须明年会试后乃有便人回南，春间不能寄也。五十读书固好，然不宜以此耽搁自己功课。女子无才便是德，此语不诬也。常家欲与我结姻，我所以不愿者，因闻常世兄最好恃父势作威福，衣服鲜呀，仆从炬赫，恐其家女子有宦家骄奢习气乱我家规，诱我子弟好奢耳。今渠再三要结姻，发甲五八字去，恐渠家是要与我为亲家，非欲与弟为亲家，此语不可不明告之。贤弟婚事，我不敢作主，但亲家为人何如，亦须向汪三处查明。若吃鸦片烟，则万不可对；若无此事，则听堂上各大人与弟自主之可也。所谓翰堂秀才者，其父子皆不宜亲近，我曾见过，想衡阳人亦有知之者。若要对亲，或另请媒人亦可，六弟九月之信，于自己近来弊病颇能自知，正好用功自医，而犹曰“终日泄泄”，此则我所不解者也。家中之事，弟不必管。天破了自有女娲管，洪水大了自有禹王管。家事有堂上大人管，外事有我管，弟只安心自管功课而已，何必问其他哉？至于宗族姻党，无论他与我家有隙无隙，在弟辈只宜一概爱之敬之。孔子曰“泛爱众而亲仁”，孟子曰“爱人不亲反其仁”，“礼人不答反其敬”。此刻未理家事，若便多生嫌怨，将来当家立业，岂不个个都是仇人？古来无与宗族乡党为仇之圣贤，弟辈万不可专责他人也。十一月信言现看《庄子》并《史记》，甚善。但作事必须有恒，不可谓考试在即，便将未看完之书丢下。必须从首至尾，句句看完。若能明年将《史记》看完，则以后看书不可限量，不必问进学与否也。贤弟论袁诗、论作字亦皆有所见，然空言无益，须多做诗多临帖乃可谈耳。譬如人欲进京，一步不行，而在家空言进京程途，亦何益哉？即言之津津，人谁得而信之哉？九弟之信，所以规劝我者甚切，余览之不觉毛骨悚然。然我用功，实脚踏实地，不敢一毫欺人。若如此做去，不作外官，将来道德文章必粗有成就。上不敢欺天地祖父，下不敢欺诸弟与儿子也。而省城之闻望日隆，即我亦不知其所自来。我在京师，惟恐名浮于实，故不先拜一人，不自诩一言，深以过情之闻为耻耳。来书写大场题及榜信，此间九月早已知之。惟县考案首前列及进学之人，则至今不知。诸弟以后写信，于此等小事及近处族戚家光景，务必一一详载。季弟信亦谦虚可爱，然徒谦亦不好，总要努力前进。此全在为兄者倡率之。余他无可取，惟近来日日有恒，可为诸弟倡率。四弟、六弟纵不欲以有恒自立，独不怕坏季弟之样子乎？

昨十六日卓秉恬拜大学士，陈官俊得协办大学士。自王中堂死后，隔三年，大学士始放人，亦一奇也。书不宣尽。

兄国藩手具　十二月十八日

告升詹事府右春坊右庶子

四位老弟足下：

四月十六日，余寄第三号交折差，备述进场阅卷及收门生诸事，内附寄会试题名录一纸。十七日朱啸山南旋，余寄第四号信，外银一百两、书一包计九函，高丽参一斤半。二十五日冯树堂南旋，余寄第五号家信，外寿屏一架，鹿胶二斤一包、对联条幅扇子及笔共一布包。想此三信，皆于六月可接到。

树堂去后，余于五月初二日新请李竹坞先生（名如篦，永顺府龙山县人，丁酉拔贡，庚子举人）教书。其人端方和顺，有志性理之学，虽不能如树堂之笃诚照人，而已为同辈所最难得者。初二早，皇上御门办事。余蒙天恩，得升詹事府右春坊右庶子。次日具折谢恩，蒙召见于勤政殿，天语垂问共四十余句。是日同升官者：李菡升都察院左副都御史，罗悙衍升通政司副使，及余共三人。

余蒙祖父余泽，频叨非分之荣。此次升官，尤出意外。日夜恐惧修省，实无德足以当之。诸弟远隔数千里之外，必须匡我之不逮，时时寄书规我之过，务使累世积德不自我一人而堕。庶几持盈保泰，得免速致颠危。诸弟能常进箴规，则弟即吾之良师益友也。而诸弟亦宜常存敬畏，勿谓家有人作官，而遂敢于侮人；勿谓已有文学，而遂敢于恃才傲人。常存此心，则是载福之道也。

今年新进士善书者甚多，而湖南尤甚。萧史楼既得状元，而周荇农（寿昌）去岁中南元，孙芝房（鼎臣）又取朝元，可谓极盛。现在同乡诸人讲求词章之学者固多，讲求性理之学者亦不少，将来省运必大盛。

余身体平安，惟应酬太繁，日不暇给，自三月进闱以来，至今已满两月，未得看书。内人身体极弱，而无病痛。医者云必须服大补剂，乃可回元。现在所服之药与母亲大人十五年前所服之白术黑姜方略同，差有效验。儿女四人皆平顺。去年寄家之银两，屡次写信求将分给戚族之数目详实告我，而至今无一字见示，殊不可解。以后务求四弟将帐目开出寄京，以释我之疑。又余所欲问家乡之事甚多，兹另开一单，烦弟逐条对是祷。

兄国藩草　五月初月

近服补肝之品

男国藩跪禀父母亲大人万福金安：

正月初三日发第一号家信。初七日彭棣楼太守出京，男寄补服四副、蓝顶二个，又寄欧阳沧溟先生江绸褂料一件、对联一副、高丽参二两、鹿胶一斤，又寄彭茀庵表叔鹿胶一斤。二月初寄第三号家信。想俱收到。

男等在京合室平安。男病尚未痊愈，二月初吃龙胆泻肝汤，甚为受累，始知病在肝虚。近来专服补肝之品，颇觉有效。以首乌为君，而加以蒺藜、山药、赤芍、茯苓、菟丝诸味。男此时不求疮癣遽好，但求脏腑无病，身体如常，即为如天之福。今年虽不能得差，男亦毫无怨尤。

同乡张钟涟丁艰，男代为张罗一切，令之即日奔丧回里。黎樾乔于二月十四到京。

四弟近日读书，专以求解为急，每日摘疑义二条来问。为男煮药求医及纪泽教书，皆四弟独任其劳。六弟近日文思大进，每月作四书文六首、经文三首，同人无不击节称赏。

请封之事，大约六月可以用玺，秋冬可以寄家。余详四弟书中。

男谨禀　二月十六日

劝四弟须勤劳早起

四弟、九弟、季弟足下：

六月二十八日发第九号家信，想已收到。七月以来，京寓大小平安。癣疾虽头面微有痕迹，而于召见已绝无妨碍。从此不治，听之可也。

丁士元散馆，是诗中“皓月”误写“浩”字。胡家玉是赋中“先生”误写“先王”。

李竹屋今年在我家教书三个月，临行送他俸金，渠坚不肯受。其人知情知义，予仅送他褂料被面等物，竟未送银。渠出京后来信三次。予有信托立夫先生为渠荐馆。昨立夫先生信来，已请竹屋在署教读矣，可喜可慰。

耦庚先生革职，同乡莫不嗟叹。而渠屡次信来，绝不怪我，尤为可感可敬。

《岳阳楼记》大约明年总可寄到。家中《五种遗规》四弟须日日看之，句句学之。我所望于四弟者，惟此而已。家中蒙祖父厚德余荫，我得忝列卿贰，若使兄弟妯娌不和睦，后辈子女无法则，则骄奢淫佚，立见消败。虽贵为宰相，何足取哉？我家祖父、父亲、叔父三位大人规矩极严，榜样极好，我辈踵而行之，极易为力。别家无好榜样者，亦须自立门户，自立规条；况我家祖父榜样，岂可不遵行之而忍令坠落之乎？现在我不在家，一切望四弟作主。兄弟不和，四弟之罪也；妯娌不睦，四弟之罪也；后辈骄恣不法，四弟之罪也。我有三事奉劝四弟：一曰勤，二曰早起，三曰看《五种遗规》。四弟能信此三语，便是爱兄敬兄；若不信此三语，便是弁髦视兄。我家将来气象之兴衰，全系乎四弟一人之身。

六弟近来气性极和平，今年以来未曾动气，自是我家好气象。惟兄弟俱懒。我以有事而懒，六弟无事而亦懒，是我不甚满意处。

若二人俱勤，则气象更兴旺矣。吴、彭两寿文及小四书序、王待聘之父母家传，俱于八月付回，大约九月可到。

袁漱六处，予意已定将长女许与他，六弟已当面与他说过几次矣，想堂上大人断无不允。予意即于近日订庚，望四弟禀告堂上。陈岱云处姻事，予意尚有迟疑。前日四弟信来，写堂上允诺欢喜之意。筠仙已经看见，比书信告岱云矣。将来亦必成局，而予意尚有一二分迟疑。岱云丁艰，余拟送奠仪，多则五十，少则四十，别有对联之类，家中不必另致情也。余不尽言。

兄国藩手草　七月十八日

请堂上亲长常吃补品

男国藩跪禀父母亲大人万福金安：

十二月初五接到家中十一月初旬所发家信，俱悉一切。男等在京身体平安。男癣疾已痊愈，六弟体气如常。纪泽兄妹五人皆好。男妇怀喜平安，不服药。

同乡各家亦皆无恙。陈本七先生来京，男自有处置之法，大人尽可放心，大约款待从厚，而打发从薄。男光景颇窘，渠来亦必自悔。九弟信言母亲常睡不着，男妇亦患此病，用熟地、当归蒸母鸡食之，大有效验。九弟可常办与母亲吃。乡间鸡肉、猪肉最为养人，若常用黄芪、当归等类蒸之，略带药性而无药气，堂上五位大人食之，甚有益也，望诸弟时时留心办之。

老秧田背后三角丘是竹山湾至我家大路，男曾对四弟言及，要将路改于坳下，在檀山嘴那边架一小桥，由豆土排上横穿过来。其三角丘则多栽竹树，上接新塘坳大枫树，下接檀山嘴大藤包裹，甚为完紧，我家之气更紧。望堂上大人细思。如以为可，求叔父于明春栽竹种树；如不可，叔父写信示知为幸。

男等于二十日期服已满，敬谨祭告。二十九日又祭告一次。余俟续具。

十二月初六日

不敢过分用心

男国藩跪禀父母亲大人万福金安：

四月十四日接奉父亲三月初九日手谕，并叔父大人贺喜手示，及四弟家书。敬悉祖父大人病体未好，且日加沈剧。父、叔率诸兄弟服侍已逾三年，无昼夜之闲，无须臾之懈，独男一人远离膝下，未得一日尽孙子之职，罪责甚深。闻华弟、荃弟文思大进，葆弟之文得华弟讲改，亦日驰千里。远人闻此，欢慰无极。

男近来身体不甚结实，稍一用心，即癣发于面。医者皆言心亏血热，故不能养肝；热极生风，阳气上升，故见于头面。男恐大发，则不能入见（二月二十三谢恩，蒙召见。三月十四值班，蒙召见。三十又蒙召见），故不敢用心，谨守大人保养身体之训。隔日一至衙门办公事，余则在家，不妄出门。现在衙门诸事，男俱已熟悉。各司官于男皆甚佩服，上下水乳交融，同寅亦极协和。男虽终身在礼部衙门为国家办照例之事，不苟不懈尽就条理，亦所深愿也。

英夷在广东，今年复请入城。徐总督办理有方，外夷折服，竟不入城。从此永无夷祸，圣心嘉悦之至（四月十五日上谕甚嘉奖，兹付呈）。李石梧前辈告病。陆立夫总制两江，亦极能胜任。术者每言皇上连年命运行劫财地，去冬始交脱。皇上亦每为臣工言之。今年气象果为昌泰，诚国家之福也。

儿妇及孙女辈皆好。长孙纪泽前因开蒙太早，教得太宽，顷读毕《书经》，请先生再将《诗经》点读一遍。夜间讲《纲鉴》，正史约已讲至秦商鞅开阡陌。李家亲事，男因桂阳州往来太不便，已在媒人唐鹤九处回信不对。常家亲事，男因其女系妾所生，且闻其嫡庶不甚和睦，又闻其世兄不甚守俭敦朴，亦不愿对。南陔先生今年来京时，男不与之提及此事，渠已知其不谐矣。

纪泽儿之姻事屡次不就，男当年亦十五岁始定婚，则纪泽再缓一二年，亦无不可。或求大人即在乡间选一耕读人家之女，或男在京自定，总以无富贵气习者为主。纪坛对郭雨三之女，虽未订盟，而彼此呼亲家，称姻弟，往来亲密，断不改移。二孙女对岱云之次子，亦不改移。谨此禀闻，余详与诸弟书中。

男谨禀　四月十六日

生性不能精明威猛

澄、沅、洪三弟左右：

三十日奉至父大人手谕及三弟信件，俱悉一切。

长夫俱留在此，吃上头饭，每日给钱百文，实无一事可劳其筋力，故不能不略减也。借用厉伯苻之抽箱，内竟无抄录《说文便考》，不知何处遗失，俟查出付回。

沅弟言我仁爱有余威猛不足，澄弟在此时亦常说及，近日友人爱我者人人说及。无奈性已生定，竟不能威猛。所以不能威猛，由于不能精明。事事被人欺侮，故人得而玩易之也。

甲三之论、甲五之小讲，已加批付回。科一、科三、科四之字俱好。科一请安禀，其字画粗大，颇有乃父之风。

季弟在益阳所领钱文，绅士文任吾等已料理清楚，至湘阴时即在兄处领得实收，兄到岳州忘告季弟耳。

四月初一日与中丞会衔奏请调贵州、广东兵，兹于二十六日奉寄谕，抄录付回。余不一一。

国藩手草　五月初一日

读名人文集足以养病

澄、温、沅、季四位老弟足下：

二十五日春二、维五到营，接奉父亲大人手谕并澄沅来信、纪泽儿禀函，俱悉一切。

此间自四月十九小挫之后，五月十三各营在青山与该逆大战一次，幸获全胜。该逆水战之法尽仿我军之所为，船之大小长短，桨之疏密，炮之远近，皆与我军相等。其不如我军处，在弹子不能及远，故我军仅伤数人，而该逆伤亡三百余人。其更胜于我处，在每桨以两人推送，故船行更快。

罗山克复广涪后，本可即由饶州、都昌来湖口会剿，因浙江抚台札令赴徽州会剿，故停驻景德镇，未能来湖口。顷又因义宁州失守，江西抚台调之回省城，更不能来南康、湖口等处。事机未顺，处处牵掣，非尽由人力作主也。

永丰十六里练团新集之众，以之壮声威则可，以之打仗则恐不可，澄弟宜认真审察一番。小划子营，如有营官、哨官之才，望即告知荫亭，招之以出。沅弟荐曾和六，其人本有才，但兵凶战危，渠身家丰厚，未必愿冒险从戎。若慷慨投笔则可，余以札调则不宜也。朱楚成之才，不过能带一舢板。闻父亲所办单眼铳甚为合用，但引眼宜略大，用引线两三根更为可靠。

沅弟买得方、姚集，近已阅否？体气多病，得名人文集静心读之，亦自足以养病。凡读书有难解者，不必遽求甚解。有一字不能记者，不必苦求强记，只须从容涵泳。今日看几篇，明日看几篇，久久自然有益。但于已阅过者，自作暗号，略批几字，否则历久忘其为已阅未阅矣。筠仙来江西时，余作会合诗一首，一时和者数十人，兹命书办抄一本寄家一阅。

癣疾近已大愈，惟今年酷暑异常，将士甚苦，余不一一，即问近好。父亲大人前，即此跪禀万福金安。叔父大人前，诸弟送阅禀安。

兄国藩手草　五月二十六日

言凶德有二端

沅浦九弟左右：

初三日刘福一等归，接来信，俱悉一切。

城贼围困已久，计不久亦可攻克。惟严断文报是第一要义，弟当以身先之。

家中四宅平安。季弟尚在湘潭，澄弟初二日自县城归矣。余身体不适。初二日住白玉堂，夜不成寐。温弟何日至吉安？在县城、长沙等处尚顺遂否？古来言凶德致败者约有二端：曰长傲，曰多言。丹朱之不肖，曰傲；曰嚣讼，即多言也。历观名公巨卿，多以此二端败家丧生。余生平颇病执拗，德之傲也；不甚多言，而笔下亦略近乎嚣讼。静中默省愆尤，我之处处获戾，其源不外此二者。温弟性格略与我相似，而发言尤为尖刻。凡傲人凌物，不必定以言语加人，有以神气凌之者矣，有以面色凌之者矣。温弟之神气稍有英发之姿，面色间有蛮狠之象，最易凌人。凡中心不可有所恃，心有所恃则达于面貌，以门第言，我之物望大减，方且恐为子弟之累；以才识言，近今军中炼出人才颇多，弟等亦无过人之处。皆不可恃。只宜抑然自下，一味言忠信、行笃敬，庶几可以遮护旧失、整顿新气。否则，人皆厌薄之矣。沅弟持躬涉世，差为妥洽。温弟则谈笑讥讽，要强充老手，犹不免有旧习。不可不猛省！不可不痛改！闻在县有随意嘲讽之事，有怪人差帖之意，急宜惩之。余在军多年，岂无一节可取？只因傲之一字，百无一成，故谆谆教诸弟以为戒也。九弟妇近已全好，无劳挂念。沅在营宜整刷精神，不可懈怠。至嘱。

兄国藩手草　三月初六日

愿共鉴戒二弊

沅浦九弟左右：

二十日胡二等归，接弟十三夜书，俱悉一切。

所论兄之善处，虽未克当，然亦足以自怡，兄之郁郁不自得者，以生平行事有初鲜终；此次又草草去职，致失物望，不无内疚。

朱尧阶于初九日来家。刘霞仙侍其叔父镜湖于十三日来家，悉心诊视。先用开痰之剂，旋服解郁之方，日有效验。镜叟于十九日归去，以二十五日为季子完娶也。霞仙亦于二十三日归去。

长傲、多言二弊，历观前世卿大夫兴衰及近日官场所以致祸福之由，未尝不视此二者为枢机，故愿与诸弟共相鉴诫。第能惩此二者，而不能勤奋以图自立，则仍无以兴家而立业。故又在乎振刷精神，力求有恒，以改我之旧辙而振家之丕基。弟在外数月，声望颇隆，总须始终如一，毋怠毋荒，庶几于弟为初旭之升，而于兄亦代为桑榆之补。至嘱至嘱……

兄国藩手草　三月十三日

宜平心静气幸勿焦灼

沅弟左右：

昨信书就未发，初五夜玉六等归，又接弟信，报抚州之复，他郡易而吉州难，余固恐弟之焦灼也。一经焦躁，则心绪少佳，办事不能妥善。余前年所以废弛，亦以焦躁故尔。总宜平心静气，稳稳办去。

余前言弟之职以能战为第一义，爱民第二，联络各营将士、各省官绅为第三。今此天暑困人，弟体素弱，如不能兼顾，则将联络一层少为放松，即第二层亦可不必认真，惟能战一层，则刻不可懈。目下濠沟究有几道？其不甚可靠者尚有几段？下次详细见告。九江修濠六道，宽深各二丈，吉安可仿为之否？

弟保同知花翎，甚好甚好。将来克复府城，自可保升太守。吾不以弟得升阶为喜，喜弟之吏才更优于将才，将来或可勉作循吏，切实做几件施泽于民之事，门户之光也，阿兄之幸也。

龙翰臣方伯与弟信，内批胡中丞奏折，言有副本，勿与他人看。是何奏也？并问。余续具。

兄国藩　五月初六日

圣门教人不外敬恕

沅浦九弟左右：

十三日安五等归，接手书，俱知一切。抚、建各府克复，惟吉安较迟，弟意自不能无介介。然四方围逼，成功亦当在六七两月耳。

家中四宅眷口平安。十二日叔母寿辰，男女共九席，家人等三席。季山先生十四日来馆。瀛皆先生十五日来馆。澄侯弟于十二晚往永丰一带吊各家之丧，均要余作挽联。余挽贺映南之夫人云：柳絮因风，阃内先芬堪继武（姓谢）；麻衣如雪，阶前后嗣总能文。挽胡信贤之母云：元女太姬，祖德溯二千余载；周姜京室，帝梦同九十三龄（胡母九十三岁）。近来精力日减，惟此事尚颇如常。澄弟谓此亦可卜其未遽衰也。

袁漱六之戚郑南乔自松江来，还往年借项二百五十两。具述漱六近状，官声极好，宪眷极渥，学问与书法大进，江南人仰望甚至，以慰以愧。

杨家滩周俊大兄号少濂，与余同读同考，多年相好。频年先祖、先考妣之丧均来致情。昨来家中，以久试不进，欲投营博一功名，求荐至吉营。余以功牌可得，途费可赠，保举则不可必。渠若果至吉营，望弟即日填功牌送之，兼送以来往途费。如有机可假，或恰逢克复之日，则望保以从九县丞之类；若无机会，亦不勉强，以全余多年旧好。余昔在军营不妄保举，不乱用钱，是以人心不附，至今以为诟病。近日揣摩风会，一变前志。上次有孙、韩、王之托，此次又有周君之托，盖亦情之不得已者。孙、韩、王三人或保文职亦可，渠辈眼高，久已厌薄千、把也。仙屏在营，弟须优保之，借此以吸引人才。余未能超保次青，使之沉沦下位，至今以为大愧大恨之事。仙屏无论在京在外，皆当有所表见。成章鉴是上等好武官，亦宜优保。

弟之公牍信启俱大长进。上次谢王雁汀一缄，系弟一手所成？抑系魏、彭辈初稿润色？祈复示。吴子序现在何处？查明见复，并详问其近况。

余身体尚好，惟出汗甚多，三年前虽酷暑而不出汗，今胸口汗珠累累，而肺气日弱，常用惕然。甲三体亦弱甚，医者劝服补剂，余未敢率尔也。弟近日身体健否？科四、六体气甚好，科四比弟在家时更为结实，科六则活泼如常，是为可喜。甲五目疾十愈其八，右目光总欠四分耳。余不一一，即问近好。

再者，人生适意之时不可多得，弟现在上下交誉，军民咸服，颇称适意，不可错过时会，当尽心竭力，做成一个局面。圣门教人不外敬恕二字，天德王道，彻始彻终，性功事功，俱可包括。余生平于敬字无工夫，是以五十而无所成。至于恕字，在京时亦曾讲求及之。近岁在外，恶人以白眼藐视京官，又因本性倔强，渐近于愎，不知不觉做出许多不恕之事，说出许多不恕之话，至今愧耻无已。弟于恕字颇有工夫，天质胜于阿兄一筹。至于敬字，则亦未尝用力，宜从此日致其功，于《论语》之九思，《玉藻》之九容，勉强行之。临之以庄，则下自加敬。习惯自然，久久遂成德器，庶不至徒做一场话说，四十五十而无闻也。

兄国藩手草　五月十六日

望从裕字上打叠此心

沅浦九弟左右：

在湖口专丁送去一缄，至南昌由驿递发去一缄，均接到否？不接我弟家信已四十日，焦灼之至，未审弟病已痊愈否？

余于二十四日出省城登舟，二十五日开始，二十六午刻至瑞洪。闻吴国佐二十七八可至南昌，故在此稍等。兹因谢兴六赴吉安之便，再寄一缄，询问近状。如吉安尚无克复之势，千万不必焦急。达生编六字诀，有时可施之行军者，戏书以佐吾弟之莞尔。余向来虽处顺境，寸心每多沉闷郁抑，在军中尤甚。此次专求怡悦，不复稍存郁损之怀。《晋》初爻所谓“裕无咎”者也。望吾弟亦从裕字上打叠此心，安安稳稳。顺问近好。

兄国藩手具　七月二十八日于瑞洪舟次

就纪泽所问作复

澄、沅、季三位老弟左右：

初十日接澄弟及纪泽儿二十八信，沅弟二十九日自县城发信，俱悉一切。温弟忠榇初三自黄州开行，尚未到省，殊深系念。日内想已到矣。纪寿侄既奉恩旨交吏部带领引见，其叔父大人诰封，仍当咨部恭领诰轴。盖第二次谕旨中有“着再加恩”字样，再字即承前次诰封之旨言之也。请谥一节，不敢再上渎矣。

澄弟信中变格谶语之说，兄早虑及之。七年闰五月十七初得谕旨时，正在白玉堂拆阅，叔父欲将此四字悬匾槽门，余不甚愿，亦未免中有所忌。然此等大事，冥冥中有主之者，皆已安排早定。若兄则久已自命为癞头牙子，与其偷生而丛疑谤，又不如得所而泯悔憾耳。

沅弟问克复景镇作何调遣？目下镇贼狡悍，似难遽克。既克之后，如湖南渐安，萧军复来，则当全力以规皖南；如湖南尚危，萧军留湘，则且休兵以驻湖、彭。是否有当，俟沅弟来营面商尚不为迟。

纪泽儿问地图六份，可否送一份与文辅卿？此图刻板在新化，尚属易购，可分一与文也。所论怀祖先生父子解经，十九着意于假借字。本朝诸儒，其秘要多在此，不独王氏为然。所问各书：《易林》长沙蒋氏曾刻过：《汉魏丛书》亦有之；《逸周书》，杭州卢抱经丛书有之；《唐石经》，陕西碑洞有之，唐开成元年刻字，类欧帖，可托人刷买，郑南侨现官陕西，亦可托也；《北堂书抄》不多见，抄本尤为难得。泽禀中“讹”、“讷”误作两字，“啄”误“喙”，附告之。并问诸弟近好。

兄国藩手草　三月十三日

再，纪寿侄蒙恩交吏部带领引见，俟下次发折，再行具折谢恩。二月十五日所发折，初八日奉到批谕，比付回矣。初九日所发折，三月初九奉到批谕，今付归也。兄又行。

望澄弟戒酒早起勤洗脚

澄侯、沅弟两弟左右：

闰月一日彭芳四来，接两弟信并纪泽一禀，俱悉一切。澄弟移寓新居，闻光彩焕发，有王相气象，至慰至慰。沅弟新屋前闻不甚光明，近日长夫来者皆云极好。吾两对所祝者，将来必如愿矣。一祭叔父文亦斐喜可诵，四字句本不易作，沅弟深于情者，故句法虽弱而韵尚长也。余办木器送澄弟，即请澄自为妥办，女家之钱已交盛四带归。即仿七年之例，由县城办就，至家中再漆可也。

此间自浙江克复，人心大定。太湖各营于二十四五日拔营，宿松吉中、吉左四营于二十六日拔营，均至石牌取齐，初五日将进围安庆。朱惟堂一营初二日至江边，距宿松仅七十里矣。营中一切平安，余身体亦好。惟饷项暂亏，若四川不速平，日亏一日，必穷窘耳。

澄弟之病日好，大慰大慰。此后总以戒酒为第一义。起早亦养身之法，且系保家之道，从来起早之人，无不寿高者。吾近有二事效法祖父，一曰起早，二曰勤洗脚，似于身体大有裨益。望澄弟于戒酒之外，添此二事。至嘱至嘱。顺问近好。

兄国藩手草　闰三月初四日

心无愧悔可生可死

澄侯四弟左右：

接弟闰月二十四夜手缄，得悉五宅平安。魏承祉之事，吾家尽可不管，别人家信本不应拆阅也。孙大人名昌国号栋臣，系衡州协兵丁，吾调出保至副将向导营之官。上年雪琴将伊营官革去，派管船厂。曹级珊名禹门，广西知县，船厂委员也。吾将彼信已焚化，以后弟不必提及。

金陵大营于闰月十六日溃退镇江，旋复退守丹阳。二十九日丹阳失守，和春、何桂清均由常州退至苏城外之浒关。张国梁不知下落。苏州危如垒卵，杭州亦恐再失。大局决裂，殊不可问。

余此次出外两年，于往年未了之事概无甚愧悔，可东可西，可生可死，襟怀甚觉坦然，吾弟尽可放心。前述祖父之德，以书、蔬、鱼、猪、早、扫、考、宝八字教弟，若不能尽行，但能行一早字，则家中子弟有所取法，是厚望也，顺问近好。

国藩手草　四月十四日

望讲求将略品行学术

季弟左右：

顷接沅弟信，知弟接行知，以训导加国子监学正衔，不胜欣慰。

官阶初晋，虽不足为吾季荣，惟弟此次出山，行事则不激不随，处位则可高可卑，上下大小，无人不翕然悦服。因而凡事皆不拂意，而官阶亦由之而晋。或者前数年抑塞之气，至是将畅然大舒乎?《易》曰："天之所助者顺也，人之所助者信也。"我弟若常常履信思顺，如此名位岂可限量?

吾湖南近日风气蒸蒸日上。凡在行间，人人讲求将略，讲求品行，并讲求学术。弟与沅弟既在行间，望以讲求将略为第一义，点名看操等粗浅之事必躬亲之，练胆料敌等精微之事必苦思之。品、学二者，亦宜以余力自励。目前能做到湖南出色之人，后世即推为天下罕见之人矣。大哥岂不欣然哉！哥做几件衣道贺。

沅弟以陈米发民夫挑濠，极好极好！此等事，弟等尽可作主，兄不吝也。

六月二十七日

初五信满纸骄矜悖谬

沅弟左右：

初九夜接初五日一缄，初十早又接初八日巳、午刻二缄，俱悉一切。

初九夜所接弟信，满纸骄矜之气，且多悖谬之语。天下之事变多矣，义理亦深矣，人情难知，天道亦难测，而吾弟为此一手遮天之辞、狂妄无稽之语，不知果何所本?恭亲王之贤，吾亦屡见之而熟闻之，然其举止轻浮，聪明太露，多谋多改。若驻京太久，圣驾远离，恐日久亦难尽惬人心。僧王所带蒙古诸部在天津、通州各仗，盖已挟全力与逆夷死战，岂尚留其有余而不肯尽力耶?皇上又岂禁制之而故令其不尽力耶?力已尽而不胜，皇上与僧邸皆浩叹而莫可奈何。而弟屡次信来，皆言宜重用僧邸，不知弟接何处消息，谓僧邸见疏见轻，敝处并未闻此耗也。

分兵北援以应诏，此乃臣子必尽之分。吾辈所以忝窃虚名，为众所附者，全凭忠义二字。不忘君，谓之忠；不失信于友，谓之义。令銮舆播迁，而臣子付之不闻不问，可谓忠乎？万一京城或有疏失，热河本无银米，从驾之兵难保其不哗溃。根本倘拔，则南服如江西、两湖三省又岂能支持不败？庶民岂肯完粮？商旅岂肯抽厘？州县将士岂肯听号令？与其不入援而同归于尽，先后不过数月之间，孰若入援而以正纲常以笃忠义？纵使百无一成，而死后不自悔于九泉，不诒议于百世。弟谓切不可听书生议论，兄所见即书生迂腐之见也。

至安庆之围不可撤，兄与希庵之意皆是如此。弟只管安庆战守事宜，外间之事不可放言高论毫无忌惮。孔子曰“多闻阙疑，慎言其余”，弟之闻本不多，而疑则全不阙，言则尤不慎。捕风捉影，扣盘扪烛，遂欲硬断天下之事。天下事果如是之易了乎？大抵欲言兵事者，须默揣本军之人才，能坚守者几人，能陷阵者几人；欲言经济，须默揣天下之人才，可保为督抚者几人，可保为将帅者几人。试令弟开一保单，未必不窘也。弟如此骄矜，深恐援贼来扑或有疏失。此次复信，责弟甚切。嗣后弟若再有荒唐之信如初五者，兄即不复信耳。

九月初十日

惰傲两字乃失败之由

沅弟左右：

接二十日午刻信并伪文二件，知安庆之贼望援孔切，只要桐城、青草塥少能坚定，自有可破之理。

此间诸事如常。有寄希庵一书未封口，交弟阅后封寄。次青十六日回祁，仅与余相见一次。闻其精神尚好，志气尚壮，将来或可有为，然实非带勇之才，弟军中诸将有骄气否？弟日内默省，傲气少平得几分否？天下古今之庸人，皆以一惰字致败，天下古今之才人，皆以一傲字致败。吾因军事而推之，凡事皆然，愿与诸弟交勉之。此次徽贼窜浙，若浙中失守，则不能免于吴越之痛骂，然吾但从傲惰二字痛下工夫，不问人之骂与否也。

九月二十二日

劝勉力戒惰傲二字

沅、季弟左右：

恒营专人来，接弟各一信并季所寄干鱼，喜慰之至。久不见此物，两弟各寄一次，从此山人足鱼矣。

沅弟以我切责之缄，痛自引咎，惧蹈危机而思自进于谨言慎行之路，能如是，是弟终身载福之道，而吾家之幸也。季弟信亦平和温雅，远胜往年傲岸气象。

吾于道光十九年十一月初二日进京散馆，十月二十八早侍祖父星冈公于阶前，请曰："此次进京，求公教训。"星冈公曰："尔的官是做不尽的，尔的才是好的，但不可傲。满招损，谦受益，尔若不傲，更好全了。"遗训不远，至今尚如耳提面命。今吾谨述此语告诫两弟，总以除傲字为第一义。唐虞之恶人曰丹朱，傲；曰象，傲；桀纣之无道，曰强足以拒谏，辩足以饰非，曰谓已有天命，谓敬不足行，皆傲也。吾自八年六月再出，即力戒惰字以改无恒之弊。近来又力戒傲字。昨日徽州未败之前，次青心中不免有自是之见，既败之后，余益加猛省。大约军事之败，非傲即惰，二者必居其一；巨室之败，非傲即惰，二者必居其一。

余于初六日所发之折，十月初可奉谕旨。余若奉旨派出，十日即须成行。兄弟远别，未知相见何日。惟愿两弟戒此二字，并戒各后辈常守家规，则余心大慰耳。

九月二十四日

将余之日记比《日知录》恭维太过

沅弟季弟左右：

初二日接沅弟二十八日两缄，俱悉一切。桐城二十六日又获胜仗，欣慰之至。日记册可比顾氏《日知录》，未免恭维太过。四川有一秀才，与卓海帆相国同年同月同时生，只小一日，又同年入学。厥后卓相登庸，渠寄诗云："只因日上差些子，笑向蜀江作钓翁。"余之日记比顾之《日知录），亦恐日上差些子也。至于添一条，则亦可不必。将来兄弟老境，同在家园畅聚，请动族戚调出文卷，于后批清一笔，胜于我之自添一条多矣。

前后两哨均于初二日到祁门。左季翁来祁已五日。其部下各营二十二日在贵溪打一胜仗，二十九日在德兴打一胜仗。闻初一将开大仗。若能打开德兴，则可进婺源，同进攻休宁也。

芝生所荐之熊姓，未知何如。请师乃第一要紧事，子弟之成败，全系乎是，弟须十二分慎重也。即问近好。

十一月慈寿日

不信巫仙医药以绍家风

澄侯四弟左右：

十六日接弟十一月二十三日手书，并纪泽二十五日禀，俱悉。弟病日就痊愈，至慰至幸。惟弟服药过多，又坚嘱泽儿请医守治，余颇不以为然。

吾祖星冈公在时，不信医药，不信僧巫，不信地仙。此三者，弟必能一一记忆。今我辈兄弟亦宜略法此意，以绍家风。今年白玉堂做道场一次，大夫第做道场二次，此外祷祀之事，闻亦常有，是不信僧巫一节，已失家风矣。买地至数千金之多，是不信地仙一节，又与家风相背。至医药，则合家大小老幼，几于无人不药，无药不贵。迨至补药吃出毛病，则又服凉药以攻伐之，阳药吃出毛病，则又服阴药以清润之，辗转差误，不至大病大弱不止。弟今年春间多服补剂，夏末多服凉剂，冬间又多服清润之剂。余意欲劝弟稍停药物，专用饮食调养。泽儿虽体弱，而保养之法，亦惟在慎饮食节嗜欲，断不在多服药也。洪家地契，洪秋浦未到场押字，将来恐仍有口舌。地仙、僧巫二者，弟向来不甚深信，近日亦不免为习俗所移。以后尚祈卓识坚定，略存祖父家风为要。天下信地、信僧之人，曾见有一家不败者乎？北果公屋，余无银可捐。己亥冬，余登山踏勘，觉其渺茫也。

此间军事平安。左、鲍二人在鄱阳尚未开仗。祁门、黟县之贼，日内并未动作。顺问近好，并贺新喜。

国藩手草　十二月二十四日

写字可用油纸摹帖

季弟左右：

接十二日信，俱悉一切。写字一纸有秀劲之气，若常写不间断，必有猛进之时。余自八年起，每日用油纸摹帖，不甚间断，近日常常长进。弟亦可用油纸试摹也。

寿州于二十六日失守。苗练进城，不杀翁中丞，求翁奏明渠是报仇，并非叛逆云云，想翁公必不允许矣。

龙三表弟来数日，思至弟处一行。十一日余未见一客。《劝诫浅语》再发五本查收。即候近好。

十月十四日

治身应以不药二字为药

沅、季弟左右：

季弟病似疟病，近已痊愈否？吾不以季病之易发为虑，而以季好轻下药为虑。吾在外日久，阅事日多，每劝人以不服药为上策。

吴彤云近病极重，水米不进已十四日矣。十六夜四更，已将后事料理，手函托我，余一概应允，而始终劝其不服药。自初十日起，至今不服药十一天，昨夜竟大有转机，疟疾减去十之四，呃逆各症减去十之七八，大约保无他变。希庵五月之季病势极重，余缄告之，云治心以广大二字为药，治身以不药二字为药、并言作梅医道不可恃。希乃断药月余，近日病已痊愈，咳嗽亦止。是二人者，皆不服药之明效大验。季弟信药太过，自信亦太深，故余所虑不在于病，而在于服药。兹谆谆以不服药为戒，望季曲从之，沅力劝之。至要至嘱。

季弟信中所商六条皆可允行。回家之期，不如待金陵克后乃去，庶几一劳永逸。如营中难耐久劳，或来安庆闲散十日八日，待火轮船之便，复还金陵本营，亦无不可。若能耐劳耐烦，则在营久熬更好，与弟之名曰贞、号曰恒者，尤相符合。其余各条皆办得到，弟可放心。

上海四万尚未到，到时当全解沅处。东征局于七月三万之外，又有专解金陵五万，到时亦当全解沅处。东局保案，自可照准，弟保案亦日内赶办。雪琴今日来省，筱泉亦到。

七月二十日

去忿欲以养体存倔强以励志

沅弟左右：

十九日接弟十四日缄，交林哨官带回者，俱悉一切。

肝气发时，不惟不和平，并不恐惧，确有此境。不特弟之盛年为然，即余渐衰老，亦常有勃不可遏之候。但强自禁制，降伏此心，释氏所谓降龙伏虎。龙即相火也，虎即肝气也。多少英雄豪杰打此两关不过，亦不仅余与弟为然。要在稍稍遏抑，不令过炽。降龙以养水，伏虎以养火。古圣所谓窒欲，即降龙也；所谓惩忿，即伏虎也。释儒之道不同，而其节制血气，未尝不同，总不使吾之嗜欲戕害吾之躯命而已。

至于倔强二字，却不可少。功业文章，皆须有此二字贯注其中，否则柔靡不能成一事。孟子所谓至刚，孔子所谓贞固，皆从倔强二字做出。吾兄弟皆秉母德居多，其好处亦正在倔强。若能去忿欲以养体，存倔强以励志，则日进无疆矣。

新编五营，想已成军。郴桂勇究竟何如？殊深悬系。吾牙疼渐愈，可以告慰。刘馨室一信抄阅，顺问近好。

兄国藩手草　正月二十日

治事之外须有豁达冲塌气象

沅弟左右：

二十三日张成旺归，接十八日来缄，旋又接十九日专人一缄，俱悉一切。

弟读邵子诗，领悟得恬淡冲塌之趣，此自是襟怀长进处。自古圣贤豪杰、文人才士，其志事不同，而其豁达光明之胸大略相同。以诗言之，必先有豁达光明之识，而后有恬淡冲塌之趣。如李白、韩退之、杜牧之则豁达处多，陶渊明、孟浩然、白香山则冲淡处多。杜、苏二公无美不备，而杜之五律最冲淡，苏之七古最豁达。邵尧夫虽非诗之正宗，而豁达、冲淡二者兼全。吾好读《庄子》，以其豁达足益人胸襟也。去年所讲生而美者，若知之，若不知之，若闻之，若不闻之一段，最为豁达。推之即舜禹之有天下而不与，亦同此襟怀也。

吾辈现办军务，系处功利场中，宜刻刻勤劳。如农之力穑，如贾之趋利，如篙工之上滩，早作夜思，以求有济。而治事之外，此中却须有一段豁达冲塌气象。二者并进，则勤劳而以恬淡出之，最有意味。余所以令刻“劳谦君子”印章与弟者，此也。

无为之贼十九日围扑庐江后，未得信息。捻匪于十八日陷宿松后，闻二十一日至青草塥。庐江吴长庆、桐城周厚斋均无信来，想正在危急之际。成武臣亦无信来。春霆二十一日尚在泥汊，顷批令速援庐江。祁门亦无信来，不知若何危险。少荃已克复太仓州，若再克昆山，则苏州可图矣。吾但能保沿江最要之城隘，则大局必日振也。顺问近好。

国藩手草 三月二十四日

行文须自简当二字上着力

沅弟左右：

昨日专人送喜信，想已接到。弟之谢恩折，尚可由安庆代作代写代递。初膺开府重任，心中如有欲说之话，思自献于君父之前者，尽可随时陈奏。奏议是人臣最要之事，弟须加一番工夫。弟文笔不患不详明，但患不简洁，以后从简当二字上着力。

春霆由枞阳、庐江进援六安，未知现抵何处。六安守兵系蒋之纯部下二营，二十五六七业已坚守三日夜。二十六日城塌数丈，贼匪猛扑，亦能御之，或可保全。枞阳周、张二营，吾批令一面驰回裕溪口，一面禀请弟示。安庆与庐江、桐城三处犄角坚守，枞阳尽可不须陆兵，但用水师分布于枞阳、上枞阳、大纲窑、练潭等处。安庆城守十分坚固，弟可放心也。希庵初十起行，病势加剧，十七始至县城，此最可虑。昨日接家信四件送去，本日接毛、黄二信抄阅。顺问近好。

国藩手草 四月初一日酉刻

商军情并鼓励磨练文笔

沅弟左右：

二十一日接弟十三日信，盖连日南风极大，故到省极迟。应商事件，条列如左：

十七晚有轮舟自金陵经过，亲见九洑洲实已克复。宜以萧军守二浦，南云酌留二营守九洑洲，非畏长毛之复来也，畏李世忠之盘踞耳。如李业已派兵扎二浦城内，则弟须商之厚、雪与萧，用蛮教驱之使去（李最欺善怕恶），令萧军速入，占守二城。李见我军威方盛，必不敢十分违抗。李有牍来，报渠兵克复桥林、二浦，余当批斥之，不准渠部再入二浦城也。

二浦、九洑既克，霆军日内必已南渡，或竟围扎孝陵卫一带，或先打二溧，均听弟与厚、雪、霆四人商办，余不遥制。昨已函告弟处，顷又函告雪琴矣。余平日本主先攻二溧、东坝，不主合围之说。今见事机大顺，忠酋又已回苏，金陵城贼必甚惊慌，亦改而主合围之说。且天气太热，霆军奔驰太苦，不如令扎金陵东北，以资休息。待七月半间伏过暑退，弟与霆军各抽行队去打东坝、二溧，尚不为晚。届时江、席、李三军亦可由广德、建平以达东坝矣。

合围之道，总以断水中接济为第一义。百余里之城，数十万之贼，断非肩挑陆运所能养活。从前有红单船接济，有洋船接济，今九洑洲既克，二者皆可力禁。弟与厚、雪以全副精神查禁水次接济，则克城之期，不甚远矣。九洑洲可设一厘卡，弟处有贤员可派否？樊沛仁声名极坏，当严行查办。

余批折稿中，有一条不当于事理，弟亦不必怄气。余之意，不过想弟军常常有一大支活兵在外耳。今江北既一律肃清，则大局已好，或合围或游击，均无不可，余兄弟议论不至参差矣。至于云仙之意，则当分别观之。渠不以弟疏稿为然，诚所不免；谓渠遵例回避，愿入弟幕草奏尽出客气，却又不然。胡文忠八年初丁艰时，屡函称遵旨夺情，不愿作官，愿入迪庵幕中草奏帮办。人人皆疑其矫，余则知其爱迪敬迪出于至诚。云仙之爱弟敬弟，亦极诚挚，弟切莫辜负其意也。往时咸丰三、四、五年间，云仙之扬江、罗、夏、朱而抑鄙人，其书函言词均使我难堪，而日久未尝不谅其心。

至弟之文笔，亦不宜过自菲薄，近于自弃。余自壬子出京，至今十二年，自问于公牍书函、军事吏事、应酬书法无事不大长进。弟今年四十，较我壬子之时尚少三岁，而谓此后便无长进，欺人乎？自弃乎？弟文有不稳之处，无不通之处；有不简之处，无不畅之处，不过用功一年二载便可大进。昔温弟谏余曰："兄精神并非不足，但吝惜不肯用耳。"余今亦以此意谏弟也。顺问近好。

国藩手草　五月二十一日

望能自为宽解无稍抑郁

沅弟左右：

十一日接弟初六日信，尚不甚怫郁。至慰至慰！然此间余与一二知者皆恐弟触动肝气，极不放心。惠甫则语次几欲垂涕，足见其知己之感，血性过人。渠本定于十月起程，余催其九月即行，与南坡翁同赴金陵，大约二十外始可泛舟东下。此半月中，弟当自为宽解，无稍抑郁。盖此七船乃恭邸数年苦心经营之事，近则既经怄气，又复抱歉，正在十分不自得之际（将来回我十二日一信亦必有微词），疑弟折意含讥讽，故触其怒，而一为发舒，非皇太后另有所咎于弟也。

晓岑即决计不赴湖口，派何敦五往代其役。西岸盐务折将余之刊本章程十六条改为八条，兹寄弟处，请专人送泰州许、金、张一阅。如有不妥，签出飞送寄来。弟营应分之厘与利，较余之原议更加矣。顺问近好。

兄国藩手草　九月十三日

在积劳二字上着力

沅弟左右：

接初四、初六日两次来信，知初五夜地道轰陷贼城十余丈，被该逆抢堵，我军伤亡三百余人。此盖意中之事。城内多百战之寇，阅历极多，岂有不能抢堵缺口之理？苏州先复，金陵尚遥遥无期，弟切不必焦急。

古来大战争、大事业，人谋仅占十分之三，天意恒居十分之七。往往积劳之人非即成名之人，成名之人非即享福之人。此次军务，如克复武汉、九江、安庆，积劳者即是成名之人，在天意已算十分公道，然而不可恃也。吾兄弟但在积劳二字上着力，成名二字则不必问及，享福二字则更不必问矣。

厚庵坚请回籍养亲侍疾，只得允准，已于今日代奏。

苗逆于二十六夜擒斩，其党悉行投诚。凡寿州、正阳、颍上、下蔡等城一律收复，长、淮指日肃清，真堪庆幸。

郭世兄于十二日到此，大约暂留安庆小住。牧云定十五以后回湘。弟近日身体健旺否？吾所嘱者二端：一曰天怀淡定，莫求速效；二曰谨防援贼城贼内外猛扑，稳慎御之。顺问近好。

国藩手草　十一月十二日

有福不可享尽

澄弟左右：

十一月十七日接弟十月二十八衡州一缄，俱悉一切。

此间近事，惟李少荃在苏州杀降王八人最快人意。兹将渠寄总理衙门信稿一件抄寄弟阅。戈登虽屡称欲与少荃开仗，少荃自度力足制之，并不畏怯，戈登亦无如之何，近日渐就范围矣。

衡州之粤盐，只禁船载，不禁路挑，弟所见极为有理。江西新城县亦为禁闽盐之路挑，竟被私贩将委员殴毙。现在衡州每挑既补二百四十，若再加，亦必激变。从前道光年间，衡州严禁粤私，从未禁遏得住。将来新章到衡，弟可与府县及厘卡说明，只有水卡查船载之私每斤加作八文，其陆卡查路挑之私概不再加分文。亦不必出告示，亦不必办公牍，但得水卡一处稽查，便算依了我之新章目。兹将新刻章程三本寄回。

牧云于十七日回籍，带去银二十余封。兹将原单寄去，请弟照单查收。又内人寄澄弟妇菲仪五十两，余亦寄弟银百两，弟得毋笑，黄河千年而始一清乎？又朱金权本年薪水银二十两，望即转给。弟家之渐趋奢华，闻因人客太多之故。此后总须步步收紧，切不可步步放松。禁坐四轿，姑从星冈公子孙做起，不过一二年，各房亦可渐改。总之，家门太盛，有福不可享尽，有势不可使尽，人人须记此二语也。即问近好。

国藩手草　十一月二十四日

牢记虚心实力勤苦谨慎八字

沅弟左右：

接初七夜一缄，欣悉句容克复，从此城贼冲出亦无停足之地，当不至贻患他方，至以为慰。弟增十六小垒，开数处地道，自因急求奏功，多方谋之。闻杭城克复之信，想弟亦增焦灼，求效之心尤迫于星火。惟此等大事，实有天意与国运为之主，特非吾辈所能为力、所能自主者。虚心实力勤苦谨慎八字，尽其在我者而已。

春霆既克句容，宜亲驻句容，专打金陵破时冲出之贼。篪轩办捐之札，专人坐轮船送去。刘方伯札亦发。惟少荃近日与余兄弟音信极稀，其名声亦少减。有自沪来者，言其署中藏珍珠灯、八宝床、翡翠菜碗之类，值数十万金，其弟季荃好货尤甚等语，亦非所宜。将来沪局劝捐，恐又得与余处龃龉。幼丹截分厘金之事，今日具疏争之，竟决裂矣。

奉初六日寄谕，恐金陵军心不一，欲余亲往督办，盖亦深知城大合围之难。余拟复奏仍由弟一手经营。惟常常怕弟患病，弟千万保养，竟此大功。顺问近好。

国藩手草　三月十二日

肝病太久不可轻服大黄

沅弟左右：

连接初七、八、十日三信，又专寄李少荃一信，俱悉一切。弟肝病太久，元气已亏，何可轻服大黄？无论湿毒如何溃烂，切不可服大黄以伐根本。余于道光二十五六七八等年遍身癣毒，其痛楚实为难受，澄、温诸弟曾见之，亦曾服攻伐之品。疑为杨梅疮而医之，终无寸效。后乃置之不理，头面渐渐去净，身上渐稀薄，痛愈而痒亦减。今已十有九年，竟得十痊其八。此等皮肤之疾，万无送命之理，断不可因此而妄伐本根。请弟全禁吃药，并禁敷药，不久必自痊愈。弟病比兄十年之病轻得多半也。至于弟之肝郁，此时尽可自化自解。谓立功非弟今世所能希冀，尤为可怪！古今立大功者，有几人过于弟耶？

南云病重，即在金陵调养，不必上来。王、戴二人之米银，即在此间给发期票期札，系与毛竹丹营中商定，众心愿从者。湖南人发湖南钱店之票，每张概系十两，当无不乐从者。否则，兄共裁了五万人（弟二万五，此外裁希部一万，别部一万五，希部与湖北共之），今年何能了耶？昨日发一密片抄阅。即问近好。

八月十四日

（八）戒骄奢·知进退

劝宜不露圭角

澄侯四弟左右：

顷接来缄，又得所寄吉安一缄，俱悉一切。朱太守来我县，王、刘、蒋、唐往陪，而弟不往，恐其见怪。嗣后弟于县城省城均不宜多去。处兹大乱未平之际，惟当藏身匿迹，不可稍露圭角于外。至要至要。

吾年来饱阅世态，实畏宦途风波之险，常思及早抽身，以免咎戾。家中一切，有关系衙门者，以不与闻为妙。诸惟心照，不一一。

兄国藩　九月初十日

望弟于俭字加一番工夫

澄弟左右：

十一月十一日朱斋三来，接十月初六日一函，俱悉一切。

围山嘴桥稍嫌用钱太多，南塘竟希公祠宇亦尽可不起。湖南作督抚者不止我曾姓一家，每代起一祠堂，则别家恐无此例，为我曾姓所创见矣。沅弟有功于国，有功于家，千好万好，但规模太大，手笔太廓，将来难乎为继。吾与弟当随时斟酌，设法裁减。此时竟希公祠宇业将告竣，成事不说，其星冈公祠及温甫、事恒两弟之祠皆可不修，且待过十年之后再看（好从慢处来）。至嘱至嘱。

余往年撰联赠弟，有“俭以养廉，直而能忍”二语。弟之直人人知之，其能忍，则为阿兄所独知；弟之廉人人料之，其不俭，则阿兄所不及料也。以后望弟于俭字加一番工夫，用一番苦心，不特家常用度宜俭，即修造公费，周济人情，亦须有一俭字的意思。总之，爱惜物力，不失寒士之家风而已。莫怕寒村二字，莫怕悭吝二字，莫贪大方二字，莫贪豪爽二字。弟以为然否？

温弟妇今年四十一岁，兹寄去银一百、燕菜二匣，以为贺生之礼。其余寄亲族之炭，敬芝圃之对，均交牧云带回。此间自苏州克复、苗沛霖伏诛后诸事平安。即问近好。

国藩手草　十一月十四日

吾兄弟须时持勤俭二字

澄弟左右：

正月四日接弟十二月二十日排递之函，初七日接弟二十日函，由谢绍武等带来者。些微寄件，何足云谢。吾不欲多寄银物至家，总恐老辈失之奢，后辈失之骄。未有钱多而子弟不骄者也。吾兄弟欲为先人留遗泽，为后人惜余福，除却勤俭二字（别无做法）。弟与沅弟皆能勤而不能俭，余微俭而不甚俭，子侄看大眼吃大口，后来恐难挽回。弟须时时留心。

大雪五日，平地四尺，此间军士极苦。沅弟初二日以后尚无信来。安庆合家平安，足慰远念。顺问近好。

国藩手草　正月十四日

由奢返俭难

澄弟左右：

接弟信，知临三生子，兰姊可慰于九泉矣。兹付去银十两为贺。五十侄女生子，亦寄十两为贺。请弟妥交。

此间近状平安。上海李军于十二日克复常州。金陵之贼外援已绝，计瓜熟蒂落之期当亦不远，惟米粮昂贵，且无处可买，颇以为虑。江西之贼自席军在金溪获胜，大局不致糜烂。然窃寇觅食纷窜，闽广两湖均属可虑，不可以其为残败之匪而忽之。如省城、衡州有与弟商及贼情者，宜互相诫慎也。

俭之一字，弟言时时用功，极慰极慰，然此事殊不易易。由既奢之后而返之于俭，若登天然。即如雇夫赴县，昔年仅轿夫二名，挑夫一名，今已增至十余名。欲挽回仅用七八名且不可得，况挽至三四名乎？随处留心，牢记有减无增四字，便极好耳。顺问近好。

国藩手草　二月二十四日

望专在稳慎二字上用心

沅弟左右：

今日接徽、祁信，唐、毛于十七日大败，桂生不知下落。徽、休、祁三城俱恐难保，而江西之患弥大，即湖南亦极可虑。余忧灼之怀，与十一年二月、元年九月相似。本不欲告弟知，但恐弟处稍涉大意，一味攻坚，只求克敌，不求稳慎，故特飞告弟知。望弟不必挖地道，不必攻坚，专在稳慎二字上用心。且待此番大风波过了，再讲金陵克城之法。春霆若不派劲旅往守东坝，则芜、金两防均极可危。兹再寄春霆一缄，请弟专丁飞送。

叶亭甥今日开船归去。米船到此者颇多，弟处不患无食，特银钱太少。弟宜专催上海四万以作小菜钱，其放赈之局，似以停止为是。顺问近好。

兄国藩手草　三月二十日酉刻

十五夜信收到，火药即日起解。

弟之退志兄应成全

沅弟左右：

数日未寄信于弟，想弟悬系无已。余于二十二宿芜湖，二十六宿池州，二十八坐一小舟回省寓中，内外平安。二十五日接到初七日所发一折之批、一明谕、一寄谕，舟中匆匆，尚未咨弟。兹接弟二十六日信，已赶办咨文矣。

弟撤勇之事，余必一一速办，除催李世忠及办里下河之捐外，再札上海官绅办沪捐六十万，并加函托苏、常绅士，必有所获，弟可放心。昨得云仙信，已办六万径解弟营矣。弟之退志，兄应成全，兄之门面亦赖弟成全。第一要紧守金陵、芜湖、金柱三处，第二要分一支出剿广德，以塞众望。即令朱南桂与刘松山、易开俊三人进剿广德。而弟处派三支，分防宁郡、泾、旌，或亦一道，望弟早为酌定。倘兄之门面撑立不住，弟亦无颜久居山中矣。熊登武、张诗日、刘南云三人，弟万万不可放走。陈舫仙稍迟一步，明年再退可也。此外孰留孰散，听弟裁酌，总不使我遽倒门面为要。千万千万。

弟肝气不能平伏，深为可虑。究之弟何必郁郁？从古有大勋劳者，不过本身得一爵耳！弟则本身既挣一爵，又赠送阿兄一爵。弟之赠送此礼，人或忽而不察，弟或谦而不居，而余深知之。顷已详告妻子知之，将来必遍告家人宗族知之。吾弟于国事家事，可谓有志必成，有谋必就，何郁郁之有？千万自玉自重。顺问近好。

七月二十九日

谈戒骄戒傲

澄侯四弟左右：

二月初一日唐长山等来，接正月十四日弟发之信，在近日可谓极快者。

弟言家中子弟无不谦者，此却未然，余观弟近日心中即甚骄傲。凡畏人，不敢妄议论者，谦谨者也；凡好讥评人短者，骄傲者也。弟于营中之人，如季高、次青、作梅、树堂诸君子，弟皆有信来讥评其短，且有讥至两次三次者。营中与弟生疏之人，尚且讥评，则乡间之与弟熟识者，更鄙睨嘲斥可知矣。弟尚如此，则诸子侄之藐视一切，信口雌黄可知矣。谚云："富家子弟多骄，贵家子弟多傲。"非必锦衣玉食、动手打人而后谓之骄傲也，但使志得意满毫无畏忌，开口议人短长，即是极骄极傲耳。余正月初四信中言戒骄字，以不轻非笑人为第一义；戒惰字，以不晏起为第一义。望弟常常猛省，并戒子侄也。

此间鲍军于正月二十六大获胜仗，去年建德大股全行退出，风波三月，至此悉平矣。余身体平安，无劳系念。

二月初四日

盛时宜作衰时想

澄弟左右：

沅、霆两军病疫，迄未稍愈。宁国各属军民死亡相继，道殖相望，河中积尸生虫，往往缘船而上，河水及井水皆不可食。其有力者，用舟载水于数百里之外。臭秽之气中人，十病八九。诚宇宙之大劫，军行之奇苦也。

洪容海投诚后，其党黄、朱等目复叛，广德州既得复失，金柱关常有贼窥伺，近闻增至三四万人，深可危虑。余心所悬念者，惟此二处。

余体气平安。惟不能多说话，稍多则气竭神乏，公事积搁，恐不免于贻误。弟体亦不甚旺，总宜好好静养。莫买田产，莫管公事。吾所嘱者，二语而已。盛时常作衰时想，上场当念下场时，富贵人家，不可不牢记此二语也。

八月初四日

须常存避名之念

沅弟左右：

排递一缄，知守局平安如常，至以为慰。大官圩等处之粮多为我军所焚，则金陵援贼之粮必难久支，城贼之粮多寡，则不敢必耳，计忠、侍引退之期必不甚远。吾前有信嘱弟以追为退，改由东坝进兵，先剿溧阳，以至宜兴。先占太湖之西岸，水师亦由东坝进兵，俾李朝斌先在太湖西岸立住脚跟，则战船处处可到，而环湖之十四府州县处处震动，贼则防不胜防，我则后路极稳。较之株守金陵者，有死活之分，有险易之别，但无赫赫之名耳。

凡行军最忌有赫赫之名，为天下所指目，为贼匪所必争。莫若从贼所不经意之处下手，既得之后，贼乃知其为要隘，起而争之，则我占先着矣。余今欲弃金陵而改攻东坝，贼所经意之要隘也；若占长兴、宜兴、太湖西岸，则贼所不经意之要隘也。愿弟早定大计，趁势图之，莫为浮言所惑，谓金陵指日可下，株守不动，贪赫赫之名，而昧于死活之势。至嘱至嘱。如弟之志必欲围攻金陵，亦不妨掀动一番，且去破东坝，剿溧阳，取宜兴，占住太湖西岸，然后折回再围金陵，亦不过数月间事，未为晚也。吾兄弟誓拼命报国，然须常存避名之念，总从冷淡处着笔，积劳而使人不知其劳，则善矣。

十月初三日

本书参考书目

本书除参阅《孔子》、《孟子》、《老子》、《庄子》、《史记》、《资治通鉴》、《曾文正公家书》、《名贤集》、《颜氏家训》等大量古籍外，还参阅了以下图书资料：

1.《先贤家训》　董建梅编著　中华书局出版

2.《颜氏家训·曾国藩家训》　中华书局出版

3.《曾国藩家书·家训·日记》　北京古籍出版

4.《中华家训》（1—4）　郑宏峰编著　线装书局出版

5.《中华家训》　王新龙编著　中国戏曲出版

6.《古代家训精华》　王人恩编著　甘肃教育出版

7.《中国人的修养》　蔡元培著　中国工人出版

在此，向以上图书作者及出版社深致谢意。